U0653111

普通高等教育"十一五"国家级规划教材

光 纤 通 信

(第二版)

刘增基　周洋溢　胡辽林　任光亮　周绮丽　编著

西安电子科技大学出版社

内 容 简 介

本书全面地介绍了光纤通信系统的基本组成；光纤和光缆的结构和类型，光纤的传输原理和特性，光纤特性的测量；光源、光检测器和光无源器件的类型、原理和性质；光端机的组成和特性；数字光纤通信系统（PDH 和 SDH）；模拟光纤通信系统，包括副载波复用光纤通信系统；光纤通信的若干新技术，如光纤放大器、光波分复用技术、光交换技术、光孤子通信、相干光通信技术、光时分复用技术等；光纤通信网络，包括单波长的 SDH 传送网，多波长的 WDM 全光网和光接入网。本书在内容上力求理论上的系统性以及技术上的新颖性和实用性。

本书系普通高等教育"十一五"国家级规划教材，可作为通信类专业的大学本科生或研究生教材，也可作为相关科技工作者的参考用书。

图书在版编目(CIP)数据

光纤通信/刘增基等编著. —2 版. —西安：西安电子科技大学出版社，
2008.12(2023.10 重印)
ISBN 978 - 7 - 5606 - 1029 - 0

Ⅰ. 光… Ⅱ. 刘… Ⅲ. 光纤通信—高等学校—教材 Ⅳ. TN929.11

中国版本图书馆 CIP 数据核字(2008)第 091006 号

责任编辑 杨宗周 马乐惠
出版发行 西安电子科技大学出版社(西安市太白南路 2 号)
电 话 (029)88202421 88201467 邮 编 710071
网 址 www.xduph.com 电子邮箱 xdupfxb001@163.com
经 销 新华书店
印 刷 陕西日报印务有限公司
版 次 2008 年 12 月第 2 版 2023 年 10 月第 36 次印刷
开 本 787 毫米×1092 毫米 1/16 印 张 16
字 数 377 千字
印 数 233 001～239 000 册
定 价 36.00 元

ISBN 978 - 7 - 5606 - 1029 - 0/TN

XDUP 1300022 - 36

第 二 版 前 言

本教材第一版系按原电子工业部的《1996～2000 年全国电子信息类专业教材编审出版规划》，由通信与信息工程专业教学指导委员会编审、推荐并出版。本教材是普通高等教育"十一五"国家级规划教材，是 2001 年版《光纤通信》的修订版。

多年来本教材在全国范围内得到了较广泛的使用，具有系统性、完整性、简明性及一定的先进性等特点，适合于相关专业的本科生使用。但随着时间的流逝，第一版中的部分内容已不适应教学要求，同时在教学实施过程中也暴露了教材中存在的错误和不足之处。为满足当前教学的需要，笔者对第一版进行了修订。修订版在继承原版教材优点的基础上做了不少修改和补充，并改正了原版教材的多处错误和不够贴切的叙述，加强了光接收机中各种噪声的讨论，给出了噪声的完整计算公式，从而为不同条件下光接收机灵敏度的计算打下基础。同时在每章的章末增加了小结，补充和修改了习题和思考题，还在书末给出了习题和思考题的参考答案。

在此，感谢西安电子科技大学通信工程学院师生们的支持和帮助，特别感谢任课老师鲍民权、姚明悟、尚韬等提供的宝贵意见，还要感谢综合业务网理论及关键技术国家重点实验室的支持和帮助。

由于编者水平所限，书中难免有不足之处，敬请读者批评指正。

编 者
2008 年 8 月

第一版出版说明

为做好全国电子信息类专业"九五"教材的规划和出版工作，根据国家教委《关于"九五"期间普通高等教育教材建设与改革的意见》和《普通高等教育"九五"国家级重点教材立项、管理办法》，我们组织各有关高等学校、中等专业学校、出版社，各专业教学指导委员会，在总结前四轮规划教材编审、出版工作的基础上，根据当代电子信息科学技术的发展和面向 21 世纪教学内容和课程体系改革的要求，编制了《1996～2000 年全国电子信息类专业教材编审出版规划》。

本轮规划教材是由个人申报，经各学校、出版社推荐，由各专业教学指导委员会评选，并由我们与各专指委、出版社协商后审核确定的。本轮规划教材的编制，注意了将教学改革力度较大、有创新精神、有特色风格的教材和质量较高、教学适用性较好、需要修订的教材以及教学急需、尚无正式教材的选题优先列于规划。在重点规划本科、专科和中专教材的同时，选择了一批对学科发展具有重要意义，反映学科前沿的选修课、研究生课教材列入规划，以适应高层次专门人才培养的需要。

限于我们的水平和经验，这批教材的编审、出版工作还可能存在不少缺点和不足，希望使用教材的学校、教师、学生和其他广大读者积极提出批评和建议，以不断提高教材的编写、出版质量，共同为电子信息类专业教材建设服务。

电子工业部教材办公室

目　　录

第 1 章　概　　论

本章回顾了光纤通信发展的历史，并介绍了光纤通信的优点、应用领域和发展现状；给出了光纤通信系统的基本组成，并且简单介绍了其主要部件的功能和所用的关键器件。

1.1　光纤通信发展的历史和现状

1.1.1　探索时期的光通信

中国古代用"烽火台"报警，欧洲人用旗语传送信息，这些都可以看做是原始形式的光通信。望远镜的出现，又极大地延长了这种目视光通信的距离。

1880 年，美国人贝尔（Bell）发明了用光波作载波传送话音的"光电话"。这种光电话利用太阳光或弧光灯作光源，通过透镜把光束聚焦在送话器前的振动镜片上，使光强度随话音的变化而变化，实现话音对光强度的调制。在接收端，用抛物面反射镜把从大气传来的光束反射到硅光电池上，使光信号变换为电流，传送到受话器。由于当时没有理想的光源和传输介质，这种光电话的传输距离很短，并没有实际应用价值，因而进展很慢。然而，光电话仍是一项伟大的发明，它证明了用光波作为载波传送信息的可行性。因此，可以说贝尔光电话是现代光通信的雏形。

1960 年，美国人梅曼（Maiman）发明了第一台红宝石激光器，给光通信带来了新的希望，和普通光相比，激光具有波谱宽度窄，方向性极好，亮度极高，以及频率和相位较一致的良好特性。激光是一种高度相干光，它的特性和无线电波相似，是一种理想的光载波。继红宝石激光器之后，氦-氖（He-Ne）激光器、二氧化碳（CO_2）激光器先后出现，并投入实际应用。激光器的发明和应用，使沉睡了 80 年的光通信进入一个崭新的阶段。

在这个时期，美国麻省理工学院利用 He-Ne 激光器和 CO_2 激光器进行了大气激光通信试验。实验证明：用承载信息的光波，通过大气的传播，实现点对点的通信是可行的，但是通信能力和质量受气候影响十分严重。由于雨、雾、雪和大气灰尘的吸收和散射，光波能量衰减很大。例如，暴雨能造成 3～12 dB/km 的衰减，浓雾衰减高达 60～200 dB/km。另一方面，大气的密度和温度不均匀，造成折射率的变化，使光束位置发生偏移。因而通信的距离和稳定性都受到极大的限制，不能实现"全天候"通信。虽然，固体激光器（例如掺钕钇铝石榴石（Nd：YAG）激光器）的发明大大提高了发射光功率，延长了传输距离，使大气激光通信可以在江河两岸、海岛之间和某些特定场合使用，但是大气激光通信的稳定性和可靠性仍然没有解决。

　　为了克服气候对激光通信的影响，人们自然想到把激光束限制在特定的空间内传输，因而提出了透镜波导和反射镜波导的光波传输系统。透镜波导是在金属管内每隔一定距离安装一个透镜，每个透镜把经传输的光束会聚到下一个透镜而实现的。反射镜波导和透镜波导相似，是用与光束传输方向成 45°角的两个平行反射镜代替透镜而构成的。这两种波导，从理论上讲是可行的，但在实际应用中遇到了不可克服的困难。首先，现场施工中校准和安装十分复杂；其次，为了防止地面活动对波导的影响，必须把波导深埋或选择在人车稀少的地区使用。

　　由于没有找到稳定可靠和低损耗的传输介质，对光通信的研究曾一度走入了低谷。

1.1.2　现代光纤通信

　　1966 年，英籍华裔学者高锟(C. K. Kao)和霍克哈姆(C. A. Hockham)发表了关于传输介质新概念的论文，指出了利用光纤(Optical Fiber)进行信息传输的可能性和技术途径，奠定了现代光通信——光纤通信的基础。当时石英纤维的损耗高达 1000 dB/km 以上，高锟等人指出：这样大的损耗不是石英纤维本身固有的特性，而是由于材料中的杂质，例如过渡金属(Fe、Cu 等)离子的吸收产生的。材料本身固有的损耗基本上由瑞利(Rayleigh)散射决定，它随波长的四次方而下降，其损耗很小。因此有可能通过原材料的提纯制造出适合于长距离通信使用的低损耗光纤。如果把材料中金属离子含量的比重降低到 10^{-6} 以下，就可以使光纤损耗减小到 10 dB/km。再通过改进制造工艺的热处理提高材料的均匀性，可以进一步把损耗减小到几 dB/km。这个思想和预测受到世界各国极大的重视。

　　1970 年，光纤研制取得了重大突破。在当年，美国康宁(Corning)公司就研制成功损耗 20 dB/km 的石英光纤。它的意义在于：使光纤通信可以和同轴电缆通信竞争，从而展现了光纤通信美好的前景，促进了世界各国相继投入大量人力物力，把光纤通信的研究开发推向一个新阶段。1972 年，康宁公司高纯石英多模光纤损耗降低到 4 dB/km。1973 年，美国贝尔(Bell)实验室取得了更大成绩，光纤损耗降低到 2.5 dB/km。1974 年降低到 1.1 dB/km。1976 年，日本电报电话(NTT)公司等单位将光纤损耗降低到 0.47 dB/km(波长 1.2 μm)。在以后的 10 年中，波长为 1.55 μm 的光纤损耗：1979 年是 0.20 dB/km，1984 年是 0.157 dB/km，1986 年是 0.154 dB/km，接近了光纤最低损耗的理论极限。

　　1970 年，作为光纤通信用的光源也取得了实质性的进展。当年，美国贝尔实验室、日本电气公司(NEC)和当时的苏联先后突破了半导体激光器在低温(−200℃)或脉冲激励条件下工作的限制，研制成功室温下连续振荡的镓铝砷(GaAlAs)双异质结半导体激光器(短波长)。虽然寿命只有几个小时，但其意义是重大的，它为半导体激光器的发展奠定了基础。1973 年，半导体激光器寿命达到 7000 小时。1977 年，贝尔实验室研制的半导体激光器寿命达到 10 万小时(约 11.4 年)，外推寿命达到 100 万小时，完全满足实用化的要求。在这个期间，1976 年日本电报电话公司研制成功发射波长为 1.3 μm 的铟镓砷磷(InGaAsP)激光器，1979 年美国电报电话(AT&T)公司和日本电报电话公司研制成功发射波长为 1.55 μm 的连续振荡半导体激光器。

　　由于光纤和半导体激光器的技术进步，使 1970 年成为光纤通信发展的一个重要年份。

　　1976 年，美国在亚特兰大(Atlanta)进行了世界上第一个实用光纤通信系统的现场试验，系统采用 GaAlAs 激光器作光源，多模光纤作传输介质，速率为 44.7 Mb/s，传输距离约 10 km。1980 年，美国标准化 FT－3 光纤通信系统投入商业应用，系统采用渐变型多模光纤，速率为 44.7 Mb/s。随后美国很快敷设了东西干线和南北干线，穿越 22 个州，光缆总长达 5×10^4 km。1976 年和 1978 年，日本先后进行了速率为 34 Mb/s，传输距离为 64 km 的突变型多模光纤通信系统，以及速率为 100 Mb/s 的渐变型多模光纤通信系统的试验。1983 年敷设了纵贯日本南北的光缆长途干线，全长 3400 km，初期传输速率为 400 Mb/s，后来扩容到 1.6 Gb/s。随后，由美、日、英、法发起的第一条横跨大西洋 TAT－8 海底光缆通信系统于 1988 年建成，全长 6400 km；第一条横跨太平洋 TPC－3/HAW－4 海底光缆通信系统于 1989 年建成，全长 13 200 km。从此，海底光缆通信系统的建设得到了全面展开，促进了全球通信网的发展。

自从 1966 年高锟提出光纤作为传输介质的概念以来，光纤通信从研究到应用，发展非常迅速：技术上不断更新换代，通信能力（传输速率和中继距离）不断提高，应用范围不断扩大。光纤通信的发展可以粗略地分为四个阶段：

第一阶段（1966～1976 年），这是从基础研究到商业应用的开发时期。在这个时期，实现了短波长（0.85 μm）低速率（45 或 34 Mb/s）多模光纤通信系统，无中继传输距离（即中继器之间的间距，简称中继距离）约 10 km。

第二阶段（1976～1986 年），这是以提高传输速率和增加传输距离为研究目标和大力推广应用的大发展时期。在这个时期，光纤从多模发展到单模，工作波长从短波长（0.85 μm）发展到长波长（1.31 μm 和 1.55 μm），实现了工作波长为 1.31 μm、传输速率为 140～565 Mb/s 的单模光纤通信系统，无中继传输距离为 50～100 km。

第三阶段（1986～1996 年），这是进一步提高传输速率、增加传输距离并全面深入开展新技术研究的时期。在这个时期，实现了 1.55 μm 色散移位单模光纤通信系统。采用外调制技术，传输速率可达 2.5～10 Gb/s，中继传输距离可达 100～150 km。实验室可以达到更高水平。

第四阶段（1996 年至今）实现了超大容量的波分复用（WDM, Wavelength Division Multiplexing）光纤通信系统及基于 WDM 和波长选路的光网络；正在研究超长距离的光孤子（Soliton）通信系统（将在第 7 章作介绍）。

1.1.3　国内外光纤通信发展的现状

1976 年，美国在亚特兰大进行的现场试验，标志着光纤通信从基础研究发展到了商业应用的新阶段。此后，光纤通信技术不断创新：光纤从多模发展到单模，工作波长从 0.85 μm 发展到 1.31 μm 和 1.55 μm，传输速率从几十 Mb/s 发展到几十 Gb/s。另一方面，随着技术的进步和大规模产业的形成，光纤价格不断下降，应用范围不断扩大：从初期的本地电话网的局间中继线到长途干线进一步延伸到用户接入网，从数字电话到有线电视（CATV），从单一类型信息的传输到多种业务的传输。目前光纤已成为信息宽带传输的主要媒质，光纤通信系统将成为未来国家信息基础设施的支柱。

在许多发达国家，生产光纤通信产品的行业已在国民经济中占重要地位。根据资料，仅光缆产品一项（约占整个光纤通信产品的一半），1995 年在世界市场销售额达 80 亿美元，2000 年达 180 亿美元，5 年中复合年增长率（CAGR）为 17.6%。世界成缆光纤市场销售量，1994 年为 1810×10^4 km，2001 年为 6570×10^4 km，7 年中 CAGR 为 20%，每年数据见表 1.1。市场销售额和市场销售量的年增长率不同，主要是由于光纤价格呈下降趋势，见表 1.2。在 1995 年光缆市场销售额的 80 亿美元中，单模占 59 亿美元，为 74%。同年成缆光纤销售量的 2300×10^4 km 中，单模为 2130×10^4 km，占 93%。两者的比例不同，是由于单模光纤比多模光纤便宜的结果。

表 1.1　世界成缆光纤市场销售量

年　　　份	1994	1995	1996	1997	1998	1999	2000	2001
光纤销售总长度/10^4 km	1810	2300	2900	3470	4070	4730	5580	6570

表 1.2　世界市场单模光纤平均价格

年　　　份	1994	1995	1996	1997	1998	1999	2000	2001
价格/($/km)	68	67	72	69	60	52	46	44

到 1998 年底，仅单模光纤的销售量就达到 4110×10^4 km，见表 1.3。随着光纤产量的增加，价格逐年下降，促进了光纤在各个领域的应用和新技术的研究，推动着光纤产业不断向前发展。

表 1.3　世界成缆单模光纤市场实际销售量

年　　　份	1998	1999	2000	2001	2002	2003
光纤销售总长度/10^4 km	4110	4600	5350	6230	7200	8110

1998 年我国国内公共电信网形成了连接全国各省市区的"八横八纵"光缆骨干传输网，标志着传输网的技术和规模进入世界先进行列。在光纤光缆方面，从 1995 年起，我国在全球光纤光缆市场中一直居第三位，年增长率在 20% 左右。截止 2002 年 3 月底，我国敷设光缆的总长度超过 1.8×10^6 km，平均光缆的纤芯数为 36，其中长途线路为 35.4×10^4 km，接入光缆线路为 39.2×10^4 km，本地光缆线路为 104.7×10^4 km。2006 年我国研制成功每波长 40 Gb/s，80 个波长的 WDM 长途光纤传输系统。

1.2　光纤通信的优点和应用

1.2.1　光通信与电通信

任何通信系统追求的最终技术目标都是要可靠地实现最大可能的信息传输容量和传输距离。通信系统的传输容量取决于对载波调制的频带宽度，载波频率越高，频带宽度越宽。通信技术发展的历史，实际上是一个不断提高载波频率和增加传输容量的历史。20 世纪 60 年代，微波通信技术已经成熟，因此开拓频率更高的光波应用，就成为通信技术发展的必然。

电缆通信和微波通信的载波是电波，光纤通信的载波是光波。虽然光波和电波都是电

磁波，但是频率差别很大。光纤通信用的近
红外光(波长约 1 μm)的频率(约 300 THz)
比微波(波长为 0.1 m～1 mm)的频率(3～
300 GHz)高 3 个数量级以上。为便于比较，
图 1.1 给出了相关部分的电磁波频谱。光纤
通信用的近红外光(波长为 0.7～1.7 μm)频
带宽度约为200 THz，在常用的 1.31 μm 和
1.55 μm 两个波长窗口频带宽度也在
20 THz 以上。由于光源和光纤特性的限制，
目前，采用光强度调制的单载波信号的带宽
一般只有 20 GHz，因此还有 3 个数量级以上
的带宽潜力可以挖掘。

频率	波长	名称
	1 μm	紫外线
		可见光线
100 THz	10 μm	(光纤通信用)
10 THz	100 μm	近红外线 远红外线
1 THz	1 mm	亚毫米波
100 GHz	10 mm	毫米波(EHF)
10 GHz	100 mm	厘米波(SHF)
1 GHz	1 m	分米波(UHF)
100 MHz	10 m	米波(VHF)
10 MHz	100 m	短波(HF)
1 MHz		中波(MF)

图 1.1　部分电磁波频谱

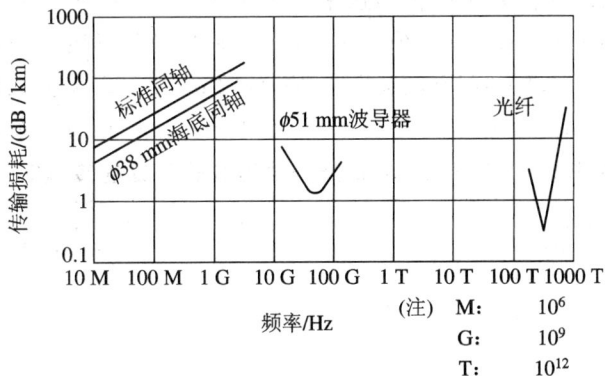

微波波段有线传输线路是由金属导体制
成的同轴电缆和波导管。同轴电缆的损耗随
信号频率的平方根而增大，要减小损耗，必
须增大结构尺寸，但要保持单一模式的传输，又不允许增大结构尺寸。波导管具有比同轴
电缆更低的损耗，但随着工作频率的提高，要减小波导结构的尺寸以保持单一模式的传
输，损耗仍然要增大。光纤是由绝缘的石英(SiO_2)材料制成的，通过提高材料纯度和改进
制造工艺，可以在宽波长范围内获得很小的损耗。图 1.2 给出各种传输线路的损耗特性。

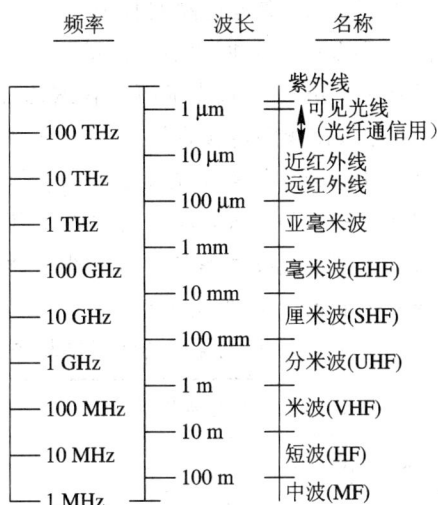

图 1.2　各种传输线路的损耗特性

1.2.2　光纤通信的优点

在光纤通信系统中，作为载波的光波频率比电波频率高得多，而作为传输介质的光纤
又比同轴电缆或波导管的损耗低得多，因此相对于电缆通信或微波通信，光纤通信具有许
多独特的优点。

1. 容许频带很宽，传输容量很大

光纤通信系统的容许频带(带宽)取决于光源的调制特性、调制方式和光纤的色散特
性。石英单模光纤在 1.31 μm 波长具有零色散特性，通过光纤的设计，还可以把零色散波

长移到 1.55 μm。在零色散波长窗口，单模光纤都具有几十 GHz·km 的带宽距离积。另一方面，可以采用多种复用技术来增加传输容量。最简单的是空分复用，因为光纤很细，外径只有 125 μm，一根光缆可以容纳几百根光纤，12×12＝144 根光纤的带状光缆早已实现。这种方法使线路传输容量成百倍地增加。就单根光纤而言，采用波分复用（WDM）或光频分复用（OFDM）是增加光纤通信系统传输容量最有效的方法。另一方面，减小光源谱线宽度和采用外调制方式，也是增加传输容量的有效方法。

为了与同轴电缆通信和微波无线电通信比较，表 1.4 列出早已实现的单一波长光纤通信系统的传输容量和中继距离。

表 1.4　光纤通信与电缆或微波通信传输能力的比较

通信手段	传输容量（话路）/条	中继距离/km	1000 km 内中继器个数
微波无线电	960	50	20
小同轴	960	4	250
中同轴	1800	6	166
光缆	1920	30	33
光缆	14 000（1 Gb/s）	84	11
光缆	6000（445 Mb/s）	134	7

目前，单波长光纤通信系统的传输速率一般为 2.5 Gb/s 和 10 Gb/s。采用外调制技术，传输速率可以达到 40 Gb/s。波分复用（WDM）和光时分复用（TDM）更是极大地增加了传输容量，见表 1.5。例如 NEC 公司的 WDM 系统为 132 个波长信道，传输容量为 20 Gb/s×132＝2640 Gb/s，相当于 120 km 的距离传输了 3.3×10^8 条话路。

表 1.5　WDM 和 TDM 光纤通信试验系统的传输能力

复用技术	传输容量/(Gb/s)	中继距离/km	跨距/km	研制单位	备注
WDM	20×17 20×132	150 120	50	AT&T NEC	
TDM	160 20 20	200 10^3 10^6	50 140	NTT NTT 法 Telcom	单通道环测

2. 损耗很小，中继距离很长且误码率很小

石英光纤在 1.31 μm 和 1.55 μm 波长，传输损耗分别为 0.50 dB/km 和 0.20 dB/km，甚至更低。因此，用光纤比用同轴电缆或波导管的中继距离长得多，见表 1.4。目前，采用外调制技术，波长为 1.55 μm 的色散移位单模光纤通信系统，若其传输速率为 2.5 Gb/s，则中继距离可达 150 km；若其传输速率为 10 Gb/s，则中继距离可达 100 km。采用光纤放大器、色散补偿光纤，中继距离还可增加，见表 1.5。而且，在表 1.5 中所列的中继距离下，传输的误码率极低（10^{-9}甚至更小）。

传输容量大、传输误码率低、中继距离长的优点，使光纤通信系统不仅适合于长途干线网，而且适合于接入网的使用，这也是降低每公里话路的系统造价的主要原因。

3. 重量轻、体积小

光纤重量很轻，直径很小。即使做成光缆，在芯数相同的条件下，其重量还是比电缆轻得多，体积也小得多。表 1.6 给出了铝/聚乙烯粘结护套(LAP)单元结构光缆和标准同轴电缆的重量和截面积的比较。

表 1.6　光缆和电缆的重量和截面积比较

项　　目	8 芯		18 芯	
	光　缆	电　缆	光　缆	电　缆
重量/(kg/m)	0.42	6.3	0.42	11
重量比	1	15	1	26
直径/mm	21	47	21	65
截面积比	1	5	1	9.6

通信设备的重量和体积对许多领域特别是军事、航空和宇宙飞船等方面的应用，具有特别重要的意义。在飞机上用光纤代替电缆，不仅降低了通信设备的成本，而且降低了飞机的制造成本。例如，在美国 A‑7 飞机上，用光纤通信代替电缆通信，使飞机重量减轻 27 磅(约 12.247 kg)，相当于飞机制造成本减少 27 万美元。

此外，利用光缆体积小的特点，在市话中继线中成功地解决了地下管道拥挤问题。

4. 抗电磁干扰性能好

光纤由电绝缘的石英材料制成，光纤通信线路不受普通高、低频电磁场的干扰和闪电雷击的损坏。无金属光缆非常适合于存在强电磁场干扰的高压电力线路周围和油田、煤矿等易燃易爆环境中使用。光纤(复合)架空地线(OPGW, Optical Fiber Overhead Ground Wire)是光纤与电力输送系统的地线组合而成的通信光缆，已在电力系统的通信中发挥重要作用。

5. 泄漏小，保密性能好

在光纤中传输的光泄漏非常微弱，即使在弯曲地段也无法窃听。没有专用的特殊工具，光纤不能分接，因此信息在光纤中传输非常安全。保密性能好的这一特点，对军事、政治和经济都有重要的意义。

6. 节约金属材料，有利于资源合理使用

制造同轴电缆和波导管的铜、铝、铅等金属材料，在地球上的储存量是有限的；而制造光纤的石英(SiO_2)在地球上是取之不尽的材料。制造 8 km 管中同轴电缆，1 km 需要 120 kg 铜和 500 kg 铝；而制造 8 km 光纤只需 320 g 石英。所以，推广光纤通信，有利于地球资源的合理使用。

总之，光纤通信不仅在技术上具有很大的优越性，而且在经济上具有巨大的竞争能力，因此其在信息社会中将发挥越来越重要的作用。图 1.3 给出了各种通信系统相对造价与传输容量（话路数）的关系。由图 1.3 可见，随着传输容量的增加，由于采用了新的传输媒质，使得相对造价直线下降。

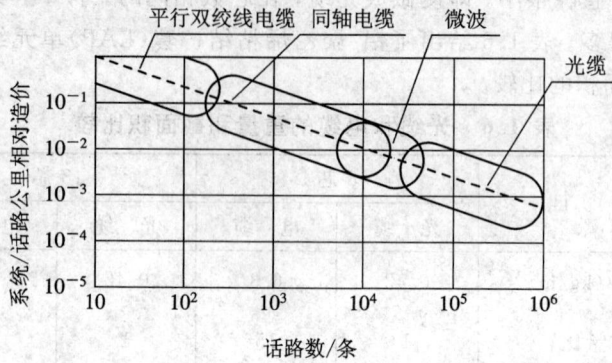

图 1.3　各种通信系统相对造价与传输容量的比较

1.2.3　光纤通信的应用

光纤可以传输数字信号，也可以传输模拟信号。光纤在通信网、广播电视网与计算机网，以及在其它数据传输系统中，都得到了广泛应用。光纤宽带干线传送网和接入网发展迅速，是当前研究开发应用的主要目标。光纤通信的各种应用可概括如下：

（1）通信网，包括全球通信网（如横跨大西洋和太平洋的海底光缆和跨越欧亚大陆的洲际光缆干线）、各国的公共电信网（如我国的国家一级干线、各省二级干线和县以下的支线）、各种专用通信网（如电力、铁道、国防等部门通信、指挥、调度、监控的光缆系统）、特殊通信手段（如石油、化工、煤矿等部门易燃易爆环境下使用光缆，以及飞机、军舰、潜艇、导弹和宇宙飞船内部的光缆系统）。

（2）计算机局域网和广域网，如光纤以太网、互联网路由器之间的光纤高速传输链路。

（3）有线电视网的干线和分配网；工业电视系统，如工厂、银行、商场、交通和公安部门的监控；自动控制系统的数据传输。

（4）综合业务光纤接入网，分为有源接入网和无源接入网，可实现电话、数据、视频（会议电视、可视电话等）及多媒体业务综合接入核心网，提供各种各样的社区服务。

1.3　光纤通信系统的基本组成

光纤通信系统可以传输数字信号，也可以传输模拟信号。用户要传输的信息多种多样，一般有话音、图像、数据或多媒体信息。为叙述方便，这里仅以数字电话和模拟电视为例。图 1.4 示出单向传输的光纤通信系统，包括发射、接收和作为广义信道的基本光纤传输系统。

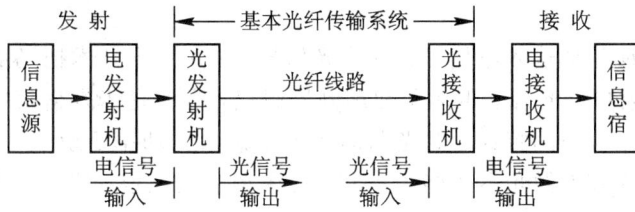

图 1.4 光纤通信系统的基本组成(单向传输)

1.3.1 发射和接收

如图 1.4 所示,信息源把用户信息转换为原始电信号,这种信号称为基带信号。电发射机把基带信号转换为适合信道传输的信号,这个转换如果需要调制,则其输出信号称为已调信号。对于数字电话传输,电话机把话音转换为频率范围为 $0.3\sim3.4$ kHz 的模拟基带信号,电发射机把这种模拟信号转换为数字信号,并把多路数字信号组合在一起。模/数转换目前普遍采用脉冲编码调制(PCM)方式,这种方式是通过对模拟信号进行抽样、量化和编码而实现的。一路话音转换成传输速率为 64 kb/s 的数字信号,然后用数字复接器把 24 路或 30 路 PCM 信号组合成 1.544 Mb/s 或 2.048 Mb/s 的一次群甚至高次群的数字系列,最后输入光发射机。对于模拟电视传输,可以用摄像机把图像转换为 6 MHz 的模拟基带信号,直接输入光发射机。为提高传输质量,通常把这种模拟基带信号转换为频率调制(FM)、脉冲频率调制(PFM)或脉冲宽度调制(PWM)信号,最后把这种已调信号输入光发射机。还可以采用频分复用(FDM)技术,用来自不同信息源的视频模拟基带信号(或数字基带信号)分别调制指定的不同频率的射频(RF)载波,然后把多个这种带有信息的 RF 信号组合成多路宽带信号,最后输入光发射机,由光载波进行传输。在这个过程中,受调制的 RF 载波称为副载波,这种采用频分复用的多路电视传输技术,称为副载波复用(SCM)。

不管是数字系统,还是模拟系统,输入到光发射机带有信息的电信号,都通过调制转换为光信号。光载波经过光纤线路传输到接收端,再由光接收机把光信号转换为电信号。电接收机的功能和电发射机的功能相反,它把接收的电信号转换为基带信号,最后由信息宿恢复用户信息。

在整个通信系统中,在光发射机之前和光接收机之后的电信号段,光纤通信所用的技术和设备与电缆通信相同,不同的只是由光发射机、光纤线路和光接收机所组成的基本光纤传输系统代替了电缆传输。

1.3.2 基本光纤传输系统

基本光纤传输系统作为独立的"光信道"单元,若配置适当的接口设备,则可以插入现有的数字通信系统或模拟通信系统,或者有线通信系统或无线通信系统的发射与接收之间。光发射机、光纤线路和光接收机,若配置适当的光器件,可以组成传输能力更强、功能更完善的光纤通信系统。例如,在光纤线路中插入光纤放大器组成光中继长途系统,配置波分复用器和解复用器,组成大容量波分复用系统,使用耦合器或光开关组成无源光网络,等等。

下面简要介绍基本光纤传输系统的三个组成部分。

1. 光发射机

　　光发射机的功能是把输入电信号转换为光信号，并用耦合技术把光信号最大限度地注入光纤线路。光发射机由光源、驱动器和调制器组成，光源是光发射机的核心。光发射机的性能基本上取决于光源的特性，对光源的要求是输出光功率足够大，调制频率足够高，光谱（谱线）宽度和光束发散角尽可能小，输出功率和波长稳定，器件寿命长。目前广泛使用的光源有半导体发光二极管（LED）和半导体激光二极管（或称激光器）（LD），以及谱线宽度很小的动态单纵模分布反馈（DFB）激光器。有些场合也使用固体激光器，例如大功率的掺钕钇铝石榴石（Nd：YAG）激光器。

　　光发射机把电信号转换为光信号的过程（常简称为电/光或 E/O 转换），是通过电信号对光的调制而实现的。目前有直接调制和间接调制（或称外调制）两种调制方案，如图 1.5 所示。直接调制是用电信号直接调制半导体激光器或发光二极管的驱动电流，使输出光随电信号变化而实现的。这种方案技术简单、成本较低、容易实现，但调制速率受激光器的频率特性所限制。外调制是把激光的产生和调制分开，用独立的调制器调制激光器的输出光而实现的。目前有多种调制器可供选择，最常用的是电光调制器。这种调制器是利用电信号改变电光晶体的折射率，使通过调制器的光参数随电信号变化而实现调制的。外调制的优点是调制速率高，缺点是技术复杂，成本较高，因此只有在大容量的波分复用和相干光通信系统中使用。

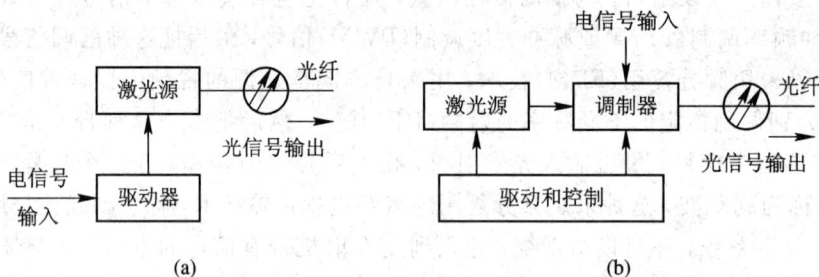

图 1.5　两种调制方案

(a) 直接调制；(b) 间接调制（外调制）

　　对光参数的调制，原理上可以是光强（功率）、幅度、频率或相位调制，但实际上目前大多数光纤通信系统都采用直接光强调制。因为幅度、频率或相位调制，需要幅度和频率非常稳定、相位和偏振方向可以控制、谱线宽度很窄的单模激光源，并采用外调制方案，所以这些调制方式只在新技术系统中使用。

2. 光纤线路

　　光纤线路的功能是把来自光发射机的光信号，以尽可能小的畸变（失真）和衰减传输到光接收机。光纤线路由光纤、光纤接头和光纤连接器组成。光纤是光纤线路的主体，接头和连接器是不可缺少的器件。实际工程中使用的是容纳许多根光纤的光缆。光纤线路的性能主要由缆内光纤的传输特性决定。对光纤的基本要求是损耗和色散这两个传输特性参数都尽可能地小，而且有足够好的机械特性和环境特性，例如，在不可避免的应力作用下和环境温度改变时，保持传输特性稳定。

　　目前使用的石英光纤有多模光纤和单模光纤，单模光纤的传输特性比多模光纤好，价格比多模光纤便宜，因而得到更广泛的应用。单模光纤配合半导体激光器，适合大容量长距离光纤传输系统，而小容量短距离系统用多模光纤配合半导体发光二极管更加合适。为适应不同通信系统的需要，已经设计制造出多种结构不同、特性优良的光纤，并成功地投入实际应用。

石英光纤在近红外波段，除杂质吸收峰外，其损耗随波长的增加而减小，在 $0.85~\mu m$、$1.31~\mu m$ 和 $1.55~\mu m$ 有三个损耗很小的波长"窗口"。在这三个波长窗口损耗分别小于 $2~dB/km$、$0.4~dB/km$ 和 $0.2~dB/km$。石英光纤在波长 $1.31~\mu m$ 处色散为零，带宽距离（乘）积高达几十 $GHz \cdot km$。通过光纤设计，可以使零色散波长移到 $1.55~\mu m$，实现损耗和色散都最小的色散移位单模光纤；或者设计在 $1.31~\mu m$ 和 $1.55~\mu m$ 之间色散变化不大的色散平坦单模光纤，等等。根据光纤传输特性的特点，光纤通信系统的工作波长都选择在 $0.85~\mu m$、$1.31~\mu m$ 或 $1.55~\mu m$，特别是 $1.31~\mu m$ 和 $1.55~\mu m$ 应用更加广泛。因此，作为光源的激光器的发射波长和作为光检测器的光电二极管的响应波长，都要和光纤这三个波长窗口相一致。目前在实验室条件下，$1.55~\mu m$ 的损耗已达到 $0.154~dB/km$，接近石英光纤损耗的理论极限，因此人们开始研究新的光纤材料。光纤这一传输媒质是光纤通信的基础，光纤的技术进步，有力地推动着光纤通信向前发展。

3. 光接收机

光接收机的功能是把从光纤线路输出、产生畸变和衰减的微弱光信号转换为电信号，并经其后的电接收机放大和处理后恢复成基带电信号。光接收机由光检测器、放大器和相关电路组成，光检测器是光接收机的核心。对光检测器的要求是响应度高、噪声低和响应速度快。目前广泛使用的光检测器有两种类型：在半导体 PN 结中加入本征层的 PIN 光电二极管（PIN - PD）和雪崩光电二极管（APD）。

光接收机把光信号转换为电信号的过程（常简称为光/电或 O/E 转换），是通过光检测器的检测实现的。检测方式有直接检测和外差检测两种。直接检测是用检测器直接把光信号转换为电信号。这种检测方式设备简单、经济实用，是当前光纤通信系统普遍采用的方式。外差检测要设置一个本地光振荡器和一个光混频器，使本地振荡光和光纤输出的信号光在混频器中产生差拍而输出中频光信号，再由光检测器把中频光信号转换为电信号。外差检测方式的难点是需要频率非常稳定，相位和偏振方向可控制，谱线宽度很窄的单模激光源；优点是有很高的接收灵敏度。目前，实用光纤通信系统普遍采用直接调制—直接检测方式。外调制—外差检测方式虽然技术复杂，但是传输速率和接收灵敏度很高，是很有发展前途的通信方式。

光接收机最重要的特性参数是灵敏度。灵敏度是衡量光接收机质量的综合指标，它反映接收机调整到最佳状态时，接收微弱光信号的能力。灵敏度主要取决于组成光接收机的光电二极管和其后的电放大器的噪声，并受传输速率、光发射机的参数和光纤线路的色散的影响，还与系统要求的误码率或信噪比有密切关系。所以灵敏度也是反映光纤通信系统质量的重要指标。

1.3.3 数字通信系统和模拟通信系统

数字光纤通信系统比模拟光纤通信系统具有更多的优点，也更能适应社会对通信能力和通信质量越来越高的要求。数字通信系统用参数取值离散的信号（如脉冲的有和无、电平的高和低等)代表信息,强调的是信号和信息之间的一一对应关系;而模拟通信系统则用参数取值连续的信号代表信息,强调的是变换过程中信号和信息之间的对应关系。这种基本特征决定着两种通信方式的优缺点和不同时期的发展趋势。20 世纪 70 年代光纤通信的应用和 80 年代计算机的普及,为数字通信的发展创造了极其有利的条件。目前虽有数字通信几乎完全代替模拟通信的趋势,但是模拟通信仍然有着重要的应用。

数字通信系统的优点如下:

(1)抗干扰能力强,传输质量好。在模拟通信系统中,噪声叠加在信号上,两者很难分开,放大时噪声和信号一起放大,不能改善因传输而劣化的信噪比。数字光纤通信一般采用二进制信号,信息由脉冲的“有”和“无”表示。因此,只有在抽样和判决过程中,当噪声超过一定阈值时,才产生误码。

(2)可以用再生中继,延长传输距离。数字通信系统可以用不同方式再生传输信号,消除传输过程中的噪声积累,恢复原信号,延长传输距离。

(3)适用各种业务的传输,灵活性大。在数字通信系统中,话音、图像等各种业务信息通过编码都可变换为二进制数字信号,通过数字传输和数字交换技术实现信息传送,有利于实现综合业务。

(4)容易实现高强度的保密通信。只需要将明文与密钥序列逐位模 2 相加,就可以实现保密通信。只要精心设计加密方案和密钥序列并经常更换密钥,便可达到很高的保密强度。

(5)数字通信系统大量采用数字电路,易于集成,从而实现小型化、微型化,增强设备可靠性,有利于降低成本。

数字通信系统的缺点是占用频带较宽,系统的频带利用率不高[①]。例如,一路模拟电话只占用 4 kHz 的带宽,而一路数字电话要占用 16~64 kHz 的带宽。数字通信系统的许多优点是以牺牲频带为代价得到的,然而光纤通信的频带很宽,完全能够容忍数字通信占用频带较宽的缺点。因而对于电话的传输,数字光纤通信系统是最佳的选择。

模拟通信系统除占用带宽较窄外,还有电路简单、价格便宜等优点。因此,目前的电视传输,广泛采用模拟通信系统。另一方面,由于电视的数字化传输,要求较复杂的技术,特别是当今社会对电视频道数目的要求日益增多,要传输几十甚至上百路电视,需要极复杂的编码和解码技术,设备价格昂贵,因此目前还不能普遍使用。在这种情况下,副载波复用(SCM)模拟光纤通信系统得到很大重视和迅速发展。在这种 SCM 系统中,视频基带信号对射频副载波的调制,可以采用调频(FM)或调幅(AM)。目前,在卫星模拟电视传输中,视频信号对微波的调制采用的是调频(FM),所以连接卫星地面站的干线光纤传输系统要采用 FM/SCM 方式。但是,世界各国模拟电视信号对无线广播载波的调制,采用的都是单边带调幅(VSB-AM),所以用于电视分配网的光纤传输系统要采用 VSB-AM/SCM方式,以便和传输到家用电视机的同轴电缆相兼容,组成光纤/同轴混合(HFC)系统。模拟通信系统要求已调信号的参数和基带信号(原始的话音、视频信号)之间具有良好的线性关系,因而需要激光器的输出光功率与驱动电流之间具有极好的线性关系。幸好,这种激光器已投入商业应用,可以传输 60~120 路质量优良的彩色电视信号。在现有电视设备都是

①　注:这里没有考虑语音、视频压缩编码和多元制数字调制的作用。

模拟的，而数字电视又未能普遍应用的今天和未来一段时间里，采用 SCM 模拟光纤通信系统传输多路电视，不失为一种明智的选择。

小 结

本章介绍了从古代原始光通信到现代光纤通信的发展过程及光通信技术的发展进程和发展趋势，给出了现代光纤通信系统基本模型，重点介绍了基本光纤传输系统模型中的各个组成部分，结合电通信分析了现代光纤通信的优缺点，介绍了光纤通信的应用领域和国内外光纤通信的一些最新研究进展。

光通信的发展过程包括探索时期的光通信和现代光纤通信两个时期。现代光纤通信时期是从 1966 年提出光纤通信概念开始到现在。根据光纤通信技术的进展又可划分为四个阶段：第一阶段(1966～1976 年)是从基础研究到商业应用的开发阶段；第二阶段(1976～1986 年)是以提高传输速率、增加传输距离为研究目标和大力推广应用的大发展阶段；第三阶段(1986～1996 年)是进一步提高传输速率和增加传输距离并全面深入开展新技术研究的阶段；第四阶段(1996 年至今)实现了超大容量的 WDM 光纤干线传输系统及基于 WDM 和波长选路的光网络，光纤通信正在向接入网领域推进。

光纤通信系统包括电信号处理部分和光信号传输部分。光信号传输部分主要由基本光纤传输系统组成，包括光发射机、光纤传输线路和光接收机三个部分。

光纤通信的优点有：容许频带很宽，传输容量很大；损耗很小，中继距离长且误码率很小；重量轻，体积小；抗电磁干扰性能好；泄漏小，保密性能好；节约金属材料，有利于资源合理使用。

光纤通信系统可以传输数字信号，也可以传输模拟信号。光纤通信主要应用于通信网，包括全球通信网，各国的公共电信网，各种专用通信网和特殊通信手段；构成因特网的计算机局域网和广域网；有线电视网的干线和分配网；综合业务光纤接入网，等等。

习题与思考题

1-1 光纤通信的优缺点各是什么？

1-2 光纤通信系统由哪几部分组成？简述各部分作用。

1-3 假设数字通信系统能够在高达 1% 的载波频率的比特率下工作，试问在 5 GHz 的微波载波和 1.55 μm 的光载波上能传输多少 64 kb/s 的话路？

1-4 简述未来光网络的发展趋势及关键技术。

1-5 光网络的优点是什么？

第 2 章 光 纤 和 光 缆

　　光纤是光纤通信的物理传输媒质。对光纤和光器件的研究，是提高光纤通信系统的水平，促进光纤通信新技术发展最重要的课题。深刻理解光纤传输原理和传输特性，正确选择光纤产品，是优化光纤通信系统设计的重要手段。

　　本章在简要介绍光纤的结构和类型之后，着重讨论光纤传输原理和传输特性，最后简要介绍光缆基本结构和工程应用对光缆的技术要求，以及光纤的测试方法。

2.1 光纤结构和类型

2.1.1 光纤结构

　　光纤(Optical Fiber)是由中心的纤芯和外围的包层同轴组成的圆柱形细丝。纤芯的折射率比包层稍高，损耗比包层更低，光能量主要在纤芯内传输。包层为光的传输提供反射面和光隔离，并起一定的机械保护作用。图 2.1 示出光纤的外形。设纤芯和包层的折射率分别为 n_1 和 n_2，光能量在光纤中传输的必要条件是 $n_1 > n_2$。纤芯和包层的相对折射率差典型值 $\Delta = (n_1 - n_2)/n_1$，一般单模光纤为 $0.3\% \sim 0.6\%$，多模光纤为 $1\% \sim 2\%$。Δ 越大，把光能量束缚在纤芯的能力越强，但信息传输容量却越小。

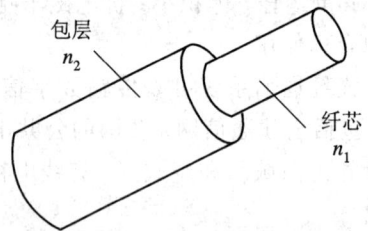

图 2.1 光纤的外形

2.1.2 光纤类型

　　光纤种类很多，这里只讨论作为信息传输波导用的由高纯度石英(SiO_2)制成的光纤。实用光纤主要有三种基本类型，图 2.2 示出其横截面的结构和折射率分布，光线在纤芯传播的路径以及由于色散引起的输出脉冲相对于输入脉冲的畸变。这些光纤的主要特征如下：

　　突变型多模光纤　如图 2.2(a)，纤芯折射率为 n_1 保持不变，到包层突然变为 n_2，故又称为阶跃折射率型光纤。这种光纤一般纤芯直径 $2a = 50 \sim 80~\mu m$，光线以折线形状沿纤芯中心轴线方向传播，特点是信号畸变大。

　　渐变型多模光纤　如图 2.2(b)，在纤芯中心折射率最大为 n_1，沿径向 r 向外围逐渐变小，直到包层变为 n_2。这种光纤一般纤芯直径 $2a$ 为 $50~\mu m$，光线以正弦形状沿纤芯中心轴线方向传播，特点是信号畸变小。

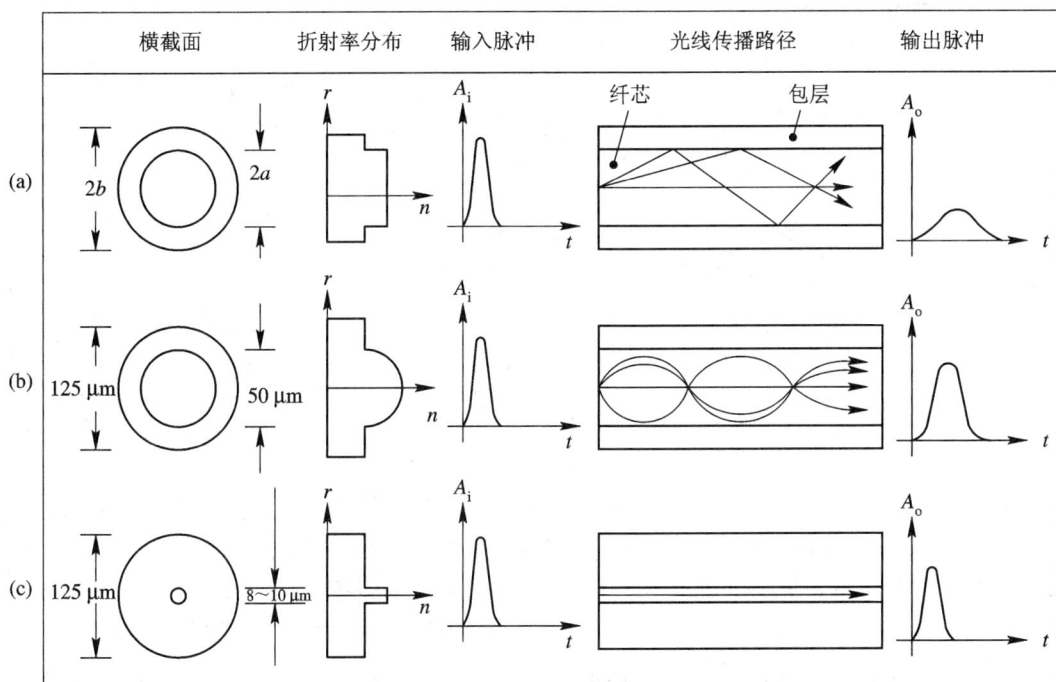

图 2.2　三种基本类型的光纤

(a) 突变型多模光纤；(b) 渐变型多模光纤；(c) 单模光纤

　　单模光纤　如图 2.2 (c)，折射率分布和突变型光纤相似，纤芯直径只有 $8\sim10~\mu m$，光线以直线形状沿纤芯中心轴线方向传播。因为这种光纤只能传输一个模式(两个偏振态简并)，所以称为单模光纤，其信号畸变很小。

　　相对于单模光纤而言，突变型光纤和渐变型光纤的纤芯直径都很大，可以容纳数百个模式，所以称为多模光纤。渐变型多模光纤和单模光纤，包层外径 $2b$ 都选用 $125~\mu m$。实际上，根据应用的需要，可以设计折射率介于 SIF 和 GIF 之间的各种准渐变型光纤。为调整工作波长或改善色散特性，可以在图 2.2(c)常规单模光纤的基础上，设计许多结构复杂的特种单模光纤。最有用的若干典型特种单模光纤的横截面结构和折射率分布示于图 2.3，这些光纤的特征如下。

　　双包层光纤　如图 2.3(a)所示，折射率分布像 W 形，又称为 W 型光纤。这种光纤有两个包层，内包层外直径 $2a'$ 与纤芯直径 $2a$ 的比值 $a'/a\leqslant2$。适当选取纤芯、外包层和内包层的折射率 n_1、n_2 和 n_3，调整 a 值，可以得到在 $1.3\sim1.6~\mu m$ 之间色散变化很小的色散平坦光纤(DFF，Dispersion-Flattened Fiber)，或把零色散波长移到 $1.55~\mu m$ 的色散移位光纤(DSF，Dispersion-Shifted Fiber)。

　　三角芯光纤　如图 2.3(b)所示，纤芯折射率分布呈三角形，这是一种改进的色散移位光纤。这种光纤在 $1.55~\mu m$ 有微量色散，有效面积较大，适合于密集波分复用和孤子传输的长距离系统使用，康宁公司称它为长距离系统光纤，这是一种非零色散光纤。

　　椭圆芯光纤　如图 2.3(c)所示，纤芯截面呈椭圆形。这种光纤具有双折射特性，即两个正交偏振模的传输常数不同。强双折射特性能使传输光保持其偏振状态，因而又称为双折射光纤或偏振保持光纤。

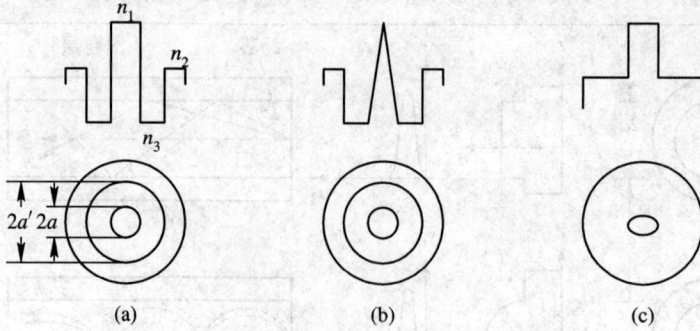

图 2.3　典型特种单模光纤
(a) 双包层；(b) 三角芯；(c) 椭圆芯

　　以上各种特征不同的光纤，其用途也不同。突变型多模光纤信号畸变大，相应的带宽距离积只有 $10\sim20$ MHz·km，只能用于小容量(8 Mb/s 以下)短距离(几千米以内)系统。渐变型多模光纤的带宽距离积可达 $1\sim2$ GHz·km，适用于中等容量($34\sim140$ Mb/s)中等距离($10\sim20$ km)系统。大容量(622 Mb/s~2.5 Gb/s)长距离(30 km 以上)系统要用单模光纤。

　　特种单模光纤能大幅度提高光纤通信系统的水平。$1.55\ \mu$m 色散移位光纤实现了 10 Gb/s 容量的 100 km 的超大容量超长距离系统。色散平坦光纤适用于波分复用系统，这种系统可以把传输容量提高几倍到几十倍。三角芯光纤有效面积较大，有利于提高输入光纤的光功率，增加传输距离。外差接收方式的相干光系统要用偏振保持光纤，这种系统最大优点是提高接收灵敏度，增加传输距离。

2.2　光纤传输原理

　　要详细描述光纤传输原理，需要求解由麦克斯韦方程组导出的波动方程。但在极限(波数 $k=2\pi/\lambda$ 非常大，波长 $\lambda\rightarrow0$)条件下，可以用几何光学的射线方程作近似分析。几何光学的方法比较直观，容易理解，但并不十分严格。不管是射线方程还是波动方程，数学推演都比较复杂，我们只选取其中主要部分和有用的结果。

2.2.1　几何光学方法

　　用几何光学方法分析光纤传输原理，我们关注的问题主要是光束在光纤中传播的空间分布和时间分布，并由此得到数值孔径和时间延迟的概念。

1. 突变型多模光纤

　　数值孔径　为简便起见，以突变型多模光纤的交轴(子午)光线为例，进一步讨论光纤的传输条件。设纤芯和包层折射率分别为 n_1 和 n_2，空气的折射率 $n_0=1$，纤芯中心轴线与 z 轴一致，如图 2.4。光线在光纤端面以小角度 θ 从空气入射到纤芯($n_0<n_1$)，折射角为 θ_1，折射后的光线在纤芯直线传播，并在纤芯与包层交界面以角度 φ_1 入射到包层($n_1>n_2$)。改变角度 θ，不同 θ 相应的光线将在纤芯与包层交界面发生反射或折射。根据全反射原理，存在一个临界角 θ_c，当 $\theta<\theta_c$ 时，相应的光线将在交界面发生全反射而返回纤芯，并以折线的

形状向前传播，如光线 1。根据斯奈尔(Snell)定律得到

$$n_0 \sin\theta = n_1 \sin\theta_1 = n_1 \cos\psi_1 \tag{2.1}$$

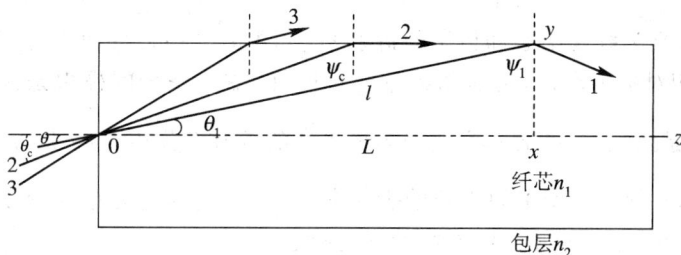

图 2.4　突变型多模光纤的光线传播原理

当 $\theta=\theta_c$ 时，相应的光线将以 ψ_c 入射到交界面，并沿交界面向前传播(折射角为 $90°$)，如光线 2，当 $\theta>\theta_c$ 时，相应的光线将在交界面折射进入包层并逐渐消失，如光线 3。由此可见，只有在半锥角为 $\theta\leqslant\theta_c$ 的圆锥内入射的光束才能在光纤中传播。根据这个传播条件，定义临界角 θ_c 的正弦为数值孔径(NA，Numerical Aperture)。根据定义和斯奈尔定律

$$\text{NA} = n_0 \sin\theta_c = n_1 \cos\psi_c, \quad n_1 \sin\psi_c = n_2 \sin 90° \tag{2.2}$$

$n_0=1$，由式(2.2)经简单计算得到

$$\text{NA} = \sqrt{n_1^2 - n_2^2} \approx n_1 \sqrt{2\Delta} \tag{2.3}$$

式中 $\Delta=(n_1-n_2)/n_1$ 为纤芯与包层相对折射率差。设 $\Delta=0.01$，$n_1=1.5$，得到 NA$=0.21$ 或 $\theta_c=12.2°$。

NA 表示光纤接收和传输光的能力，NA(或 θ_c)越大，光纤接收光的能力越强，从光源到光纤的耦合效率越高。对于无损耗光纤，θ 小于 θ_c 的入射光都能在光纤中传输。NA 越大，纤芯对光能量的束缚越强，光纤抗弯曲性能越好。但 NA 越大，经光纤传输后产生的信号畸变越大，因而限制了信息传输容量。所以要根据实际使用场合，选择适当的 NA。

时间延迟　现在我们来观察光线在光纤中的传播时间。根据图 2.4，入射角为 θ 的光线在长度为 $L(0x)$ 的光纤中传输，所经历的路程为 $l(0y)$，在 θ 不大的条件下，其传播时间即时间延迟为

$$\tau = \frac{n_1 l}{c} = \frac{n_1 L}{c} \sec\theta_1 \approx \frac{n_1 L}{c}\left(1+\frac{\theta_1^2}{2}\right) \tag{2.4}$$

式中 c 为真空中的光速。由式(2.4)得到最大入射角($\theta=\theta_c$)和最小入射角($\theta=0$)的光线之间时间延迟差近似为

$$\Delta\tau = \frac{L}{2n_1 c}\theta_c^2 = \frac{L}{2n_1 c}(\text{NA})^2 \approx \frac{n_1 L}{c}\Delta \tag{2.5}$$

这种时间延迟差在时域产生脉冲展宽，或称为信号畸变。由此可见，突变型多模光纤的信号畸变是由于不同入射角的光线经光纤传输后，其时间延迟不同而产生的。设光纤 NA$=0.20$，$n_1=1.5$，$L=1$ km，根据式(2.5)得到脉冲展宽 $\Delta\tau=44$ ns，相当于 10 MHz·km 左右带宽距离积(以下简称为带宽)。

2. 渐变型多模光纤

渐变型多模光纤具有能减小脉冲展宽、增加带宽的优点。渐变型光纤折射率分布的普遍公式为

$$n(r) = \begin{cases} n_1 \left[1 - 2\Delta\left(\dfrac{r}{a}\right)^g\right]^{1/2} \approx n_1\left[1 - \Delta\left(\dfrac{r}{a}\right)^g\right] & 0 \leqslant r < a \\ n_1[1 - \Delta] = n_2 & r \geqslant a \end{cases} \qquad (2.6)$$

式中，n_1 和 n_2 分别为纤芯中心和包层的折射率，r 和 a 分别为径向坐标和纤芯半径，$\Delta = (n_1 - n_2)/n_1$ 为相对折射率差，g 为折射率分布指数。在 $g \to \infty$ 的极限条件下，对于 $r < a$，有 $\left(\dfrac{r}{a}\right)^g \to 0$，于是式(2.6)就表示突变型多模光纤的折射率分布。$g = 2$，$n(r)$ 按平方律(抛物线)变化，表示常规渐变型多模光纤的折射率分布。具有这种分布的光纤，不同入射角的光线会聚在中心轴线的一点上，因而脉冲展宽减小。

由于渐变型多模光纤折射率分布是径向坐标 r 的函数，纤芯各点数值孔径不同，因此要定义局部数值孔径 $NA(r)$ 和最大数值孔径 NA_{max} 为

$$NA(r) = \sqrt{n^2(r) - n_2^2}$$

$$NA_{max} = \sqrt{n_1^2 - n_2^2}$$

射线方程的解 用几何光学方法分析渐变型多模光纤要求解射线方程，射线方程一般形式为

$$\frac{\mathrm{d}}{\mathrm{d}s}\left(n\frac{\mathrm{d}\boldsymbol{\rho}}{\mathrm{d}s}\right) = \nabla n \qquad (2.7)$$

式中，$\boldsymbol{\rho}$ 为特定光线的位置矢量，s 为从某一固定参考点起的光线长度。选用圆柱坐标 (r, θ, z)，把渐变型多模光纤的子午面($r - z$)示于图 2.5。如式(2.6)所示，一般光纤相对折射率差都很小，光线和中心轴线 z 的夹角也很小，即 $\sin\theta \approx \theta$。由于折射率分布具有圆对称性和沿轴线的均匀性，$n$ 与 θ 和 z 无关。在这些条件下，式(2.7)可简化为

$$\frac{\mathrm{d}}{\mathrm{d}z}\left(n\frac{\mathrm{d}r}{\mathrm{d}z}\right) = n\frac{\mathrm{d}^2 r}{\mathrm{d}z^2} = \frac{\mathrm{d}n}{\mathrm{d}r} \qquad (2.8)$$

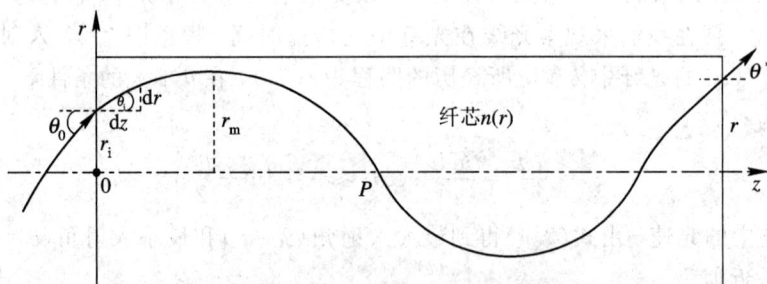

图 2.5 渐变型多模光纤的光线传播原理

把式(2.6)和 $g = 2$ 代入式(2.8)，得

$$\frac{\mathrm{d}^2 r}{\mathrm{d}z^2} = \frac{-2\Delta r}{a^2\left[1 - \Delta\left(\dfrac{r}{a}\right)^2\right]} \approx \frac{-2\Delta r}{a^2} \qquad (2.9)$$

解这个二阶微分方程，得到光线的轨迹为

$$r(z) = C_1 \sin(Az) + C_2 \cos(Az) \qquad (2.10)$$

式中，$A = \sqrt{2\Delta}/a$，C_1 和 C_2 是待定常数，由边界条件确定。设光线以 θ_0 从特定点($z = 0$，$r = r_i$)入射到光纤，并在任意点(z, r)以 θ^* 从光纤射出。由方程(2.10)及其微分得到

$$C_2 = r(z=0) = r_i \quad C_1 = \frac{1}{A}\frac{\mathrm{d}r}{\mathrm{d}z}\,(z=0) \tag{2.11}$$

由图 2.5 的入射光得到 $\mathrm{d}r/\mathrm{d}z = \tan\theta_i \approx \theta_i \approx \theta_0/n(r) \approx \theta_0/n(0)$，把这个近似关系代入式 (2.11) 得到

$$C_1 = \frac{\theta_0}{An(r)} \quad C_2 = r_i$$

把 C_1 和 C_2 代入式 (2.10) 得到

$$r(z) = r_i\cos(Az) + \frac{\theta_0}{An(r)}\sin(Az) \tag{2.12a}$$

由出射光线得到 $\mathrm{d}r/\mathrm{d}z = \tan\theta \approx \theta \approx \theta^*/n(r)$，由这个近似关系和对式 (2.12a) 求导得到

$$\theta^* = -An(r)r_i\sin(Az) + \theta_0\cos(Az) \tag{2.12b}$$

取 $n(r) \approx n(0)$，由式 (2.12) 得到光线轨迹的普遍公式为

$$\begin{pmatrix} r \\ \theta^* \end{pmatrix} = \begin{bmatrix} \cos(Az) & \dfrac{1}{An(0)}\sin(Az) \\ -An(0)\sin(Az) & \cos(Az) \end{bmatrix} \begin{pmatrix} r_i \\ \theta_0 \end{pmatrix} \tag{2.13}$$

这个公式是第 3 章要讨论的自聚焦透镜的理论依据。

自聚焦效应　为观察方便，把光线入射点移到中心轴线 ($z=0$, $r_i=0$)，由式 (2.12) 和式 (2.13) 得到

$$r = \frac{\theta_0}{An(0)}\sin(Az) \tag{2.14a}$$

$$\theta^* = \theta_0\cos(Az) \tag{2.14b}$$

由此可见，渐变型多模光纤的光线轨迹是传输距离 z 的正弦函数，对于确定的光纤，其幅度的大小取决于入射角 θ_0，其周期 $\Lambda = 2\pi/A = 2\pi a/\sqrt{2\Delta}$，取决于光纤的结构参数 ($a$, Δ)，而与入射角 θ_0 无关。这说明不同入射角相应的光线，虽然经历的路程不同，但是最终都会聚在 P 点上，见图 2.5，这种现象称为自聚焦 (Self-Focusing) 效应。

渐变型多模光纤具有自聚焦效应，不仅不同入射角相应的光线会聚在同一点上，而且这些光线的时间延迟也近似相等。这是因为光线传播速度 $v(r) = c/n(r)$ (c 为光速)，入射角大的光线经历的路程较长，但大部分路程远离中心轴线，$n(r)$ 较小，传播速度较快，补偿了较长的路程。入射角小的光线情况正相反，其路程较短，但速度较慢。所以这些光线的时间延迟近似相等。

如图 2.5，设在光线传播轨迹上任意点 (z, r) 的速度为 $v(r)$，其径向分量

$$\frac{\mathrm{d}r}{\mathrm{d}t} = v(r)\sin\theta$$

那么光线从 0 点到 P 点的时间延迟为

$$\tau = 2\int\mathrm{d}t = 2\int_0^{r_m}\frac{\mathrm{d}r}{v(r)\sin\theta} \tag{2.15}$$

由图 2.5 可以得到 $n(0)\cos\theta_0 = n(r)\cos\theta = n(r_m)\cos0$，又 $v(r) = c/n(r)$，利用这些条件，再把式 (2.6) 代入，式 (2.15) 就变成

$$\tau = \frac{2an(0)}{c\sqrt{2\Delta}}\int_0^{r_m}\frac{\left(1-2\Delta\dfrac{r^2}{a^2}\right)}{\sqrt{r_m^2-r^2}}\,\mathrm{d}r = \frac{a\pi n(0)}{c\sqrt{2\Delta}}\left(1-\Delta\frac{r_m^2}{a^2}\right) \tag{2.16}$$

和突变型多模光纤的处理相似,取 $\theta_0 = \theta_c(r_m = a)$ 和 $\theta_0 = 0(r_m = 0)$ 的时间延迟差为 $\Delta\tau$,由式(2.16)得到

$$\Delta\tau = \frac{a\pi n(0)}{c} \frac{\Delta}{\sqrt{2\Delta}} \qquad (2.17)$$

设 $a = 25\ \mu m$,$n(0) = 1.5$,$\Delta = 0.01$,由式(2.17)计算得到的 $\Delta\tau \approx 0.03\ ps$。

2.2.2 光纤传输的波动理论

虽然几何光学的方法对光线在光纤中的传播可以提供直观的图像,但对光纤的传输特性只能提供近似的结果。光波是电磁波,只有通过求解由麦克斯韦方程组导出的波动方程,分析电磁场的分布(传输模式)的性质,才能更准确地获得光纤的传输特性。

1. 波动方程和电磁场表达式

设光纤没有损耗,折射率 n 变化很小,在光纤中传播的是角频率为 ω 的单色光,电磁场与时间 t 的关系为 $\exp(j\omega t)$,则标量波动方程为

$$\nabla^2 E + \left(\frac{n\omega}{c}\right)^2 E = 0 \qquad (2.18a)$$

$$\nabla^2 H + \left(\frac{n\omega}{c}\right)^2 H = 0 \qquad (2.18b)$$

式中,E 和 H 分别为电场和磁场在直角坐标中的任一分量,c 为真空中的光速。选用圆柱坐标 (r, ϕ, z),使 z 轴与光纤中心轴线一致,如图 2.6 所示。将式(2.18)在圆柱坐标中展开,得到电场的 z 分量 E_z 的波动方程为

$$\frac{\partial^2 E_z}{\partial r^2} + \frac{1}{r}\frac{\partial E_z}{\partial r} + \frac{1}{r^2}\frac{\partial^2 E_z}{\partial \phi^2} + \frac{\partial^2 E_z}{\partial z^2} + \left(\frac{n\omega}{c}\right)^2 E_z = 0 \qquad (2.19)$$

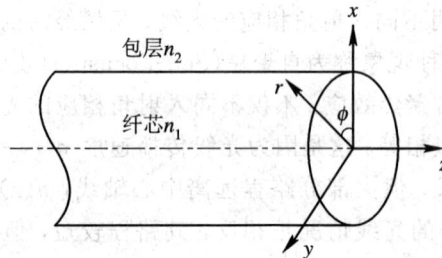

图 2.6 光纤中的圆柱坐标

磁场分量 H_z 的方程和式(2.19)完全相同,不再列出。解方程(2.19),求出 E_z 和 H_z,再通过麦克斯韦方程组求出其他电磁场分量,就得到任意位置的电场和磁场。

把 $E_z(r, \phi, z)$ 分解为 $E_z(r)$、$E_z(\phi)$ 和 $E_z(z)$。设光沿光纤轴向(z 轴)传输,其传输常数为 β,则 $E_z(z)$ 应为 $\exp(-j\beta z)$。由于光纤的圆对称性,$E_z(\phi)$ 应为方位角 ϕ 的周期函数,设为 $\exp(jv\phi)$,v 为整数。现在 $E_z(r)$ 为未知函数,利用这些表达式,电场 z 分量可以写成

$$E_z(r, \phi, z) = E_z(r)e^{j(v\phi - \beta z)} \qquad (2.20)$$

把式(2.20)代入式(2.19)得到

$$\frac{d^2 E_z(r)}{dr^2} + \frac{1}{r}\frac{dE_z(r)}{dr} + \left(n^2 k^2 - \beta^2 - \frac{v^2}{r^2}\right)E_z(r) = 0 \qquad (2.21)$$

式中,$k = 2\pi/\lambda = 2\pi f/c = \omega/c$,$\lambda$ 和 f 为真空中光的波长和频率。这样就把分析光纤中的电

磁场分布，归结为求解贝塞尔(Bessel)方程(2.21)。

设纤芯($0 \leqslant r \leqslant a$)折射率 $n(r) = n_1$，包层($r \geqslant a$)折射率 $n(r) = n_2$，实际上突变型多模光纤和常规单模光纤都满足这个条件。为求解方程(2.21)，引入无量纲参数 u，w 和 V。

$$\left.\begin{aligned}
u^2 &= a^2(n_1^2 k^2 - \beta^2) & (0 \leqslant r \leqslant a) \\
w^2 &= a^2(\beta^2 - n_2^2 k^2) & (r \geqslant a) \\
V^2 &= u^2 + w^2 = a^2 k^2(n_1^2 - n_2^2)
\end{aligned}\right\} \tag{2.22}$$

利用这些参数，把式(2.21)分解为两个贝塞尔微分方程：

$$\frac{d^2 E_z(r)}{dr^2} + \frac{1}{r}\frac{dE_z(r)}{dr} + \left(\frac{u^2}{a^2} - \frac{v^2}{r^2}\right)E_z(r) = 0 \qquad (0 \leqslant r \leqslant a) \tag{2.23a}$$

$$\frac{d^2 E_z(r)}{dr^2} + \frac{1}{r}\frac{dE_z(r)}{dr} - \left(\frac{w^2}{a^2} + \frac{v^2}{r^2}\right)E_z(r) = 0 \qquad (r \geqslant a) \tag{2.23b}$$

因为光能量要在纤芯($0 \leqslant r \leqslant a$)中传输，在 $r = 0$ 处，电磁场应为有限实数；在包层($r \geqslant a$)，光能量沿径向 r 迅速衰减，当 $r \to \infty$ 时，电磁场应消失为零。根据这些特点，式(2.23a)的解应取 v 阶贝塞尔函数 $J_v(ur/a)$，而式(2.23b)的解则应取 v 阶修正的贝塞尔函数 $K_v(wr/a)$。因此，在纤芯和包层的电场 $E_z(r, \phi, z)$ 和磁场 $H_z(r, \phi, z)$ 表达式为

$$E_{z1}(r, \phi, z) = A\frac{J_v(ur/a)}{J_v(u)}e^{j(v\phi - \beta z)} \qquad (0 < r \leqslant a) \tag{2.24a}$$

$$H_{z1}(r, \phi, z) = B\frac{J_v(ur/a)}{J_v(u)}e^{j(v\phi - \beta z)} \qquad (0 < r \leqslant a) \tag{2.24b}$$

$$E_{z2}(r, \phi, z) = A\frac{K_v(wr/a)}{K_v(w)}e^{j(v\phi - \beta z)} \qquad (r \geqslant a) \tag{2.24c}$$

$$H_{z2}(r, \phi, z) = B\frac{K_v(wr/a)}{K_v(w)}e^{j(v\phi - \beta z)} \qquad (r \geqslant a) \tag{2.24d}$$

式中，下标 1 和 2 分别表示纤芯和包层的电磁场分量，A 和 B 为待定常数，由激励条件确定。$J_v(u)$ 和 $K_v(w)$ 如图 2.7 所示，$J_v(u)$ 类似于振幅逐渐衰减的正弦曲线，$K_v(w)$ 类似于指数衰减曲线。式(2.24)表明，光纤传输模式的电磁场分布和性质取决于特征参数 u、w 和 β 的值。u 和 w 决定纤芯和包层横向(r)电磁场的分布，称为横向传输常数；β 决定纵向(z)电磁场分布和传输性质，所以称为(纵向)传输常数。

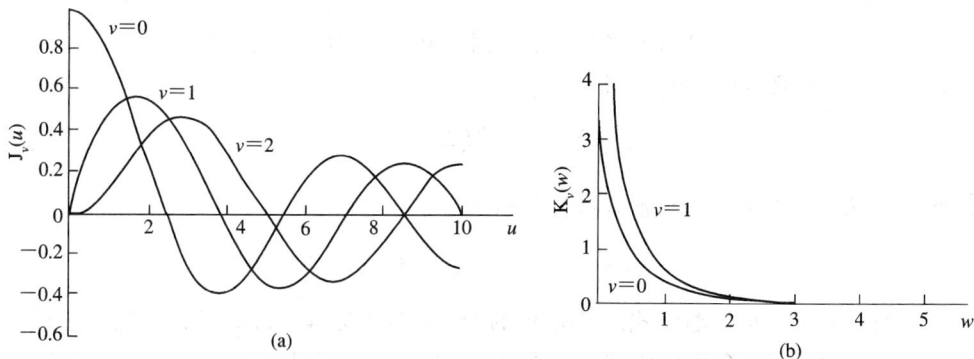

图 2.7　两种第一类贝塞尔函数

(a) 贝塞尔函数；(b) 修正的贝塞尔函数

2. 特征方程和传输模式

由式(2.24)确定光纤传输模式的电磁场分布和传输性质,必须求得 u、w 和 β 的值。由式(2.22)看到,在光纤基本参数 n_1、n_2、a 和 k 已知的条件下,u 和 w 只和 β 有关。利用边界条件,导出 β 满足的特征方程,就可以求得 β 和 u、w 的值。

由式(2.24)确定电磁场的纵向分量 E_z 和 H_z 后,就可以通过麦克斯韦方程组导出电磁场横向分量 E_r、H_r 和 E_ϕ、H_ϕ 的表达式。因为电磁场强度的切向分量在纤芯包层交界面连续,在 $r=a$ 处应该有

$$E_{z1} = E_{z2} \qquad\qquad H_{z1} = H_{z2}$$
$$E_{\phi1} = E_{\phi2} \qquad\qquad H_{\phi1} = H_{\phi2} \tag{2.25}$$

由式(2.24)可知,E_z 和 H_z 已自动满足边界条件的要求。由 E_ϕ 和 H_ϕ 的边界条件导出 β 满足的特征方程为

$$\left[\frac{J_v'(u)}{uJ_v(u)} + \frac{K_v'(w)}{wK_v(w)}\right]\left[\frac{n_1^2}{n_2^2}\frac{J_v'(u)}{uJ_v(u)} + \frac{K_v'(w)}{wK_v(w)}\right] = \left(\frac{\beta^2}{nK}\right)^2 v^2\left(\frac{1}{u^2} + \frac{1}{w^2}\right)\left(\frac{n_1^2}{n_2^2}\frac{1}{u^2} + \frac{1}{w^2}\right)$$

$$\tag{2.26}$$

这是一个超越方程,由这个方程和式(2.22)定义的特征参数 V 联立,就可求得 β 值。但数值计算十分复杂,其结果示于图 2.8。图中纵坐标的传输常数 β 取值范围为

$$n_2 k \leqslant \beta \leqslant n_1 k \tag{2.27}$$

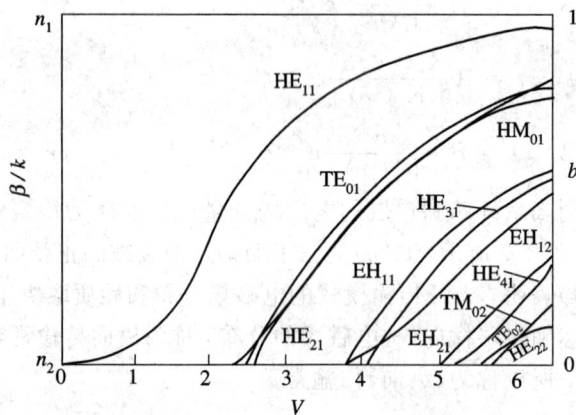

图 2.8　若干低阶模式归一化传输常数随归一化频率变化的曲线

相当于归一化传输常数 b 的取值范围为 $0 \leqslant b \leqslant 1$,

$$b = \frac{w^2}{V^2} = \frac{(\beta/k)^2 - n_2^2}{n_1^2 - n_2^2} \tag{2.28}$$

横坐标的 V 称为归一化频率,根据式(2.22)得到

$$V = \frac{2\pi a}{\lambda}\sqrt{n_1^2 - n_2^2} \tag{2.29}$$

图中每一条曲线表示一个传输模式的 β 随 V 的变化,所以方程(2.26)又称为色散方程。

对于光纤传输模式,有两种情况非常重要,一种是模式截止,另一种是模式远离截止。分析这两种情况的 u、w 和 β,对了解模式特性很有意义。

模式截止　由修正的贝塞尔函数的性质可知,当 $\frac{wr}{a} \to \infty$ 时,$K_v\left(\frac{wr}{a}\right) \to \exp\left(-\frac{wr}{a}\right)$,

要求在包层电磁场消失为零，即 $\exp\left(-\dfrac{wr}{a}\right) \rightarrow 0$，必要条件是 $w > 0$。如果 $w < 0$，电磁场将在包层振荡，传输模式将转换为辐射模式，使能量从包层辐射出去。$w = 0$ $(\beta = n_2 k)$ 介于传输模式和辐射模式的临界状态，这个状态称为模式截止。其 u、w 和 β 值记为 u_c、w_c 和 β_c，此时 $V = V_c = u_c$。

对于每个确定的 v 值，可以从特征方程 (2.26) 求出一系列 u_c 值，每个 u_c 值对应一定的模式，决定其 β 值和电磁场分布。

当 $v = 0$ 时，电磁场可分为两类。一类只有 E_z、E_r 和 H_ϕ 分量，$H_z = H_r = 0$，$E_\phi = 0$，这类在传输方向无磁场的模式称为横磁模（波），记为 $\mathrm{TM}_{0\mu}$。另一类只有 H_z、H_r 和 E_ϕ 分量，$E_z = E_r = 0$，$H_\phi = 0$，这类在传输方向无电场的模式称为横电模（波），记为 $\mathrm{TE}_{0\mu}$。在微波技术中，金属波导传输电磁场的模式只有 TM 波和 TE 波。

当 $v \neq 0$ 时，电磁场六个分量都存在，这些模式称为混合模（波）。混合模也有两类，一类 $E_z < H_z$，记为 $\mathrm{HE}_{v\mu}$，另一类 $H_z < E_z$，记为 $\mathrm{EH}_{v\mu}$。下标 v 和 μ 都是整数。第一个下标 v 是贝塞尔函数的阶数，称为方位角模数，它表示在纤芯沿方位角 ϕ 绕一圈电场变化的周期数。第二个下标 μ 是贝塞尔函数的根按从小到大排列的序数，称为径向模数，它表示从纤芯中心 $(r = 0)$ 到纤芯与包层交界面 $(r = a)$ 电场变化的半周期数。

模式远离截止　当 $V \rightarrow \infty$ 时，w 增加很快，当 $w \rightarrow \infty$ 时，u 只能增加到一个有限值，这个状态称为模式远离截止，其 u 值记为 u_∞。

波动方程和特征方程的精确求解都非常繁杂，一般要进行简化。大多数通信光纤的纤芯与包层相对折射率差 Δ 都很小（例如 $\Delta < 0.01$），因此有 $n_1 \approx n_2 \approx n$ 和 $\beta = nk$ 的近似条件。这种光纤称为弱导光纤，对于弱导光纤 β 满足的本征方程可以简化为

$$\frac{u \mathrm{J}_{v \pm 1}(u)}{\mathrm{J}_v(u)} = \pm \frac{w \mathrm{K}_{v \pm 1}(w)}{\mathrm{K}_v(w)} \tag{2.30}$$

由此得到的混合模 $\mathrm{HE}_{v+1\,\mu}$ 和 $\mathrm{EH}_{v-1\,\mu}$（例如 HE_{31} 和 EH_{11}）传输常数 β 相近，电磁场可以线性叠加。用直角坐标代替圆柱坐标，使电磁场由六个分量简化为四个分量，得到 E_y、H_x、E_z、H_z 或与之正交的 E_x、H_y、E_z、H_z。这些模式称为线性偏振（Linearly Polarized）模，并记为 $\mathrm{LP}_{v\mu}$。$\mathrm{LP}_{0\mu}$ 即 $\mathrm{HE}_{1\mu}$，$\mathrm{LP}_{1\mu}$ 由 $\mathrm{HE}_{2\mu}$ 和 $\mathrm{TE}_{0\mu}$、$\mathrm{TM}_{0\mu}$ 组成，包含 4 重简并，$\mathrm{LP}_{v\mu}$ $(v > 1)$ 由 $\mathrm{HE}_{v+1\,\mu}$ 和 $\mathrm{EH}_{v-1\,\mu}$ 组成，包含 4 重简并。

若干低阶 $\mathrm{LP}_{v\mu}$ 模简化的本征方程和相应的模式截止值 u_c 和远离截止值 u_∞ 列于表 2.1，这些低阶模式和相应的 V 值范围列于表 2.2，图 2.9 示出四个低阶模式的电磁场矢量结构图。

表 2.1　$\mathrm{LP}_{v\mu}$ 模截止值和远离截止值

方位角模数	$w \rightarrow 0$ 本征方程	$w \rightarrow \infty$ 本征方程	截止值 u_c					远离截止值 u_∞			
$v = 0$	$\mathrm{J}_1(u_c) = 0$	$\mathrm{J}_0(u_\infty) = 0$	u_c	0	3.832	7.016	10.173	…			
			u_∞	2.405	5.520	8.654	11.792	…			
			$\mathrm{LP}_{0\mu}$	LP_{01}	LP_{02}	LP_{03}	LP_{04}	…			
$v = 1$	$\mathrm{J}_0(u_c) = 0$	$\mathrm{J}_1(u_\infty) = 0$ $u_\infty \neq 0$	u_c	2.405	3.832	7.016	10.173	…			
			u_∞	3.832	7.016	10.173	13.237	…			
			$\mathrm{LP}_{1\mu}$	LP_{11}	LP_{12}	LP_{13}	LP_{14}	…			

表 2.2 低阶($v=0$ 和 $v=1$)模式和相应的 V 值范围

V 值范围	低 阶 模 式			
$0\sim2.405$	LP_{01}	HE_{11}		
$2.405\sim3.832$	LP_{11}	HE_{21}	TM_{01}	TE_{01}
$3.832\sim5.520$	LP_{02}	HE_{12}		
$5.520\sim7.016$	LP_{12}	HE_{22}	TM_{02}	TE_{02}
$7.016\sim8.654$	LP_{03}	HE_{13}		
$8.654\sim10.173$	LP_{13}	HE_{23}	TM_{03}	TE_{03}

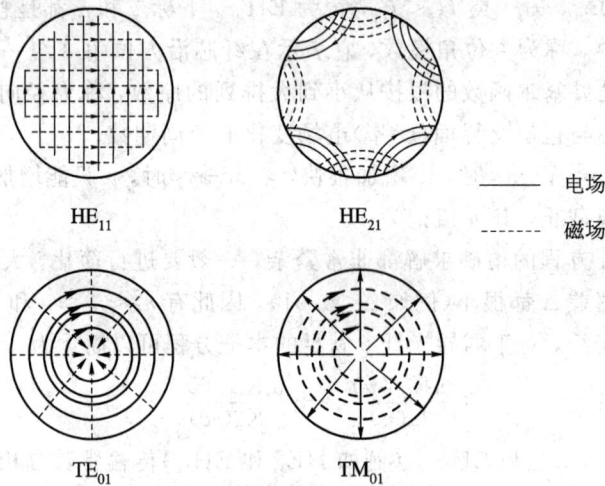

—— 电场
----- 磁场

图 2.9 四个低阶模式的电磁场矢量结构图

3. 多模渐变型光纤的模式特性

渐变型光纤折射率分布的普遍公式用式(2.6)中的 $n(r)$ 表示。由于折射率是径向坐标 r 的函数，波动方程式(2.21)没有解析解。求解式(2.21)的近似方法很多，其中由 Wentzel、Kramers 和 Brillouin 提出的 WKB 法是常用的一种近似方法。我们不准备讨论这种方法的推导过程，只给出用这种方法得到的一些有用的结果。

传输常数 多模渐变型光纤传输常数的普遍公式为

$$\beta = n_1 k \sqrt{1 - 2\Delta\left(\frac{m(\beta)}{M}\right)^{\frac{g}{g+2}}} \tag{2.31}$$

式中，n_1、Δ、g 和 k 前面已经定义了，M 是模式总数，$m(\beta)$ 是传输常数大于 β 的模式数。经计算

$$M = \left(\frac{g}{g+2}\right)a^2 k^2 n_1^2 \Delta = \left(\frac{g}{g+2}\right)\frac{V^2}{2} \tag{2.32a}$$

$$m(\beta) = M\left(\frac{k^2 n_1^2 - \beta^2}{2\Delta k^2 n_1^2}\right)^{g/(g+2)} \tag{2.32b}$$

由式(2.32)看到：对于突变型光纤，$g \to \infty$，$M = V^2/2$；对于平方律渐变型光纤，$g=2$，$M = V^2/4$。

根据计算分析，在渐变型光纤中，凡是径向模数 μ 和方位角模数 v 的组合满足

$$q = 2\mu + v \tag{2.33}$$

的模式，都具有相同的传输常数，这些简并模式称为模式群。q 称为主模数，表示模式群的阶数，第 q 个模式群有 $2q$ 个模式，把各模式群的简并度加起来，就得到模式数 $m(\beta) = q^2$。模式总数 $M = Q^2$，Q 称为最大主模数，表示模式群总数。用 q 和 Q 代替 $m(\beta)$ 和 M，从式(2.31)得到第 q 个模式群的传输常数

$$\beta_q = n_1 k \sqrt{1 - 2\Delta\left(\frac{q}{Q}\right)^{\frac{2g}{g+2}}} \tag{2.34}$$

光强分布　多模渐变型光纤端面的光强分布（又称为近场）$P(r)$ 主要由折射率分布 $n(r)$ 决定，

$$\frac{P(r)}{P(0)} = C\frac{n^2(r) - n^2(a)}{n^2(0) - n^2(a)} \tag{2.35}$$

式中 $P(0)$ 为纤芯中心($r=0$)的光强，C 为修正因子。

4. 单模光纤的模式特性

单模条件和截止波长　从图2.8和表2.2可以看到，传输模式数目随 V 值的增加而增多。当 V 值减小时，不断发生模式截止，模式数目逐渐减少。特别值得注意的是当 $V < 2.405$ 时，只有 $HE_{11}(LP_{01})$ 一个模式存在，其余模式全部截止。HE_{11} 称为基模，由两个偏振态简并而成。由此得到单模传输条件为

$$V = \frac{2\pi a}{\lambda}\sqrt{n_1^2 - n_2^2} \leqslant 2.405 \tag{2.36}$$

由式(2.36)可以看到，对于给定的光纤(n_1、n_2 和 a 确定)，存在一个临界波长 λ_c，当 $\lambda < \lambda_c$ 时，是多模传输，当 $\lambda > \lambda_c$ 时，是单模传输，这个临界波长 λ_c 称为截止波长。由此得到

$$V = 2.405\frac{\lambda_c}{\lambda} \quad \text{或} \quad \lambda_c = \frac{V\lambda}{2.405}$$

光强分布和模场半径　通常认为单模光纤基模 HE_{11} 的电磁场分布近似为高斯分布

$$\Psi(r) = A\exp\left(-\left(\frac{r}{w_0}\right)^2\right) \tag{2.37}$$

式中，A 为场的幅度，r 为径向坐标，w_0 为高斯分布 $1/e$ 点的半宽度，称为模场半径。实际单模光纤的模场半径 w_0 是用测量确定的，常规单模光纤用纤芯半径 a 归一化的模场半径的经验公式为

$$\frac{w_0}{a} = 0.65 + 1.619V^{-1.5} + 2.879V^{-6}$$
$$= 0.65 + 0.434\left(\frac{\lambda}{\lambda_c}\right)^{1.5} + 0.0149\left(\frac{\lambda}{\lambda_c}\right)^6 \tag{2.38}$$

w_0/a 与 V(或 λ/λ_c)的关系示于图2.10。图中 ρ 是基模 HE_{11} 的注入效率。由图可见，在 $3 > V > 1.4(0.8 < \lambda/\lambda_c < 1.8)$ 范围，$\rho > 96\%$。

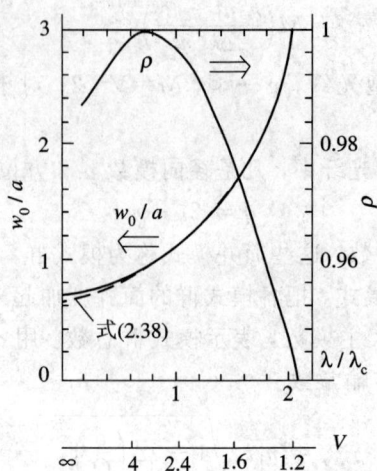

图 2.10　用对 LP_{01} 模给出最佳注入效率的高斯场分布时，归一化模场半径 w_0/a 和注入效率 ρ 与归一化波长 λ/λ_c 或归一化频率 V 的函数关系

　　双折射和偏振保持光纤　前面的讨论都假设了光纤具有完美的圆形横截面和理想的圆对称折射率分布，而且沿光纤轴向不发生变化。因此，$HE_{11}(LP_{01})$ 模的 x^- 偏振模 HE_{11}^x ($E_y=0$) 和 y^- 偏振模 HE_{11}^y ($E_x=0$) 具有相同的传输常数 ($\beta_x=\beta_y$)，两个偏振模完全简并。但是实际光纤难以避免的形状不完善或应力不均匀，必定造成折射率分布各向异性，使两个偏振模具有不同的传输常数 ($\beta_x\neq\beta_y$)。因此，在传输过程要引起偏振态的变化，我们把两个偏振模传输常数的差 ($\beta_x-\beta_y$) 定义为双折射 $\Delta\beta$，通常用归一化双折射 B 来表示，

$$B=\frac{\Delta\beta}{\bar\beta}=\frac{\beta_x-\beta_y}{\bar\beta} \tag{2.39}$$

式中，$\bar\beta=(\beta_x+\beta_y)/2$ 为两个传输常数的平均值。把两个正交偏振模的相位差达到 2π 的光纤长度定义为拍长

$$L_b=\frac{2\pi}{\Delta\beta} \tag{2.40}$$

　　存在双折射，要产生偏振色散，因而限制系统的传输容量。许多单模光纤传输系统都要求尽可能地减小或消除双折射。一般单模光纤 B 值虽然不大，但是通过光纤制造技术来消除它却十分困难。合理的解决办法是通过光纤设计，人为地引入强双折射，把 B 值增加到足以使偏振态保持不变，或只保存一个偏振模式，实现单模单偏振传输。强双折射光纤和单模单偏振光纤为偏振保持光纤。获得偏振保持光纤的方法很多，例如引入形状各向异性的椭圆芯光纤。

2.3　光纤传输特性

　　光信号经光纤传输后要产生损耗和畸变（失真），因而输出信号和输入信号不同。对于脉冲信号，不仅幅度要减小，而且波形要展宽。产生信号畸变的主要原因是光纤中存在色散。损耗和色散是光纤最重要的传输特性。损耗限制系统的传输距离，色散则限制系统的传输带宽。本节讨论光纤的色散和损耗的机理和特性，为光纤通信系统的设计提供依据。

2.3.1　光纤色散

1. 色散、带宽和脉冲展宽

色散（Dispersion）是在光纤中传输的光信号，由于不同成分的光的传播时间不同而产生的一种物理效应。色散一般包括模式色散、材料色散和波导色散。

模式色散是由于不同模式的传播时间不同而产生的，它取决于光纤的折射率分布，并和光纤材料折射率的波长特性有关。

材料色散是由于光纤的折射率随波长而改变，以及模式内部不同波长成分的光（实际光源不是纯单色光），其传播时间不同而产生的。这种色散取决于光纤材料折射率的波长特性和光源的谱线宽度。

波导色散是由于波导结构参数与波长有关而产生的，它取决于波导尺寸和纤芯与包层的相对折射率差。

色散对光纤传输系统的影响，在时域和频域的表示方法不同。从频域上看，色散限制了传输信号的带宽（Bandwith）；从时域上看，色散引起信号脉冲的展宽（Pulse Broadening）。所以，色散通常用 3 dB 光带宽 $f_{3\,dB}$ 或脉冲展宽 $\Delta\tau$ 表示。

用脉冲展宽表示时，光纤色散可以写成

$$\Delta\tau = (\Delta\tau_n^2 + \Delta\tau_m^2 + \Delta\tau_w^2)^{1/2} \tag{2.41}$$

式中，$\Delta\tau_n$、$\Delta\tau_m$、$\Delta\tau_w$ 分别为模式色散、材料色散和波导色散所引起的脉冲展宽的均方根值。

光纤带宽的概念来源于线性非时变系统的一般理论。如果光纤可以按线性系统处理，其输入光脉冲功率 $P_i(t)$ 和输出光脉冲功率 $P_o(t)$ 的一般关系为

$$P_o(t) = \int_{-\infty}^{+\infty} h(t-t') P_i(t')\,dt' \tag{2.42}$$

当输入光脉冲 $P_i(t) = \delta(t)$ 时，输出光脉冲 $P_o(t) = h(t)$，式中 $\delta(t)$ 为 δ 函数，$h(t)$ 称为光纤的冲击响应。冲击响应 $h(t)$ 的傅里叶（Fourier）变换为

$$H(f) = \int_{-\infty}^{+\infty} h(t) \exp(-j2\pi ft)\,dt \tag{2.43}$$

一般，频率响应 $|H(f)|$ 随频率的增加而下降，这表明输入信号的高频成分被光纤衰减了。受这种影响，光纤起了低通滤波器的作用。将归一化频率响应 $|H(f)/H(0)|$ 下降一半或减小 3 dB 的频率定义为光纤 3 dB 光带宽 $f_{3\,dB}$，由此得到

$$\left| \frac{H(f_{3\,dB})}{H(0)} \right| = \frac{1}{2} \tag{2.44a}$$

或

$$T(f) = 10 \lg |H(f_{3\,dB})/H(0)| = -3 \tag{2.44b}$$

一般，光纤不能按线性系统处理，但如果系统光源的频谱宽度 $\Delta\omega_\lambda$ 比信号的频谱宽度 $\Delta\omega_s$ 大得多，光纤就可以近似为线性系统。光纤传输系统通常满足这个条件。光纤实际测试表明，当输入光脉冲 $P_i(t) \approx \delta(t)$ 时，输出光脉冲一般为高斯波形，设

$$P_o(t) \approx h(t) = \exp\left(-\frac{t^2}{2\sigma^2}\right) \tag{2.45}$$

式中，σ 为均方根（rms）脉冲宽度。对式（2.45）进行傅里叶变换，代入式（2.44a）得到

$$\exp(-2\pi^2\sigma^2 f_{3\,\mathrm{dB}}^2) = \frac{1}{2} \tag{2.46}$$

由式(2.46)得到 3 dB 光纤带宽为

$$f_{3\,\mathrm{dB}} = \frac{\sqrt{2\ln 2}}{2\pi}\frac{1}{\sigma} = \frac{187}{\sigma} \quad (\mathrm{MHz}) \tag{2.47a}$$

用高斯脉冲半峰值全宽度(FWHM)$\Delta\tau = 2\sqrt{2\ln 2}\sigma = 2.355\sigma$，代入式(2.47a)得到

$$f_{3\,\mathrm{dB}} = \frac{441}{\Delta\tau} \quad (\mathrm{MHz}) \tag{2.47b}$$

式(2.47)脉冲宽度 σ 和 $\Delta\tau$ 是信号通过光纤产生的脉冲展宽，单位为 ns。

　　输入脉冲一般不是 δ 函数。设输入脉冲和输出脉冲为式(2.45)表示的高斯函数，其 rms 脉冲宽度分别为 σ_1 和 σ_2，频谱分别为 $H_1(f)$ 和 $H_2(f)$，根据傅里叶变换特性得到

$$H(f) = \frac{H_2(f)}{H_1(f)} \tag{2.48}$$

由此得到，信号通过光纤后产生的脉冲展宽 $\sigma = \sqrt{\sigma_2^2 - \sigma_1^2}$ 或 $\Delta\tau = \sqrt{\Delta\tau_2^2 - \Delta\tau_1^2}$，$\Delta\tau_1$ 和 $\Delta\tau_2$ 分别为输入脉冲和输出脉冲的半峰值全宽度(FWHM)。

　　光纤 3 dB 光带宽 $f_{3\,\mathrm{dB}}$ 和脉冲展宽 $\Delta\tau$、σ 的定义示于图 2.11。

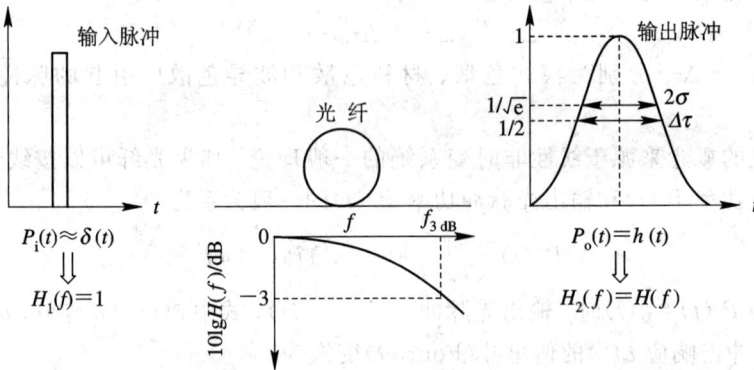

图 2.11　光纤带宽和脉冲展宽的定义

2. 多模光纤的色散

　　多模光纤折射率分布的普遍公式用式(2.6)的 $n(r)$ 表示，第 q 阶模式群的传输常数用式(2.34)的 β_q 表示。单位长度光纤第 q 阶模式群产生的时间延迟

$$\tau_q = \frac{\mathrm{d}\beta_q}{\mathrm{d}\omega} = \frac{1}{c}\frac{\mathrm{d}\beta_q}{\mathrm{d}k}$$

式中，c 为光速，$k = 2\pi/\lambda$，λ 为光波长。设光源的功率谱很陡峭，其 rms 光谱宽度为 σ_λ，每个传输模式具有相同的功率，经复杂的计算，得到长度为 L 的多模光纤 rms 脉冲展宽为

$$\sigma^2 = [\langle\tau_q^2\rangle - \langle\tau_q\rangle^2] = \sigma_{\text{模间}}^2 + \sigma_{\text{模内}}^2 \tag{2.49}$$

$$\sigma_{\text{模间}} = \frac{LN_1\Delta}{2c}\left(\frac{g}{g+1}\right)\left(\frac{g+2}{3g+2}\right)^{1/2}\left[C_1 + \frac{4C_1 C_2\Delta(g+1)}{2g+1} + \frac{4C_2^2\Delta^2(2g+2)^2}{(5g+2)(3g+2)}\right]^{1/2}$$

$$\tag{2.50a}$$

$$\sigma_{\text{模内}} = \frac{L\sigma_\lambda}{c\lambda}\left[(\lambda n_1'')^2 - 2(\lambda n_1'')^2 N_1 C_1\Delta\frac{\alpha}{\alpha+1} + (N_1 C_1\Delta)\left(\frac{2g}{3g+2}\right)\right]^{1/2} \tag{2.50b}$$

$$C_1 = \frac{g-2-\varepsilon}{g+2} \qquad\qquad C_2 = \frac{3g-2-2\varepsilon}{2(g+2)}$$

$$\varepsilon = -\frac{2n_1}{N_1}\frac{\lambda}{\Delta}\frac{\mathrm{d}\Delta}{\mathrm{d}\lambda} \qquad\qquad N_1 = n_1 - \lambda\frac{\mathrm{d}n_1}{\mathrm{d}\lambda}$$

$\sigma_{模间}$ 为模式色散产生的 rms 脉冲展宽。当 $g \to \infty$ 时，相应于突变型光纤，由式(2.50a) 简化得到

$$\sigma_{模间}(g \to \infty) \approx \frac{LN_1\Delta}{2\sqrt{3}\,c} \tag{2.50c}$$

当 $g = 2+\varepsilon$ 时，相应于 rms 脉冲展宽达到最小值的渐变型光纤，由式(2.50a)简化得到

$$\sigma_{模间}(g = 2+\varepsilon) \approx \frac{LN_1\Delta^2}{4\sqrt{3}\,c} \tag{2.50d}$$

由此可见，渐变型光纤的 rms 脉冲展宽比突变型光纤减小 $\Delta/2$ 倍。

$\sigma_{模内}$ 为模内色散产生的 rms 脉冲展宽，其中第一项为材料色散，第三项为波导色散，第二项包含材料色散和波导色散的影响。对于一般多模光纤，第一项是主要的，其他两项可以忽略，由式(2.50b)简化得到

$$\sigma_{模内} \approx -\frac{L\sigma_\lambda\lambda}{c}\frac{\mathrm{d}^2 n_1}{\mathrm{d}\lambda^2} \tag{2.50e}$$

图 2.12 示出三种不同光源对应的 rms 脉冲展宽 σ 和折射率分布指数 g 的关系。由图可见，rms 脉冲展宽 σ 随光源谱宽 σ_λ 的增大而增大，并在很大程度上取决于折射率分布指数 g。当 $g = g_0$ 时，σ 达到最小值。g 的最佳值 $g_0 = 2+\varepsilon$，取决于光纤结构参数和材料的波长特性。当用分布反馈激光器时，最小 σ 约为 0.018 ns，相应的带宽达到 10 GHz·km。

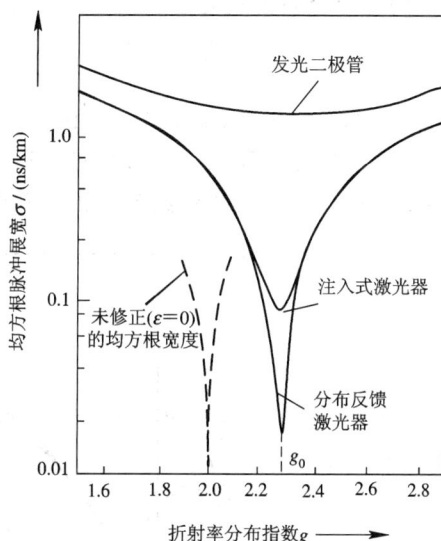

图 2.12　三种不同光源的均方根脉冲展宽与折射率分布指数的关系

3. 单模光纤的色散

色度色散　理想单模光纤没有模式色散，只有材料色散和波导色散。材料色散和波导色散总称为色度色散(Chromatic Dispersion)，常简称为色散，它是传播时间随波长变化产生的结果。

由于纤芯和包层的相对折射率差 $\Delta \ll 1$，即 $n_1 \approx n_2$，由式(2.28)可以得到基模 HE_{11} 的传输常数

$$\beta = n_2 k(1 + b\Delta) \tag{2.51}$$

参数 b 在 0 和 1 之间。由式(2.51)可以推导出单位长度光纤的时间延迟

$$\tau = \frac{1}{c}\frac{\mathrm{d}\beta}{\mathrm{d}k}$$

式中，c 为光速，$k = 2\pi/\lambda$，λ 为光波长。由于参数 b 是归一化频率 V 的函数，而 V 又是波长

λ 的函数,计算非常复杂。经合理简化,得到单位长度的单模光纤色散系数为

$$C(\lambda) = \frac{d\tau}{d\lambda} = M_2(\lambda) - \frac{n_1\Delta}{c\lambda}V\frac{d^2(bV)}{dV^2}(1+\delta) \tag{2.52}$$

上式右边第一项为材料色散,

$$M_2(\lambda) = -\frac{\lambda}{c}\frac{d^2 n_2}{d\lambda^2}$$

其值由实验确定。SiO_2 材料 $M_2(\lambda)$ 的近似经验公式为

$$M_2(\lambda) = \frac{1.23\times10^{-10}}{\lambda}(\lambda-1273) \quad (ps/(nm\cdot km))$$

式中,λ 的单位为 nm。当 $\lambda=1273$ nm 时,$M_2(\lambda)=0$。式(2.52)第二项为波导色散,其中 $\delta=(n_3-n_2)/(n_1-n_3)$,是 W 型单模光纤的结构参数,当 $\delta=0$ 时,相应于常规单模光纤。含 V 项的近似经验公式为

$$V\frac{d^2(bV)}{dV^2} = 0.080 + 0.549(2.834-V)^2$$

不同结构参数的 $C(\lambda)$ 示于图 2.13,图中曲线相应于零色散波长在 1.31 μm 的常规单模光纤,零色散波长移位到 1.55 μm 的色散移位光纤,和在 1.3~1.6 μm 色散变化很小的色散平坦光纤,这些光纤的结构见图 2.2(c)和图 2.3(a)。

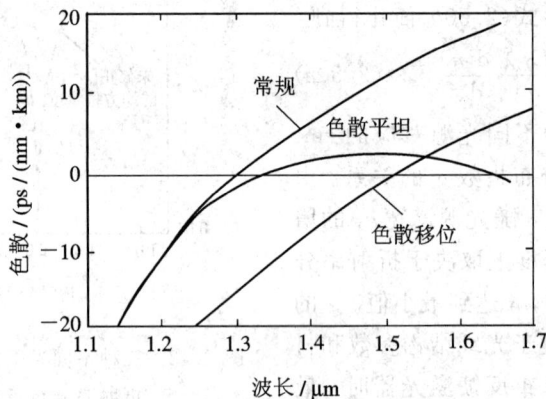

图 2.13　不同结构单模光纤的色散特性

光源的影响　存在色散$[C(\lambda)\neq0]$的条件下,光源对光纤脉冲展宽的影响可以分为三种情况。

多色光源:设光源频谱宽度 $\Delta\omega_\lambda$ 比调制带宽 $\Delta\omega_s$ 大得多,即 $\Delta\omega_\lambda\gg\Delta\omega_s$,且光谱不受调制的影响。实际上,这相当于多纵模半导体激光器的情况。考虑 rms 谱线宽度为 σ_λ 的高斯型光源,其功率谱密度为

$$P(\lambda) = \exp\left[-\frac{1}{2}\left(\frac{\lambda-\lambda_0}{\sigma_\lambda}\right)^2\right] \tag{2.53}$$

式中,λ_0 为中心波长。利用 $\sigma_\lambda\ll\lambda_0$,可以把时间延迟 $\tau(\lambda)$ 展开为泰勒级数

$$\tau(\lambda) = \tau_0 + (\lambda-\lambda_0)C_0 + (\lambda-\lambda_0)^2 C_0'/2 \tag{2.54}$$

式中,$\tau_0=\tau(\lambda_0)$,$C_0=C(\lambda_0)$,$C_0'=\left.\dfrac{dC(\lambda)}{d\lambda}\right|_{\lambda=\lambda_0}$。

把 rms 脉冲宽度为 σ_1 的高斯型光脉冲(用功率表示)输入长度为 L 的单模光纤,在中心波长 λ_0 远离零色散波长 λ_d,即 $|\lambda_0 - \lambda_d| \gg \sigma_\lambda/2$ 的条件下,输出光脉冲仍保持高斯型,设其 rms 脉冲宽度为 σ_2,由式(2.54)、式(2.53)和式(2.48)得到

$$\sigma_2^2 = \sigma_1^2 + (C_0 L\sigma_\lambda)^2 + \frac{1}{2}(C_0' L\sigma_\lambda^2)^2 \tag{2.55a}$$

由长度为 L 的单模光纤色度色散产生的脉冲展宽为

$$\sigma = \sqrt{(C_0 L\sigma_\lambda)^2 + \frac{(C_0' L\sigma_\lambda^2)^2}{2}} \tag{2.55b}$$

作为一级近似,$\sigma \approx |C_0| L\sigma_\lambda$。由式(2.47)可以计算出 3 dB 光带宽,图 2.14 示出常规单模光纤带宽和波长的关系。

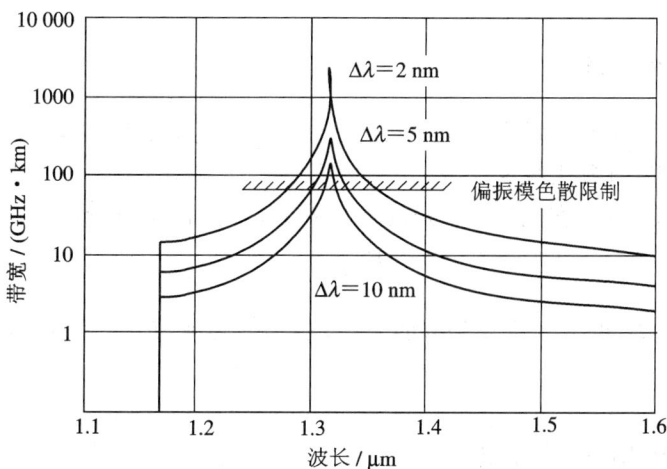

图 2.14　常规单模光纤带宽和波长的关系

单色光源:设无调制时光源的频谱宽度 $\Delta\omega_\lambda$ 和调制带宽 $\Delta\omega_s$ 相比可以忽略($\Delta\omega_\lambda \ll \Delta\omega_s$),且中心波长不受调制的影响。实际上,这相当于锁模激光器和稳定的单频激光器。在长度为 L 的单模光纤上,输入和输出的光脉冲都是高斯型,其 rms 脉冲宽度分别为 σ_1 和 σ_2,经计算得到

$$\sigma_2^2 = \sigma_1^2 + \left(\frac{C_0 L\lambda_0^2}{4\pi c\sigma_1}\right)^2 \tag{2.56a}$$

上式右边第二项为光纤产生的脉冲展宽。和多色光源不同,单色光源脉冲展宽与输入脉冲宽度 σ_1 有关。根据式(2.56a),可以选取使输出脉冲宽度 σ_2 最小的最佳输入脉冲宽度 σ_1

$$(\sigma_1)_{最佳} = \sqrt{\frac{\lambda_0^2}{4\pi c}|C_0|L} \tag{2.56b}$$

由此得到最佳输出脉冲宽度

$$(\sigma_2)_{最佳} = \sqrt{2}(\sigma_1)_{最佳} \tag{2.56c}$$

中等谱宽:设光源的频谱宽度 $\Delta\omega_\lambda$ 和调制带宽 $\Delta\omega_s$ 相近($\Delta\omega_\lambda \approx \Delta\omega_s$),这相当于频谱宽度较大的单纵模激光器。在这种情况下,

$$\sigma_2^2 = \sigma_1^2 + \left(\frac{C_0 L\lambda_0^2}{4\pi c\sigma_1}\right)^2(1 + 4\sigma_1^2\omega^2) \tag{2.57}$$

式中，ω 为光源的 rms 频谱宽度(用角频率表示)。同样可以选取使 σ_2 最小的最佳 σ_1。

偏振模色散 在理想完善的单模光纤中，HE_{11} 模由两个具有相同传输常数相互垂直的偏振模简并组成。但实际光纤不可避免地存在一定缺陷，如纤芯椭圆度和内部残余应力，使两个偏振模的传输常数不同，这样产生的时间延迟差称为偏振模色散或双折射色散。

偏振模色散 $\Delta\tau$ 取决于光纤的双折射，由 $\Delta\beta = \beta_x - \beta_y \approx n_x k - n_y k$ 得到，

$$\Delta\tau = \frac{1}{c}\frac{d\Delta\beta}{dk} \approx \frac{1}{c}(n_x - n_y) \tag{2.58}$$

式中，n_x 和 n_y 分别为 x^- 和 y^- 方向的等效折射率。偏振模色散本质上是模式色散，由于模式耦合是随机的，因而它是一个统计量。目前虽没有统一的技术标准，但一般要求偏振模色散小于 0.5 ps/km。由于存在偏振模色散，即使在色度色散 $C(\lambda) = 0$ 的波长，带宽也不是无限大，见图 2.14。

2.3.2 光纤损耗

由于损耗的存在，在光纤中传输的光信号，不管是模拟信号还是数字信号，其幅度都要减小。光纤的损耗在很大程度上决定了系统的传输距离。

在最一般的条件下，在光纤内传输的光功率 P 随距离 z 的变化，可以用下式表示

$$\frac{dP}{dz} = -\alpha P \tag{2.59}$$

式中，α 是损耗系数。设长度为 $L(\text{km})$ 的光纤，输入光功率为 P_i，根据式(2.59)，输出光功率应为

$$P_o = P_i \exp(-\alpha L) \tag{2.60}$$

习惯上 α 的单位用 dB/km 并定义为

$$\alpha = \frac{10}{L}\lg\frac{P_i}{P_o} \quad (\text{dB/km}) \tag{2.61a}$$

1. 损耗的机理

图 2.15 是单模光纤的损耗谱，图中示出各种机理产生的损耗与波长的关系，这些机理包括吸收损耗和散射损耗两部分。

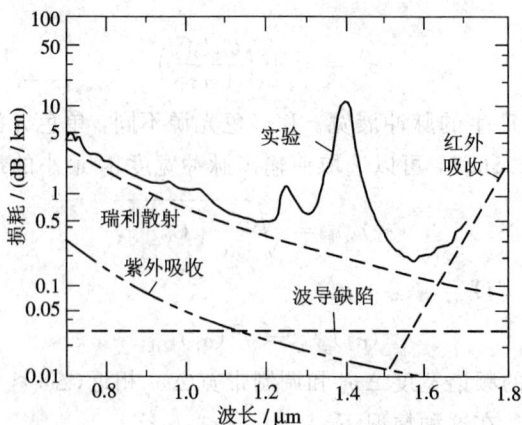

图 2.15 单模光纤损耗谱，示出各种损耗机理

吸收损耗　是由 SiO_2 材料引起的固有吸收和由杂质引起的吸收产生的。由材料电子跃迁引起的吸收带发生在紫外(UV)区($\lambda < 0.4\ \mu m$)，由分子振动引起的吸收带发生在红外(IR)区($\lambda > 7\ \mu m$)，由于 SiO_2 是非晶状材料，两种吸收带从不同方向伸展到可见光区。由此而产生的固有吸收很小，在 $0.8 \sim 1.6\ \mu m$ 波段，小于 0.1 dB/km，在 $1.3 \sim 1.6\ \mu m$ 波段，小于 0.03 dB/km。光纤中的杂质主要有过渡金属(例如 Fe^{2+}、Co^{2+}、Cu^{2+})和氢氧根(OH^-)离子，这些杂质是早期实现低损耗光纤的障碍。由于技术的进步，目前过渡金属离子含量已经降低到其影响可以忽略的程度。由氢氧根离子(OH^-)产生的吸收峰出现在 $0.95\ \mu m$、$1.24\ \mu m$ 和 $1.39\ \mu m$ 波长，其中以 $1.39\ \mu m$ 的吸收峰影响最为严重。目前 OH^- 的含量已经降低到 10^{-9} 以下，$1.39\ \mu m$ 吸收峰损耗也减小到 0.5 dB/km 以下。

散射损耗　主要由材料微观密度不均匀引起的瑞利(Rayleigh)散射和由光纤结构缺陷(如气泡)引起的散射产生的。结构缺陷散射产生的损耗与波长无关。瑞利散射损耗 α_R 与波长 λ 四次方成反比，可用经验公式表示为 $\alpha_R = A/\lambda^4$，瑞利散射系数 A 取决于纤芯与包层折射率差 Δ。当 Δ 分别为 0.2% 和 0.5% 时，A 分别为 0.86 和 1.02。瑞利散射损耗是光纤的固有损耗，它决定着光纤损耗的最低理论极限。如果 $\Delta = 0.2\%$，在 $1.55\ \mu m$ 波长，光纤最低理论极限为 0.149 dB/km。

2. 实用光纤的损耗谱

根据以上分析和经验，光纤总损耗 α 与波长 λ 的关系可以表示为

$$\alpha = \frac{A}{\lambda^4} + B + CW(\lambda) + IR(\lambda) + UV(\lambda) \tag{2.61b}$$

式中，A 为瑞利散射系数，B 为结构缺陷散射产生的损耗，$CW(\lambda)$、$IR(\lambda)$ 和 $UV(\lambda)$ 分别为杂质吸收、红外吸收和紫外吸收产生的损耗。

图 2.16 示出三种实用光纤和一种优质单模光纤测量的损耗谱。

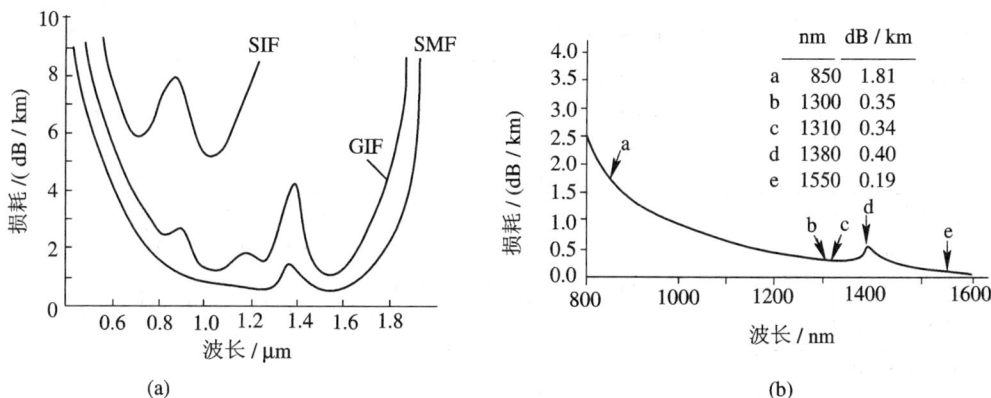

图 2.16　光纤损耗谱
(a) 三种实用光纤；(b) 优质单模光纤

由图 2.16 看到：从多模突变型(SIF)、渐变型(GIF)光纤到单模(SMF)光纤，损耗依次减小。在 $0.8 \sim 1.55\ \mu m$ 波段内，除吸收峰外，光纤损耗随波长增加而迅速减小。在 $1.39\ \mu m$ OH^- 吸收峰两侧 $1.31\ \mu m$ 和 $1.55\ \mu m$ 存在两个损耗极小的波长"窗口"。另一方面，从色散的讨论中看到：从多模 SIF、GIF 光纤到 SMF 光纤，色散依次减小(带宽依次增

大)。石英单模光纤的零色散波长在 1.31 μm，还可以把零色散波长从 1.31 μm 移到 1.55 μm，实现带宽最大损耗最小的传输。正因为这些特性，使光纤通信从 SIF、GIF 光纤发展到 SMF 光纤，从短波长(0.85 μm)"窗口"发展到长波长(1.31 μm 和 1.55 μm)"窗口"，使系统技术水平不断提高。

2.3.3　光纤标准和应用

制订光纤标准的国际组织主要有 ITU - T(国际电信联盟 - 电信标准化机构)，即原 CCITT(国际电报电话咨询委员会)和 IEC(国际电工委员会)。表 2.3 列出了 ITU - T 已公布的光纤特性的标准。

表 2.3　光纤特性的标准

一般分类	多　模	单　模			
ITU - T 编号	G.651		G.652	G.653	G.654
折射率分布	GI	特征	常规	色散移位	1.55 μm 损耗最小
纤芯材料 包层材料	玻璃 玻璃	纤芯材料 包层材料	玻璃 玻璃	玻璃 玻璃	玻璃 玻璃
纤芯直径/μm	50±6%	模场直径/μm	(9~10)±10%	(7~8.3)±10% (1550 nm)	10.5±10%
包层直径/μm	125±2.4%	包层直径/μm	125±2.4%	125±2.4%	125±2.4%
纤芯不圆度/(%)	<6	模场不圆度	—	—	—
包层不圆度/(%)	<2	包层不圆度/(%)	<2	<2	<2
同芯误差/(%)	<6	模场同心误差/μm	<1	<1	<1
数值孔径	0.18~0.24 (±0.02)	截止波长/nm 光纤 λ_c 光缆 λ_{cc}	1100~1280 <1270	在研究之中	1350~1600 <1530
损耗/(dB/km) 850 nm 1300 nm 1550 nm	 3~4 0.8~3 	 1300 nm 1550 nm	 <1.0(0.3~0.4)* <0.5(0.20~0.25)*	$\left(\begin{array}{l}1550\ nm，松绕\ 75\ 圈\\ \phi75，附加损耗<0.5\ dB\end{array}\right)$ <0.5(0.20~0.25)*	 0.25(<0.20)*
色散/(ps/(nm·km)) 850 nm 1300 nm 1550 nm	 ≤120 ≤6 	 1300 nm 1550 nm	 ±3.5(1285~1330 nm) 20	 ±3.5(1525~1575 nm)	 20
带宽/(MHz·km) 850 nm 1310 nm	 200~1000 200~1200				

　　* 括号内的数字是已经达到的水平。

G.651 多模渐变型(GIF)光纤,这种光纤在光纤通信发展初期广泛应用于中小容量、中短距离的通信系统。

G.652 常规单模光纤,是第一代单模光纤,其特点是在波长 1.31 μm 色散为零,系统的传输距离只受损耗的限制。目前世界上已敷设的光纤线路 90% 采用这种光纤。这种光纤的缺点是,在零色散波长 1.31 μm 损耗(0.4 dB/km)不是最小值。在 1.31 μm 光纤放大器投入使用之前,要实现长距离通信系统,只能采用电/光和光/电的中继方式。

G.653 色散移位光纤,是第二代单模光纤,其特点是在波长 1.55 μm 色散为零,损耗又最小。这种光纤适用于大容量长距离通信系统,特别是 20 世纪 80 年代末期 1.55 μm 分布反馈激光器(DFB - LD)研制成功,90 年代初期 1.55 μm 掺铒光纤放大器(EDFA)投入应用,突破通信距离受损耗的限制,进一步提高了大容量长距离通信系统的水平。

G.654 1.55 μm 损耗最小的单模光纤,其特点是在波长 1.31 μm 色散为零,在 1.55 μm 色散为 17~20 ps/(nm·km),和常规单模光纤相同,但损耗更低,可达 0.20 dB/km 以下。这种光纤实际上是一种用于 1.55 μm 改进的常规单模光纤,目的是增加传输距离。

此外,还有色散补偿光纤,其特点是在波长 1.55 μm 具有大的负色散。这种光纤是针对波长 1.31 μm 常规单模光纤通信系统的升级而设计的,因为当这种系统要使用掺铒光纤放大器(EDFA)以增加传输距离时,必须把工作波长从 1.31 μm 移到 1.55 μm。用色散补偿光纤在波长 1.55 μm 的负色散和常规单模光纤在 1.55 μm 的正色散相互抵消,以获得线路总色散为零损耗又最小的效果。

G.655 非零色散光纤,是一种改进的色散移位光纤。在密集波分复用(WDM)系统中,当使用波长 1.55 μm 色散为零的色散移位光纤时,由于复用信道多,信道间隔小,出现了一种称为四波混频的非线性效应。这种效应是由两个或三个波长的传输光混合而产生的有害的频率分量,它使信道间相互干扰。如果色散为零,四波混频的干扰十分严重,如果有微量色散,四波混频反而减小。为消除这种效应,科学家开始研究了非零色散光纤。这种光纤的特点是有效面积较大,零色散波长不在 1.55 μm,而在 1.525 μm 或 1.585 μm。在 1.55 μm 有适中的微量色散,其值大到足以抑制密集波分复用系统中的四波混频效应,小到允许信道传输速率达到 10 Gb/s 以上。非零色散光纤具有常规单模光纤和色散移位光纤的优点,是最新一代的单模光纤。这种光纤在密集波分复用和孤子传输系统中使用,实现了超大容量超长距离的通信。康宁(Corning)公司开发的这种新型光纤称为长距离系统光纤(Long Haul System Fiber),其结构见图 2.3(b)。AT&T(美国电报电话)公司开发的这种光纤称为真波光纤(True Wave Fiber)。

2.4 光 缆

对光缆的基本要求是保护光纤的机械强度和传输特性,防止施工过程和使用期间光纤断裂,保持传输特性稳定。为此,必须根据使用环境设计各种结构的光缆,以保证光纤不受应力的作用和有害物质的侵蚀。

2.4.1　光缆基本要求

保护光纤固有机械强度的方法，通常是采用塑料被覆和应力筛选。光纤从高温拉制出来后，要立即用软塑料（例如紫外固化的丙烯酸树脂）进行一次被覆和应力筛选，除去断裂光纤，并对成品光纤用硬塑料（例如高强度聚酰胺塑料）进行二次被覆。

应力筛选条件直接影响光纤的使用寿命。设对光纤进行拉伸应力筛选时，施加的应力为 σ_p，作用时间为 t_p（设为 1 s）；长期使用时，容许施加的应力为 σ_r，作用时间为 t_r，断裂概率为 10^6 km 一个断裂点。理论推算得到的容许作用时间（光纤使用寿命）t_r 和应力比 σ_r/σ_p 的关系示于图 2.17。图中 n 为疲劳因子，其数值随环境条件而变化，例如充气光缆 $n=20$，不充气光缆 $n=13\sim20$。由图可见，为保证 20 年的光纤使用寿命，应力比被限制为 $0.20\sim0.35$。经验确定，陆上光缆敷设后，长期使用应力（用应变表示）$\sigma_r=0.17\%$，因此要求筛选应力 $\sigma_p=0.5\%\sim0.9\%$，海底光缆要求更高，$\sigma_p>2\%$。

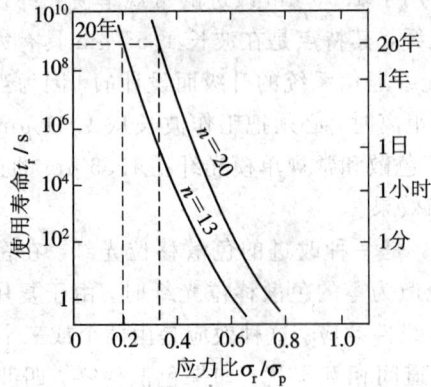

图 2.17　光纤使用寿命和应力比的关系

即使进行应力筛选，软塑料一次被覆光纤的机械强度，对于成缆的要求还是不够的。因此要用硬塑料进行二次被覆。二次被覆光纤有紧套、松套、大套管和带状线光纤四种，见图 2.18。

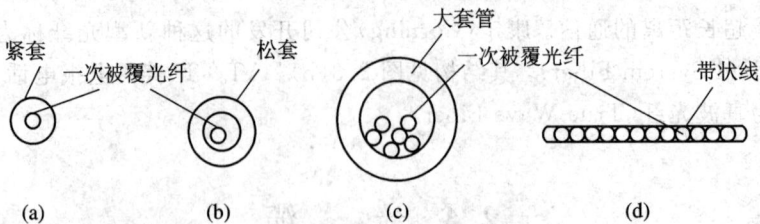

图 2.18　二次被覆光纤（芯线）简图
（a）紧套；（b）松套；（c）大套管；（d）带状线

把一次被覆光纤装入硬塑料套管内，使光纤与外力隔离是保护光纤的有效方法。在工程应用中，光缆不可避免要遭受一定的拉力而伸长，或者遭遇低温而收缩。因此，松套管内的光纤要留有一定的余长，使光纤受拉力或压力的作用。图 2.19 表示松套管光纤无应力"窗口"。

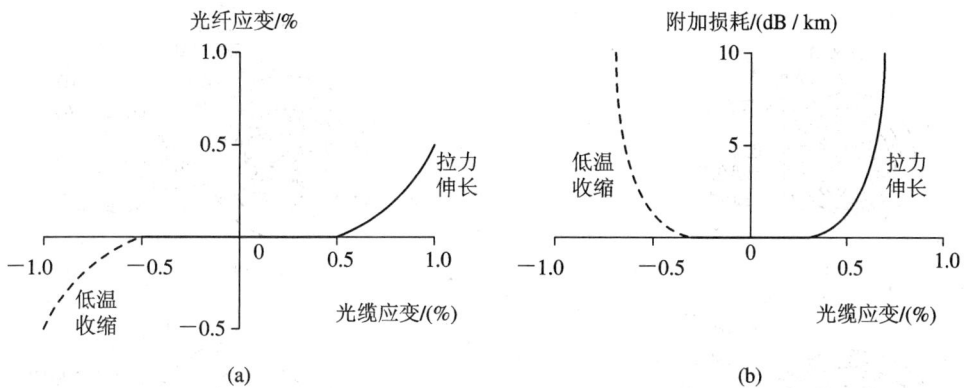

图 2.19 松套管光纤的无应力"窗口"

2.4.2 光缆结构和类型

光缆一般由缆芯和护套两部分组成,有时在护套外面加有铠装。

1. 缆芯

缆芯通常包括被覆光纤(或称芯线)和加强件两部分。被覆光纤是光缆的核心,决定着光缆的传输特性。加强件起着承受光缆拉力的作用,通常处在缆芯中心,有时配置在护套中。加强件通常用杨氏模量大的钢丝或非金属材料例如芳纶纤维(Kevlar)做成。

光缆类型多种多样,图 2.20 给出了若干典型实例。根据缆芯结构的特点,光缆可分为四种基本型式。

层绞式 把松套光纤绕在中心加强件周围绞合而构成。这种结构的缆芯制造设备简单,工艺相当成熟,得到广泛应用。采用松套光纤的缆芯可以增强抗拉强度,改善温度特性。

骨架式 把紧套光纤或一次被覆光纤放入中心加强件周围的螺旋形塑料骨架凹槽内而构成。这种结构的缆芯抗侧压力性能好,有利于对光纤的保护。

中心束管式 把一次被覆光纤或光纤束放入大套管中,加强件配置在套管周围而构成。这种结构的加强件同时起着护套的部分作用,有利于减轻光缆的重量。

带状式 把带状光纤单元放入大套管内,形成中心束管式结构,也可以把带状光纤单元放入骨架凹槽内或松套管内,形成骨架式或层绞式结构。带状式缆芯有利于制造容纳几百根光纤的高密度光缆,这种光缆已广泛应用于接入网。

2. 护套

护套起着对缆芯的机械保护和环境保护作用,要求具有良好的抗侧压力性能及密封防潮和耐腐蚀的能力。护套通常由聚乙烯或聚氯乙烯(PE 或 PVC)和铝带或钢带构成。不同使用环境和敷设方式对护套的材料和结构有不同的要求。根据使用条件,光缆又可以分为许多类型。

一般光缆有室内光缆、架空光缆、埋地光缆和管道光缆等。

特种光缆常见的有:电力网使用的架空地线复合光缆(OPGW),跨越海洋的海底光缆,易燃、易爆环境使用的阻燃光缆以及各种不同条件下使用的军用光缆等。

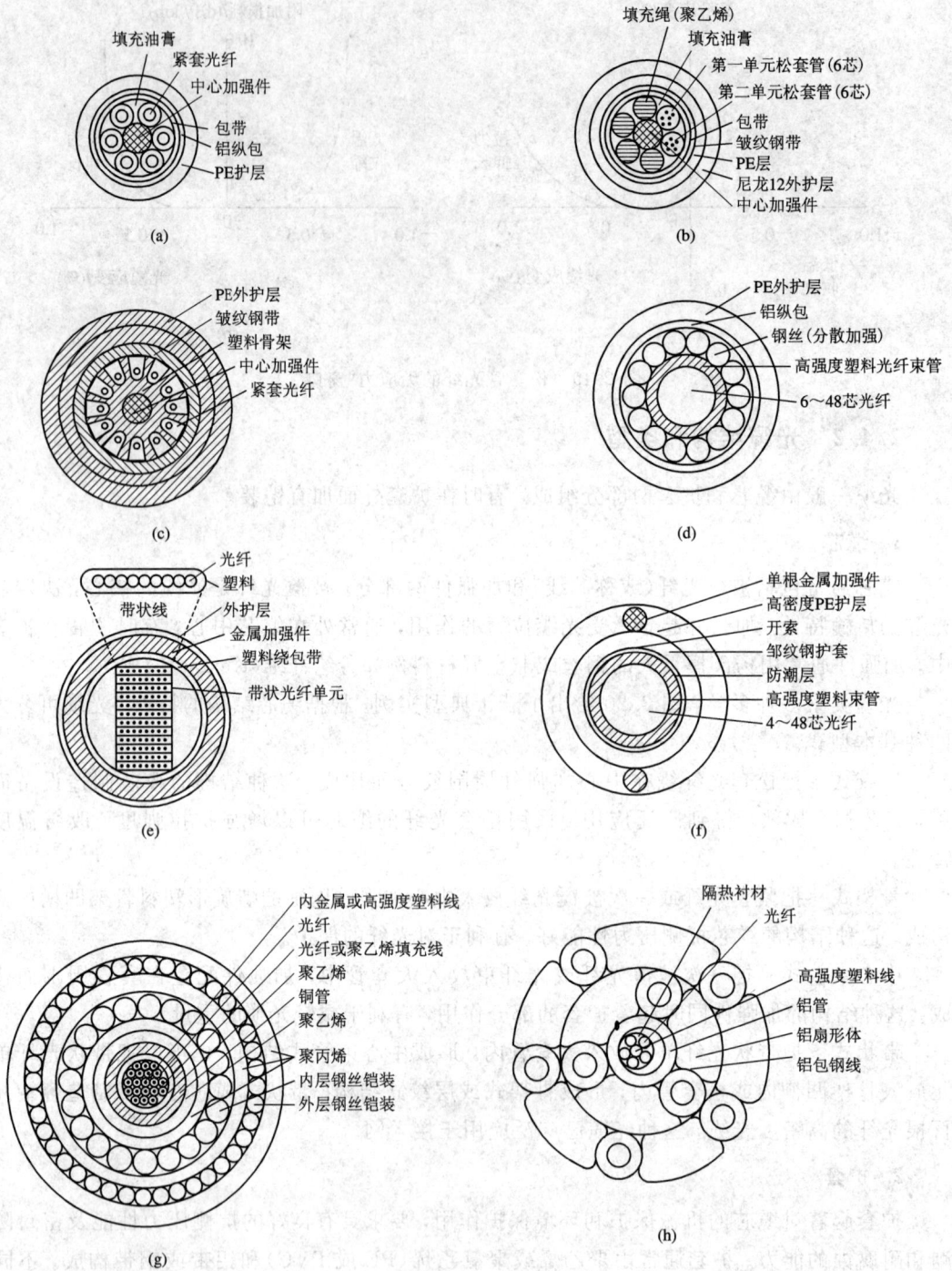

填充油膏
紧套光纤
中心加强件
包带
铝纵包
PE护层

(a)

填充绳(聚乙烯)
填充油膏
第一单元松套管(6芯)
第二单元松套管(6芯)
包带
皱纹钢带
PE层
尼龙12外护层
中心加强件

(b)

PE外护层
皱纹钢带
塑料骨架
中心加强件
紧套光纤

(c)

PE外护层
铝纵包
钢丝(分散加强)
高强度塑料光纤束管
6～48芯光纤

(d)

光纤
塑料
带状线
外护层
金属加强件
塑料绕包带
带状光纤单元

(e)

单根金属加强件
高密度PE护层
开索
邹纹钢护套
防潮层
高强度塑料束管
4～48芯光纤

(f)

内金属或高强度塑料线
光纤
光纤或聚乙烯填充线
聚乙烯
铜管
聚乙烯
聚丙烯
内层钢丝铠装
外层钢丝铠装

(g)

隔热衬材
光纤
高强度塑料线
铝管
铝扇形体
铝包钢线

(h)

图 2.20　光缆类型的典型实例

(a) 6 芯紧套层绞式光缆(架空、管道)；(b) 12 芯松套层绞式光缆(直埋防蚁)；

(c) 12 芯骨架光缆(直埋)；(d) 6～48 芯束管式光缆(直埋)；(e) 108 芯带状光缆；

(f) LXE 束管式光缆(架空、管道、直埋)；(g) 浅海光缆；(h) 架空地线复合光缆(OPGW)

2.4.3　光缆特性

光缆的传输特性取决于被覆光纤。对光缆机械特性和环境特性的要求由使用条件确定。光缆生产出来后，对这些特性的主要项目，例如拉力、压力、扭转、弯曲、冲击、振动和温度等，要根据国家标准的规定做例行试验。成品光缆一般要求给出下述特性，这些特性的参数都可以用经验公式进行分析计算，这里我们只作简要的定性说明。

1. 拉力特性

光缆能承受的最大拉力取决于加强件的材料和横截面积，一般要求大于 1 km 光缆的重量，多数光缆在 100~400 kg 范围。

2. 压力特性

光缆能承受的最大侧压力取决于护套的材料和结构，多数光缆能承受的最大侧压力在 100~400 kg/10 cm。

3. 弯曲特性

弯曲特性主要取决于纤芯与包层的相对折射率差 Δ 以及光缆的材料和结构。实用光纤最小弯曲半径一般为 20~50 mm，光缆最小弯曲半径一般为 200~500 mm，等于或大于光纤最小弯曲半径。在以上条件下，光辐射引起的光纤附加损耗可以忽略，若小于最小弯曲半径，附加损耗则急剧增加。

4. 温度特性

光纤本身具有良好的温度特性。光缆温度特性主要取决于光缆材料的选择及结构的设计，采用松套管二次被覆光纤的光缆温度特性较好。温度变化时，光纤损耗增加，主要是由于光缆材料（塑料）的热膨胀系数比光纤材料（石英）大 2~3 个数量级，在冷缩或热胀过程中，光纤受到应力作用而产生的。在我国，对光缆使用温度的要求，一般在低温地区为 -40~$+40$℃，在高温地区为 -5~$+60$℃。

2.5　光纤特性测量方法

光纤的特性参数很多，基本上可分为几何特性、光学特性和传输特性三类。几何特性包括纤芯与包层的直径、偏心度和不圆度；光学特性主要有折射率分布、数值孔径、模场直径和截止波长；传输特性主要有损耗、带宽和色散。每个特性参数有多种不同的测量方法，国际标准和国家标准对各个特性参数规定了基准测量方法和替代测量方法。在光纤通信系统的应用中，当使用条件变化时，几何特性和大多数光学特性基本上是稳定的，一般可以采用生产厂家的测量数据。损耗、带宽（色散）和截止波长，不同程度地受使用条件的影响，直接关系到光纤传输系统的性能，也是我们要特别关注的指标。

本节介绍光纤损耗、带宽（色散）和截止波长的测量原理和测量方法。这些特性参数的测量的共同的特点是用特定波长的光通过光纤，然后测出输出端相对于输入端的光功率或幅度、相位等物理量的变化，再经过相应的数据处理来实现。测量系统一般包括发射光源、注入装置和接收与数据处理设备。测量仪器要求稳定、可靠，并有足够的精确度。测量的详细技术规范由国际标准（例如 ITU - T，即原 CCITT G650）或国家标准确定。

2.5.1 损耗测量

光纤损耗测量有两种基本方法：一种是测量通过光纤的传输光功率，称剪断法和插入法；另一种是测量光纤的后向散射光功率，称后向散射法。

1. 剪断法

光纤损耗系数由式(2.61a)确定，即

$$\alpha = \frac{10}{L} \lg \frac{P_1}{P_2} \quad (\text{dB/km}) \tag{2.62a}$$

式中，L 为被测光纤长度(km)，P_1 和 P_2 分别为输入光功率和输出光功率(mW 或 W)。由此可见，只要测量长度为 L_2 的长光纤输出光功率 P_2，保持注入条件不变，在注入装置附近剪断光纤，保留长度为 L_1(一般为 2~3 m)的短光纤，测量其输出光功率 P_1(即长度为 $L=L_2-L_1$ 这段光纤的输入光功率)，根据式(2.62a)就可以计算出 α 值。

问题是由于高阶模式的损耗比低阶模式的更大，在光纤中传输的(对数)光功率 $\lg P$ 与光纤长度 L 的关系不是线性关系。如图2.21 所示，测得的 α 值与注入条件和光纤长度有关，但不能惟一代表光纤的本征特性。由图可见，只有在稳态模式分布(注入光束数值孔径 NA_b 和被测光纤数值孔径 NA_f 相匹配)的注入条件下，$\lg P$ 与 L 才是线性关系。在满注入($NA_b > NA_f$)或欠注入($NA_b < NA_f$)的条件下，被测短光纤的长度要等于或大于光纤耦合长度($L_1 \geqslant L_c$)，才能获得稳态模式分布。只有在稳态模式分布的条件下，才能得到惟一代表光纤本征特性的 α 值。

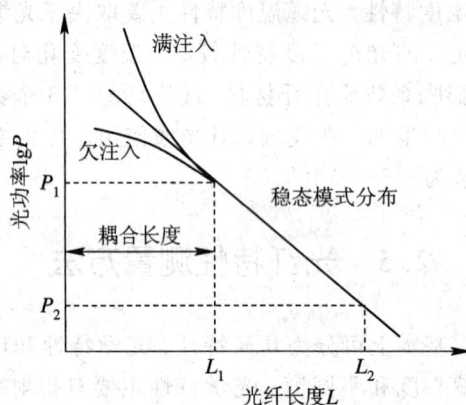

图 2.21 光功率和光纤长度的关系

获得稳态模式分布有三种方法：

(1) 建立 $NA_b \approx NA_f$ 的光学系统；

(2) 建立稳态模式模拟器，一般包括扰模器和包层模消除器；

(3) 用一根性能和被测光纤相同或相似的辅助光纤，代替光纤耦合长度的作用，这种方法在现场应用得非常方便。

图 2.22 示出剪断法光纤损耗测量系统的框图。光源一般采用光谱宽度足够窄的激光器。在整个测量过程中，光源位置、强度和波长应保持稳定。注入装置的功能是保证多模光纤在短距离内达到稳态模式分布。对于单模光纤，应保证全长为单模传输。接收一般包

括光敏面积足够大的光检测器、放大器和电平测量或数据显示，通常用光功率计来实现。根据测得的 P_1 和 P_2 计算 α 值。

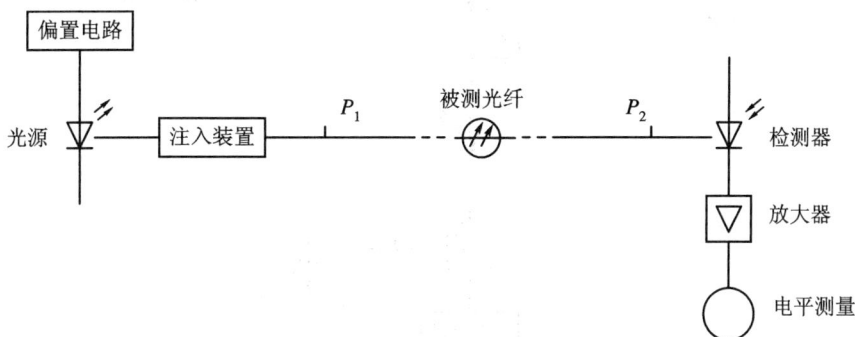

图 2.22　剪断法光纤损耗测量系统框图

对于损耗谱的测量要求采用光谱宽度很宽的光源（例如卤灯或发光管）和波长选择器（例如单色仪或滤光片），测出不同波长的光功率 $P_1(\lambda)$ 和 $P_2(\lambda)$，然后计算 $\alpha(\lambda)$ 值。

剪断法是根据损耗系数的定义，直接测量传输光功率而实现的，所用仪器简单，测量结果准确，因而被确定为基准方法。但这种方法是破坏性的，不利于多次重复测量。在实际应用中，可以采用插入法作为替代方法。插入法是在注入装置的输出和光检测器的输入之间直接连接，测出光功率 P_1，然后在两者之间插入被测光纤，再测出光功率 P_2，据此计算 α 值。这种方法可以根据工作环境，灵活运用，但应对连接损耗作合理的修正。

2. 后向散射法

瑞利散射光功率与传输光功率成比例。利用与传输光相反方向的瑞利散射光功率来确定光纤损耗系数的方法，称为后向散射法。

设在光纤中正向传输光功率为 P，经过 L_1 和 L_2 点（$L_1 < L_2$）时分别为 P_1 和 P_2（$P_1 > P_2$），从这两点返回输入端（$L=0$）。光检测器的后向散射光功率分别为 $P_d(L_1)$ 和 $P_d(L_2)$，经分析推导得到，正向和反向平均损耗系数

$$\alpha = \frac{10}{2(L_2 - L_1)} \lg \frac{P_d(L_1)}{P_d(L_2)} \quad (\text{dB/km}) \qquad (2.62b)$$

式中右边分母中因子 2 是光经过正向和反向两次传输产生的结果。

后向散射法不仅可以测量损耗系数，还可利用光在光纤中传输的时间来确定光纤的长度 L。显然，

$$L = \frac{ct}{2n_1} \qquad (2.63)$$

式中，c 为真空中的光速，n_1 为光纤的纤芯折射率，t 为光脉冲的往返传播时间。

图 2.23 示出后向散射法光纤损耗测量系统的框图。光源应采用特定波长稳定的大功率激光器，调制的脉冲宽度和重复频率应和所要求的长度分辨率相适应。耦合器件把光脉冲注入被测光纤，又把后向散射光注入光检测器。光检测器应有很高的灵敏度。

图 2.24 是后向散射功率曲线的示例，图中（a）输入端反射区；（b）恒定斜率区，用以确定损耗系数；（c）连接器、接头或局部缺陷引起的损耗；（d）介质缺陷（例如气泡）引起的反射；（e）输出端反射区，用以确定光纤长度。

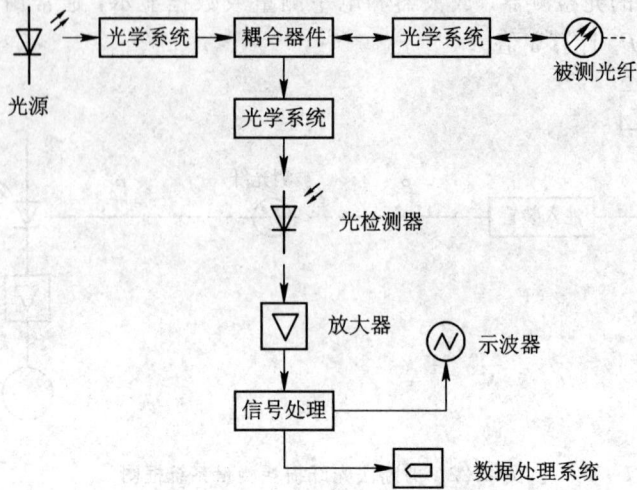

图 2.23　后向散射法光纤损耗测量系统框图

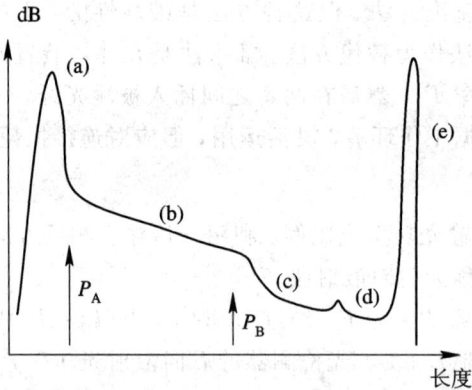

图 2.24　后向散射功率曲线的示例

　　用后向散射法的原理设计的测量仪器称为光时域反射仪(OTDR)。这种仪器采用单端输入和输出,不破坏光纤,使用非常方便。OTDR不仅可以测量光纤损耗系数和光纤长度,还可以测量连接器和接头的损耗,观察光纤沿线的均匀性和确定故障点的位置,确实是光纤通信系统工程现场测量不可缺少的工具。

2.5.2　带宽测量

　　光纤带宽测量有时域和频域两种基本方法。时域法是测量通过光纤的光脉冲产生的脉冲展宽,又称脉冲法;频域法是测量通过光纤的频率响应,又称扫频法。两种方法是等效的,这里只介绍扫频法。这种方法通常用于多模光纤的测量。

　　设在测量系统中,接入一段短光纤时,测出的频率响应为 $H_1(f)$,接入被测长光纤时,测出的频率响应为 $H_2(f)$,则光纤频率响应 $H(f)$ 和 3 dB 光带宽 $f_{3\,dB}$ 应满足下式:

$$|H(f_{3\,dB})| = \frac{|H_2(f)|}{|H_1(f)|} = \frac{1}{2}$$

写成对数形式：

$$T(f) = 10\lg|H(f_{3\,dB})| = 10[\lg|H_2(f)| - \lg|H_1(f)|] = -3 \tag{2.64}$$

注意：由于经光检测器后，光功率按比例转换为电流（或电压），因此 3 dB 光带宽相应于 6 dB 电带宽。图 2.25 示出用对数电平显示的频率响应 $H_1(f)$、$H_2(f)$ 和由两曲线相减得到的光纤频率响应 $H(f)$ 和 6 dB 电带宽。

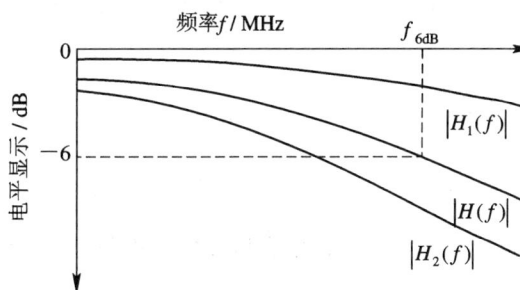

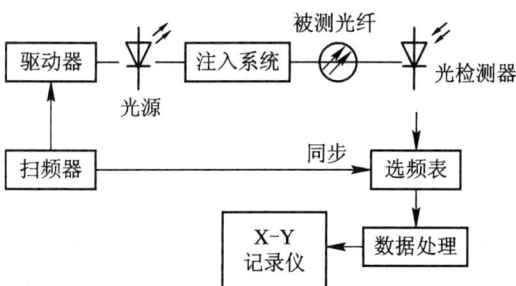

图 2.25　光纤频率响应和 6 dB 电带宽　　　图 2.26　扫频法光纤带宽测量系统框图

图 2.26 示出扫频法光纤带宽测量系统的框图。扫频仪输出各种频率的正弦信号，对光源进行直接光强调制，输出光经光纤传输和光检测后，由选频表直接获得频率响应。光源应采用线性良好、功率和频率稳定的激光器，其调制频率上限应大于光纤带宽。光检测器应采用高速光电二极管，其频率响应要与光源调制频率相适应。记录仪应具有良好的幅度—频率特性。

2.5.3　色散测量

光纤色散测量有相移法、脉冲时延法和干涉法等。这里只介绍相移法，这种方法是测量单模光纤色散的基准方法。

用角频率为 ω 的正弦信号调制的光波，经长度为 L 的单模光纤传输后，其时间延迟 τ 取决于光波长 λ。不同时间延迟产生不同的相位 ϕ。用波长为 λ_1 和 λ_2 的受调制光波，分别通过被测光纤，由 $\Delta\lambda = \lambda_2 - \lambda_1$ 产生的时间延迟差为 $\Delta\tau$，相位移为 $\Delta\phi$。根据式（2.52），长度为 L 的光纤总色散为

$$C(\lambda)L = \frac{\Delta\tau}{\Delta\lambda}$$

用 $\Delta\tau = \Delta\phi/\omega$ 代入上式，得到光纤色散系数

$$C(\lambda) = \frac{\Delta\phi}{L\omega\Delta\lambda} \tag{2.65}$$

图 2.27 示出相移法光纤色散测量系统的框图。用高稳定度振荡器产生的正弦信号调制光源，输出光经光纤传输和光检测器放大后，由相位计测出相位。可变波长的光源可以由发光管（LED）和波长选择器组成，也可以由不同中心波长的激光器（LD）组成。为避免测量误差，一般要测量一组 $\lambda_i - \phi_i$ 值，再计算出 $C(\lambda)$。

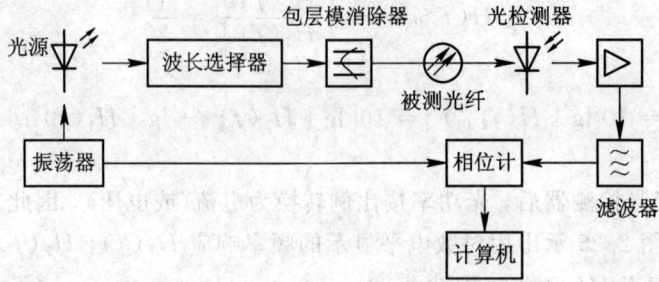

图 2.27　相移法光纤色散测量系统框图

2.5.4　截止波长测量

根据式(2.36)，截止波长

$$\lambda_c = \frac{2\pi a \sqrt{n_1^2 - n_2^2}}{2.405} \tag{2.66}$$

对常规单模光纤，通过对折射率分布的测量，确定纤芯半径 a，纤芯和包层的折射率 n_1 和 n_2，由式(2.66)就可以计算出理论截止波长 λ_c。

实际截止波长的测量有：在弯曲状态下，测量损耗—波长函数的传输功率法；改变波长，观察 LP_{01} 模和 LP_{11} 模产生的两个脉冲变为一个脉冲的时延法；改变波长，观察近场图由环形变为高斯形的近场法。这里只介绍传输功率法，这种方法是测量单模光纤截止波长的基准方法。

LP_{11} 模在接近截止波长时，其传输功率对光纤弯曲十分灵敏，而基模 LP_{01} 模在接近 LP_{11} 模的截止波长时，其传输功率对光纤弯曲不十分灵敏。利用这个特点，测量在弯曲状态下的传输光功率随波长的变化，就可以确定截止波长。用 2 m 长的被测光纤，接入测量系统的注入装置和光检测器之间，把被测光纤弯曲成 $\phi280$ 的圆圈，测量输出光功率 $P_1(\lambda)$；保持注入条件不变，把被测光纤弯曲成 $\phi60$ 的圆圈，这时消除了次低阶模 LP_{11}，只有基模 LP_{01} 存在，测量输出光功率 $P_2(\lambda)$。由此得到弯曲状态下损耗—波长函数

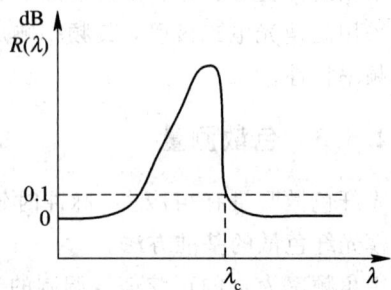

图 2.28　弯曲损耗－波长函数 $R(\lambda)$

$$R(\lambda) = 10 \lg \frac{P_1(\lambda)}{P_2(\lambda)}$$

图 2.28 示出 $R(\lambda)$ 曲线，0.1 dB 平行线与 $R(\lambda)$ 的交点，确定为截止波长 λ_c。一般实测截止波长稍小于理论截止波长。

图 2.29 示出传输功率法截止波长测量系统的框图，这个系统也可用于光纤的损耗谱测量。由卤灯输出的稳定白光，经斩光器变为矩形光脉冲，单色仪选择的波长一般可以在 $0.6 \sim 1.8~\mu m$ 范围变化，经光检测器后进行放大和数据处理。

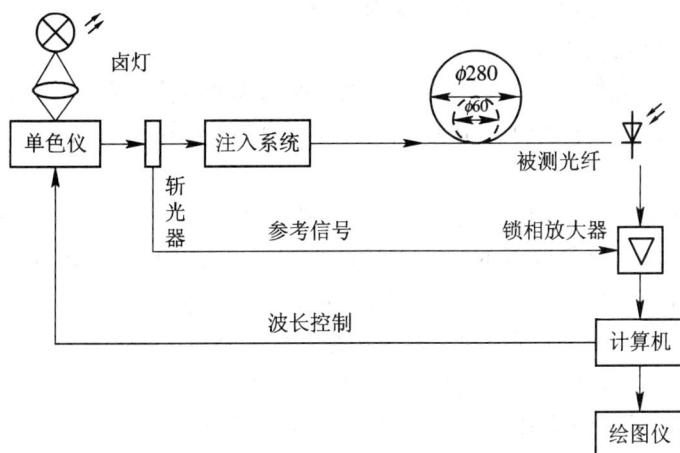

图 2.29　传输功率法截止波长测量系统框图

小　　结

　　光纤是光纤通信的传输媒质，决定光纤通信的性能。本章深入介绍了光纤的物理结构、类型和光纤的传输原理；分析了光纤的损耗和色散特性；给出了光纤的标准和应用；并介绍了在实际光纤通信工程应用中所使用的光缆结构以及光纤特性的测量方法。

　　光纤（Optical Fiber）是由中心的纤芯和外围的包层同轴组成的圆柱形细丝。纤芯的折射率比包层稍高，损耗比包层更低，光能量主要在纤芯内传输。包层为光的传输提供反射面和光隔离，并起一定的机械保护作用。实用光纤主要有三种基本类型：阶跃型多模光纤（SIF）、渐变型多模光纤（GIF）和单模光纤（SMF）。

　　光纤的传输原理主要用几何光学法和波动理论来描述。几何光学法比较直观，它可给出光束在光纤传输中的空间和时间分布，并导出数值孔径和时间延迟的概念，还可解释渐变型多模光纤中的自聚焦现象。波动理论的出发点是对麦克斯韦方程组所导出的波动方程进行求解，进而确定光纤传输模式的电磁场分布和传输性质。

　　光纤会对经过其中传输的光信号产生损耗和色散。光纤的色散一般包括模式色散、材料色散和波导色散。色散使输出的脉冲展宽，限制光信号的带宽。光纤的损耗包括吸收损耗和散射损耗，散射损耗是光纤的固有损耗，决定光纤损耗的最低理论极限。光纤通信的波长窗口是由实用光纤的损耗谱决定的。

　　光缆一般由缆芯和护套两部分组成，有时在护套外面加有铠装。缆芯通常包括被覆光纤（或称芯线）和加强件两部分。光缆特性包括拉力特性、压力特性、弯曲特性和温度特性。

　　光纤的特性测量法分为损耗测量、色散测量、带宽测量和截止波长测量，这些测量法对于光纤通信系统的开通和研发有重要的用途。

习题与思考题

　　2-1　均匀光纤芯与包层的折射率分别为：$n_1 = 1.50$，$n_2 = 1.45$，试计算：

(1) 光纤层与包层的相对折射率差 Δ 为多少？

(2) 光纤的数值孔径 NA 为多少？

(3) 在 1 m 长的光纤上，由子午线的光程差所引起的最大时延差 $\Delta\tau_{max}$ 为多少？

2-2　已知均匀光纤芯的折射率 $n_1=1.50$，相对折射率差 $\Delta=0.01$，芯半径 $a=25\ \mu m$。试求：

(1) LP_{01}、LP_{02}、LP_{11} 和 LP_{12} 模的截止波长各为多少？

(2) 若 $\lambda_0=1\ \mu m$，计算光纤的归一化频率 V 以及其中传输的模数量 N 各等于多少？

2-3　均匀光纤，若 $n_1=1.50$，$\lambda_0=1.30\ \mu m$，试计算：

(1) 若 $\Delta=0.25$，为了保证单模传输，其芯半径应取多大？

(2) 若取 $a=5\ \mu m$，为保证单模传输，Δ 应取多大？

2-4　目前光纤通信为什么采用以下三个工作波长：$\lambda_1=0.85\ \mu m$，$\lambda_2=1.31\ \mu m$，$\lambda_3=1.55\ \mu m$？

2-5　光纤通信为什么向长波长、单模光纤方向发展？

2-6　光纤色散产生的原因及其危害是什么？

2-7　光纤损耗产生的原因及其危害是什么？

2-8　阶跃折射率光纤中 $n_1=1.52$，$n_2=1.49$。

(1) 光纤浸在水中（$n_0=1.33$），求光从水中入射到光纤输入端面的最大接收角；

(2) 光纤放置在空气中，求数值孔径。

2-9　一阶跃折射率光纤，折射率 $n_1=1.5$，相对折射率差 $\Delta=1\%$，长度 $L=1\ km$。求：

(1) 光纤的数值孔径；

(2) 子午光线的最大时延差；

(3) 若将光纤的包层和涂敷层去掉，求裸光纤的 NA 和最大时延差。

2-10　一阶跃折射率光纤的相对折射率差 $\Delta=0.005$，$n_1=1.5$，当波长分别为 $0.85\ \mu m$、$1.31\ \mu m$、$1.55\ \mu m$ 时，要实现单模传输，纤芯半径 a 应小于多少？

2-11　已知光纤的纤芯直径 $2a=50\ \mu m$，$\Delta=0.01$，$n_1=1.45$，$\lambda=0.85\ \mu m$，若光纤的折射率分布分别为阶跃型和 $g=2$ 的渐变型，求它们的导模数量。若波长改变为 $1.31\ \mu m$，导模数量如何变化？

2-12　一个阶跃折射率光纤，纤芯折射率 $n_1=1.4258$，包层折射率 $n_2=1.4205$。该光纤工作在 $1.3\ \mu m$ 和 $1.55\ \mu m$ 两个波段上。求该光纤为单模光纤时的最大纤芯直径。

2-13　具有光功率 $x(t)$ 的一个非常窄的脉冲（理想情况下一个单位冲击函数），被输入光纤并产生一个输出波形。输出脉冲 $y(t)$ 相应于光纤的冲击响应。假设脉冲输出是高斯型：

$$y(t)=\frac{1}{\sigma\sqrt{2\pi}}\exp\left(-\frac{t^2}{2\sigma^2}\right)$$

其中，σ 是脉冲宽度的均方根值。证明 FWHM（半峰值宽度）带宽为：

$$BW=\frac{\sqrt{\ln 2}}{\sqrt{2}\pi\sigma}$$

2-14　考虑 10 km 长，$NA=0.30$ 的多模阶跃折射率光纤。如果纤芯折射率为

1.450，计算光纤带宽。

2-15　光波从空气中以角度 $\theta_1 = 33°$ 投射到平板玻璃表面上，这里的 θ_1 是入射光线与玻璃表面之间的夹角。根据投射到玻璃表面的角度，光束一部分被反射，另一部分发生折射。如果折射光束和反射光束之间的夹角正好为 90°，请问玻璃的折射率等于多少？这种玻璃的临界角又为多少？

2-16　计算 $n_1 = 1.48$ 及 $n_2 = 1.46$ 的阶跃折射率光纤的数值孔径。如果光纤端面外介质折射率 $n = 1.00$，则允许的最大入射角 θ_{max} 为多少？

2-17　弱导阶跃光纤纤芯和包层折射率指数分别为 $n_1 = 1.5$，$n_2 = 1.45$，试计算：

(1) 纤芯和包层的相对折射率差 Δ；

(2) 光纤的数值孔径 NA。

2-18　已知阶跃光纤纤芯的折射率 $n_1 = 1.5$，相对折射率差 $\Delta = 0.01$，纤芯半径 $a = 25\ \mu m$，若 $\lambda_0 = 1\ \mu m$，计算光纤的归一化频率 V 及其中传播的模数量 M。

2-19　一根数值孔径为 0.20 的阶跃折射率多模光纤在 850 nm 波长上可以支持 1000 个左右的传播模式。试问：

(1) 其纤芯直径为多少？

(2) 在 1310 nm 波长上可以支持多少个模？

(3) 在 1550 nm 波长上可以支持多少个模？

2-20　用纤芯折射率 $n_1 = 1.5$，长度未知的弱导光纤传输脉冲重复频率 $f_0 = 8\ MHz$ 的光脉冲，经过该光纤后，信号延迟半个脉冲周期，试估算光纤的长度 L。

2-21　有阶跃型光纤，若 $n_1 = 1.5$，$\lambda_0 = 1.31\ \mu m$，那么，

(1) 若 $\Delta = 0.25$，为保证单模传输，光纤纤芯半径 a 应取多大？

(2) 若取纤芯半径 $a = 5\ \mu m$，保证单模传输时，Δ 应怎么样选择？

2-22　渐变型光纤的折射指数分布为

$$n(r) = n(0) \sqrt{1 - 2\Delta \left(\frac{r}{a}\right)^{\alpha}}$$

求光纤的局部数值孔径。

2-23　某光纤在 1300 nm 波长处的损耗为 0.6 dB/km，在 1550 nm 波长处的损耗为 0.3 dB/km。假设下面两种光信号同时进入光纤：1300 nm 波长的 150 μW 的光信号和 1550 nm 波长的 100 μW 的光信号。试问：这两种光信号在 8 km 和 20 km 处的功率各是多少？以 μW 为单位。

2-24　一段 12 km 长的光纤线路，其损耗为 1.5 dB/km。试问：

(1) 如果在接收端保持 0.3 μW 的接收光功率，则发送端的功率至少为多少？

(2) 如果光纤的损耗变为 2.5 dB/km，则需要的输入光功率为多少？

2-25　有一段由阶跃折射率光纤构成的 5 km 长的光纤链路，纤芯折射率 $n_1 = 1.49$，相对折射率差 $\Delta = 0.01$。

(1) 求接收端最快和最慢的模式之间的时延差；

(2) 求由模式色散导致的均方根脉冲展宽；

(3) 假设最大比特率就等于带宽，则此光纤的带宽距离积是多少？

第 3 章　通信用光器件

通信用光器件可以分为有源器件和无源器件两种类型。有源器件包括光源、光检测器和光放大器，这些器件是光发射机、光接收机和光中继器的关键器件，和光纤一起决定着基本光纤传输系统的水平。光无源器件主要有连接器、耦合器、波分复用器、调制器、光开关和隔离器等，这些器件对光纤通信系统的构成、功能的扩展和性能的提高都是不可缺少的。

本章介绍通信用光器件的工作原理和主要特性，为系统的设计提供选择依据。

3.1　光　　源

光源是光发射机的关键器件，其功能是把电信号转换为光信号。目前光纤通信广泛使用的光源主要有半导体激光二极管或称激光器(LD)和发光二极管或称发光管(LED)，有些场合也使用固体激光器，例如掺钕钇铝石榴石(Nd：YAG)激光器。

本节首先介绍半导体激光器(LD)的工作原理、基本结构和主要特性，然后进一步介绍性能更优良的分布反馈激光器(DFB‐LD)，最后介绍可靠性高、寿命长和价格便宜的发光管(LED)。

3.1.1　半导体激光器工作原理和基本结构

半导体激光器是向半导体 PN 结注入电流，实现粒子数反转分布，产生受激辐射，再利用谐振腔的正反馈，实现光放大而产生激光振荡的。激光，其英文 LASER 就是 Light Amplification by Stimulated Emission of Radiation(受激辐射的光放大)的缩写。所以讨论激光器工作原理要从受激辐射开始。

1. 受激辐射和粒子数反转分布

有源器件的物理基础是光和物质相互作用的效应。在物质的原子中，存在许多能级，最低能级 E_1 称为基态，能量比基态大的能级 $E_i(i=2,3,4\cdots)$ 称为激发态。电子在低能级 E_1 的基态和高能级 E_2 的激发态之间的跃迁有三种基本方式(见图 3.1)：

(1) 在正常状态下，电子处于低能级 E_1，在入射光作用下，它会吸收光子的能量跃迁到高能级 E_2 上，这种跃迁称为受激吸收。电子跃迁后，在低能级留下相同数目的空穴，见图3.1(a)。

(2) 在高能级 E_2 的电子是不稳定的，即使没有外界的作用，也会自动地跃迁到低能级 E_1 上与空穴复合，释放的能量转换为光子辐射出去，这种跃迁称为自发辐射，见图3.1(b)。

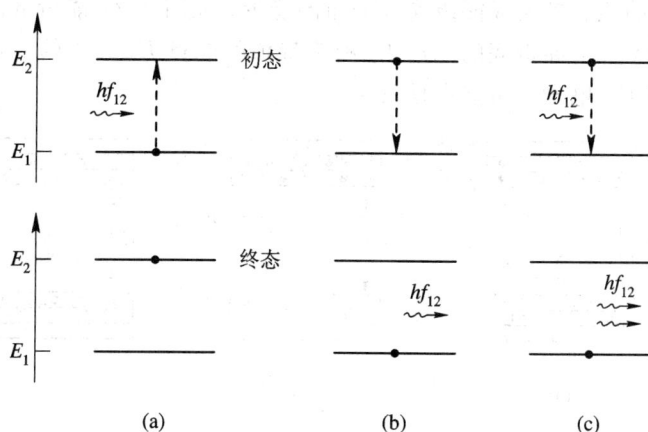

图 3.1　能级和电子跃迁

(a) 受激吸收；(b) 自发辐射；(c) 受激辐射

(3) 在高能级 E_2 的电子，受到入射光的作用，被迫跃迁到低能级 E_1 上与空穴复合，释放的能量产生光辐射，这种跃迁称为受激辐射，见图 3.1(c)。

受激辐射是受激吸收的逆过程。电子在 E_1 和 E_2 两个能级之间跃迁，吸收的光子能量或辐射的光子能量都要满足波尔条件，即

$$E_2 - E_1 = hf_{12} \tag{3.1}$$

式中，$h = 6.628 \times 10^{-34}$ J·s，为普朗克常数，f_{12} 为吸收或辐射的光子频率。

受激辐射和自发辐射产生的光的特点很不相同。受激辐射光的频率、相位、偏振态和传播方向与入射光相同，这种光称为相干光。自发辐射光是由大量不同激发态的电子自发跃迁产生的，其频率和方向分布在一定范围内，相位和偏振态是混乱的，这种光称为非相干光。

产生受激辐射和产生受激吸收的物质是不同的。设在单位物质中，处于低能级 E_1 和处于高能级 $E_2(E_2 > E_1)$ 的原子数分别为 N_1 和 N_2。当系统处于热平衡状态时，存在下面的分布

$$\frac{N_2}{N_1} = \exp\left(-\frac{E_2 - E_1}{kT}\right) \tag{3.2}$$

式中，$k = 1.381 \times 10^{-23}$ J/K，为波尔兹曼常数，T 为热力学温度。由于 $(E_2 - E_1) > 0$，$T > 0$，所以在这种状态下，总是 $N_1 > N_2$。这是因为电子总是首先占据低能量的轨道。受激吸收和受激辐射的速率分别比例于 N_1 和 N_2，且比例系数(吸收和辐射的概率)相等。如果 $N_1 > N_2$，即受激吸收大于受激辐射。当光通过这种物质时，光强按指数衰减，这种物质称为吸收物质。

如果 $N_2 > N_1$，即受激辐射大于受激吸收，当光通过这种物质时，会产生放大作用，这种物质称为激活物质。$N_2 > N_1$ 的分布和正常状态($N_1 > N_2$)的分布相反，所以称为粒子(电子)数反转分布。问题是如何得到粒子数反转分布的状态呢？这个问题将在下面加以叙述。

2. PN 结的能带和电子分布

半导体是由大量原子周期性有序排列构成的共价晶体。在这种晶体中，由于邻近原子

的作用，电子所处的能态扩展成能级连续分布的能带，如图 3.2。能量低的能带称为价带，能量高的能带称为导带，导带底的能量 E_c 和价带顶的能量 E_v 之间的能量差 $E_c - E_v = E_g$ 称为禁带宽度或带隙。电子不可能占据禁带。

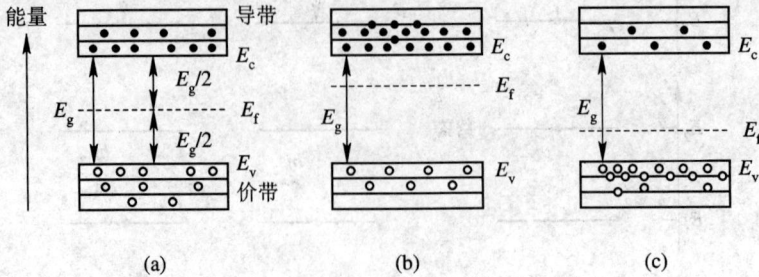

图 3.2　半导体的能带和电子分布

(a) 本征半导体；(b) N 型半导体；(c) P 型半导体

图 3.2 示出不同半导体的能带和电子分布图。根据量子统计理论，在热平衡状态下，能量为 E 的能级被电子占据的概率为费米分布

$$P(E) = \frac{1}{1 + \exp\left(\dfrac{E - E_f}{kT}\right)} \qquad (3.3)$$

式中，k 为波尔兹曼常数，T 为热力学温度。当 $T \to 0$ 时，$P(E) \to 0$，这时导带上几乎没有电子，价带上填满电子。E_f 称为费米能级，用来描述半导体中各能级被电子占据的状态。在费米能级，被电子占据和空穴占据的概率相同。

一般状态下，本征半导体的电子和空穴是成对出现的，用 E_f 位于禁带中央来表示，见图 3.2(a)。在本征半导体中掺入施主杂质，称为 N 型半导体。在 N 型半导体中，E_f 增大，导带的电子增多，价带的空穴相对减少，见图 3.2(b)。在本征半导体中，掺入受主杂质，称为 P 型半导体。在 P 型半导体中，E_f 减小，导带的电子减少，价带的空穴相对增多，见图 3.3(c)。

在 P 型和 N 型半导体组成的 PN 结界面上，由于存在多数载流子(电子或空穴)的梯度，因而产生扩散运动，形成内部电场，见图 3.3(a)。内部电场产生与扩散相反方向的漂移运动，直到 P 区和 N 区的 E_f 相同，两种运动处于平衡状态为止，结果能带发生倾斜，见图 3.3(b)。这时在 PN 结上施加正向电压，产生与内部电场相反方向的外加电场，结果能带倾斜减小，扩散增强。电子运动方向与电场方向相

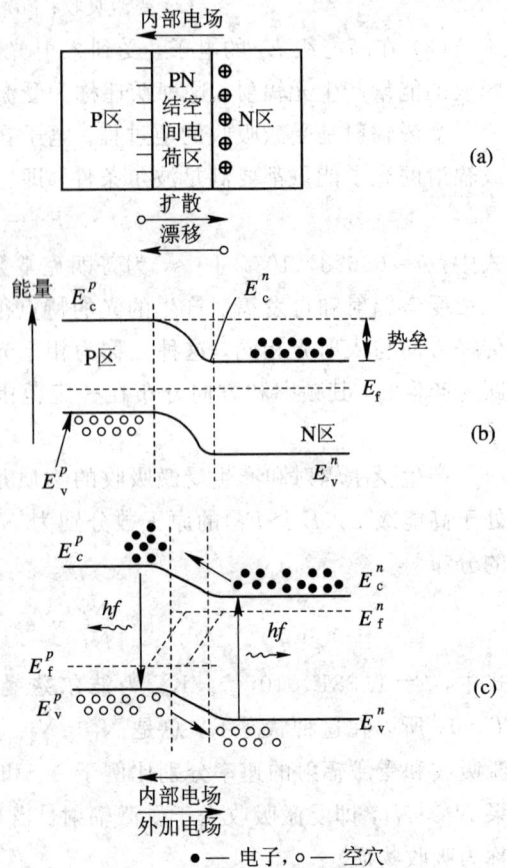

图 3.3　PN 结的能带和电子分布

(a) P - N 结内载流子运动；

(b) 零偏压时 P - N 结的能带图；

(c) 正向偏压下 P - N 结能带图

内部电场相反方向的外加电场，结果能带倾斜减小，扩散增强。电子运动方向与电场方向相

反，便使 N 区的电子向 P 区运动，P 区的空穴向 N 区运动，最后在 PN 结形成一个特殊的增益区。增益区的导带主要是电子，价带主要是空穴，结果获得粒子数反转分布，见图 3.3(c)。在电子和空穴扩散过程中，导带的电子可以跃迁到价带和空穴复合，产生自发辐射光。

3. 激光振荡和光学谐振腔

粒子数反转分布是产生受激辐射的必要条件，但还不能产生激光。只有把激活物质置于光学谐振腔中，对光的频率和方向进行选择，才能获得连续的光放大和激光振荡输出。

基本的光学谐振腔由两个反射率分别为 R_1 和 R_2 的平行反射镜构成（如图 3.4 所示），并被称为法布里－珀罗(F-P，Fabry-Perot)谐振腔。由于谐振腔内的激活物质具有粒子数反转分布，可以用它产生的自发辐射光作为入射光。入射光经反射镜反射，沿轴线方向传播的光被放大，沿非轴线方向的光被减弱。反射光经多次反馈，不断得到放大，方向性得到不断改善，结果增益大幅度得到提高。

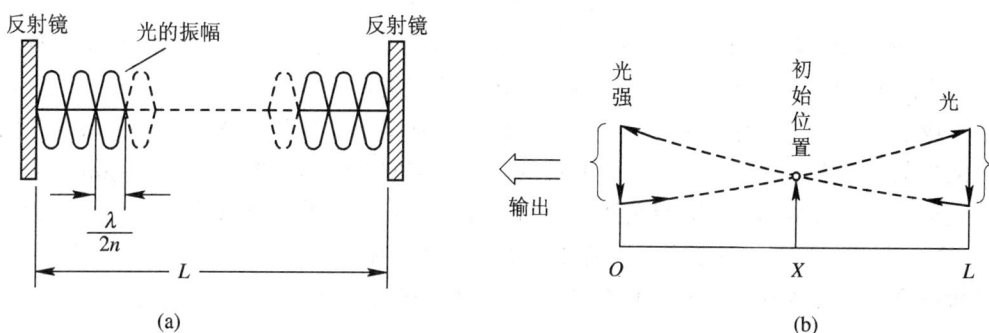

图 3.4　激光器的构成和工作原理

(a) 激光振荡；(b) 光反馈

另一方面，由于谐振腔内激活物质存在吸收，反射镜存在透射和散射，因此光受到一定损耗。当增益和损耗相等（满足振幅平衡条件）时，在谐振腔内就会建立稳定的激光振荡，其阈值条件为

$$\gamma_{th} = \alpha + \frac{1}{2L}\ln\frac{1}{R_1 R_2} \tag{3.4}$$

式中，γ_{th} 为阈值增益系数，α 为谐振腔内激活物质的损耗系数，L 为谐振腔的长度，R_1、$R_2 < 1$ 为两个反射镜的反射率。

激光振荡的相位条件为

$$L = q\frac{\lambda}{2n} \quad \text{或} \quad \lambda = \frac{2nL}{q} \tag{3.5}$$

式中，λ 为激光在真空中传播的波长，n 为激活物质的折射率，λ/n 为激光在介质中传播的波长，$q = 1, 2, 3, \cdots$ 称为纵模模数。

式(3.5)意味着，L 应为介质中激光传播波长的 1/2 的整数倍。

4. 半导体激光器基本结构

半导体激光器的结构多种多样，基本结构如图 3.5 示出的双异质结(DH)平面条形结构。这种结构由三层不同类型半导体材料构成，不同材料发射不同的光波长。图中标出所用材料和近似尺寸。结构中间有一层厚 $0.1 \sim 0.3~\mu m$ 的窄禁带 P 型半导体，称为有源层；

两侧分别为宽禁带的 P 型和 N 型半导体，称为限制层。三层半导体置于基片(衬底)上，前后两个晶体介质里面作为反射镜构成法布里－珀罗(F-P)谐振腔。

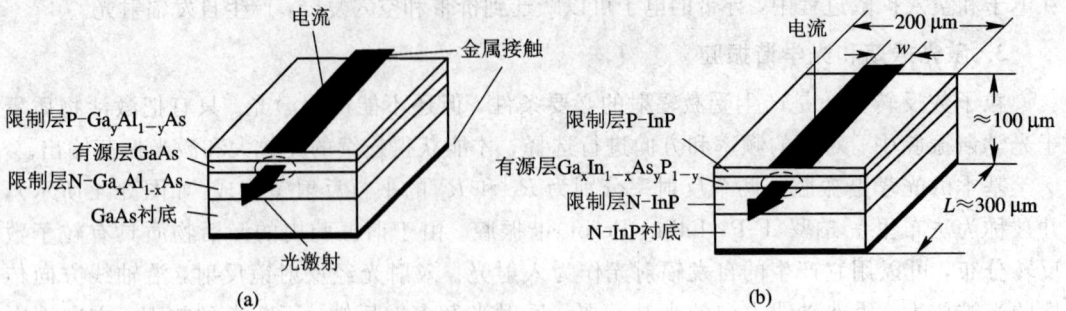

图 3.5 双异质结(DH)平面条形激光器的基本结构

(a) 短波长；(b) 长波长

图 3.6 示出 DH 激光器工作原理。由于限制层的禁带宽度比有源层宽，施加正向偏压后，P 层的空穴和 N 层的电子注入有源层。P 层禁带宽，导带的能态比有源层高，对注入电子形成了势垒，注入到有源层的电子不可能扩散到 P 层。同理，注入到有源层的空穴也不可能扩散到 N 层。这样，注入到有源层的电子和空穴被限制在厚 $0.1 \sim 0.3 \, \mu m$ 的有源层内形成粒子数反转分布，这时只要很小的外加电流，就可以使电子和空穴浓度增大而提高效益。另一方面，有源层的折射率比限制层高，产生的激光被限制在有源区内，因而电/光转换效率很高，输出激光的阈值电流很低，很小的散热体就可以在室温连续工作。

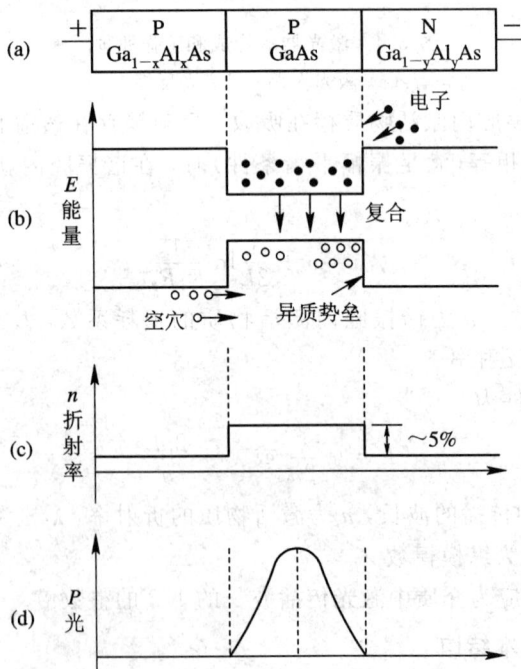

图 3.6 DH 激光器工作原理

(a) 双异质结；(b) 能带；(c) 折射率分布；(d) 光功率分布

3.1.2　半导体激光器的主要特性

1. 发射波长和光谱特性

半导体激光器的发射波长取决于导带的电子跃迁到价带时所释放的能量,这个能量近似等于禁带宽度 E_g(eV),由式(3.1)得到

$$hf = E_g$$

式中,$f = c/\lambda$,f(Hz)和 λ(μm)分别为发射光的频率和波长,$c = 3 \times 10^8$ m/s 为光速,$h = 6.628 \times 10^{-34}$ J·s 为普朗克常数,1 eV$=1.6 \times 10^{-19}$ J,代入上式得到

$$\lambda = \frac{hc}{E_g} = \frac{1.24}{E_g} \tag{3.6}$$

不同半导体材料有不同的禁带宽度 E_g,因而有不同的发射波长 λ。镓铝砷－镓砷(GaAlAs-GaAs)材料适用于 0.85 μm 波段,铟镓砷磷－铟磷(InGaAsP-InP)材料适用于 1.3～1.55 μm 波段。参看图 3.5(b)。

图 3.7 是 GaAlAs-DH 激光器的光谱特性。在直流驱动下,发射光波长有一定分布,光谱具有明显的模式结构。这种结构的产生是因为导带和价带都是由许多连续能级组成的

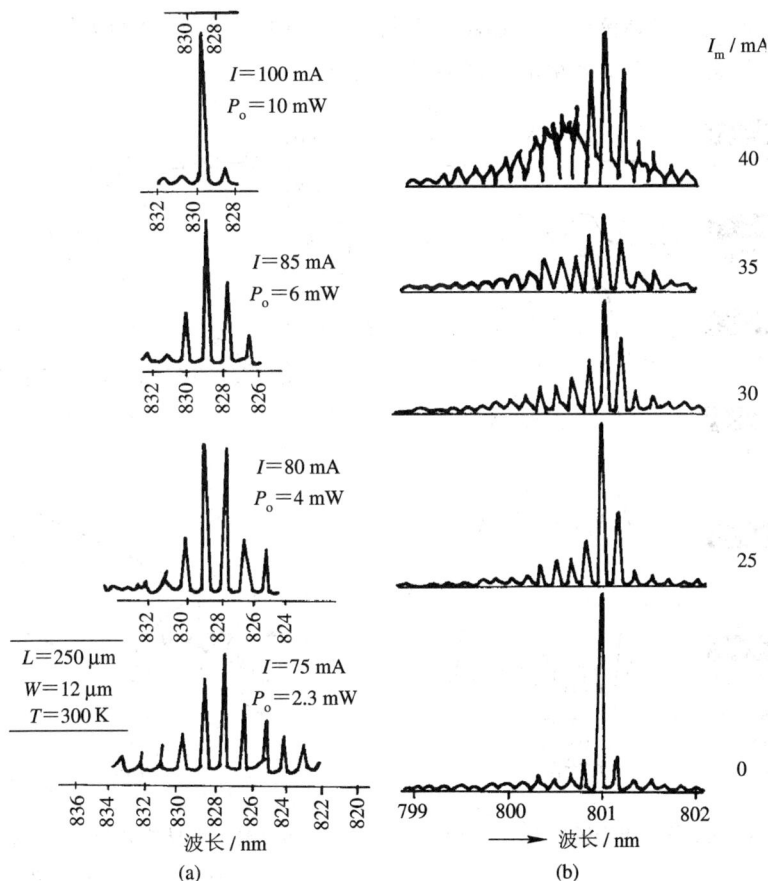

图 3.7　GaAlAs-DH 激光器的光谱特性

(a) 直流驱动;(b) 300 Mb/s 数字调制

有一定宽度的能带，两个能带中不同能级之间电子的跃迁会产生连续波长的辐射光。其中只有符合激光振荡的相位条件式(3.5)的波长存在。这些波长取决于激光器纵向长度 L，并称为激光器的纵模。由图 3.7(a)可见，随着驱动电流的增加，纵模模数逐渐减少，谱线宽度变窄。这种变化是由于谐振腔对光波频率和方向的选择，使边模消失、主模增益增加而产生的。当驱动电流足够大时，多纵模变为单纵模，这种激光器称为静态单纵模激光器。

图 3.7(b)是 300 Mb/s 数字调制的光谱特性，由图可见，随着调制电流增大，纵模模数增多，光谱宽度变宽。用 F-P 谐振腔可以得到的是直流驱动的静态单纵模激光器，要得到高速数字调制的动态单纵模激光器，必须改变激光器的结构，例如采用分布反馈激光器。

2. 激光束的空间分布

激光束的空间分布用近场和远场来描述。近场是指激光器输出反射镜面上的光强分布，远场是指离反射镜面一定距离处的光强分布。图 3.8 是 GaAlAs-DH 激光器的近场图和远场图，近场和远场是由谐振腔(有源区)的横向尺寸，即平行于 PN 结平面的宽度 w 和垂直于结平面的厚度 t 所决定，并称为激光器的横模。由图 3.8 可以看出，平行于结平面的谐振腔宽度 w 由宽变窄，场图呈现出由多横模变为单横模；垂直于结平面的谐振腔厚度 t 很薄，这个方向的场图总是单横模。

图 3.9 为典型半导体激光器的远场辐射特性，图中 $\theta_\parallel$ 和 $\theta_\perp$ 分别为平行于结平面和垂直于结平面的辐射角，整个光束的横截面呈椭圆形。

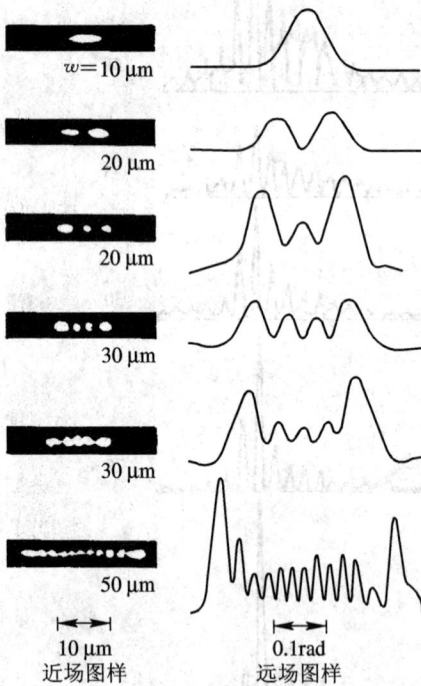

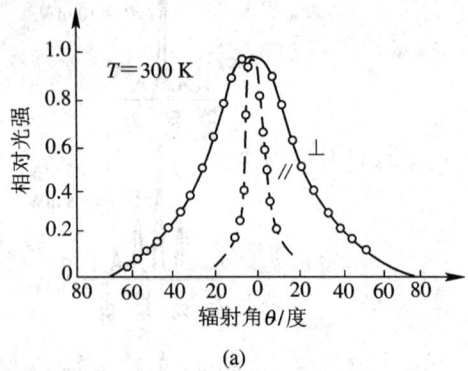

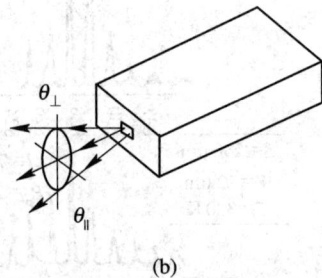

图 3.8 GaAlAs-DH 条形激光器的近场和远场图样

图 3.9 典型半导体激光器的远场辐射特性
(a) 光强的角分布；(b) 辐射光束

3. 转换效率和输出光功率特性

激光器的电/光转换效率用外微分量子效率 η_d 表示，其定义是在阈值电流以上，每对

复合载流子产生的光子数

$$\eta_d = \frac{(P - P_{th})/hf}{(I - I_{th})/e} = \frac{\Delta P}{\Delta I}\frac{e}{hf} \tag{3.7a}$$

由此得到

$$P = P_{th} + \frac{\eta_d hf}{e}(I - I_{th}) \tag{3.7b}$$

式中，P 和 I 分别为激光器的输出光功率和驱动电流，P_{th} 和 I_{th} 分别为相应的阈值，hf 和 e 分别为光子能量和电子电荷。激光器的光功率特性通常用 P-I 曲线表示，图 3.10 是典型激光器的光功率特性曲线。当 $I < I_{th}$ 时激光器发出的是自发辐射光；当 $I > I_{th}$ 时，发出的是受激辐射光，光功率随驱动电流的增加而增加。

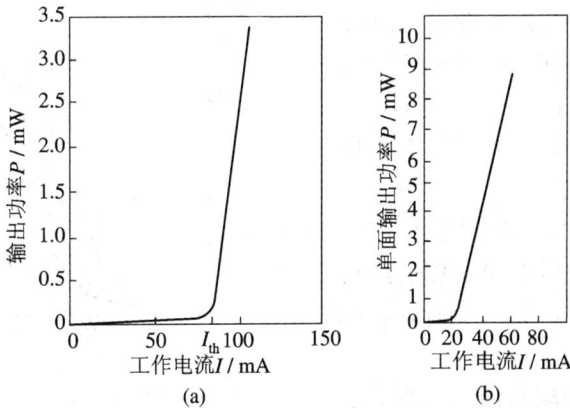

图 3.10　典型半导体激光器的光功率特性
（a）短波长 GaAlAs-GaAs；（b）长波长 InGaAsP-InP

4. 频率特性

在直接光强调制下，激光器输出光功率 P 和调制信号频率 f 的关系为

$$P(f) = \frac{P(0)}{\sqrt{\left[1 - (f/f_r)^2\right]^2 + 4\xi^2(f/f_r)^2}} \tag{3.8a}$$

$$f_r = \frac{1}{2\pi}\sqrt{\frac{1}{\tau_{sp}\tau_{ph}}\left(\frac{I_0 - I'}{I_{th} - I'} - 1\right)} \tag{3.8b}$$

式中，f_r 和 ξ 分别称为弛张频率和阻尼因子，I_{th} 和 I_0 分别为阈值电流和偏置电流；I' 是零增益电流，高掺杂浓度的 LD，$I' = 0$，低掺杂浓度的 LD，$I' = (0.7 \sim 0.8)I_{th}$；$\tau_{sp}$ 为有源区内的电子寿命，τ_{ph} 为谐振腔内的光子寿命。

图 3.11 示出半导体激光器的直接调制频率特性。弛张频率 f_r 是调制频率的上限，一般激光器的 f_r 为 $1 \sim 2$ GHz。在接近 f_r 处，数字调制要产生弛张振荡，模拟调制要产生非线性失真。

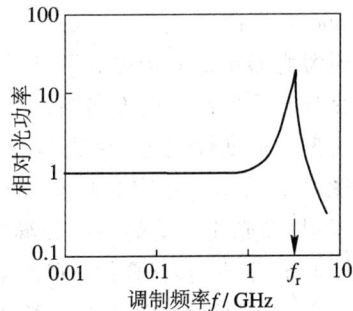

图 3.11　半导体激光器的直接调制频率特性

5. 温度特性

对于线性良好的激光器,输出光功率特性如式(3.7b)和图3.10所示。激光器输出光功率随温度而变化有两个原因:一是激光器的阈值电流 I_{th} 随温度升高而增大,二是外微分量子效率 η_d 随温度升高而减小。温度升高时,I_{th} 增大,η_d 减小,输出光功率明显下降,达到一定温度时,激光器就不激射了。

当以直流电流驱动激光器时,阈值电流随温度的变化更加严重。当对激光器进行脉冲调制时,阈值电流随温度呈指数变化,在一定温度范围内,可以表示为

$$I_{th} = I_0 \exp\left(\frac{T}{T_0}\right) \tag{3.9}$$

式中,I_0 为常数,T 为结区的热力学温度度,T_0 为激光器材料的特征温度。GaAlAs-GaAs 激光器 $T_0 = 100 \sim 150$ K、InGaAsP-InP 激光器 $T_0 = 40 \sim 70$ K,所以长波长 InGaAsP-InP 激光器输出光功率对温度的变化更加敏感。

外微分量子效率随温度的变化不十分敏感,例如,GaAlAs-GaAs 激光器在 77 K 时 $\eta_d \approx 50\%$,在 300 K 时,$\eta_d \approx 30\%$。

图 3.12 示出脉冲调制的激光器,由

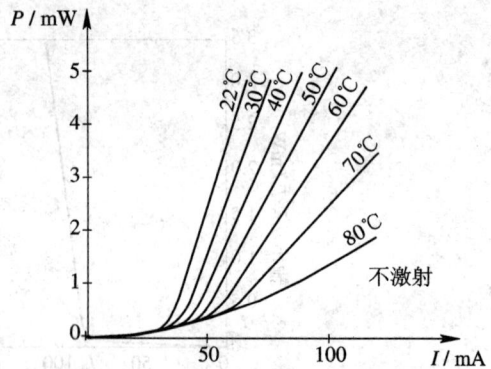

图 3.12　P-I 曲线随温度的变化

于温度升高引起阈值电流增加和外微分量子效率减小,造成的输出光功率特性 P-I 曲线的变化。

3.1.3　分布反馈激光器

随着技术的进步,高速率光纤通信系统的发展和新型光纤通信系统(例如波分复用系统)的出现,都对激光器提出更高的要求。和由 F-P 谐振腔构成的 DH 激光器相比,要求新型半导体激光器的光谱宽度更窄,并在高速率脉冲调制下保持动态单纵模特性;发射光波长更加稳定,并能实现调谐;阈值电流更低,而输出光功率更大。具有这些特性的动态单纵模激光器有多种类型,其中性能优良并得到广泛应用的是分布反馈(DFB, Distributed Feed-Back)激光器。

普通激光器用 F-P 谐振腔两端的反射镜,对激活物质发出的辐射光进行反馈,DFB 激光器用靠近有源层沿长度方向制作的周期性结构(波纹状)衍射光栅实现光反馈。这种衍射光栅的折射率周期性变化,使光沿有源层分布式反馈,所以称为分布反馈激光器。

如图 3.13 所示,由有源层发射的光,从一个方向向另一个方向传播时,一部分在光栅波纹峰反射(如光线 a),另一部分继续向前传播,在邻近的光栅波纹峰反射(如光线 b)。如果光线 a 和 b 匹配,相互叠加,则产生更强的反馈,而其他波长的光将相互抵消。虽然每个波纹峰反射的光不大,但整个光栅有成百上千个波纹峰,反馈光的总量足以产生激光振荡。

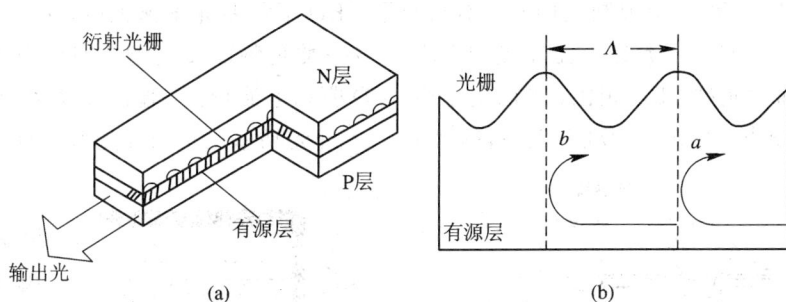

图 3.13　分布反馈(DFB)激光器
(a) 结构；(b) 光反馈

光栅周期 Λ 由下式确定

$$\Lambda = m\,\frac{\lambda_B}{2n_e} \tag{3.10}$$

式中，n_e 为材料有效折射率，λ_B 为布喇格波长，m 为衍射级数(取正整数)。在普通光栅的 DFB 激光器中，发生激光振荡的有两个阈值最低、增益相同的纵模，其波长为

$$\lambda_{1,2} = \lambda_B \pm \left(\frac{1}{2}\,\frac{\lambda_B^2}{2n_e L}\right) \tag{3.11}$$

式中 L 为光栅长度，其他符号和式(3.10)意义相同。在普通均匀光栅中，引入一个 $\lambda/4$ 相移变换，使原来的波峰变波谷，波谷变波峰，可以有效地提高模式选择性和稳定性，实现动态单纵模激光器的要求。

DFB 激光器与 F-P 激光器相比，具有以下优点：

① 单纵模激光器。F-P 激光器的发射光谱是由增益谱和激光器纵模特性共同决定的，由于谐振腔的长度较长，导致纵模间隔小，相邻纵模间的增益差别小，因此要得到单纵模振荡非常困难。DFB 激光器的发射光谱主要由光栅周期 Λ 决定。Λ 相当于 F-P 激光器的腔长 L，每一个 Λ 形成一个微型谐振腔。由于 Λ 的长度很小，所以 m 阶和 $(m+1)$ 阶模之间的波长间隔比 F-P 腔大得多，加之多个微型腔的选模作用，很容易设计成只有一个模式能获得足够的增益。于是 DFB 激光器容易设计成单纵模振荡器。

② 光谱宽度窄，波长稳定性好。由于 DFB 激光器的每一个栅距 Λ 相当于一个 F-P 腔，所以布喇格反射可以看做是多级调谐，使得谐振波长的选择性大大提高，光谱明显变窄，可以窄到几个吉赫兹。由于光栅的作用有助于使发射波长锁定在谐振波长上，因而波长的稳定性得以改善。

③ 动态谱特性好。DFB 激光器在高速调制时也能保持单模特性，这是 F-P 激光器无法比拟的。尽管 DFB 激光器在高速调制时存在啁啾，光谱有一定展宽，但比 F-P 激光器的动态光谱的展宽要改善一个数量级左右。

④ 线性好。DFB 激光器的线性非常好，因此广泛用于模拟调制的有线电视光纤传输系统中。

3.1.4　发光二极管

发光二极管(LED)的工作原理与激光器(LD)有所不同，LD 发射的是受激辐射光，LED 发射的是自发辐射光。LED 的结构和 LD 相似，大多是采用双异质结(DH)结构，把有源层夹在 P 型和 N 型限制层中间，不同的是 LED 不需要光学谐振腔，没有阈值。发光二极管有两种类型：一类是正面发光型 LED，另一类是侧面发光型 LED，其结构示于图3.14。和正面发光型 LED 相比，侧面发光型 LED 驱动电流较大，输出光功率较小，但由于光束辐射角较小，与光纤的耦合效率较高，因而入纤光功率比正面发光型 LED 大。

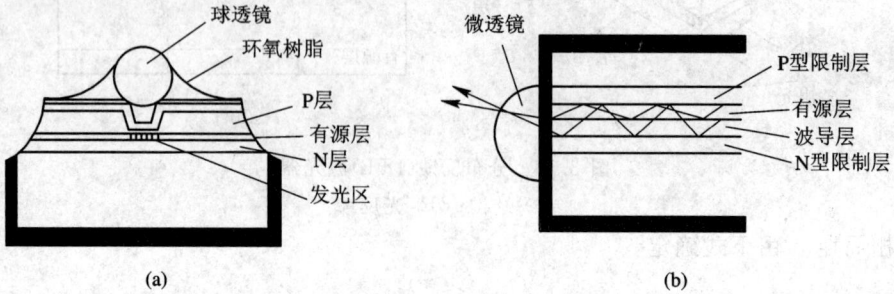

图 3.14　两类发光二极管(LED)

(a) 正面发光型；(b) 侧面发光型

和激光器相比，发光二极管输出光功率较小，光谱宽度较宽，调制频率较低。但发光二极管性能稳定，寿命长，输出光功率线性范围宽，而且制造工艺简单，价格低廉。因此，这种器件在小容量短距离系统中发挥了重要作用。

发光二极管具有如下工作特性：

(1) 光谱特性。发光二极管发射的是自发辐射光，没有谐振腔对波长的选择作用，光谱较宽，如图 3.15。一般短波长 GaAlAs-GaAs LED 光谱宽度 $\Delta\lambda$ 为 $30\sim50$ nm，长波 InGaAsP-InP LED 光谱宽度 $\Delta\lambda$ 为 $60\sim120$ nm。随着温度升高或驱动电流增大，光谱加宽，且峰值波长向长波长方向移动，短波长和长波长 LED 的移动分别为 $0.2\sim0.3$ nm/℃ 和 $0.3\sim0.5$ nm/℃。

(2) 光束的空间分布。在垂直于发光平面上，正面发光型 LED 辐射图呈朗伯分布，即 $P(\theta)=P_0\cos\theta$，半功率点辐射角 $\theta\approx120°$。侧面发光型 LED，$\theta_\parallel\approx120°$，$\theta_\perp\approx25°\sim35°$。由于 θ 大，LED 与光纤的耦合效率一般小于 10%。

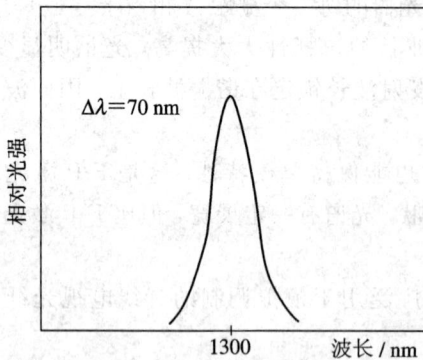

图 3.15　LED 光谱特性

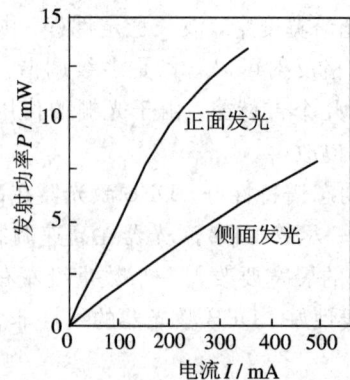

图 3.16　发光二极管(LED)的 P-I 特性

(3) 输出光功率特性。发光二极管实际输出的光子数远远小于有源区产生的光子数，一般外微分量子效率 η_d 小于 10%。两种类型发光二极管的输出光功率特性示于图 3.16。

驱动电流 I 较小时，P-I 曲线的线性较好；I 过大时，由于 PN 结发热产生饱和现象，使 P-I 曲线的斜率减小。在通常工作条件下，LED 工作电流为 $50 \sim 100$ mA，输出光功率为几毫瓦，由于光束辐射角大，入纤光功率只有几百微瓦。

（4）频率特性。发光二极管的频率响应可以表示为

$$| H(f) | = \frac{P(f)}{P(0)} = \frac{1}{\sqrt{1 + (2\pi f \tau_e)^2}} \tag{3.12}$$

式中，f 为调制频率，$P(f)$ 为对应于调制频率 f 的输出光功率，τ_e 为少数载流子（电子）的寿命。定义 f_c 为发光二极管的截止频率，当 $f = f_c = 1/(2\pi\tau_e)$ 时，$| H(f_c) | = 1/\sqrt{2}$，最高调制频率应低于截止频率。

图 3.17 示出发光二极管的频率响应，图中显示出少数载流子的寿命 τ_e 和截止频率 f_c 的关系。对有源区为低掺杂浓度的 LED，适当增加工作电流可以缩短载流子寿命，提高截止

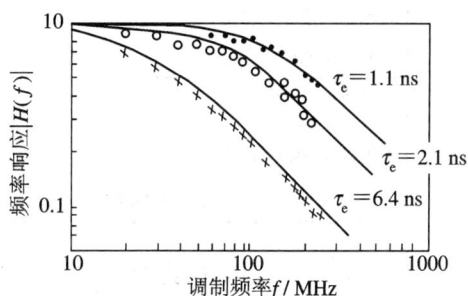

图 3.17　发光二极管（LED）的频率响应

频率。在一般工作条件下，正面发光型 LED 截止频率为 $20 \sim 30$ MHz，侧面发光型 LED 截止频率为 $100 \sim 150$ MHz。

3.1.5　半导体光源一般性能和应用

表 3.1 和表 3.2 列出半导体激光器（LD）和发光二极管（LED）的一般性能。

LED 通常和多模光纤耦合，用于 1.3 μm（或 0.85 μm）波长的小容量短距离系统。因为 LED 发光面积和光束辐射角较大，而多模 SIF 光纤或 G.651 规范的多模 GIF 光纤具有较大的芯径和数值孔径，有利于提高耦合效率，增加入纤功率。LD 通常和 G.652 或 G.653 规范的单模光纤耦合，用于 1.3 μm 或 1.55 μm 大容量长距离系统，这种系统在国内外都得到最广泛的应用。分布反馈激光器（DFB-LD）主要和 G.653 或 G.654 规范的单模光纤或特殊设计的单模光纤耦合，用于超大容量的新型光纤系统，这是目前光纤通信发展的主要趋势。

表 3.1　半导体激光器（LD）和发光二极管（LED）一般性能

	LD		LED	
工作波长 λ/μm	1.3	1.55	1.3	1.55
光谱宽度 $\Delta\lambda/$nm	$1 \sim 2$	$1 \sim 3$	$50 \sim 100$	$60 \sim 120$
阈值电流 $I_{th}/$mA	$20 \sim 30$	$30 \sim 60$		
工作电流 $I/$mA			$100 \sim 150$	$100 \sim 150$
输出功率 $P/$mW	$5 \sim 10$	$5 \sim 10$	$1 \sim 5$	$1 \sim 3$
入纤功率 $P/$mW	$1 \sim 3$	$1 \sim 3$	$0.1 \sim 0.3$	$0.1 \sim 0.2$
调制带宽 $B/$MHz	$500 \sim 2000$	$500 \sim 1000$	$50 \sim 150$	$30 \sim 100$
辐射角 $\theta/(°)$	20×50	20×50	30×120	30×120
寿命 $t/$h	$10^6 \sim 10^7$	$10^5 \sim 10^6$	10^8	10^7
工作温度/℃	$-20 \sim 50$	$-20 \sim 50$	$-20 \sim 50$	$-20 \sim 50$

表 3.2　分布反馈激光器(DFB－LD)的一般性能

工作波长 λ/μm	1.3	1.55
光谱宽度 Δλ/nm		
连续波单纵模	$10^{-4} \sim 10^{-3}$	
直接调制单纵模	0.04～0.5 (1 Gb/s, RZ)	
边模抑制比/dB	30～35	
光谱漂移/(nm/℃)	＜0.08	
阈值电流 I_{th}/mA	15～20	20～30
外量子效率 η_d/(%)	20	15
输出功率 P/mW(连续单纵模, 25 ℃)	20～40	15～30

在实际应用中,通常把光源做成组件,图 3.18 示出 LD 组件构成的实例。偏置电流和信号电流经驱动电路作用于 LD,LD 正向发射的光经隔离器和透镜耦合进入光纤,反向发射的光经 PIN 光电二极管转换进入光功率监控器,同时利用热敏电阻和冷却元件进行温度监测和自动温度控制(ATC)。

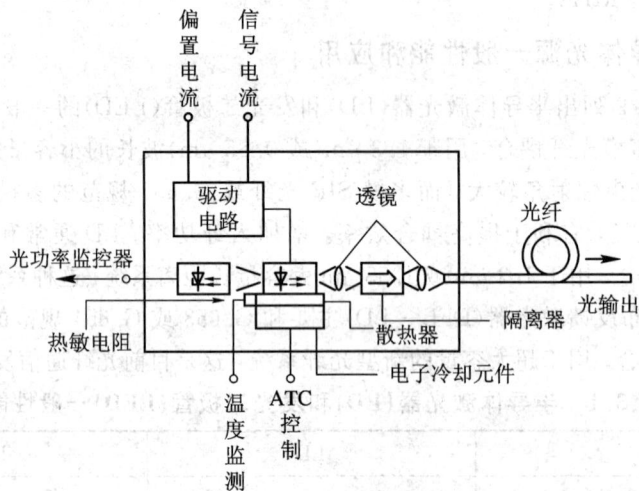

图 3.18　LD 组件的构成实例

3.2　光 检 测 器

光检测器是光接收机的关键器件,它的功能是把光信号转换为电信号。目前常用的光检测器有 PIN 光电二极管和雪崩光电二极管(APD)。本节介绍这些光电二极管的工作原理、基本结构和主要特性。

3.2.1　光电二极管工作原理

光电二极管(PD)把光信号转换为电信号的功能,是由半导体 PN 结的光电效应实现的。

如 3.1 节所述，在 PN 结界面上，由于电子和空穴的扩散运动，形成内部电场。内部电场使电子和空穴产生与扩散运动方向相反的漂移运动，最终使能带发生倾斜，在 PN 结界面附近形成耗尽层，如图 3.19(a)所示。当入射光作用在 PN 结时，如果光子的能量大于或等于带隙($hf \geqslant E_g$)，便发生受激吸收，即价带的电子吸收光子的能量跃迁到导带形成光生电子 – 空穴对。在耗尽层，由于内部电场的作用，电子向 N 区运动，空穴向 P 区运动，形成光生漂移电流。在耗尽层两侧是没有电场的中性区，由于热运动，部分光生电子和空穴通过扩散运动可能进入耗尽层，然后在电场作用下，形成和漂移电流相同方向的光生扩散电流。光生漂移电流分量和光生扩散电流分量的总和即为光生电流。当与 P 层和 N 层连接的电路开路时，便在两端产生电动势，这种效应称为光电效应。当连接的电路闭合时，N 区过剩的电子通过外部电路流向 P 区。同样，P 区的空穴流向 N 区，便形成了光生电流。当入射光变化时，光生电流随之变化，从而把光信号转换成电信号。这种由 PN 结构成，在入射光作用下，由于受激吸收过程产生的电子 – 空穴对的运动，在闭合电路中形成光生电流的器件，就是简单的光电二极管(PD)。

如图 3.19(b)所示，光电二极管通常要施加适当的反向偏压，目的是增加耗尽层的宽度，缩小耗尽层两侧中性区的宽度，从而减小光生电流中的扩散分量。由于载流子扩散运动比漂移运动慢得多，所以减小扩散分量的比例便可显著提高响应速度。但是提高反向偏压，加宽耗尽层，又会增加载流子漂移的渡越时间，使响应速度减慢。为了解决这一矛盾，就需要改进 PN 结光电二极管的结构。

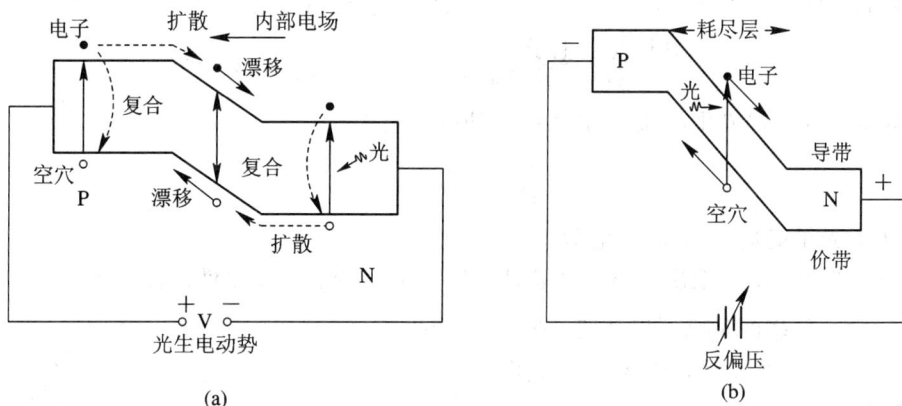

图 3.19　光电二极管工作原理
(a) 光电效应；(b) 加反向偏压后的能带

3.2.2　PIN 光电二极管

由于 PN 结耗尽层只有几微米，大部分入射光被中性区吸收，因而光电转换效率低，响应速度慢。为改善器件的特性，在 PN 结中间设置一层掺杂浓度很低的本征半导体(称为 I)，这种结构便是常用的 PIN 光电二极管。

PIN 光电二极管的工作原理和结构见图 3.20 和图 3.21。中间的 I 层是 N 型掺杂浓度很低的本征半导体，用 $II(n)$ 表示；两侧是掺杂浓度很高的 P 型和 N 型半导体，用 P^+ 和 N^+ 表示。I 层很厚，吸收系数很小，入射光很容易进入材料内部而产生大量电子 – 空穴对，因而大幅度提高了光电转换效率。两侧 P^+ 层和 N^+ 层很薄，吸收入射光的比例很小，I 层几乎占据整个耗尽层，因而光生电流中漂移分量占支配地位，从而大大提高了响应速度。另外，可通过控制耗尽层的宽度 w，来改变器件的响应速度。

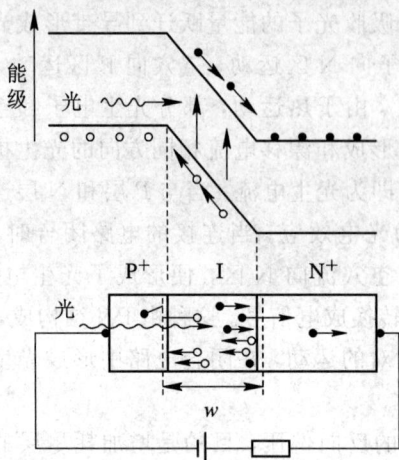

图 3.20 PIN 光电二极管工作原理

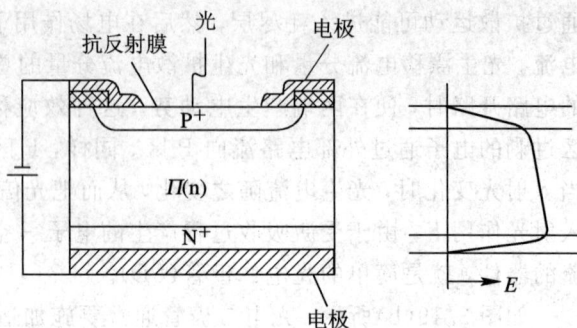

图 3.21 PIN 光电二极管结构

PIN 光电二极管具有如下主要特性：

(1) 量子效率和光谱特性。光电转换效率用量子效率 η 或响应度 ρ 表示。量子效率 η 定义为相同时间内一次光生电子 – 空穴对和入射光子数的比值

$$\eta = \frac{每秒光生电子-空穴对}{每秒入射光子数} = \frac{I_p/e}{P_0/hf} = \frac{I_p}{P_0}\frac{hf}{e} \tag{3.13}$$

响应度的定义为一次光生电流 I_p 和入射光功率 P_0 的比值

$$\rho = \frac{I_p}{P_0} = \frac{\eta e}{hf} \quad (A/W) \tag{3.14}$$

式中，hf 为光子能量，e 为电子电荷。

量子效率和响应度取决于材料的特性和器件的结构。假设器件表面反射率为零，P 层和 N 层对量子效率的贡献可以忽略，在工作电压下，I 层全部耗尽，那么 PIN 光电二极管的量子效率可以近似表示为

$$\eta = 1 - \exp(-\alpha(\lambda)w) \tag{3.15}$$

式中，$\alpha(\lambda)$ 和 w 分别为 I 层的吸收系数和宽度。由式(3.15)可以看到，当 $\alpha(\lambda)w \gg 1$ 时，$\eta \to 1$，所以为提高量子效率 η，I 层的宽度 w 要足够大。

量子效率的光谱特性取决于半导体材料的吸收光谱 $\alpha(\lambda)$，对长波长的限制由式(3.6)确定，即 $\lambda_c = 1.24/E_g$。图 3.22 示出量子效率 η 和响应度 ρ 的光谱特性，由图可见，Si 适用于 $0.8 \sim 0.9\ \mu m$ 波段，

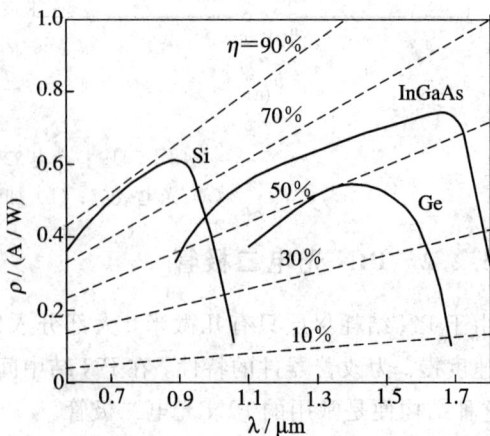

图 3.22 PIN 光电二极管响应度 ρ、量子效率 η 与波长 λ 的关系

Ge 和 InGaAs 适用于 $1.3\sim1.6\ \mu m$ 波段。响应度一般为 $0.5\sim0.6$（A/W）。

（2）响应时间和频率特性。光电二极管对高速调制光信号的响应能力用脉冲响应时间 τ 或截止频率 f_c（带宽 B）表示。对于数字脉冲调制信号，把光生电流脉冲前沿由最大幅度的 10% 上升到 90%，或后沿由 90% 下降到 10% 的时间，分别定义为脉冲上升时间 τ_r 和脉冲下降时间 τ_f。当光电二极管具有单一时间常数 τ_0 时，其脉冲前沿和脉冲后沿相同，且接近指数函数 $\exp(t/\tau_0)$ 和 $\exp(-t/\tau_0)$，由此得到脉冲响应时间

$$\tau = \tau_r = \tau_f = 2.2\tau_0 \tag{3.16}$$

对于幅度一定，频率为 $\omega=2\pi f$ 的正弦调制信号，截止频率 f_c 定义为光生电流 $I(\omega)$ 下降 3 dB 的频率。当光电二极管具有单一时间常数 τ_0 时，

$$f_c = \frac{1}{2\pi\tau_0} = \frac{0.35}{\tau_r} \tag{3.17}$$

PIN 光电二极管响应时间或频率特性主要由光生载流子在耗尽层（这里是 I 层）的渡越时间 τ_d 和包括光电二极管在内的检测电路 RC 常数所确定。当调制频率 ω 与渡越时间 τ_d 的倒数可以相比时，耗尽层（I 层）对量子效率 $\eta(\omega)$ 的贡献可以表示为

$$\eta(\omega) = \eta(0)\frac{\sin(\omega\tau_d/2)}{\omega\tau_d/2} \tag{3.18}$$

由 $\eta(\omega)/\eta(0)=1/\sqrt{2}$ 得到由渡越时间 τ_d 限制的截止频率

$$f_c = \frac{0.42}{\tau_d} = 0.42\frac{v_s}{w} \tag{3.19}$$

式中，渡越时间 $\tau_d=w/v_s$，w 为耗尽层宽度，v_s 为载流子渡越速度，比例于电场强度。由式（3.19）和式（3.18）可以看出，减小耗尽层宽度 w，可以减小渡越时间 τ_d，从而提高截止频率 f_c，但是同时要降低量子效率 η。图 3.23 示出 Si-PIN 光电二极管的量子效率 η 与由渡越时间限制的截止频率 f_c（带宽）和耗尽层宽度 w 的关系。

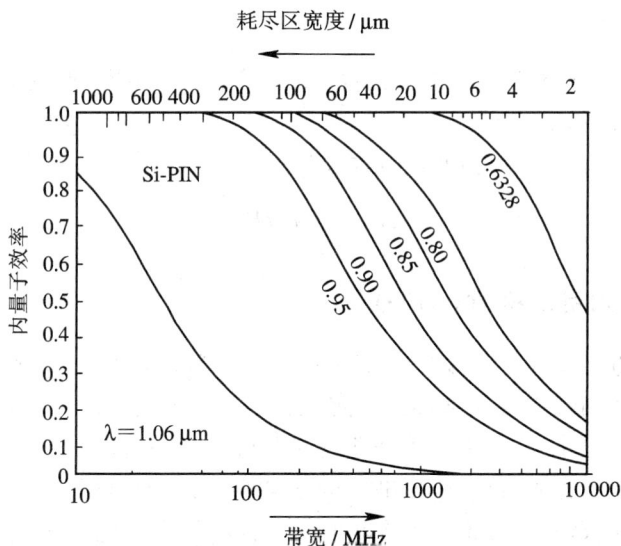

图 3.23　内量子效率和带宽的关系

由电路 RC 时间常数限制的截止频率

$$f_c = \frac{1}{2\pi R_t C_d} \tag{3.20}$$

式中，R_t 为光电二极管的串联电阻和负载电阻的总和，C_d 为结电容 C_j 和管壳分布电容的总和。

$$C_j = \frac{\varepsilon A}{w} \tag{3.21}$$

式中，ε 为材料的介电常数，A 为结面积，w 为耗尽层宽度。

（3）噪声。噪声是反映光电二极管特性的一个重要参数，它直接影响光接收机的灵敏度。光电二极管的噪声包括由信号电流和暗电流产生的散粒噪声（Shot Noise）和由负载电阻和后继放大器输入电阻产生的热噪声。噪声通常用均方噪声电流（在 $1\ \Omega$ 电阻负载上的噪声功率）来描述。

均方散粒噪声电流

$$\langle i_{sh}^2 \rangle = 2e(I_p + I_d)B \tag{3.22}$$

式中，e 为电子电荷，B 为光电二极管及后继放大器的等效噪声带宽，I_p 和 I_d 分别为信号电流和暗电流的强度。

式（3.21）第一项 $2eI_pB$ 称为量子噪声，是由于入射光子和所形成的电子－空穴对都具有离散性和随机性而产生的。只要有光信号输入就有量子噪声。这是一种不可克服的本征噪声，它决定光接收机灵敏度的极限。

式（3.22）第二项 $2eI_dB$ 是暗电流产生的噪声。暗电流是器件在反偏压条件下，没有入射光时产生的反向直流电流，它包括晶体材料表面缺陷形成的泄漏电流和载流子热扩散形成的本征暗电流。暗电流与光电二极管的材料和结构有关，例如 Si-PIN，$I_d < 1\ \text{nA}$，Ge-PIN，$I_d > 100\ \text{nA}$。

均方热噪声电流

$$\langle i_T^2 \rangle = \frac{4kTB}{R} \tag{3.23}$$

式中，$k = 1.38 \times 10^{-23}\ \text{J/K}$ 为波尔兹曼常数，T 为等效噪声温度，R 为等效电阻，是负载电阻和放大器输入电阻并联的结果。

因此，光电二极管输出的总均方噪声电流为

$$\langle i_n^2 \rangle = 2e(I_p + I_d)B + \frac{4kTB}{R} \tag{3.24}$$

3.2.3　雪崩光电二极管（APD）

光电二极管输出电流 I 和反偏压 U 的关系示于图 3.24。随着反向偏压的增加，开始光电流基本保持不变。当反向偏压增加到一定数值时，光电流急剧增加，最后器件被击穿，这个电压称为击穿电压 U_B。APD 就是根据这种特性设计的器件。

根据光电效应，当光入射到 PN 结时，光子被吸收而产生电子－空穴对。如果电压增加到使电场达到 $200\ \text{kV/cm}$ 以上，初始电子（一次电子）在高电场区获得足够能量而加速运动。高速运动的电子和晶格原子相碰撞，使晶格原子电离，产生新的电子－空穴对。新产生的二次电子再次和原子碰撞。如此多次碰撞，产生连锁反应，致使载流子雪崩式倍增，见图 3.25。所以这种器件就称为雪崩光电二极管（APD）。

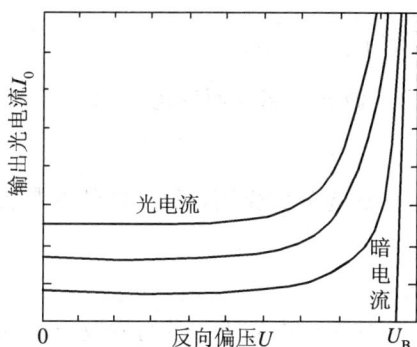

图 3.24　光电二极管输出电流 I 和
反向偏压 U 的关系

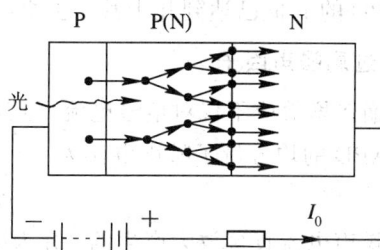

图 3.25　APD 载流子雪崩式倍增示意图
（只画出电子）

APD 的结构有多种类型，如图 3.26 示出的 $N^+P\Pi P^+$ 结构被称为拉通型 APD。在这种类型的结构中，当偏压加大到一定值后，耗尽层拉通到 $\Pi(p)$ 层，一直抵达 P^+ 接触层，是一种全耗尽型结构。拉通型雪崩光电二极管（RAPD）具有光电转换效率高、响应速度快和附加噪声低等优点。

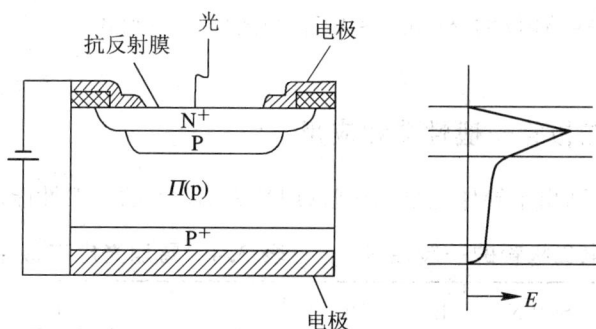

图 3.26　APD 结构图

对 APD 特性新引入的参数是倍增因子和附加噪声指数。

1. 倍增因子

由于雪崩倍增效应是一个复杂的随机过程，所以用这种效应对一次光生电流产生的平均增益的倍数来描述它的放大作用，并把倍增因子 g 定义为 APD 输出光电流 I_o 和一次光生电流 I_P 的比值。

$$g = \frac{I_o}{I_P} \tag{3.25}$$

显然，APD 的响应度比 PIN 增加了 g 倍。根据经验，并考虑到器件体电阻的影响，g 可以表示为

$$g = \frac{1}{1-(U'/U_B)^n} = \frac{1}{1-[(U-RI_o)/U_B]^n}$$

式中，U' 为 APD 工作电压，U 为外加反向总偏压，U_B 为 APD 击穿电压，n 为与材料特性和入射光波长有关的常数，R 为 APD 体电阻。当 $U \approx U_B$ 时，$RI_o/U_B \ll 1$，上式可简化为

$$g = \frac{U_B}{nRI_o} = \left(\frac{U_B}{nRI_p}\right)^{1/2}$$

现有 APD 的 g 值已达到几十甚至上百，随反向偏压、波长和温度而变化。

2. 过剩噪声因子

雪崩倍增效应不仅对信号电流而且对噪声电流同样起放大作用，所以如果不考虑别的因素，APD 的均方量子噪声电流为

$$\langle i_q^2 \rangle = 2eI_pBg^2 \tag{3.26a}$$

这是对噪声电流直接放大产生的，并未引入新的噪声成分。事实上，雪崩效应产生的载流子也是随机的，所以引入新的噪声成分，并表示为附加噪声因子 F。$F(>1)$ 是雪崩效应的随机性引起噪声增加的倍数，设 $F = g^x$，APD 的均方量子噪声电流应为

$$\langle i_q^2 \rangle = 2eI_pBg^{2+x} \tag{3.26b}$$

式中，x 为附加噪声指数。

同理，APD 暗电流产生的均方噪声电流应为

$$\langle i_d^2 \rangle = 2eI_dBg^{2+x} \tag{3.27}$$

附加噪声指数 x 与器件所用材料和制造工艺有关，Si-APD 的 $x=0.3\sim0.5$，Ge-APD 的 $x=0.8\sim1.0$，InGaAs-APD 的 $x=0.5\sim0.7$。当式(3.26)和式(3.27)的 $g=1$ 时，得到的结果和 PIN 相同。

3.2.4 光电二极管一般性能和应用

表 3.3 和表 3.4 列出半导体光电二极管(PIN 和 APD)的一般性能。

表 3.3　PIN 光电二极管的一般性能

	Si-PIN	InGaAs-PIN
工作波长范围 $\lambda/\mu m$	0.4~1.0	1.0~1.6
响应度 $\rho/(A/W)$	0.4(0.85 μm)	0.6(1.3 μm)
暗电流 I_d/nA	0.1~1	2~5
响应时间 τ/ns	2~10	0.2~1
结电容 C_j/pF	0.5~1	1~2
工作电压/V	−5~−15	−5~−15

表 3.4　雪崩光电二极管(APD)的一般性能

	Si-APD	InGaAs-APD
工作波长范围 $\lambda/\mu m$	0.4~1.0	1~1.65
响应度 $\rho/(A/W)$	0.5	0.5~0.7
暗电流 I_d/nA	0.1~1	10~20
响应时间 τ/ns	0.2~0.5	0.1~0.3
结电容 C_j/pF	1~2	<0.5
工作电压/V	50~100	40~60
倍增因子 g	30~100	20~30
附加噪声指数 x	0.3~0.4	0.5~0.7

APD 是有增益的光电二极管，采用 APD 的光接收机具有较高的灵敏度，有利于延长系统的传输距离。但是采用 APD 要求有较高的偏置电压和复杂的温度补偿电路，结果增加了成本。因此在灵敏度要求不高的场合，一般都采用 PIN。

Si-PIN 和 Si-APD 用于短波长(0.85 μm)光纤通信系统。InGaAs-PIN 用于长波长(1.31 μm 和 1.55 μm)系统，性能非常稳定，通常把它和使用场效应管(FET)的前置放大器集成在同一基片上，构成 PIN-FET 接收组件，以进一步提高灵敏度，改善器件的性能。

这种组件已经得到广泛应用。InGaAs-APD 的特点是响应速度快，传输速率可达几到十几 Gb/s，适用于高速光纤通信系统。由于 Ge-APD 的暗电流和附加噪声指数较大，很少用于实际通信系统。

3.3　光无源器件

一个完整的光纤通信系统，除光纤、光源和光检测器外，还需要许多其它光器件，特别是无源器件。这些器件对光纤通信系统的构成、功能的扩展或性能的提高，都是不可缺少的。虽然对各种器件的特性有不同的要求，但是普遍要求插入损耗小、反射损耗大、工作温度范围宽、性能稳定、寿命长、体积小、价格便宜，许多器件还要求便于集成。本节主要介绍无源光器件的类型、原理和主要性能。

3.3.1　连接器和接头

连接器是实现光纤与光纤之间可拆卸(活动)连接的器件，主要用于光纤线路与光发射机输出或光接收机输入之间，或光纤线路与其他光无源器件之间的连接。表 3.5 给出了光纤连接器的一般性能。接头是实现光纤与光纤之间的永久性(固定)连接，主要用于光纤线路的构成，通常在工程现场实施。连接器件是光纤通信领域最基本、应用最广泛的无源器件。

表 3.5　光纤连接器的一般性能

项　目	型号或材料	性　能
插入损耗/dB		0.2～0.3
重复性/dB		＜±0.1
互换性/dB		＜±0.1
反射损耗/dB	FC 型	35～40
	PC 型	45～50
寿命(插拔次数)	不锈钢	10^3
	陶瓷	10^4
工作温度/℃	不锈钢	－20～+70
	陶瓷	－40～+80

连接器有单纤(芯)连接器和多纤(芯)连接器，其特性主要取决于结构设计、加工精度和所用材料。单纤连接器结构有许多种类型，其中精密套管结构设计合理、效果良好，适宜大规模生产，因而得到很广泛的应用。图 3.27 示出精密套管结构的连接器简图，包括用于对中的套管、带有微孔的插针和端面

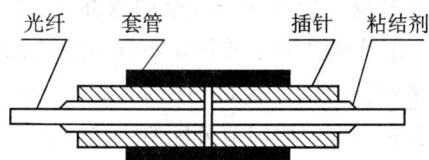
图 3.27　套管结构连接器简图

的形状(图中画出平面的端面)。光纤固定在插针的微孔内，两支带光纤的插针用套管对中

实现连接。要求光纤与微孔、插针与套管精密配合。对低插入损耗的连接器，要求两根光纤之间的横向偏移在 $1\ \mu\mathrm{m}$ 以内，轴线倾角小于 $0.5°$。普通的 FC 型连接器，光纤端面为平面。对于高反射损耗的连接器，要求光纤端面为球面或斜面，实现物理接触（PC 型）。套管和插针的材料一般可以用铜或不锈钢，但插针材料用 ZrO_2 陶瓷最理想。ZrO_2 陶瓷机械性能好、耐磨，热膨胀系数和光纤相近，使连接器的寿命（插拔次数）和工作温度范围（插入损耗变化 $\pm0.1\ \mathrm{dB}$）大大改善。

一种常用的多纤连接器是用压模塑料形成的高精度套管和矩形外壳，配合陶瓷插针构成的，这种方法可以做成 2 纤或 4 纤连接器。另一种多纤连接器是把光纤固定在用硅晶片制成的精密 V 形槽内，然后多片叠加并配合适当外壳。这种多纤连接器配合高密度带状光缆，适用于接入网或局域网的连接。

对于实现固定连接的接头，国内外大多借助专用自动熔接机在现场进行热熔接，也可以用 V 形槽连接。热熔接的接头平均损耗约为 $0.05\ \mathrm{dB/}$个。

3.3.2 光耦合器

耦合器的功能是把一个输入的光信号分配给多个输出，或把多个输入的光信号组合成一个输出。这种器件对光纤线路的影响主要是附加插入损耗，还有一定的反射和串扰。耦合器大多与波长无关，与波长相关的耦合器专称为波分复用器/解复用器。

1. 耦合器类型

图 3.28 示出常用耦合器的类型，它们各具不同的功能和用途。

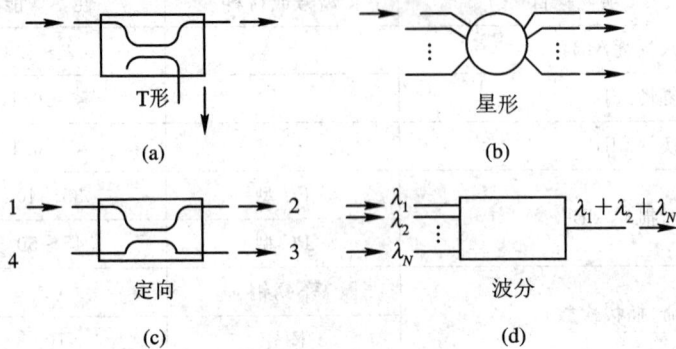

图 3.28 常用耦合器的类型

T 形耦合器 这是一种 2×2 的 3 端耦合器，见图 3.28(a)，其功能是把一根光纤输入的光信号按一定比例分配给两根光纤，或把两根光纤输入的光信号组合在一起，输入一根光纤。这种耦合器主要用作不同分路比的功率分配器或功率组合器。

星形耦合器 这是一种 $n\times m$ 耦合器，见图 3.28(b)，其功能是把 n 根光纤输入的光功率组合在一起，均匀地分配给 m 根光纤，m 和 n 不一定相等。这种耦合器通常用作多端功率分配器。

定向耦合器 这是一种 2×2 的 3 端或 4 端耦合器，其功能是分别取出光纤中向不同方向传输的光信号。见图 3.28(c)，光信号从端 1 传输到端 2，一部分由端 3 输出，端 4 无输出；光信号从端 2 传输到端 1，一部分由端 4 输出，端 3 无输出。定向耦合器可用作分路器，不能用作合路器。

　　波分复用器/解复用器　　这是一种与波长有关的耦合器(也称合波器/分波器)，见图 3.28(d)。波分复用器的功能是把多个不同波长的发射机输出的光信号组合在一起，输入到一根光纤；解复用器是把一根光纤输出的多个不同波长的光信号，分配给不同的接收机。波分复用器/解复用器将在 7.2 节详细介绍。

2. 基本结构

　　耦合器的结构有许多种类型，其中比较实用和有发展前途的有光纤型、微器件型和波导型，图 3.29、图 3.31 和图 3.32 示出这三种类型的有代表性器件的基本结构。

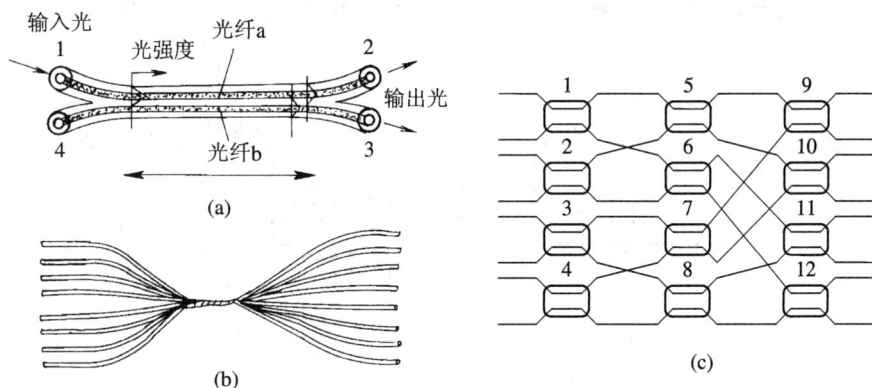

图 3.29　光纤型耦合器

(a)定向耦合器；(b) 8×8 星形耦合器；(c) 由 12 个 2×2 耦合器组成的 8×8 星形耦合器

　　光纤型　　把两根或多根光纤排列，用熔拉双锥技术制作各种器件。这种方法可以构成T 形耦合器、定向耦合器、星形耦合器和波分解复用器。图 3.29(a)和(b)分别示出单模2×2 定向耦合器和多模 $n×n$ 星形耦合器的结构。单模星形耦合器的端数受到一定限制，通常可以用 2×2 耦合器组成，图 3.29(c)示出由 12 个单模 2×2 耦合器组成的 8×8 星形耦合器。

　　图 3.29(a)所示的定向耦合器可以制成波分复用/解复用器。如图 3.30，设光纤 a(直通臂)传输的输出光功率为 P_a，光纤 b(耦合臂)的输出光功率为 P_b，根据耦合理论得到

$$P_a = \cos^2(C_\lambda L) \qquad (3.28a)$$

$$P_b = \sin^2(C_\lambda L) \qquad (3.28b)$$

式中，L 为耦合器有效作用长度，C_λ 为取决于光纤参数和光波长的耦合系数。设特定波长为 λ_1 和 λ_2，选择光纤参数，调整有效作用长度，使得当光纤 a 的输出 $P_a(\lambda_1)$ 最大时，光纤 b 的输出 $P_b(\lambda_1)=0$；当 $P_a(\lambda_2)=0$ 时，$P_b(\lambda_2)$ 最大。对于 λ_1 和 λ_2 分别为 1.3 μm 和1.55 μm 的光纤型解复用器，可以做到附加损耗为 0.5 dB，波长隔离度大于 20 dB。

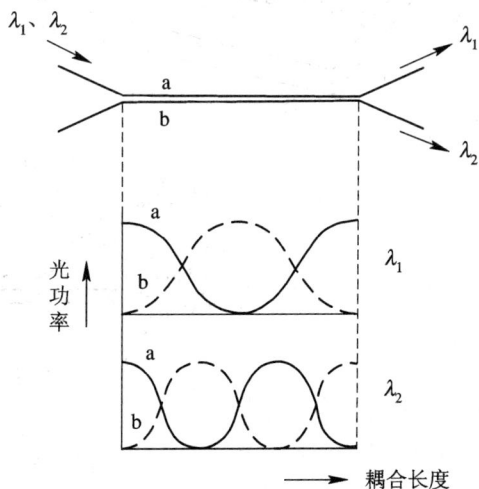

图 3.30　光纤型波分解复用器原理

　　微器件型　用自聚焦透镜和分光片（光部分透射，部分反射）、滤光片（一个波长的光透射，另一个波长的光反射）或光栅（不同波长的光有不同反射方向）等微光学器件可以构成 T 形耦合器、定向耦合器和波分解复用器，如图 3.31 所示。用 2×2 的耦合器作为基本单元同样可以构成 $n×n$ 星形耦合器。自聚焦透镜在光无源器件中起着非常重要的作用，其工作原理可参考 2.2 节式(2.13)自聚焦效应。图 3.31 中使用了 $A/4$ 和 $A/2(A$ 为周期)两种透镜。

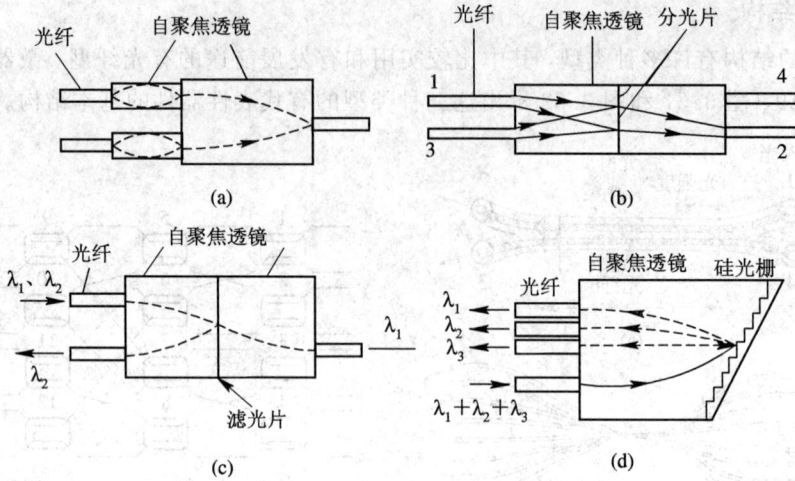

图 3.31　微器件型耦合器
（a）T 形耦合器；（b）定向耦合器；（c）滤光式解复用器；（d）光栅式解复用器

　　波导型　在一片平板衬底上制作所需形状的光波导，衬底作支撑体，又作波导包层。波导的材料根据器件的功能来选择，一般是 SiO_2，横截面为矩形或半圆形。图 3.32 示出波导型 T 形耦合器、定向耦合器和用滤光片作为波长选择元件的波分解复用器。

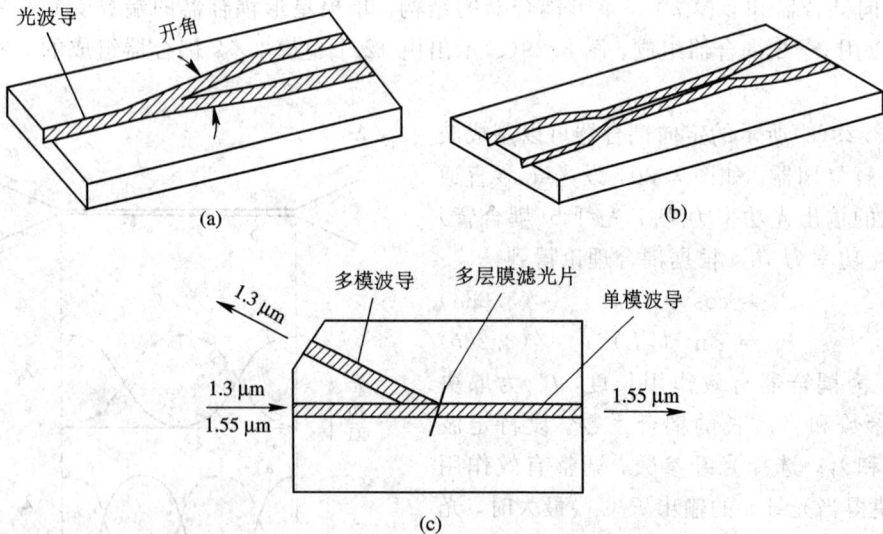

图 3.32　波导型耦合器
（a）T 形耦合器；（b）定向耦合器；（c）波分解复用器

3. 主要特性

说明耦合器参数的模型如图 3.33 所示，主要参数定义如下。

耦合比 CR 是一个指定输出端的光功率 P_{oc} 和全部输出端的光功率总和 P_{ot} 的比值，用％表示

$$CR = \frac{P_{oc}}{P_{ot}} = \frac{P_{oc}}{\sum\limits_{n=1}^{N} P_{on}} \qquad (3.29)$$

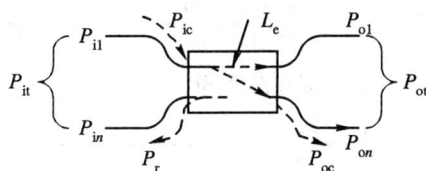

图 3.33 说明耦合器参数的模型

由此可定义功率分路损耗 L_s 为

$$L_s = 10 \lg\left(\frac{1}{CR}\right) \qquad (3.30)$$

附加损耗 L_e 由散射、吸收和器件缺陷产生的损耗，是全部输入端的光功率总和 P_{it} 和全部输出端的光功率总和 P_{ot} 的比值，用分贝表示如下：

$$L_e = 10 \lg \frac{P_{it}}{P_{ot}} = 10 \lg\left(\frac{\sum\limits_{n=1}^{N} P_{in}}{\sum\limits_{n=1}^{N} P_{on}}\right) \qquad (3.31)$$

插入损耗 L_t 是一个指定输入端的光功率 P_{ic} 和一个指定输出端的光功率 P_{oc} 的比值，用分贝表示

$$L_t = 10 \lg \frac{P_{ic}}{P_{oc}} \qquad (3.32)$$

方向性 DIR(隔离度) 是一个输入端的光功率 P_{ic} 和由耦合器反射到其他端的光功率 P_r 的比值，用分贝表示

$$DIR = 10 \lg \frac{P_{ic}}{P_r} \qquad (3.33)$$

一致性 U 是不同输入端得到的耦合比的均匀性，或者不同输出端耦合比的等同性。

表 3.6、表 3.7 列出波长为 $1.31~\mu m$ 或(和)$1.55~\mu m$ 单模光纤型耦合器和波分复用器/解复用器的一般性能。

表 3.6 耦合器的一般性能

耦 合 器	2×2 T形	$n\times n$ 星形
工作波长/μm	1.31 或 1.55	1.31 或 1.55
插入损耗/dB		
分路比 0.5/0.5	3.4	4×4 7～8
0.3/0.7	5.6/1.8	8×8 11～12
0.1/0.9	10.8/0.7	32×32 17～19
方向性/dB	40～55	
稳定性/dB	0.8～2.0	1～1.25
工作温度/℃	−40～+70	−40～+70

表 3.7　　波分复用器的一般性能

波分复用器	2 端	6 端
工作波长/μm	1.31 和 1.55	1.31 和 1.55
波长间隔/nm	200	20~30
附加损耗/dB	0.5~1	2~3
隔离度/dB	55(滤波)	25

3.3.3　光隔离器与光环行器

　　耦合器和其他大多数光无源器件的输入端和输出端是可以互换的，称之为互易器件。然而在许多实际光通信系统中通常也需要非互易器件。隔离器就是一种非互易器件，其主要作用是只允许光波往一个方向上传输，阻止光波往其他方向特别是反方向传输。隔离器主要用在激光器或光放大器的后面，以避免反射光返回到该器件致使器件性能变坏。插入损耗和隔离度是隔离器的两个主要参数，对正向入射光的插入损耗其值越小越好，对反向反射光的隔离度其值越大越好，目前插入损耗的典型值约为 1 dB，隔离度的典型值的大致范围为 40~50 dB。

　　首先介绍一下光偏振（极化）的概念。单模光纤中传输的光的偏振态（SOP，State of Polarization）是在垂直于光传输方向的平面上电场矢量的方向。在任何时刻，电场矢量都可以分解为两个正交分量，这两个正交分量分别称为水平模和垂直模。

　　隔离器工作原理如图 3.34 所示。这里假设入射光只是垂直偏振光，第一个偏振器的透振方向也在垂直方向，因此输入光能够通过第一个偏振器。紧接第一个偏振器的是法拉第旋转器，法拉第旋转器由旋光材料制成，能使光的偏振态旋转一定角度，例如 45°，并且其旋转

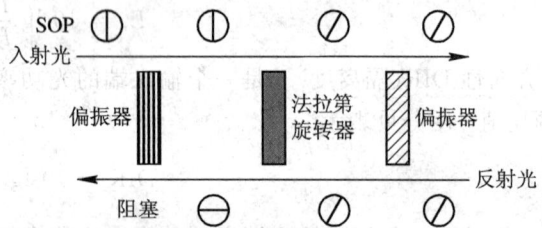

图 3.34　隔离器的工作原理

方向与光传播方向无关。法拉第旋转器后面跟着的是第二个偏振器，这个偏振器的透振方向在 45°方向上，因此经过法拉第旋转器旋转 45°后的光能够顺利地通过第二个偏振器，也就是说光信号从左到右通过这些器件（即正方向传输）是没有损耗的（插入损耗除外）。另一方面，假定在右边存在某种反射（比如接头的反射），反射光的偏振态也在 45°方向上，当反射光通过法拉第旋转器时再继续旋转 45°，此时就变成了水平偏振光。水平偏振光不能通过左面偏振器（第一个偏振器），于是就达到隔离效果。

　　然而在实际应用中，入射光的偏振态（偏振方向）是任意的，并且随时间变化，因此必须要求隔离器的工作与入射光的偏振态无关，于是隔离器的结构就变复杂了。一种小型的与入射光的偏振态无关的隔离器结构如图 3.35 所示。具有任意偏振态的入射光首先通过一个空间分离偏振器（SWP，Spatial Walk-off Polarizer）。这个 SWP 的作用是将入射光分解为两个正交偏振分量，让垂直分量直线通过，水平分量偏折通过。两个分量都要通过法拉第旋转器，其偏振态都要旋转 45°。法拉第旋转器后面跟随的是一块半波片

$\left(\dfrac{\lambda}{2} \text{ plate 或 half-wave plate}\right)$。这个半波片的作用是将从左向右传播的光的偏振态顺时针旋转 $45°$，将从右向左传播的光的偏振态逆时针旋转 $45°$。因而法拉第旋转器与半波片的组合可以使垂直偏振光变为水平偏振光，反之亦然。最后两个分量的光在输出端由另一个 SWP 合在一起输出，如图 3.35(a)所示。另一方面，如果存在反射光在反方向上传输，半波片和法拉第旋转器的旋转方向正好相反，当两个分量的光通过这两个器件时，其旋转效果相互抵消，偏振态维持不变，在输入端不能被 SWP 再组合在一起，如图 3.35(b)所示，于是就起到隔离作用。

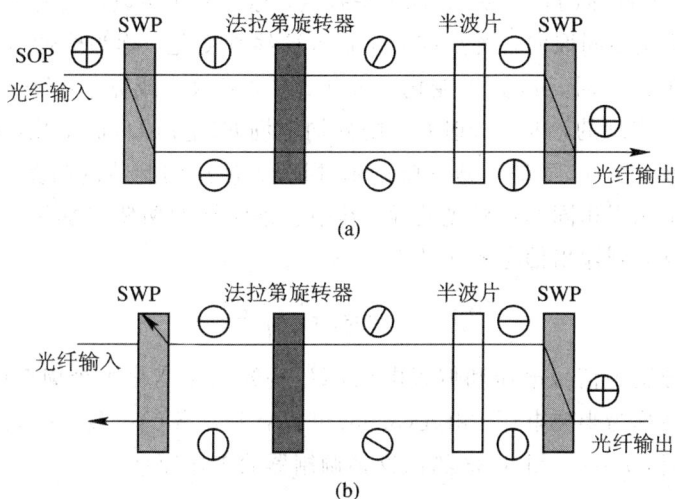

图 3.35 一种与输入光的偏振态无关的隔离器

环行器除了有多个端口外，其工作原理与隔离器类似。如图 3.36 所示，典型的环行器一般有三个或四个端口。在三端口环行器中，端口 1 输入的光信号在端口 2 输出，端口 2 输入的光信号在端口 3 输出，端口 3 输入的光信号由端口 1 输出。光环行器主要用于光分插复用器中。

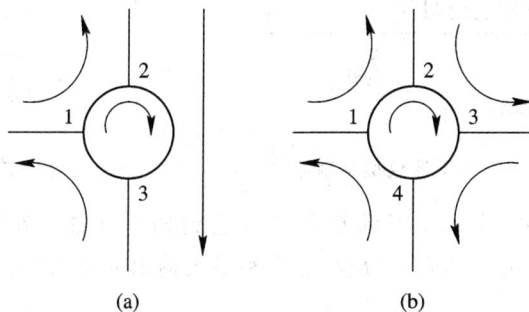

图 3.36 光环行器
(a) 三端口；(b) 四端口

3.3.4 光调制器

为提高光纤通信系统的质量，避免直接调制激光器时产生附加线性调频的问题，要采用外调制方式，把激光的产生和调制分开。所以在高速率系统、波分复用系统和相干光系统中都要用调制器。调制器可以用电光效应、磁光效应或声光效应来实现。最有用的调制器是利用具有强电光效应的铌酸锂（LiNbO₃）晶体制成的。这种晶体的折射率 n 和外加电场 E 的关系为

$$n = n_0 + \alpha E + \beta E^2 \qquad (3.34)$$

式中，n_0 为 $E=0$ 时晶体的折射率。α 和 β 是张量，称为电光系数，其值和偏振面与晶体轴线的取向有关。根据不同取向，当 $\beta=0$ 时，n 随 E 线性变化，称为线性电光效应或普克尔（Pockel）效应。当 $\alpha=0$ 时，n 随 E^2 变化，称为二次电光效应或克尔（Kerr）效应。调制器是利用线性电光效应实现的，因为折射率 n 随外加电场 E（电压 U）而变化，改变了入射光的相位和输出光功率。图 3.37 是马赫－曾德尔（MZ）干涉型调制器的简图。在 LiNbO₃ 晶体衬底上，制作两条光程相同的单模光波导，其中一条波导的两侧施加可变电压。设输入调制信号按余弦变化，则输出信号的光功率

$$P = 1 + \cos\left(\pi \frac{U_s + U_b}{U_\pi}\right) \qquad (3.35)$$

式中，U_s 和 U_b 分别为信号电压和偏置电压，U_π 为光功率变化半个周期（相位为 $0 \sim \pi$）所需的外加电压，并称为半波电压。由式(3.35)可以看到，当 $U_s + U_b = 0$ 时，$P=2$ 为最大；当 $U_s + U_b = U_\pi$ 时，$P=0$。图 3.38 给出这种调制器的工作原理。

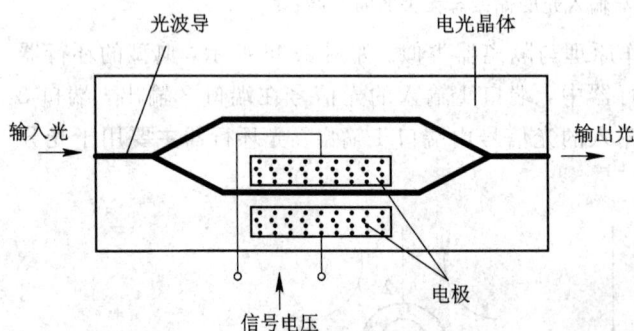

图 3.37 马赫－曾德尔干涉仪型调制器　　　图 3.38 马赫－曾德尔干涉仪型调制器特性

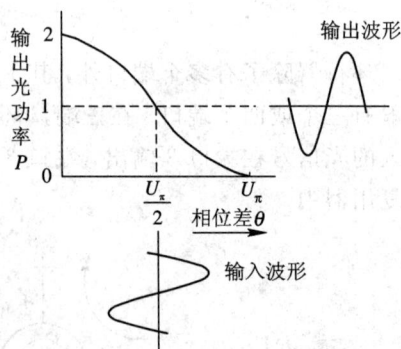

用于幅度调制（AM）的 MZ 型调制器可以达到如下性能：外加电压 11 V，带宽为 3 GHz 时插入损耗约 6 dB，消光比（最小输出和最大输出的比值）为 0.006。

3.3.5 光开关

光开关的功能是转换光路，实现光交换，它是光网络的重要器件。

光开关可分为两大类：一类是机械光开关，利用电磁铁或步进电机驱动光纤、棱镜或反射镜等光学元件实现光路转换；另一类是固体光开关，利用磁光效应、电光效应或声光

效应实现光路转换。机械光开关的优点是插入损耗小，串扰小，适合各种光纤，技术成熟；缺点是开关速度慢。固体光开关正相反，优点是开关速度快；缺点是插入损耗大，串扰大，只适合单模光纤。两类光开关的一般性能如表 3.8 所示。

表 3.8　两类光开关的一般性能

开关类型	10×10 机械	1×2 磁光	8×8 电光
插入损耗/dB	0.7～1.3	1.3～1.7	5～7
串扰/dB	＞60	25	20～30
开关时间/μs	$40×10^3$	30	

小　结

通信用光器件是构成光纤通信系统的重要元器件。本章主要介绍了有源和无源两类光器件的工作原理和主要特性。

有源光器件主要包括光源，光检测器和光放大器。光源是光发射机的关键器件，其功能是把电信号转换为光信号。目前光纤通信广泛使用的光源主要有半导体激光器(LD)、分布式反馈激光器(DFB)和发光二极管(LED)。半导体激光器是向半导体 PN 结注入电流，实现粒子数反转分布，产生受激辐射，实现光放大，再利用谐振腔的正反馈而产生激光振荡的。它的结构多种多样，而基本结构是双异质结(DH)平面条形结构，并由三层不同类型半导体材料构成，不同材料的激活物质决定不同的发射波长。发光二极管(LED)的工作原理与激光器(LD)有所不同，LED 发射的是自发辐射光。它的结构与 LD 相似，大多采用双异质结结构，不同的是，LED 不需要光谐振腔，没有阈值。光源的主要特性有：发射波长、光谱特性、光束的空间分布、输出光功率、入纤功率、频率特性、温度特性等。实际中，LED 通常和多模光纤结合，用于 1.3 μm(或 0.85 μm)波长的小容量短距离系统。而 LD 通常和 G.652 或 G.653 单模光纤耦合，用于 1.3 μm 或 1.55 μm 的大容量长距离系统。光检测器是光接收机的关键器件，它的功能是把光信号转换为电信号，是由半导体 PN 结的光电效应实现的。为了提高响应速度，出现了改进型 PN 结光电二极管的结构，如 PIN 光电二极管。为了提高检测增益，又出现了雪崩光电二极管(APD)。APD 用于要求光接收机灵敏度较高的场合，采用 APD 有利于延长系统的传输距离。InGaAs - PIN 用于波长为 1.3 μm 和 1.55 μm 的系统，性能非常稳定。

无源器件也是光纤通信系统中不可缺少的。无源器件主要包括连接器、耦合器、波分复用器、外调制器、光开关和隔离器等。连接器是实现光纤与光纤之间可拆卸(活动)连接的器件，主要用于光纤线路与光发射机输出或光接收机输入之间，或光纤线路或与其他光无源器件之间的连接。接头是实现光纤与光纤之间的永久性(固定)连接，主要用于光纤线路的构成，通常在工程现场实施。光耦合器的功能是把一个输入的光信号分配给多个输出，或把多个输入的光信号复合成一个输出。根据功能和用途可分为 T 形耦合器，星形耦合器，定向耦合器，波分复用器/解复用器。光隔离器是一种非互易器件，其主要作用是只允许光波往一个方向上传输，阻止光波往其他方向特别是反方向传输。而环行器除了有多个端口外，其工作原理与隔离器类似，主要用于光分插复用器中。外调制器是为了解决直接调制激光器会产生线性调频的问题，而采用的与光源分离的独立调制器件。光开关的功能是转换光路，实现光交换，它是光网络的重要器件。

习题与思考题

3-1　设激光器激活物质的高能级和低能级的能量各为 E_2 和 E_1，频率为 f，相应能级上的粒子密度各为 N_2 和 N_1。试计算：

(1) 当 $f=3000$ MHz，$T=300$ K 时，$N_2/N_1=$？

(2) 当 $\lambda=1$ μm，$T=300$ K 时，$N_2/N_1=$？

(3) 当 $\lambda=1$ μm，若 $N_2/N_1=0.1$。环境温度 $T=$？（按波尔兹曼分布规律计算）

3-2　某激光器采用 GaAs 为激活媒质，问其辐射的光波频率和波长各为多少？

3-3　半导体激光器(LD)有哪些特性？

3-4　比较半导体激光器(LD)和发光二极管(LED)的异同。

3-5　计算一个波长 $\lambda=1$ μm 的光子的能量等于多少？同时计算频率 $f=1$ MHz 和 $f=1000$ MHz 无线电波的能量。

3-6　太阳向地球辐射光波，设其平均波长 $\lambda=0.7$ μm，射到地球外面大气层的光强大约为 $I=0.4$ W/cm^2。若大气层外放一个太阳能电池，计算每秒钟到达太阳能电池上每平方米板上的光子数是多少。

3-7　试说明 APD 和 PIN 在性能上的主要区别。

3-8　根据光隔离器的工作原理，构成一个三端口光环形器的结构，并说明各元件的作用。

3-9　半导体激光器的发射光子的能量近似等于材料的禁带宽度，已知 GaAs 材料的 $E_g=1.43$ eV，某一 InGaAsP 材料的 $E_g=0.96$ eV，求它们的发射波长。

3-10　一个半导体激光器发射波长为 1.3 μm，谐振腔具有"箱式"结构，腔长 $l=150$ μm，宽 $w=20$ μm，厚 $d=1.0$ μm，介质的折射率 $n=4$。假设谐振腔周围的壁能完全地反射光，则谐振腔模式满足

$$\left(\frac{2n}{\lambda_{msq}}\right)^2=\left(\frac{m}{d}\right)^2+\left(\frac{s}{w}\right)^2+\left(\frac{q}{l}\right)^2$$

m，s，q 是整数，为 1，2，3，…，它们分别表示各个方向上的模数，求：

(1) 谐振腔允许的纵模模数；

(2) 设 $m=1$，$s=1$，计算纵模的波长间隔。

3-11　短波长 LED 能由材料 Ga$_{1-x}$Al$_x$As 制成。其中 x 表示成分数。这样的材料的带隙能量

$$E_g(\text{eV})=1.424+1.266x+0.266x^2$$

已知 x 必须满足 $0\leqslant x\leqslant 0.37$，求这样的 LED 能覆盖的波长范围。

3-12　考虑在 $E_g(\text{eV})=0.9$ eV，$T=320$ K，$\tau_r=0.5$ ns，直流驱动为 70 mA 条件下的 LED，内量子效率为 45%。LED 的输出被耦合到 $n_1=1.48$，$n_2=1.47$，$a=0.3$ dB/km 和 $L=30$ km 的渐变折射率光纤，耦合到光纤的效率为 1%。

（1）计算光纤输出功率。

（2）LED 在频率 f 下被幅度调制。计算能在这个通信链路运用的最高频率。

3－13 考虑由表面发射 LED 激励的阶跃折射率光纤。假设 LED 是朗伯源，具有强度分布 $I(\theta) = B \cos(\theta)$。求出下列表达式：

（1）该 LED 总输出功率：

$$P_{\mathrm{LED}} = \int_{r=0}^{a} \int_{\theta=0}^{\frac{\pi}{2}} \int_{\phi=0}^{2\pi} I(\theta) \cdot r \, \sin\theta \, \mathrm{d}r \, \mathrm{d}\theta \, \mathrm{d}\phi$$

（2）耦合到光线的功率：

$$P_{\mathrm{fiber}} = \int_{r=0}^{a} \int_{\theta=0}^{\theta_{\max}} \int_{\phi=0}^{2\pi} I(\theta) \cdot r \, \sin\theta \, \mathrm{d}r \, \mathrm{d}\theta \, \mathrm{d}\phi$$

（3）LED 入射到光纤的耦合效率：

$$\eta_{\mathrm{c}} = \frac{P_{\mathrm{fiber}}}{P_{\mathrm{LED}}}$$

3－14 利用上题结果证明 η_{c} 与数值孔径 NA 的平方成正比。如果纤芯半径 $a = 25 \ \mu m$，纤芯折射率 $n_1 = 1.5$，包层 $n_2 = 1.478$，$B = 200 \ \mathrm{W/(cm^2 \cdot S_r)}$。求耦合功率和耦合效率。

3－15 一个 GaAs PIN 光电二极管平均每三个入射光子，产生一个电子—空穴对，假设所有的电子都被收集。

（1）计算该器件的量子效率；

（2）设在 $0.8 \ \mu m$ 波段接收功率是 $10^{-7} \ W$，计算平均输出光生电流；

（3）计算这个光电二极管的长波长截止点 λ_{c}（超过此波长光电二极管将不工作）。

3－16 一个 APD 工作在 $1.55 \ \mu m$ 波段，且量子效率为 0.3，增益为 100，渡越时间为 $10 \ \mathrm{ps}$。

（1）计算该检测器的 3 dB 带宽；

（2）如果接收到的光功率是 $0.1 \ \mu W$，计算输出光电流；

（3）在（2）条件下，计算 10 MHz 带宽时的总均方根噪声电流：

$$i_{\mathrm{rms}} = <i_{\mathrm{n}}^2>^{1/2}$$

3－17 一光电二极管，当 $\lambda = 1.3 \ \mu m$ 时，响应度为 $0.6 \ \mathrm{A/W}$，计算它的量子效率。

3－18 如果激光器在 $\lambda = 0.5 \ \mu m$ 上工作，输出 1 W 的连续功率，试计算每秒从激活物质的高能级跃迁到低能级的粒子数。

3－19 光与物质间的互作用过程有哪些？

3－20 什么是粒子数反转？什么情况下能实现光放大？

3－21 什么是激光器的阈值条件？

3－22 由表达式 $E = hc/\lambda$ 说明为什么 LED 的 FWHM 功率谱宽在长波长中会变得更宽些。

3－23 试画出 APD 雪崩二极管的结构示意图，并指出高场区及耗尽区的范围。

3－24 什么是雪崩倍增效应？

3－25 设 PIN 光电二极管的量子效率为 80%，计算在 $1.3 \ \mu m$ 和 $1.5 \ \mu m$ 波长时的响应度，并说明为什么在 $1.55 \ \mu m$ 处光电二极管比较灵敏。

3－26 光检测过程中都有哪些噪声？

第 4 章　光　端　机

　　光端机包括光发射机和光接收机，为光纤通信系统的基本部件。本章介绍数字光发射机和数字光接收机的基本组成、工作特性和主要电路。

4.1　光 发 射 机

　　数字光发射机的功能是把电端机输出的数字基带电信号转换为光信号，并用耦合技术有效注入光纤线路，电/光转换是用承载信息的数字电信号对光源进行调制来实现的。调制分为直接调制和外调制两种方式。受调制的光源特性参数有功率、幅度、频率和相位。外调制的原理如 3.3.4 小节所述，这里着重介绍在实际光纤通信系统得到广泛应用的直接光强(功率)调制。

　　图 4.1 示出激光器(LD)和发光二极管(LED)直接光强数字调制原理，对 LD 施加了偏置电流 I_b。由图可见，当激光器的驱动电流大于阈值电流 I_{th} 时，输出光功率 P 和驱动电流 I 基本上是线性关系，输出光功率和输入电流成正比，所以输出光信号反映输入电信号。

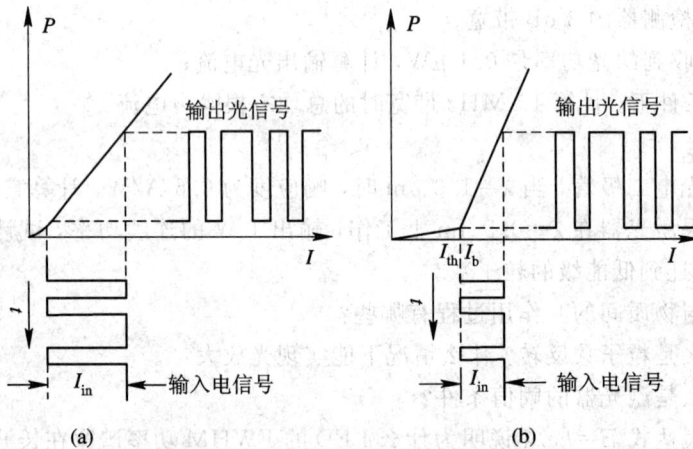

图 4.1　直接光强数字调制原理

(a) LED 数字调制原理；(b) LD 的数字调制原理

4.1.1　光发射机基本组成

　　数字光发射机的方框图如图 4.2 所示，主要有光源和电路两部分。光源是实现电/光转换的关键器件，在很大程度上决定着光发射机的性能。电路的设计应以光源为依据，使输出光信号准确反映输入电信号。

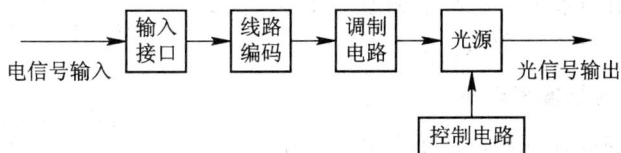

图 4.2 数字光发射机方框图

1. 光源

对通信用光源的要求如下：

(1) 发射的光波长应和光纤低损耗"窗口"一致，即中心波长应在 $0.85~\mu m$、$1.31~\mu m$ 和 $1.55~\mu m$ 附近。光谱单色性要好，即光谱宽度要窄，以减小光纤色散对带宽的限制。

(2) 电/光转换效率要高，即要求在足够低的驱动电流下，有足够大而稳定的输出光功率，且线性良好。发射光束的方向性要好，即远场的辐射角要小，以利于提高光源与光纤之间的耦合效率。

(3) 允许的调制速率要高或响应速度要快，以满足系统对传输容量的要求。

(4) 器件应能在常温下以连续波方式工作，要求温度稳定性好，可靠性高，寿命长。

(5) 此外，要求器件体积小，重量轻，安装使用方便，价格便宜。

以上各项中，调制速率、谱宽、输出光功率和光束方向性，直接影响光纤通信系统的传输容量和传输距离，是光源最重要的技术指标。目前，不同类型的半导体激光器(LD)和发光二极管(LED)可以满足不同应用场合的要求。

2. 调制电路和控制电路

直接光强调制的数字光发射机主要电路有调制电路、控制电路和线路编码电路，采用激光器作光源时，还有偏置电路。对调制电路和控制电路的要求如下：

(1) 输出光脉冲的通断比(全"1"码平均光功率和全"0"码平均光功率的比值，或消光比的倒数)应大于 10，以保证足够的光接收信噪比。

(2) 输出光脉冲的宽度应远大于开通延迟(电光延迟)时间，光脉冲的上升时间、下降时间和开通延迟时间应足够短，以便在高速率调制下，输出的光脉冲能准确再现输入电脉冲的波形。

(3) 对激光器应施加足够的偏置电流，以便抑制在较高速率调制下可能出现的弛张振荡，保证发射机正常工作。

(4) 应采用自动功率控制(APC)和自动温度控制(ATC)，以保证输出光功率有足够的稳定性。

3. 线路编码电路

线路编码之所以必要，是因为电端机输出的数字信号是适合电缆传输的双极性码，而光源不能发射负脉冲，所以要变换为适合于光纤传输的单极性码，线路编码的其它原因见 4.3 节所述。

4.1.2 调制特性

半导体激光器是光纤通信的理想光源，但在高速脉冲调制下，其瞬态特性仍会出现许多复杂现象，如常见的电光延迟、弛张振荡和自脉动现象。这种特性严重限制系统传输速率和通信质量，因此在电路的设计时要给予充分考虑。

1. 电光延迟和弛张振荡现象

半导体激光器在高速脉冲调制下，输出光脉冲瞬态响应波形如图 4.3 所示。输出光脉冲和注入电流脉冲之间存在一个初始延迟时间，称为电光延迟时间 t_d，其数

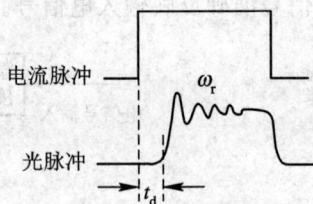

图 4.3 光脉冲瞬态响应波形

量级一般为 ns。当电流脉冲注入激光器后，输出光脉冲会出现幅度逐渐衰减的振荡，称为弛张振荡，其振荡频率 $f_r(=\omega_r/2\pi)$ 一般为 $0.5\sim2$ GHz。这些特性与激光器有源区的电子自发复合寿命和谐振腔内光子寿命以及注入电流初始偏差量有关。

弛张振荡和电光延迟的后果是限制调制速率。当最高调制频率接近张弛振荡频率时，波形失真严重，会使光接收机在抽样判决时增加误码率，因此实际使用的最高调制频率应低于弛张振荡频率。

电光延迟要产生码型效应。当电光延迟时间 t_d 与数字调制的码元持续时间 $T/2$ 为相同数量级时，会使"0"码过后的第一个"1"码的脉冲宽度变窄，幅度减小，严重时可能使单个"1"码丢失，这种现象称为"码型效应"。如图 4.4，在两个接连出现的"1"码中，第一个脉冲到来前，有较长的连"0"码，由于电光延迟时间长和光脉冲上升时间的影响，因此脉冲变小。第二个脉冲到来时，由于第一个脉冲的电子复合尚未完全消失，有源区电子密度较高，因此电光延迟时间短，脉冲较大。"码型效应"的特点是，在脉冲序列中较长的连"0"码后出现的"1"码，其脉冲明显变小，而且连"0"码数目越多，调制速率越高，这种效应越明显。用适当的"过调制"补偿方法，可以消除码型效应，见图 4.4(c)所示。

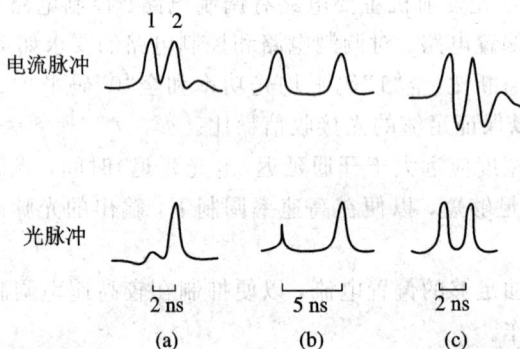

图 4.4 码型效应

(a)、(b) 码型效应波形；(c) 改善后波形

为了进一步了解激光器的调制特性，应求出 LD 速率方程组的瞬态解。由此得到的弛张振荡频率 ω_r 及其幅度衰减时间 τ_o 和电光延迟时间 t_d 的表达式为

$$\omega_r = \sqrt{\frac{1}{\tau_{sp}\tau_{ph}}\left(\frac{j}{j_{th}}-1\right)} \tag{4.1}$$

$$\tau_o = 2\tau_{sp}\frac{j_{th}}{j} \tag{4.2}$$

$$t_{\mathrm{d}} = \tau_{\mathrm{sp}} \ln \frac{j}{j - j_{\mathrm{th}}} \tag{4.3}$$

式中，τ_{o} 是弛张振荡幅度衰减到初始值的 $1/e$ 的时间，j 和 j_{th} 分别为注入电流密度和阈值电流密度。τ_{sp} 和 τ_{ph} 分别为电子自发复合寿命和谐振腔内光子寿命。在典型的激光器中，$\tau_{\mathrm{sp}} \approx 10^{-9}$ s，$\tau_{\mathrm{ph}} \approx 10^{-12}$ s，即 $\tau_{\mathrm{sp}} \gg \tau_{\mathrm{ph}}$。由式(4.1)～式(4.3)可以看到：

（1）弛张振荡频率 ω_{r} 随 τ_{sp}、τ_{ph} 的减小而增加，随 j 的增加而增加。这个振荡频率决定了 LD 的最高调制频率。

（2）弛张振荡幅度衰减时间 τ_{o} 与 τ_{sp} 为相同数量级，并随 j 的增加而减小。

（2）电光延迟时间 t_{d} 与 τ_{sp} 为相同数量级，并随 j 的增加而减小（$j > j_{\mathrm{th}}$）。

由此可见，增加注入电流 j，有利于提高弛张振荡频率 ω_{r}，减小其幅度衰减时间 τ_{o}，以及减小电光延迟时间 t_{d}，因此对 LD 施加偏置电流是非常必要的。

2．自脉动现象

某些激光器在脉冲调制甚至直流驱动下，当注入电流达到某个范围时，输出光脉冲出现持续等幅的高频振荡，这种现象称为自脉动现象，如图 4.5 所示。自脉动频率可达 2 GHz，严重影响 LD 的高速调制特性。

自脉动现象是激光器内部不均匀增益或不均匀吸收产生的，往往和 LD 的 $P - I$ 曲线的非线性有关，自脉动发生的区域和 $P - I$ 曲线扭折区域相对应。因此在选择激光器时应特别注意。

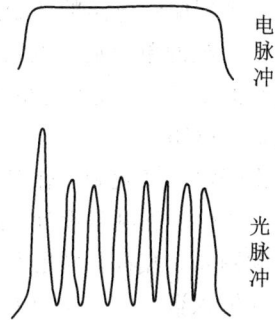

图 4.5　激光器自脉动现象

4.1.3　调制电路和自动功率控制

数字信号调制电路应采用电流开关电路，最常用的是差分电流开关电路。

图 4.6 示出由三极管组成的共发射极驱动电路，这种简单的驱动电路主要用于以发光二极管 LED 作为光源的光发射机。数字信号 U_{in} 从三极管 V 的基极输入，通过集电极的电流驱动 LED。数字信号"0"码和"1"码对应于 V 的截止和饱和状态，电流的大小根据对输出光信号幅度的要求确定。这种驱动电路适用于 10 Mb/s 以下的低速率系统，更高速率系统应采用差分电流开关电路。

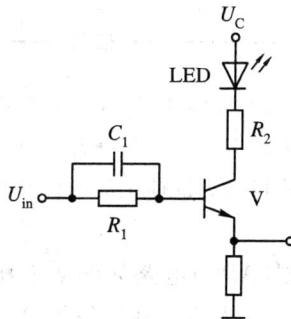

图 4.6　共发射极驱动电路

图 4.7 是常用的射极耦合驱动电路，适合于激光器
系统使用。电流源为由 V_1 和 V_2 组成的差分开关电路，
它提供了恒定的偏置电流。在 V_2 基极上施加直流参考
电压 U_B，V_2 集电极的电压取决于 LD 的正向电压，数
字电信号 U_{in} 从 V_1 基极输入。当信号为"0"码时，V_1 基
极电位比 U_B 高而抢先导通，V_2 截止，LD 不发光；反
之，当信号为"1"码时，V_1 基极电位比 U_B 低，V_2 抢先
导通，驱动 LD 发光。V_1 和 V_2 处于轮流截止和非饱和
导通状态，有利于提高调制速率。当三极管截止频率
$f_r \geqslant 4.5$ GHz 时，这种电路的调制速率可达 300 Mb/s。

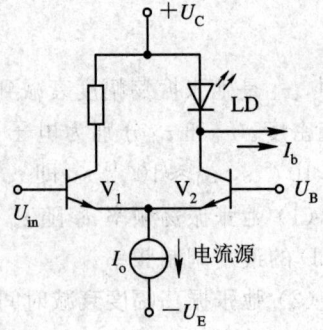

图 4.7　射极耦合 LD 驱动电路

射极耦合电路为恒流源，电流噪声小，这种电路的缺点是动态范围小，功耗较大。

　　激光器驱动电路的调制速率受电路所用电子器件性能的限制。采用激光器和驱动电路
集成在一起的单片集成电路可以提高调制速率和改进光发射机的性能。目前，光电混合集
成电路的 1.5 μm 光发射机已能工作在 5 Gb/s，采用异质结双极晶体管的光发射机调制速
率已达 10 Gb/s。

　　由于温度变化和工作时间加长，LD 的输出光功率会发生变化。为保证输出光功率的
稳定，必须改进电路设计。图 4.8 是利用反馈电流使输出光功率稳定的 LD 驱动电路，其
主体和图 4.7 相同，只是由 V_3 支路为 LD 提供的偏置电流 I_b 受到激光器背向输出光平均
功率和输入数字信号均值 $\overline{U}_{in}$ 的控制。把 PD 检测器的输出监测电压 U_{PD}、信号参考电压 $\overline{U}_{in}$
和直流参考电压 U_R 施加到运算放大器 A_1 的反相输入端，经放大后，控制 V_3 基极电压和
偏置电流 I_b，其控制过程如下：

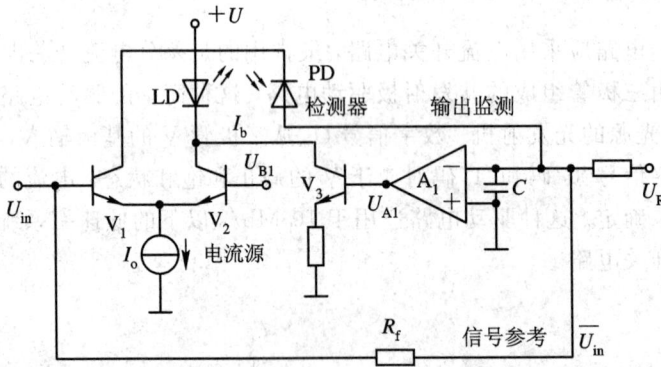

图 4.8　反馈稳定 LD 驱动电路

$$P_{LD} \searrow \rightarrow U_{PD} \searrow \rightarrow (U_{PD} + \overline{U}_{in} + U_R) \searrow \rightarrow U_{A1} \nwarrow \rightarrow I_b \nwarrow \rightarrow P_{LD} \nwarrow$$

在反馈电路中引入信号参考电压的目的，是使 LD 的偏置电流 I_b 不受码流中"0"码和"1"码
比例变化的影响。

　　一个更加完善的自动功率控制（APC）电路如图 4.9 所示。从 LD 背向输出的光功率，
经 PD 检测器检测、运算放大器 A_1 放大后送到比较器 A_3 的反相输入端。同时，输入信号
参考电压和直流参考电压经 A_2 比较放大后，送到 A_3 的同相输入端。A_3 和 V_3 组成直流恒
流源调节 LD 的偏流，使输出光功率稳定。

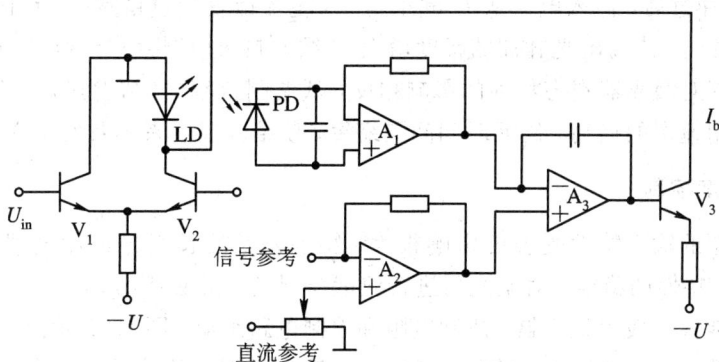

图 4.9　APC 电路原理

4.1.4　温度特性和自动温度控制

1. 激光器的温度特性

激光器的温度特性在 3.1 节已经讨论过,温度对激光器输出光功率的影响主要通过阈值电流 I_{th} 和外微分量子效率 η_d 产生。图 4.10(a)和(b)分别示出温度通过阈值电流和外微分量子效率引起的输出光脉冲的变化:温度升高,阈值电流增加,外微分量子效率减小,输出光脉冲幅度下降。

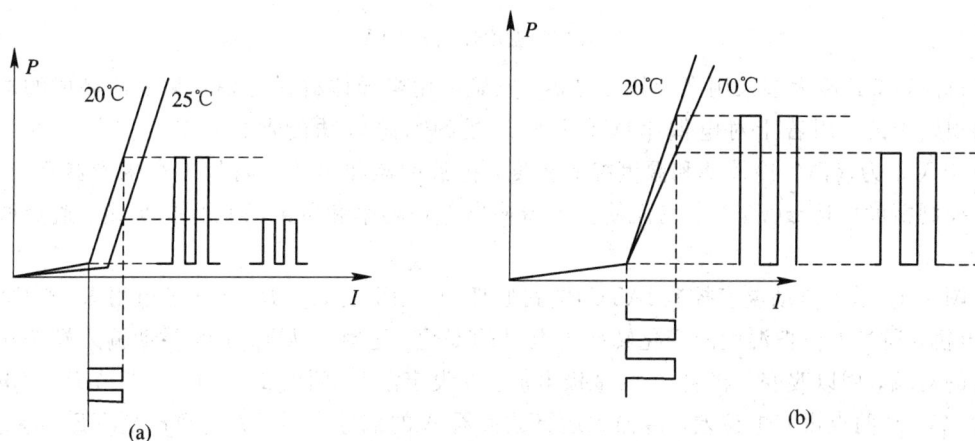

图 4.10　温度引起的光输出的变化

(a) 阈值电流变化引起的光输出的变化;(b) 外微分量子效率变化引起的光输出的变化

温度对输出光脉冲的另一个影响是"结发热效应"。即使环境温度不变,由于调制电流的作用,引起激光器结区温度的变化,因而使输出光脉冲的形状发生变化,这种效应称为"结发热效应"。如图 4.11 所示,设 $t=0$ 时电脉冲到来,注入电流为 I_1,由于电流的热效应,在脉冲持续时间里,结区的温度随时间 t 而升高,激光器的阈值电流随 t 而增大,使输出光脉冲的幅度随 t 而减小。当

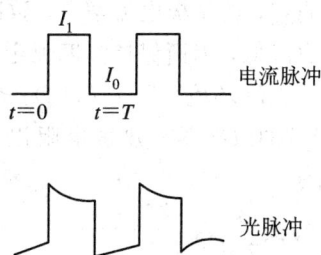

图 4.11　结发热效应

$t=T$ 时电流脉冲过后，注入电流从 I_1 减小到 I_0，电流散发的热量减少，结区温度随 t 而降低，阈值电流减小，使输出光脉冲的幅度增大。"结发热效应"将引起调制失真。

与调制速率对激光器瞬态特性的影响相反，低调制速率的"结发热效应"更加明显。这是因为随着调制速率的提高，码元时间间隔缩短，使结区温度来不及发生变化。

2. 自动温度控制

半导体光源的输出特性受温度影响很大，特别是长波长半导体激光器对温度更加敏感。为保证输出特性的稳定，对激光器进行温度控制是十分必要的。

温度控制装置一般由致冷器、热敏电阻和控制电路组成，图 4.12 示出温度控制装置的方框图。致冷器的冷端和激光器的热沉接触，热敏电阻作为传感器，探测激光器结区的温度，并把它传递给控制电路，通过控制电路改变致冷量，使激光器输出特性保持恒定。

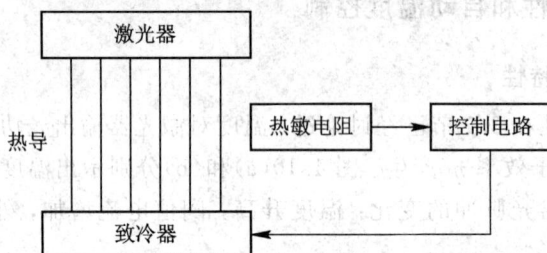

图 4.12　温度控制方框图

目前，微致冷大多采用半导体致冷器，它是利用半导体材料的珀尔帖效应制成的电偶来实现致冷的。用若干对电偶串联或并联组成的温差电功能器件，温度控制范围可达 $30\sim40$ ℃。为提高致冷效率和温度控制精度，把致冷器和热敏电阻封装在激光器管壳内，温度控制精度可达 ±0.5 ℃，从而使激光器输出平均功率和发射波长保持恒定，避免调制失真。

图 4.13 示出自动温度控制(ATC)电路原理图。由 R_1、R_2、R_3 和热敏电阻 R_T 组成"换能"电桥，通过电桥把温度的变化转换为电量的变化。运算放大器 A 的差动输入端跨接在电桥的对端，用以改变三极管 V 的基极电流。在设定温度(例如 20 ℃)时，调节 R_3 使电桥平衡，A、B 两点没有电位差，传输到运算放大器 A 的信号为零，流过致冷器 TEC 的电流也为零。当环境温度升高时，LD 的管芯和热沉温度也升高，使具有负温度系数的热敏电阻 R_T 的阻值减小，电桥失去平衡。这时 B 点的电位低于 A 点的电位，运算放大器 A 的输出电压升高，V 的基极电流增大，致冷器 TEC 的电流也增大，致冷端温度降低，热沉和管芯的温度也降低，因而保持温度恒定。这个控制过程可以表示如下：

$$T(环境)\nearrow \rightarrow T(LD、热沉)\nwarrow \rightarrow R_T\searrow \rightarrow I(致冷器)\nwarrow \rightarrow T(LD)\searrow$$

ATC 的致冷器和热敏电阻以及 APC 的 PIN-PD 封装在 LD 管壳内构成的组件如图 3.18 所示。

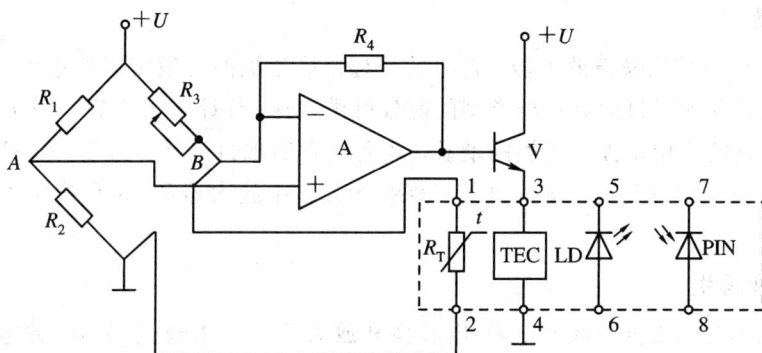

图 4.13 ATC 电路原理

4.2 光 接 收 机

数字光接收机的功能是：把经光纤传输后幅度被衰减、波形被展宽的微弱光信号转换为电信号，并放大处理，恢复为原始的数字码流。

数字光接收机最主要的性能指标是灵敏度和动态范围。灵敏度和误码率密切相关，主要取决于光检测器的性能和相关电路的设计。

4.2.1 光接收机基本组成

对于直接强度调制的光信号，采用直接检测方式的数字光接收机方框图示于图 4.14，主要包括光检测器、前置放大器、主放大器、均衡器、时钟提取电路、取样判决器以及自动增益控制(AGC)电路。

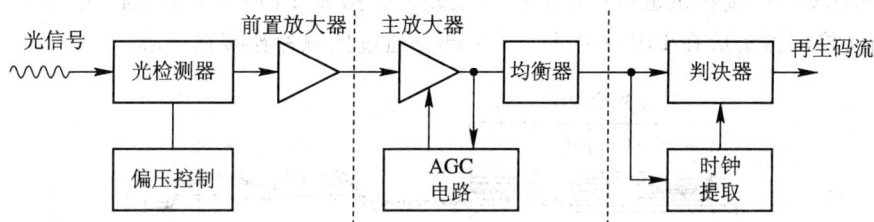

图 4.14 数字光接收机方框图

1. 光检测器

光检测器是光接收机实现光/电转换的关键器件，其性能特别是响应度和噪声直接影响光接收机的灵敏度。对光检测器的要求如下：

(1) 波长响应要和光纤低损耗窗口($0.85~\mu m$、$1.31~\mu m$ 和 $1.55~\mu m$)兼容；

(2) 响应度要高，在一定的接收光功率下，能产生尽可能大的光电流；

(3) 噪声要尽可能低，能接收微弱的光信号；

(4) 性能稳定，可靠性高，寿命长，功耗和体积小。

目前，适合于光纤通信系统应用的光检测器有 PIN 光电二极管和雪崩光电二极管(APD)。

2. 放大器

前置放大器应是低噪声放大器,它的噪声对光接收机的灵敏度影响很大。前放的噪声取决于放大器的类型,目前有三种类型的前放可供选择(参看 4.2.2 节)。主放大器一般是多级放大器,它的作用是提供足够的增益,并通过它实现自动增益控制(AGC),以使输入光信号在一定范围内变化时,输出电信号保持恒定。主放大器和 AGC 决定着光接收机的动态范围。

3. 均衡和再生

均衡的目的是对经光纤传输、光/电转换和放大后已产生畸变(失真)的电信号进行补偿,使输出信号的波形适合于判决(一般用具有升余弦谱的码元脉冲波形),以消除码间干扰,减小误码率。

再生电路包括判决电路和时钟提取电路,它的功能是从放大器输出的信号与噪声混合的波形中提取码元时钟,并逐个地对码元波形进行取样判决,以得到原发送的码流。

4. 光电集成接收机

图 4.14 中除光检测器以外的所有元件都是标准的电子器件,很容易用标准的集成电路(IC)技术将它们集成在同一芯片上。不论是硅(Si)还是砷化镓(GaAs)IC 技术都能够使集成电路的工作带宽超过 2 GHz,甚至达到 10 GHz。

为了适合高传输速率的需求,人们一直在努力开发单片光接收机,即用"光电集成电路(OEIC)技术"在同一芯片上集成包括光检测器在内的全部元件。这样的完全集成对于GaAs 接收机(即工作在短波长的接收机)是比较容易的,而且早已得到实现。然而,对于工作在 $1.3 \sim 1.6 \ \mu m$ 波长的系统,人们需要基于 InP 的 OEIC 接收机。在 1991 年试验成功的单路 InGaAs OEIC 接收机,其运行速率达 5 Gb/s。

InGaAs OEIC 接收机也可以用混合法实现。如图 4.15 所示,电元件集成在 GaAs 基片上,而光检测器集成在 InP 基片上,两个部分通过接触片连接在一起。

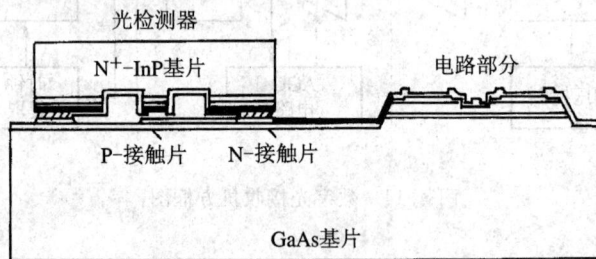

图 4.15 光电集成接收机

4.2.2 噪声特性

光接收机的噪声有两部分:一部分是外部电磁干扰产生的,这部分噪声的危害可以通过屏蔽或滤波加以消除;另一部分是内部产生的,这部分噪声是在信号检测和放大过程中引入的随机噪声,只能通过器件的选择和电路的设计与制造尽可能减小,一般不可能完全消除。我们下面要讨论的噪声是指内部产生的随机噪声。

　　光接收机噪声的主要来源是光检测器的噪声和前置放大器的噪声。因为前置级输入的是微弱信号，其噪声对输出信噪比影响很大，而主放大器输入的是经前置级放大的信号，只要前置级增益足够大，主放大器引入的噪声就可以忽略。

　　图 4.16 示出光接收机的噪声等效模型，由光检测器和放大器两部分组成。图中 $\langle i_q^2 \rangle$ 和 $\langle i_d^2 \rangle$ 分别表示光检测器的量子噪声和暗电流噪声的均方噪声电流(等效噪声功率)，其相应的功率谱密度分别表示为 S_q 和 S_d。i_p、R 和 C 分别为光检测器的输出光生电流、偏置电阻和电容(结电容和其他电容)。放大器分解为理想放大器与等效噪声电流源 $\langle i_0^2 \rangle$ 和电压源 $\langle u_0^2 \rangle$，其相应的功率谱密度分别表示为 S_I 和 S_E。R_{in} 是放大器的输入电阻。

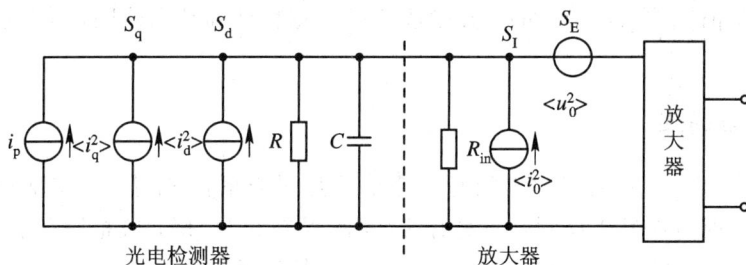

图 4.16　光接收机的噪声等效模型

　　光检测器等效噪声特性请参看 3.2 节的内容。

　　由图 4.16 可得，折合到电放大器输入端的噪声主要包括光检测器产生的量子噪声、暗电流噪声和电阻热噪声及放大器产生的噪声。它们的噪声电流均方值分别为

$$\langle i_q^2 \rangle = 2eI_p g^{2+x} B \tag{4.4}$$

$$\langle i_d^2 \rangle = 2eI_d g^{2+x} B \tag{4.5}$$

$$\langle i_T^2 \rangle = \frac{4kTFB}{R_L} \tag{4.6}$$

其中，$I_p \left(= \dfrac{P_0 \eta e}{hf} \right)$ 为一次光生信号电流，I_d 为暗电流，g 为 APD 的雪崩增益(对于 PIN，$g=1$)，x 为 APD 的附加噪声指数，k 是波尔兹曼常数，T 是工作的绝对温度(常温时 $T=293$ K)，F 是放大器的噪声系数，B 是接收机的(等效)噪声带宽，R_L 是光检测器的负载电阻。

　　这样，折合到放大器输入端的均方噪声电流(等效噪声功率)为

$$\langle i_n^2 \rangle = \langle i_q^2 \rangle + \langle i_d^2 \rangle + \langle i_T^2 \rangle$$
$$= 2e(I_p + I_d) g^{2+x} B + \frac{4kTFB}{R_L} \tag{4.7}$$

　　放大器噪声特性取决于所采用的前置放大器类型，根据放大器噪声等效电路和半导体器件理论可以计算。常用三种类型前置放大电路示于图 4.17。

　　三种类型前置放大器的比较：

　　(1) 双极型晶体管前置放大器的主要特点是输入阻抗低，电路时间常数 RC 小于信号脉冲宽度 T，因而码间干扰小，适用于高速率传输系统。

　　(2) 场效应管前置放大器的主要特点是输入阻抗高，噪声小，高频特性较差，适用于低速率传输系统。

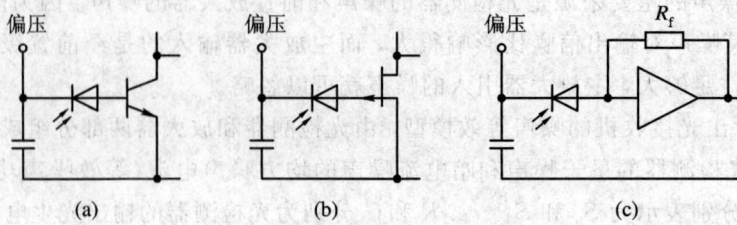

图 4.17　光接收机的前置级放大电路
(a) 双极型晶体管；(b) 场效应管；(c) 跨阻型

(3) 跨阻型前置放大器最大的优点是改善了带宽特性和动态范围，并具有良好的噪声特性。

4.2.3　误码率

由于噪声的存在，放大器输出的是一个信号加噪声的随机过程，其取样值是随机变量，因此在判决时可能发生误判，把发射的"0"码误判为"1"码，或把"1"码误判为"0"码。光接收机对码元误判的概率称为误码率(在二元制的情况下，等于误比特率 BER)。误码率可以用在足够长时间间隔内传输的码流中，误判的码元数和接收的总码元数的比值来表示。

码元被误判的概率，可以用噪声电流(压)的概率密度函数来计算。如图 4.18 所示，I_1 是"1"码的电流，I_0 是"0"码的电流。I_m 是"1"码的平均电流，而"0"码的平均电流为 0。D 为判决门限值，一般取 $D = I_m/2$。在传输"1"码的条件下，如果在取样时刻带有噪声的电流 $I_1 < D$，则可能被误判为"0"码；在传输"0"码的条件下(判决前)，如果在取样时刻带有噪声的电流 $I_0 > D$，则可能被误判为"1"码。要确定误码率，不仅要知道噪声功率的大小，而且要知道噪声的概率分布。

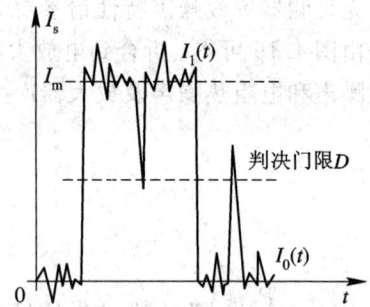

图 4.18　计算误码率的示意图

光接收机输出噪声(判决前)的概率分布十分复杂，一般假设噪声电流(或电压)的瞬时值服从高斯分布，其概率密度函数为

$$f(x) = \frac{1}{\sqrt{2\pi}\sigma} \exp\left(-\frac{x^2}{2\sigma^2}\right) \tag{4.8}$$

式中 x 是代表噪声这一高斯随机变量的取值，其均值为零，方差为 σ^2。

在已知光检测器和前置放大器产生的输出噪声功率，并假设了噪声的概率分布后，现在可以分别计算"0"码和"1"码的误码率了。

在发"0"码的条件下，平均输出噪声功率 $N_0 = N_A$，N_A 是由前置放大器产生的平均噪声功率。这时没有光信号输入，光检测器的平均噪声功率 $N_D = 0$(略去暗电流)。由式(4.8)得到发"0"码的条件下噪声的概率密度函数为

$$f(I_0) = \frac{1}{\sqrt{2\pi N_0}} \exp\left(-\frac{I_0^2}{2N_0}\right) \tag{4.9}$$

根据误码率的定义，把"0"码误判为"1"码的概率，应等于 I_0 值超过 D 值的概率，即

$$P_{e,01} = \frac{1}{\sqrt{2\pi N_0}} \int_D^\infty \exp\left(-\frac{I_0^2}{2N_0}\right) dI_0 \tag{4.10a}$$

$$= \frac{1}{\sqrt{2\pi}} \int_{D/\sqrt{N_0}}^\infty \exp\left(-\frac{x^2}{2}\right) dx \tag{4.10b}$$

式中 $x = I_0/\sqrt{N_0}$。

在发"1"码的条件下，平均输出噪声功率 $N_1 = N_A + N_D$。N_D 是在放大器输出端由光检测器产生的平均噪声功率。这时噪声电流的幅度为 $I_1 - I_m$，判决门限值仍为 D，则只要取样值 $I_1 < D$，即 $I_1 - I_m < D - I_m$，就可能把"1"码误判为"0"码。所以，把"1"码误判为"0"码的概率为：

$$P_{e,10} = \frac{1}{\sqrt{2\pi N_1}} \int_{-\infty}^{D-I_m} \exp\left[-\frac{(I_1-I_m)^2}{2N_1}\right] d(I_1-I_m) \tag{4.11a}$$

$$= \frac{1}{\sqrt{2\pi}} \int_{-\infty}^{-(I_m-D)/\sqrt{N_1}} \exp\left(-\frac{y^2}{2}\right) dy \tag{4.11b}$$

式中 $y = (I_1 - I_m)/\sqrt{N_1}$。

"0"码和"1"码的误码率一般是不相等的，但对于"0"码和"1"码等概率的码流而言，一般认为 $P_{e,01} = P_{e,10}$ 时，可以使误码率达到最小。因此，总误码率（BER）可以表示为

$$P_e = \frac{1}{\sqrt{2\pi}} \int_Q^\infty \exp\left(-\frac{x^2}{2}\right) dx \tag{4.12}$$

式中

$$Q = \frac{D}{\sqrt{N_0}} = \frac{I_m - D}{\sqrt{N_1}} \tag{4.13a}$$

或

$$Q = \frac{I_m}{\sqrt{N_0} + \sqrt{N_1}} \tag{4.13b}$$

Q 称为超扰比，含有信噪比的概念。它还表示在对"0"码进行取样判决时，判决门限值 D 超过放大器平均噪声电流均方根值 $\sqrt{N_0}$ 的倍数。

由此可见，只要知道 Q 值，就可根据式 (4.12) 的积分求出误码率，结果示于图 4.19。例如：$Q = 6$，BER $\approx 10^{-9}$，$Q \approx 7$，BER $= 10^{-12}$。

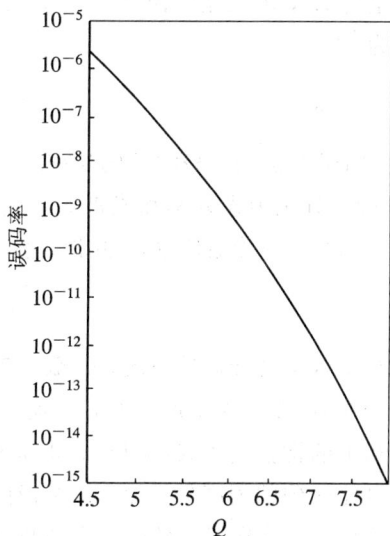

图 4.19　误码率和 Q 的关系

4.2.4　灵敏度

灵敏度是衡量光接收机性能的综合指标。灵敏度 P_r 的定义是，在保证通信质量（限定误码率或信噪比）的条件下，光接收机所需的最小平均接收光功率 $\langle P \rangle_{min}$，并以 dBm 为单位。由定义得到

$$P_r = 10 \lg\left[\frac{\langle P \rangle_{min}(W)}{10^{-3}}\right] \quad (dBm) \tag{4.14}$$

灵敏度表示光接收机调整到最佳状态时，能够接收微弱光信号的能力。提高灵敏度意味着能够接收更微弱的光信号。那么，理想光接收机的灵敏度可以达到多少？影响光接收机的灵敏度有哪些因素？

1. 理想光接收机的灵敏度

假设光检测器的暗电流为零，放大器完全没有噪声，系统可以检测出单个光子形成的电子－空穴对所产生的光电流，这种接收机称为理想光接收机。它的灵敏度只受到光检测器的量子噪声的限制，因为量子噪声是伴随光信号的随机噪声，只要有光信号输入，就有量子噪声存在。

首先考虑理想光接收机的误码率。当光检测器没有光输入时，放大器就完全没有电流输出，因此"0"码误判为"1"码的概率为0，即 $P_{e,01}=0$。产生误码的惟一可能就是当一个光脉冲输入时，光检测器没有产生光电流，放大器没有电流输出。这个概率，即"1"码误判为"0"码的概率 $P_{e,10}=\exp(-n)$，n 为一个码元的平均光子数。当"0"码和"1"码等概率出现时，误码率为

$$P_e = \frac{1}{2}P_{e,01} + \frac{1}{2}P_{e,10} = \frac{1}{2}\exp(-n) \tag{4.15}$$

现在考虑理想光接收机的灵敏度。设传输的是非归零码（NRZ），每个光脉冲最小平均光能量为 E_d，码元宽度为 T_b，一个码元平均光子数为 n，那么光接收机所需最小平均接收功率为

$$\langle P \rangle_{\min} = \frac{E_d}{2\eta T_b} = \frac{nhf}{2\eta T_b} \tag{4.16}$$

式中，因子2是"0"码和"1"码功率平均的结果，$h=6.628\times10^{-34}$ J·s 为普朗克常数，$f=c/\lambda$，f、λ 分别为光频率和光波长，c 为真空中的光速，η 为光/电转换的量子效率。利用 $T_b=1/f_b$（f_b 为传输速率），并把这些关系代入式(4.16)，得到理想光接收机灵敏度

$$P_r = 10\lg\frac{nhcf_b}{2\lambda\eta} \tag{4.17}$$

对于数字光纤通信系统，一般要求误码率 $P_e\leqslant10^{-9}$，根据式(4.15)得到 $n\geqslant21$。这表明至少要有21个光子产生的光电流，才能保证判决时误码率小于或等于 10^{-9}。设 $\eta=0.7$，并把相关的常数代入式(4.17)，计算出的不同 λ 和不同 f_b 的 P_r 值列于表4.1。这是光接收机可能达到的最高灵敏度，这个极限值是由量子噪声决定的，所以称为量子极限。由表4.1我们明显看到了灵敏度与光波长和传输速率的关系。

表 4.1   理想光接收机的灵敏度

波长 $\lambda/\mu m$	1.31		1.55	
速率 $f_b/(Mb/s)$	34	140	140	622
灵敏度 P_r/dBm	−71.1	−63.8	−65.7	−59.2

2. 实际光接收机的灵敏度

影响实际光接收机灵敏度的因素很多，计算也十分复杂，这里只作简要介绍。利用误码率的公式(4.12)、(4.13)可以计算最小平均接收光功率。为此，应建立超扰比 Q 与入射

光功率的关系。如果不考虑噪声,在发"0"码的情况下,入射信号的光功率 $P_0 = 0$,光检测器输出电流 $I_{P0} = 0$;在发"1"码的情况下,入射信号的光功率 P_1 和光检测器输出电流 I_{P1} 的关系为

$$I_{P1} = g\rho P_1 = 2g\rho\langle P \rangle \tag{4.18}$$

式中,g 为 APD 倍增因子(对于 PIN - PD,$g = 1$),ρ 为光检测器的响应度,$\langle P \rangle = (P_1 + P_0)/2$ 为等概发送"0"码和"1"码条件下的平均光功率。在放大器输出端"1"码的平均电流 $I_m = I_{P1}A$,A 为放大器增益,利用式(4.13)和式(4.18)得到

$$Q = \frac{2g\rho\langle P \rangle A}{\sqrt{N_0} + \sqrt{N_1}} \tag{4.19}$$

给定 Q 值,便得到限定误码率的最小平均接收光功率

$$\langle P \rangle_{min} = \frac{Q(\sqrt{N_0} + \sqrt{N_1})}{2g\rho A} \tag{4.20}$$

式中,N_0 和 N_1 分别为传输"0"码和"1"码时放大器输出的平均噪声功率。如前所述,在略去暗电流的情况下,

$$N_0 = N_A$$
$$N_1 = N_A + N_D$$

式中,N_A 是在放大器输出端由前置放大器产生的平均噪声功率;N_D 是在放大器输出端由光检测器产生的平均噪声功率,$N_D = \langle i_q^2 \rangle A^2$,$\langle i_q^2 \rangle$ 为均方量子噪声电流,如式(3.26)所示。

对于 PIN 光电二极管,$N_D \ll N_A$,$g = 1$,式(4.20)可以简化为

$$\langle P \rangle_{min} = \frac{Q\sqrt{N_A}}{\rho A} = \frac{Q\sqrt{n_A}}{\rho} \tag{4.21}$$

式中 $n_A = N_A/A^2$ 是折合到输入端的放大器噪声功率。

设 PIN - PD 光接收机的工作参数如下:光波长 $\lambda = 0.85~\mu m$,传输速率 $f_b = 8.448~Mb/s$,光电二极管响应度 $\rho = 0.4$,互阻抗前置放大器(FET)的 $n_A \approx 10^{-18}$。要求误码率 $P_e = 10^{-9}$,即 $Q = 6$,由式(4.21)计算得到 $\langle P \rangle_{min} = 1.5 \times 10^{-8}$ W,$P_r = -48.2$ dBm。

这样计算光接收机的灵敏度是一种粗略的方法,其中没有考虑下列因素:波形引起的码间干扰的影响;均衡器频率特性的影响;光检测器暗电流和信号含直流光的影响。这些使灵敏度降低的影响,一般不能忽略。S.D Personick 考虑了上述因素,提出了一套修正参数,ITU - T(原 CCITT)采纳了这种方法,并加以修改和推荐,在国内外获得广泛应用。由于计算复杂,这里省略不作介绍。

图 4.20 示出典型短波长光接收机灵敏度与传输速率的关系曲线。图中误码率限定为 1×10^{-9},假设光检测器量子效率 $\eta = 0.5$,附加噪声指数 $x = 0.4$,暗电流 $i_d = 1$ nA,滚降因子 $\beta = 1$,相对脉冲展宽 $\sigma/T = 0.3$。由图可见,在限定误码率的条件下,决定光接收机灵敏度的主要因素是传输速率和光检测器、前置放大器的特性,特别是噪声特性。图 4.21[20] 示出典型长波长系统的光接收机灵敏度与传输速率的关系曲线。图中的数据均没有考虑光检测器后继放大器的噪声,即假定放大器的噪声系数 $F = 1$。使用这些曲线时,要根据实际的 F 值作相应的修正。例如 $F = 2$,灵敏度将劣化 3 dB。

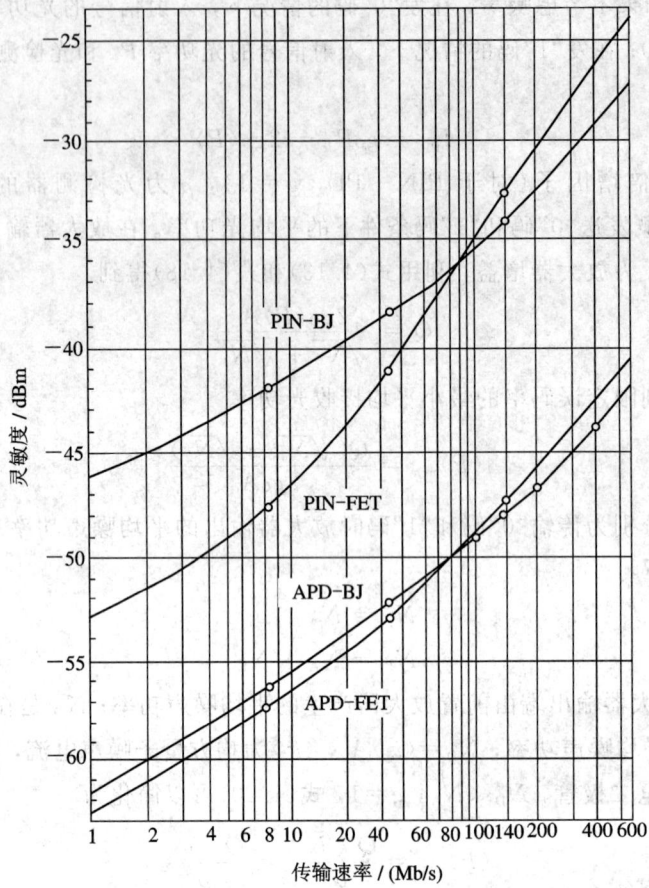

图 4.20 典型短波长光接收机灵敏度与传输速率的关系（$P_e = 10^{-9}$）

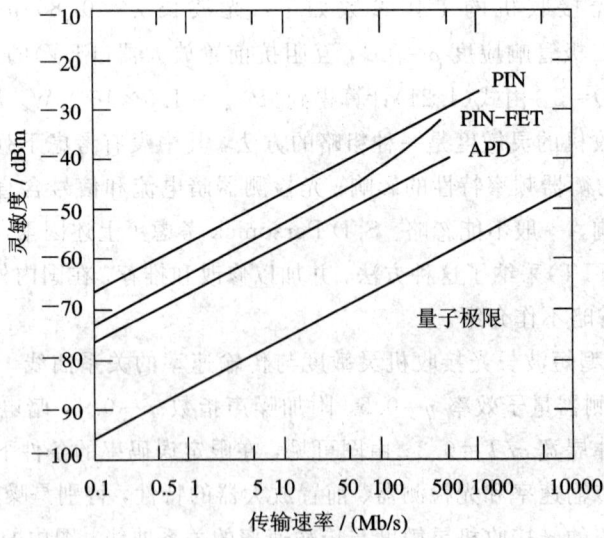

图 4.21 典型长波长光接收机灵敏度与传输速率的关系（$P_e = 10^{-9}$）

4.2.5　自动增益控制和动态范围

主放大器是一个普通的宽带高增益放大器,由于前置放大器输出信号幅度较大,所以主放大器的噪声通常不必考虑。

主放大器一般由多级放大器级联构成,其功能是提供足够的增益 A,以满足判决所需的电平 I_m。$I_m = I_{P1} A$,利用式(4.18)得到

$$A = \frac{I_m}{2g\rho\langle P\rangle} \tag{4.22}$$

式中,g 为 APD 倍增因子,ρ 为光检测器的响应度,$\langle P\rangle$ 为"0"码和"1"码的平均光功率。

主放大器的另一个功能是实现自动增益控制(AGC),使光接收机具有一定的动态范围,以保证在入射光强度变化时输出电流基本恒定。

动态范围(DR)的定义是:在限定的误码率条件下,光接收机所能承受的最大平均接收光功率 $\langle P\rangle_{max}$ 和所需最小平均接收光功率 $\langle P\rangle_{min}$ 的比值,用 dB 表示。根据定义

$$DR = 10 \lg \frac{\langle P\rangle_{max}}{\langle P\rangle_{min}} \quad \text{(dB)} \tag{4.23}$$

动态范围是光接收机性能的另一个重要指标,它表示光接收机接收强光的能力,数字光接收机的动态范围一般应大于 15 dB。

由于使用条件不同,输入光接收机的光信号大小要发生变化,为实现宽动态范围,采用自动增益控制(AGC)是十分有必要的。AGC 一般采用接收信号强度检测及直流运算放大器构成的反馈控制电路来实现。对于 APD 光接收机,AGC 控制光检测器的偏压和电放大器的增益;对于 PIN 光接收机,AGC 只控制电放大器的增益。

4.3　线　路　编　码

在光纤通信系统中,从电端机输出的是适合于电缆传输的双极性码。光源不可能发射负光脉冲,因此必须进行码型变换,以适合于数字光纤通信系统传输的要求。数字光纤通信系统普遍采用二进制二电平码,即"有光脉冲"表示"1"码,"无光脉冲"表示"0"码。但是简单的二电平码会带来如下问题:

(1) 在码流中,出现"1"码和"0"码的个数是随机变化的,因而直流分量也会发生随机波动(基线漂移),给光接收机的判决带来困难。

(2) 在随机码流中,容易出现长串连"1"码或长串连"0"码,这样可能造成位同步信息丢失,给定时提取造成困难或产生较大的定时误差。

(3) 不能实现在线(不中断业务)的误码检测,不利于长途通信系统的维护。

数字光纤通信系统对线路码型的主要要求是保证传输的透明性,具体要求有:

(1) 能限制信号带宽,减小功率谱中的高低频分量。这样就可以减小基线漂移、提高输出功率的稳定性和减小码间干扰,有利于提高光接收机的灵敏度。

(2) 能给光接收机提供足够的定时信息。因而应尽可能减少连"1"码和连"0"码的数目,使"1"码和"0"码的分布均匀,保证定时信息丰富。

（3）能提供一定的冗余度，用于平衡码流、误码监测和公务通信。但对高速光纤通信系统，应尽量减小冗余度，以免占用过大的带宽。

数字光纤通信系统常用的线路码型有：扰码、mBnB 码和插入码，下面将分别予以介绍。

4.3.1 扰码

为了保证传输的透明性，在系统光发射机的调制器前，需要附加一个扰码器，将原始的二进制码序列加以变换，使其接近于随机序列。相应地，在光接收机的判决器之后，附加一个解扰器，以恢复原始序列。扰码与解扰可由反馈移位寄存器和对应的前馈移位寄存器实现。

扰码改变了"1"码与"0"码的分布，从而改善了码流的一些特性。例如：

扰码前：1 1 0 0 0 0 0 0 1 1 0 0 0…

扰码后：1 1 0 1 1 1 0 1 1 0 0 1 1…

但是，扰码仍具有下列缺点：

① 不能完全控制长串连"1"和长串连"0"序列的出现；

② 没有引入冗余，不能进行在线误码监测；

③ 信号频谱中接近于直流的分量较大，不能解决基线漂移。

因为扰码不能完全满足光纤通信对线路码型的要求，所以许多光纤通信设备除采用扰码外还采用其它类型的线路编码。

4.3.2 mBnB 码

mBnB 码是把输入的二进制原始码流进行分组，每组有 m 个二进制码，记为 mB，称为一个码字，然后把一个码字变换为 n 个二进制码，记为 nB，并在同一个时隙内输出。这种码型是把 mB 变换为 nB，所以称为 mBnB 码，其中 m 和 n 都是正整数，$n > m$，一般选取 $n = m+1$。mBnB 码有 1B2B、3B4B、5B6B、8B9B、17B18B 等等。

1. mBnB 码编码原理

最简单的 mBnB 码是 1B2B 码，即曼彻斯特码，这就是把原码的"0"变换为"01"，把"1"变换为"10"。因此最大的连"0"和连"1"的数目不会超过两个，例如 1001 和 0110。但是在相同时隙内，传输 1 比特变为传输 2 比特，码速提高了 1 倍。

以 3B4B 码为例，输入的原始码流 3B 码，共有（2^3）8 个码字，变换为 4B 码时，共有（2^4）16 个码字，见表 4.2。为保证信息的完整传输，必须从 4B 码的 16 个码字中挑选 8 个码字来代替 3B 码。设计者应根据最佳线路码特性的原则来选择码表。例如：在 3B 码中有 2 个"0"，变为 4B 码时补 1 个"1"；在 3B 码中有 2 个"1"，变为 4B 码时补 1 个"0"。而 000 用 0001 和 1110 交替使用；111 用 0111 和 1000 交替使用。同时，规定一些禁止使用的码字，称为禁字，例如 0000 和 1111。

表 4.2　3B 和 4B 的码字

3B	4B	
0 0 0	0 0 0 0	1 0 0 0
0 0 1	0 0 0 1	1 0 0 1
0 1 0	0 0 1 0	1 0 1 0
0 1 1	0 0 1 1	1 0 1 1
1 0 0	0 1 0 0	1 1 0 0
1 0 1	0 1 0 1	1 1 0 1
1 1 0	0 1 1 0	1 1 1 0
1 1 1	0 1 1 1	1 1 1 1

作为普遍规则，引入"码字数字和"(WDS)来描述码字的均匀性，并以 WDS 的最佳选择来保证线路码的传输特性。所谓"码字数字和"，是在 nB 码的码字中，用"-1"代表"0"码，用"$+1$"代表"1"码，整个码字的代数和即为 WDS。如果整个码字"1"码的数目多于"0"码，则 WDS 为正；如果"0"码的数目多于"1"码，则 WDS 为负；如果"0"码和"1"码的数目相等，则 WDS 为 0。例如：对于 0111，WDS＝+2；对于 0001，WDS＝-2；对于 0011，WDS＝0。

nB 码的选择原则是：尽可能选择|WDS|最小的码字，禁止使用|WDS|最大的码字。以 3B4B 为例，应选择 WDS＝0 和 WDS＝±2 的码字，禁止使用 WDS＝±4 的码字。表 4.3 示出根据这个规则编制的一种 3B4B 码表，表中正组和负组交替使用。

表 4.3　一种 3B4B 码表

信号码(3B)		线路码(4B)			
		模式 1(正组)		模式 2(负组)	
		码 字	WDS	码 字	WDS
0	0 0 0	1 0 1 1	+2	0 1 0 0	-2
1	0 0 1	1 1 1 0	+2	0 0 0 1	-2
2	0 1 0	0 1 0 1	0	0 1 0 1	0
3	0 1 1	0 1 1 0	0	0 1 1 0	0
4	1 0 0	1 0 0 1	0	1 0 0 1	0
5	1 0 1	1 0 1 0	0	1 0 1 0	0
6	1 1 0	0 1 1 1	+2	1 0 0 0	-2
7	1 1 1	1 1 0 1	+2	0 0 1 0	-2

我国 3 次群和 4 次群光纤通信系统最常用的线路码型是 5B6B 码，其编码规则如下：
5B 码共有(2^5)32 个码字，变换 6B 码时共有(2^6)64 个码字，其中 WDS＝0 有 20 个，

WDS=+2 有 15 个，WDS=−2 有 15 个，共有 50 个 |WDS| 最小的码字可供选择。由于变换为 6B 码时只需 32 个码字，为减少连"1"和连"0"的数目，删去：000011、110000、001111 和 111100。当然还应禁用 WDS=±4 和 ±6 的码字。表 4.4 示出根据这个规则编制的一种 5B6B 码表，正组和负组交替使用。表中正组选用 20 个 WDS=0 和 12 个 WDS=+2，负组选用 20 个 WDS=0 和 12 个 WDS=−2。

表 4.4　一种 5B6B 码表

信号码(5B)		线路码(6B)			
		模式 1(正组)		模式 2(负组)	
		码字	WDS	码字	WDS
0	00000	010111	+2	101000	−2
1	00001	100111	+2	011000	−2
2	00010	011011	+2	100100	−2
3	00011	000111	0	000111	0
4	00100	101011	+2	010100	−2
5	00101	001011	0	001011	0
6	00110	001101	0	001101	0
7	00111	001110	0	001110	0
8	01000	110011	+2	001100	−2
9	01001	010011	0	010011	0
10	01010	010101	0	010101	0
11	01011	010110	0	010110	0
12	01100	011001	0	011001	0
13	01101	011010	0	011010	0
14	01110	011100	0	011100	0
15	01111	101101	+2	010010	−2
16	10000	011110	+2	100010	−2
17	10001	100011	0	100011	0
18	10010	100101	0	100101	0
19	10011	100110	0	100110	0
20	10100	101001	0	101001	0
21	10101	101010	0	101010	0
22	10110	101100	0	101100	0
23	10111	110101	+2	001010	−2
24	11000	110001	0	110001	0

续表

信号码(5B)		线路码(6B)			
		模式 1(正组)		模式 2(负组)	
		码 字	WDS	码 字	WDS
25	1 1 0 0 1	1 1 0 0 1 0	0	1 1 0 0 1 0	0
26	1 1 0 1 0	1 1 0 1 0 0	0	1 1 0 1 0 0	0
27	1 1 0 1 1	1 1 1 0 0 1	+2	0 0 0 1 1 0	−2
28	1 1 1 0 0	1 1 1 0 0 0	0	1 1 1 0 0 0	0
29	1 1 1 0 1	1 0 1 1 1 0	+2	0 1 0 0 0 1	−2
30	1 1 1 1 0	1 1 0 1 1 0	+2	0 0 1 0 0 1	−2
31	1 1 1 1 1	1 1 1 0 1 0	+2	0 0 0 1 0 1	−2

mBnB 码是一种分组码,设计者可以根据传输特性的要求确定某种码表。mBnB 码的特点是:

(1)码流中"0"和"1"码的概率相等,连"0"和连"1"的数目较少,定时信息丰富。

(2)高低频分量较小,信号频谱特性较好,基线漂移小。

(3)在码流中引入一定的冗余码,便于在线误码检测。

mBnB 码的缺点是传输辅助信号比较困难。因此,在要求传输辅助信号或有一定数量的区间通信的设备中,不宜用这种码型。

2. 编译码器

有两种编译码电路:一种是组合逻辑电路,就是把整个编译码器都集成在一小块芯片上,组成一个大规模专用集成块,国外设备大多采用这种方法;另一种是把设计好的码表全部存储到一片只读存储器(PROM)内而构成,国内设备一般采用这种方法。

以 3B4B 码为例,码表存储编码器的工作原理示于图 4.22。首先把设计好的码表存入PROM 内,待变换的信号码流通过串 - 并变换电路变为 3 比特一组的码 b_1、b_2、b_3,并行输出作为 PROM 的地址码,在地址码作用下,PROM 根据存储的码表,输出与地址对应的并行 4B 码,再经过并 - 串变换电路,读出已变换的 4B 码流。图中 A、B、C 三条线为组别变换控制线,当 WDS=±2 时,从 A、B 分别送出控制信号,通过 C 线决定组别。

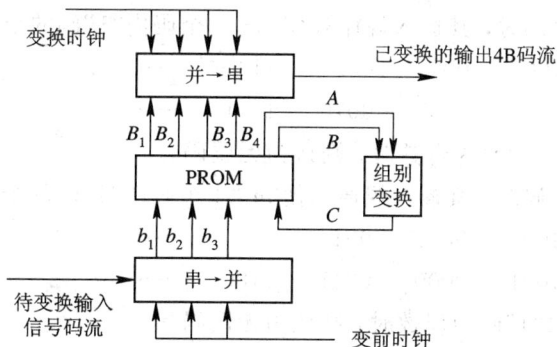

图 4.22　码表存储编码器原理

译码器与编码器基本相同，只是除去组别控制部分。译码时，首先确定码组同步，然后把送来的已变换的 4B 信号码流，划分为每 4 比特一组，作为 PROM 的地址码，然后读出 3B 码，再经过并 - 串变换还原为原来的信号码流。

其他的 mBnB 码编译码电路原理相同，只是电路复杂程度有所区别而已。

4.3.3　插入码

插入码是把输入二进制原始码流分成每 m 比特(mB)一组，然后在每组 mB 码末尾按一定规律插入一个码，组成 $m+1$ 个码为一组的线路码流。根据插入码的规律，可以分为 mB1C 码、mB1H 码和 mB1P 码。

1. 插入码的编码原理

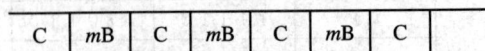

mB1C 码的编码原理是，把原始码流分成每 m 比特(mB)一组，然后在每组 mB 码的末尾插入 1 比特补码，这个

C	mB	C	mB	C	mB	C	

图 4.23　mB1C 码的结构

补码称为 C 码，所以称为 mB1C 码。补码插在 mB 码的末尾，连"0"码和连"1"码的数目最少。mB1C 码的结构如图 4.23 所示，例如：

mB 码为：　　　　100　　110　　001　　101　　……

mB1C 码为：　　1001　1101　0010　1010　……

C 码的作用是引入冗余码，可以进行在线误码率监测；同时改善了"0"码和"1"码的分布，有利于定时提取。

mB1H 码是 mB1C 码演变而成的，即在 mB1C 码中，扣除部分 C 码，并在相应的码位上插入一个混合码(H 码)，所以称为 mB1H 码。所插入的 H 码可以根据不同用途分为三类：第一类是 C 码，它是第 m 位码的补码，用于在线误码率监测；第二类是 L 码，用于区间通信；第三类是 G 码，用于帧同步、公务、数据、监测等信息的传输。

常用的插入码是 mB1H 码，有 1B1H 码、4B1H 码和 8B1H 码。以 4B1H 码为例，它的优点是码速提高不大，误码增值小；可以实现在线误码检测、区间通信和辅助信息传输。缺点是码流的频谱特性不如 mBnB 码。但在扰码后再进行 4B1H 变换，可以满足通信系统的要求。

在 mB1P 码中，P 码称为奇偶校验码，其作用和 C 码相似，但 P 码有以下两种情况：

(1) P 码为奇校验码时，其插入规律是使 $m+1$ 个码内"1"码的个数为奇数，例如：

mB 码为：　　　　100　　000　　001　　110　　……

mB1P 码为：　　1000　0001　0010　1101　……

当检测得 $m+1$ 个码内"1"码为奇数时，则认为无误码。

(2) P 码为偶校验码时，其插入规律是使 $m+1$ 个码内"1"码的个数为偶数，例如：

mB 码为：　　　　100　　000　　001　　110　　……

mB1P 码为：　　1001　0000　0011　1100　……

当检测得 $m+1$ 个码内"1"码为偶数时，则认为无误码。

2. 编译码器

和 mBnB 码不同，mB1H 码没有一一对应的码结构，所以 mB1H 码的变换不能采用码表法，一般都采用缓存插入法来实现。

图 4.24 示出 4B1H 编码器原理，它由缓存器、写入时序电路、插入逻辑和读出时序电路四部分组成。4B1H 码是每 4 个信号码插入一个 H 码，因此变换后码速增加 1/4。设信号码的码速为 34 368 kb/s，经 4B1H 变换后，线路码的码速为 (5/4) 34 368 kb/s = 42 960 kb/s。34 368 kb/s 的 NRZ 信号码送入缓存器。缓存器是 4D 触发器，它利用锁相环中的 4 分频信号作为写入时序脉冲，随机但有顺序地把 34 368 kb/s 信号码流分为 4 比特一组，与 H 码一起并行送入插入逻辑。插入逻辑电路实际上是一个 5 选 1 的电路，它利用锁相环中 5 分频电路输出读出时序脉冲。由插入逻辑输出码速为 42 960 kb/s 的 4B1H 码。

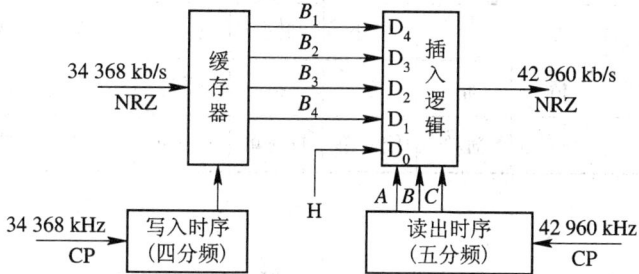

图 4.24 4B1H 编码器原理

图 4.25 示出 4B1H 译码器原理，它由 B 码还原、H 码分离、组同步和相应的时钟频率变换电路组成。把 42 960 kb/s 的 4B1H 码加到缓存器，因 4B1H 码是 5 比特为一组，所以缓存器应有 5 级，并用不同的时钟写入。频率变换电路要保证向各个部分提供所需的准确时钟信号。通过缓存器，实际上已把 B 码和 H 码分开，只要用 34 368 kHz 的时钟把 B 码按顺序读出，B 码就还原了。B 码的还原电路实际上就是并串变换电路，由 4 选 1 电路来实现。

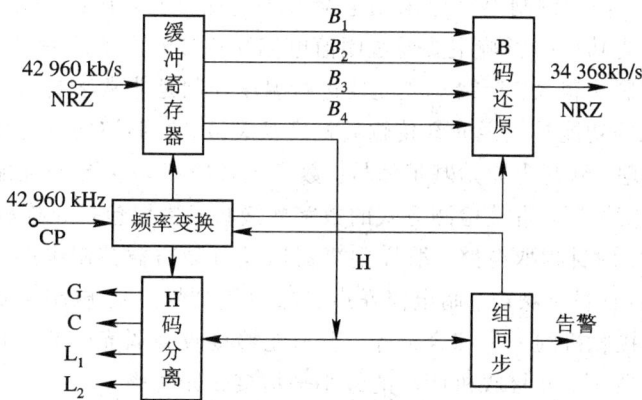

图 4.25 4B1H 译码器原理

数字光纤通信系统常用几种线路码的主要性能列于表 4.5。

表 4.5　数字光纤通信系统几种常用线路码的性能

线路码型	1B2B	3B4B	5B6B	5B7B	6B8B	17B18B	4B1H/1C	8B1H/1C
码速提升率	2	1.33	1.2	1.4	1.33	1.06	1.25	1.125
冗余度(%)	100	33	20	40	33	6	25	12.5
最大连"0"或连"1"数	2	3	5	6	6	不定	10	18
平均误码增值因子	/	1.18	1.28	2	1.8	/	1	/
功率代价/dB	/	1.46	0.92	/	/	0.29	/	/
基线漂移	无	小	较小	很小	很小	一般	较大	大
误码监测精度	精	精	精	精	较差	差	差	差
设备复杂程度	简单	简单	较简单	较简单	较简单	一般	较复杂	较复杂

小　结

　　光端机是光纤通信系统的基本部件,包括光发射机和光接收机。本章重点介绍了数字光端机的基本组成、工作特性和主要实现电路。

　　数字光发射机的功能是把电端机输出的数字基带电信号转换为光信号,并用耦合技术有效注入光纤线路。数字光发射机主要有光源和电路两部分。光源是实现电/光转换的关键器件,在很大程度上决定着光发射机的性能。不同类型的 LED 和 LD 可以满足不同的应用需求。激光器是光纤通信的理想光源,但在高速脉冲调制下,其瞬态特性仍会出现许多复杂现象,如常见的电光延迟、弛张振荡和自脉动现象。这种特性严重限制系统的传输速率和通信质量。数字信号调制电路应采用电流开关电路,最常用的是差分电流开关电路。温度对激光器输出光功率的影响主要通过阈值电流和外微分量子效率产生。半导体光源的输出特性受温度的影响很大,所以对激光器进行温度控制是非常必要的。

　　数字光接收机的功能是把经光纤传输后幅度被衰减、波形被展宽的微弱光信号转换为电信号,并放大处理,恢复为原始基带信号。数字光接收机最主要的性能指标是灵敏度和动态范围。直接强度调制、直接检测方式的数字光接收机主要包括光检测器、前置放大器、主放大器、均衡器、时钟提取电路、取样判决器以及自动增益控制电路。光接收机的噪声包括光检测器的噪声(量子噪声、暗电流噪声、APD 附加噪声)、电阻热噪声和前置放大器的噪声。灵敏度是接收机的一个综合指标,表示能够接收微弱光信号的能力,其定义是指在限定的误码率条件下,光接收机所需的最小平均接收光功率。

　　线路编码是数字光发射机中的重要组成部分,主要是将电端机输出的代码按照光纤通信系统要求进行码型变换。数字光纤通信系统常用的线路码型有:扰码、$mBnB$ 码和插入码等。

习题与思考题

4-1 激光器(LD)产生弛张振荡和自脉动现象的机理是什么？它的危害是什么？应如何消除这两种现象的产生？

4-2 LD 为什么能够产生码型效应？其危害及消除办法是什么？

4-3 在 LD 的驱动电路里，为什么要设置功率自动控制电路 APC？功率自动控制实际是控制 LD 的哪几个参数？

4-4 在 LD 的驱动电路里，为什么要设定温度自动控制电路？具体措施是什么？控制电路实际控制的是哪几个参数？

4-5 光接收机的前置放大器选择 FET 或 BJT 的依据是什么？

4-6 为什么光接收机的前置放大器多采用跨组型？

4-7 在数字光接收机中，设置均衡滤波网络的目的是什么？

4-8 在数字光接收机中，为什么要设置 AGC 电路？

4-9 数字光接收机量子极限的含义是什么？

4-10 已测得某数字光接收机的灵敏度为 $10\ \mu W$，求对应的 dBm 值。

4-11 在数字光纤通信系统中，选择码型时应考虑哪几个因素？

4-12 光接收机中有哪些噪声？

4-13 RZ 码和 NRZ 码有什么特点？

4-14 光纤通信中常用的线路码型有哪些？

4-15 光发射机中外调制方式有哪些类型？内调制和外调制各有什么优缺点？

第 5 章　 数字光纤通信系统

　　数字光纤通信系统是一种通过光纤信道传输数字信号的通信系统。由于数字信号只取有限个离散值，可以通过取样、判决而再生，所以这种通信系统对信道的非线性失真不敏感，在通信全程中，即使有多次中继、失真(包括线性失真和非线性失真)和噪声也不会积累。因而，与模拟光纤通信系统相比，数字光纤通信系统对光源特性的线性要求与对接收信噪比的要求都不高，更能充分发挥光纤的优势，很适合于长距离、大容量和高质量的信息传输。

　　本章讨论数字光纤通信系统的传输体制、系统的性能指标和系统的设计方法。

5.1　 两种传输体制

　　光纤大容量数字传输目前都采用同步时分复用(TDM)技术，复用又分为若干等级，因而先后有两种传输体制：准同步数字系列(PDH)和同步数字系列(SDH)。PDH 早在 1976 年就实现了标准化，目前还大量使用。随着光纤通信技术和网络的发展，PDH 遇到了许多困难。在技术迅速发展的推动下，美国提出了同步光纤网(SONET)。1988 年，ITU-T(原 CCITT)参照 SONET 的概念，提出了被称为同步数字系列(SDH)的规范建议。SDH 解决了 PDH 存在的问题，是一种比较完善的传输体制，现已得到大量应用。这种传输体制不仅适用于光纤信道，也适用于微波和卫星干线传输。

5.1.1　 准同步数字系列 PDH

　　准同步数字系列有两种基础速率：一种是以 1.544 Mb/s 为第一级(一次群，或称基群)基础速率的，采用的国家有北美各国和日本；另一种是以 2.048 Mb/s 为第一级(一次群)基础速率的，采用的国家有西欧各国和中国。表 5.1 是世界各国商用数字光纤通信系统的 PDH 传输体制，表中示出两种基础速率各次群的速率、话路数及其关系。对于以 2.048 Mb/s 为基础速率的制式，各次群的话路数按 4 倍递增，速率的关系略大于 4 倍，这是因为复接时插入了一些相关的比特。对于以 1.544 Mb/s 为基础速率的制式，在 3 次群以上，日本和北美各国又不相同，看起来很杂乱。

　　PDH 各次群比特率相对于其标准值有一个规定的容差，而且是异源的，通常采用正码速调整方法实现准同步复用。一次群至四次群接口比特率早在 1976 年就实现了标准化，并得到各国广泛采用。PDH 主要适用于中、低速率点对点的传输。随着技术的进步和社会对信息的需求，数字系统传输容量不断提高，网络管理和控制的要求日益重要，宽带综合业务数字网和计算机网络迅速发展，迫切需要建立在世界范围内统一的通信网络。在这种形势下，现有 PDH 的许多缺点也逐渐暴露出来，主要有：

（1）北美、西欧和亚洲所采用的三种数字系列互不兼容，没有世界统一的标准光接口，使得国际电信网的建立及网络的营运、管理和维护变得十分复杂和困难。

（2）各种复用系列都有其相应的帧结构，没有足够的开销比特，使网络设计缺乏灵活性，不能适应电信网络不断扩大、技术不断更新的要求。

（3）由于低速率信号插入到高速率信号，或从高速率信号分出，都必须逐级进行，不能直接分插，因而复接/分接设备结构复杂，上下话路价格昂贵。

表 5.1　世界各国商用数字光纤通信制式

国家或地区	基群/(Mb/s)	二次群/(Mb/s)	三次群/(Mb/s)	四次群/(Mb/s)	五次群/(Mb/s)	六次群/(Gb/s)
中国 西欧	$\dfrac{2.048}{30\text{ ch}}$	$\times4\ \dfrac{8.448}{120\text{ ch}}$	$\times4\ \dfrac{34.368}{480\text{ ch}}$	$\times4\ \dfrac{139.264}{1920\text{ ch}}$	$\times4\ \dfrac{564.992}{7680\text{ ch}}$	$\times2\ \dfrac{1.13}{15\ 360\text{ ch}}$ $\times4\ \dfrac{2.4}{30\ 720\text{ ch}}$
日本	$\dfrac{1.544}{24\text{ ch}}$	$\times4\ \dfrac{6.312}{96\text{ ch}}$	$\times5\ \dfrac{32.064}{480\text{ ch}}$	$\times3\ \dfrac{97.728}{1440\text{ ch}}$	$\times4\ \dfrac{397.20}{5760\text{ ch}}$	$\times4\ \dfrac{1.5888}{23\ 040\text{ ch}}$
北美	$\dfrac{1.544}{24\text{ ch}}$	$\times4\ \dfrac{6.312}{96\text{ ch}}$	$\times7\ \dfrac{44.736}{672\text{ ch}}$	$\times6\ \dfrac{274.176}{4032\text{ ch}}$ $\times12\ \dfrac{564.992}{8064\text{ ch}}$ $\times9\ \dfrac{432}{6048\text{ ch}}$	$\times2\ \dfrac{1.13\text{ Gb/s}}{16\ 128}$ $\times4\ \dfrac{2.4\text{ Gb/s}}{32\ 256\text{ ch}}$	

注：表中 ch 表示话路数。

5.1.2　同步数字系列 SDH

1. SDH 传输网

SDH 不仅适合于点对点传输，而且适合于多点之间的网络传输。图 5.1 示出 SDH 传输网的拓扑结构，它由 SDH 终接设备(或称 SDH 终端复用器 TM)、分插复用设备 ADM、数字交叉连接设备 DXC 等网络单元以及连接它们的(光纤)物理链路构成。SDH 终端的主要功能是复接/分接和提供业务适配，例如将多路 E_1 信号复接成 STM-1 信号及完成其逆过程，或者实现与非 SDH 网络业务的适配。ADM 是一种特殊的复用器，它利用分接功能将输入信号所承载的信息分成两部分：一部分直接转发，另一部分卸下给本地用户。然后信息又通过复接功能将转发部分和本地上送的部分合成输出。DXC 类似于交换机，它一般有多个输入和多个输出，通过适当配置可提供不同的端到端连接。

上述 TM、ADM 和 DXC 的功能框图分别如图 5.2(a)、(b)、(c)所示。通过 DXC 的交叉连接作用，在 SDH 传输网内可提供许多条传输通道，每条通道都有相似的结构，其连接模型如图 5.3(a)所示，相应的分层结构如图 5.3(b)所示。每个通道(Path)由一个或多个复接段(Line)构成，而每一复接段又由若干个再生段(Section)串接而成。

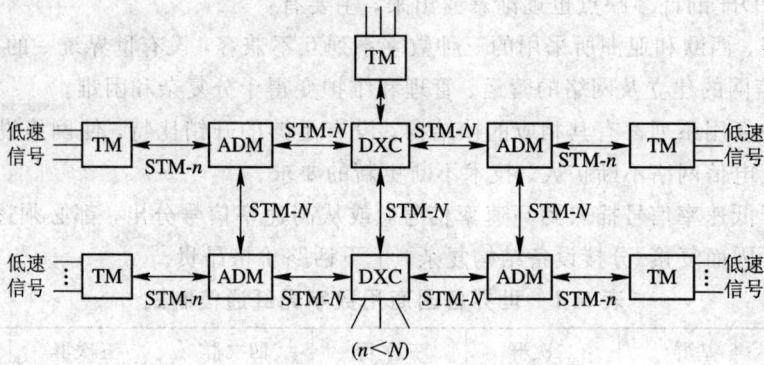

图 5.1 SDH 传输网的典型拓扑结构

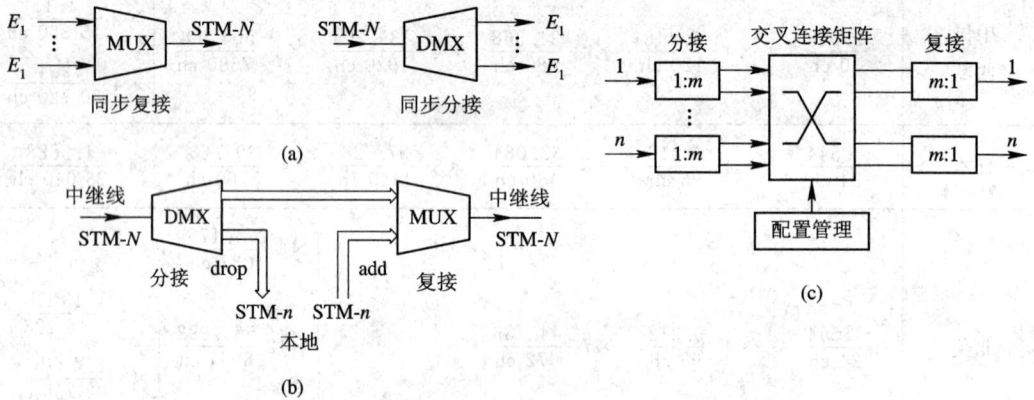

图 5.2 SDH 传输网络单元

（a）终端复用器 TM；（b）分插复用设备 ADM(add/drop Multiplexer)；（c）数字交叉连接设备 DXC

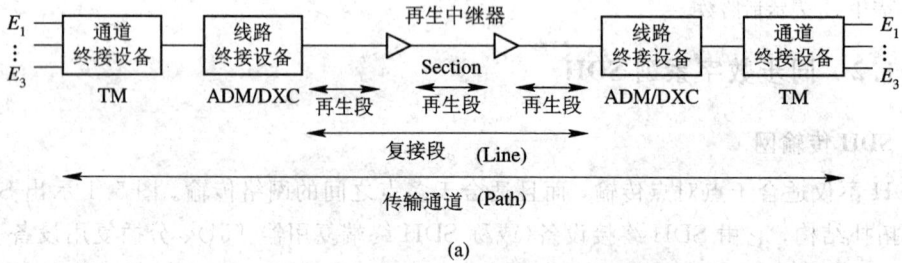

图 5.3 传输通道的结构

（a）传输通道连接模型；（b）分层结构

与 PDH 相比，SDH 具有下列特点：

(1) SDH 采用世界上统一的标准传输速率等级。最低的等级也就是最基本的模块称为 STM-1，传输速率为 155.520 Mb/s；4 个 STM-1 同步复接组成 STM-4，传输速率为 4×155.52 Mb/s＝622.080 Mb/s；16 个 STM-1 组成 STM-16，传输速率为 2488.320 Mb/s，以此类推。一般为 STM-N，$N=1,4,16,64$。由于速率等级采用统一标准，SDH 就具有统一的网络结点接口，并可以承载现有的 PDH(如 E_1、E_3)和各种新的数字信号(如以太网帧、ATM 信元、IP 分组等)，有利于不同通信系统的互连。

(2) SDH 各网络单元的光接口有严格的标准规范。因此，光接口成为开放型接口，任何网络单元在光纤线路上可以互连，不同厂家的产品可以互通，这有利于建立世界统一的通信网络。另一方面，标准的光接口综合进各种不同的网络单元，简化了硬件，降低了网络成本。有关光接口标准请参看本书附录 A。

(3) 在 SDH 帧结构中，有丰富的开销比特，可用于网络的运行、维护和管理，便于实现性能监测、故障检测和定位、故障报告等管理功能。(在后续章节将进行介绍。)

(4) 采用数字同步复用技术，其最小的复用单位为字节(八比特组)，不必进行码速调整，简化了复接分接的实现设备，由低速信号复接成高速信号，或从高速信号分出低速信号，不必逐级进行。

图 5.4 示出 PDH 和 SDH 分插信号流程的比较。在 PDH 中，为了从 140 Mb/s 码流中分出一个 2 Mb/s 的支路信号，必须经过 140/34 Mb/s，34/8 Mb/s 和 8/2 Mb/s 三次分接。而若采用 SDH 分插复用器(ADM)，可以利用软件一次直接分出和插入 2 Mb/s 支路信号，十分简便。

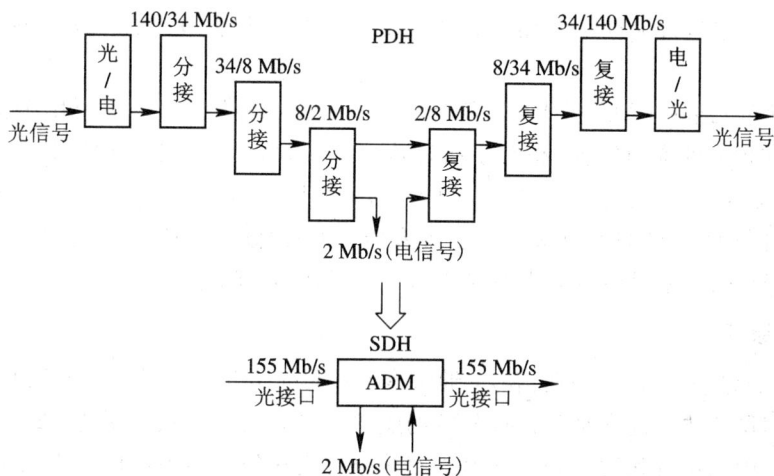

图 5.4　分插信号流程的比较

(5) 采用数字交叉连接设备 DXC 可以对各种端口速率进行可控的连接配置，对网络资源进行自动化的调度和管理，既提高了资源利用率，又增强了网络的抗毁性和可靠性。SDH 采用了 DXC 后，大大提高了组网的灵活性及对各种业务量变化的适应能力，使现代通信网络提高到一个崭新的水平。

2. SDH 帧结构

SDH 帧结构是实现数字同步时分复用、保证网络可靠有效运行的关键。图 5.5 给出
SDH 帧的一般结构。一个 STM-N 帧有 9
行，每行由 270×N 个字节组成。这样每帧
共有 9×270×N 个字节，每字节为 8 bit。
帧周期为 125 μs，即每秒传输 8000 帧。对
于 STM-1 而言，传输速率为 9×270×8×
8000＝155.520 Mb/s。字节发送顺序为：由
上往下逐行发送，每行先左后右。

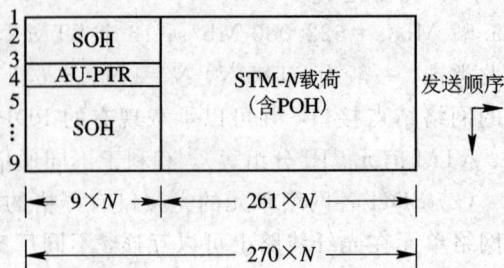

图 5.5 SDH 帧的一般结构

SDH 帧大体可分为三个部分：

(1) 段开销(SOH)。段开销是在 SDH
帧中为保证信息正常传输所必需的附加字节(每字节相当于 64 kb/s 的传输容量)，主要用
于运行、维护和管理，如帧定位、误码检测、公务通信、自动保护倒换以及网管信息传输。
对于 STM-1 而言，SOH 共使用 9×8(第 4 行除外)＝72 Byte，相应于 576 bit。由于每秒传
输 8000 帧，所以 SOH 的容量为 576×8000＝4.608 Mb/s。

根据图 5.3(a)的传输通道连接模型，段开销又细分为再生段开销(SOH)和复接段开
销(LOH)。前者占前 3 行，后者占 5～9 行。

(2) 信息载荷(Payload)。信息载荷域是 SDH 帧内用于承载各种业务信息的部分。对
于 STM-1 而言，Payload 有 9×261＝2349 Byte，相应于 2349×8×8000＝150.336 Mb/s
的容量。

在 Payload 中包含少量字节用于通道的运行、维护和管理，这些字节称为通道开销
(POH)。

(3) 管理单元指针(AU - PTR)。管理单元指针是一种指示符，主要用于指示 Payload
第一个字节在帧内的准确位置(相对于指针位置的偏移量)。对于 STM-1 而言，AU-PTR
有 9 个字节(第 4 行)，相应于 9×8×8000＝0.576 Mb/s。

采用指针技术是 SDH 的创新，结合虚容器(VC)的概念，解决了低速信号复接成高速
信号时，由于小的频率误差所造成的载荷相对位置漂移的问题。

3. 复用原理

将低速支路信号复接为高速信号，通常有两种传统方法：正码速调整法和固定位置映
射法。正码速调整法的优点是容许被复接的支路信号有较大的频率误差；缺点是复接与分
接相当困难。固定位置映射法是让低速支路信号在高速信号帧中占用固定的位置。这种方
法的优点是复接和分接容易实现，但由于低速信号可能是属于 PDH 的或由于 SDH 网络的
故障，低速信号与高速信号的相对相位不可能对准，并会随时间而变化。SDH 采用载荷指
针技术，结合了上述两种方法的优点，付出的代价是要对指针进行处理。超大规模集成电
路的发展，为实现指针技术创造了条件。

图 5.6 示出载荷包络与 STM-1 帧的一般关系与指针所起的作用。通过指针的值，接
收端就可以确定载荷的起始位置。

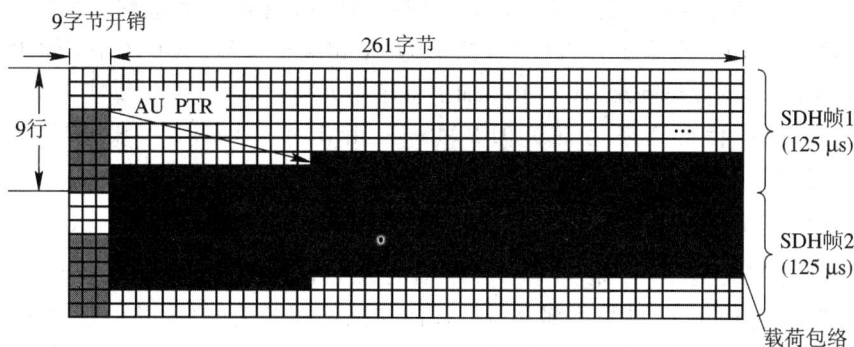

图 5.6　载荷包络与 SDH 帧的一般关系

ITU-T 规定了 SDH 的一般复用映射结构。所谓映射结构，是指把支路信号适配装入虚容器的过程，其实质是使支路信号与传送的载荷同步。这种结构可以把目前 PDH 的绝大多数标准速率信号装入 SDH 帧。图 5.7 示出 SDH 一般复用映射结构，图中 C-n 是标准容器，用来装载现有 PDH 的各支路信号，即 C-11、C-12、C-2、C-3 和 C-4 分别装载 1.5 Mb/s、2 Mb/s、6 Mb/s、34 Mb/s、45 Mb/s 和 140 Mb/s 的支路信号，并完成速率适配处理的功能。在标准容器的基础上，加入少量通道开销（POH）字节，即组成相应的虚容器 VC。VC 的包络与网络同步，但其内部则可装载各种不同容量和不同格式的支路信号。所以引入虚容器的概念，使得不必了解支路信号的内容，便可以对装载不同支路信号的 VC 进行同步复用、交叉连接和交换处理，实现大容量传输。

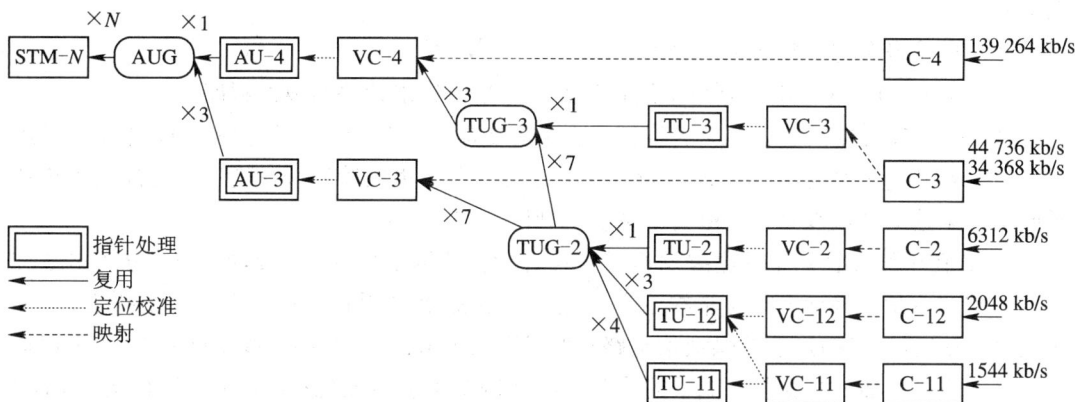

图 5.7　SDH 的一般复用映射结构

由于在传输过程中，不能绝对保证所有虚容器的起始相位始终都能同步，所以要在 VC 的前面加上管理单元指针（AU PTR），以进行定位校准。加入指针后组成的信息单元结构分为管理单元（AU）和支路单元（TU）。AU 由高阶 VC（如 VC-4）加 AU 指针组成，TU 由低阶 VC 加 TU 指针组成。TU 经均匀字节间插后，组成支路单元组（TUG），然后组成 AU-3 或 AU-4。3 个 AU-3 或 1 个 AU-4 组成管理单元组（AUG），加上段开销 SOH，便组成 STM-1 同步传输信号；N 个 STM-1 信号按字节同步复接，便组成 STM-N。

最简单的例子是，由 PDH 的 4 次群信号到 SDH 的 STM-1 的复接过程。把

139.264 Mb/s 的信号装入容器 C-4，经速率适配处理后，输出信号速率为 149.760 Mb/s；在虚容器 VC-4 内加上通道开销 POH（每帧 9 Byte，相应于 0.576 Mb/s）后，输出信号速率为 150.336 Mb/s；在管理单元 AU-4 内，加上管理单元指针 AU PTR（每帧 9 Byte，相应于 0.576 Mb/s），输出信号速率为 150.912 Mb/s；由 1 个 AUG 加上段开销 SOH（每帧 72 Byte，相应于 4.608 Mb/s），输出信号速率为 155.520 Mb/s，即为 STM-1。

4. 数字交叉连接设备

数字交叉连接设备（DXC）相当于一种自动的数字电路配线架。图 5.2 表示的是 SDH 的 DXC（也适合于 PDH），其核心部分是可控的交叉连接开关（空分或时分）矩阵。参与交叉连接的基本电路速率可以等于或低于端口速率，它取决于信道容量分配的基本单位。一般每个输入信号被分接为 m 个并行支路信号，然后通过时分（或空分）交换网络，按照预先存放的交叉连接图或动态计算的交叉连接图对这些电路进行重新编排，最后将重新编排后的信号复接成高速信号输出。

通常用 DXC X/Y 来表示一个 DXC 的配置类型，其中第一个数字 X 表示输入端口速率的最高等级，第二个数字 Y 表示参与交叉连接的最低速率等级。数字 0 表示 64 kb/s 电路速率；数字 1、2、3、4 分别表示 PDH 的 1 至 4 次群的速率，其中 4 也代表 SDH 的 STM-1 等级；数字 5 和 6 分别代表 SDH 的 STM-4 和 STM-16 等级。例如，DXC 1/0 表示输入端口的最高速率为一次群信号的速率（E_1：2.048 Mb/s），而交叉连接的基本速率为 64 kb/s；DXC 4/1 表示输入端口的最高速率为 155.52 Mb/s（对于 SDH）或 140 Mb/s（对于 PDH），而交叉连接的基本速率为 2.048 Mb/s。目前应用最广泛的是 DXC 1/0、DXC 4/1 和 DXC 4/4。

交叉连接设备与交换机的区别有：

（1）DXC 的输入输出不是单个用户话路，而是由许多话路组成的群路；

（2）两者都能提供动态的通道连接，但连接变动的时间尺度是不同的。前者按大量用户的集合业务量的变化及网络的故障状况来改变连接，由网管系统配置；后者按照用户的呼叫请求来建立或改变连接，由信令系统实现呼叫连接控制。

DXC 在干线传输网中的主要用途是实现自动化的网络配置。主要功能有：分离本地交换业务和非本地交换业务，为非本地交换业务迅速提供可用路由；为临时性重要事件（如运动会、发生地震等）迅速提供通信电路；当网络发生故障（如某些干线中断）时，能迅速提供网络的重新配置；根据业务流量的季节变化使网络配置最佳化；当网络中混合使用 PDH 和 SDH 时，可作为 PDH 与 SDH 的网关。

5. SDH 的应用

SDH 可用于点对点传输（图 5.8）、链形网（图 5.9）和环形网（图 5.10）。

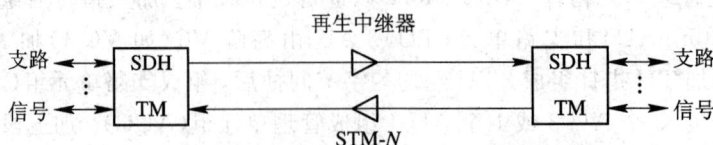

图 5.8　SDH 用于点对点传输

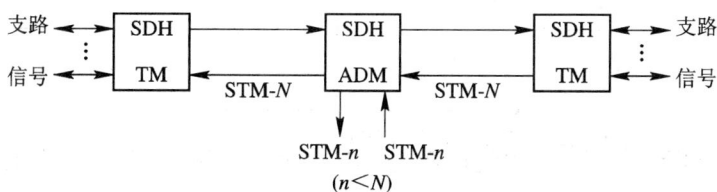

图 5.9　SDH 链形网

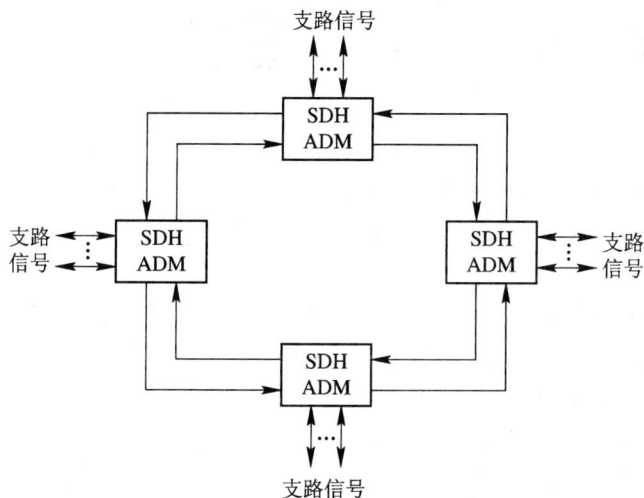

图 5.10　SDH 环形网（双环）

　　SDH 环形网的一个突出优点是具有"自愈"能力。当某节点发生故障或光缆中断时，仍能维持一定的通信能力。所以，SDH 环网目前得到广泛的应用。

　　当然，SDH 通过 ADM 和 DXC 等网络单元可以构成更为复杂的网形网（如图 5.1 所示）。这种 SDH 网络的主要特点是端到端之间存在一条以上的路径，可同时构成一条以上的传输通道，通过 DXC 的灵活配置，使网络具有更好的抗毁性和更高的可靠性。

5.2　系统的性能指标

　　数字光纤通信系统是数字通信网的一个重要组成部分。为保证通信网正常有效的工作，必须建立一个数字传输参考模型，确定光纤通信系统在参考模型中的位置和作用，提出对系统性能指标的要求，从而正确地设计光纤通信系统。

5.2.1　参考模型

　　为进行系统性能研究，ITU-T（原 CCITT）建议中提出了一个数字传输参考模型，称为假设参考连接（HRX），见图 5.11。最长的 HRX 是根据数字网的性能要求和 64 kb/s 信号的全数字连接来考虑的。假设在两个用户之间的通信可能要经过全部线路和各种串联设备组成的数字网，而且任何参数的总性能逐级分配后应符合用户的要求。

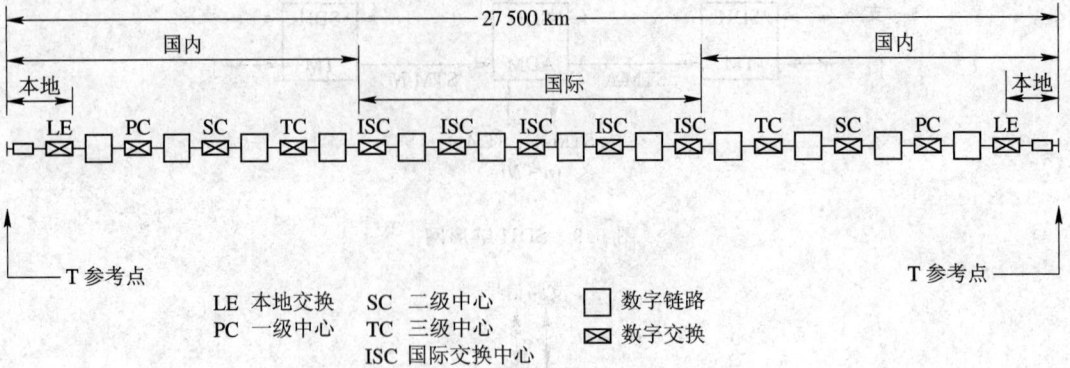

图 5.11　标准数字假设参考连接 HRX

如图 5.11 所示,最长的标准数字 HRX 为 27 500 km,它由各级交换中心和许多假设参考数字链路(HRDL)组成。标准数字 HRX 的总性能指标按比例分配给 HRDL,使系统设计大大简化。建议的 HRDL 长度为 2500 km,但由于各国国土面积不同,采用的 HRDL 长度也不同。例如我国采用5000 km,美国和加拿大采用6400 km,而日本采用2500 km。HRDL 由许多假设参考数字段(HRDS)组成(见图 5.12 所示),在建议中用于长途传输的 HRDS 长度为 280 km,用于市话中继的 HRDS 长度为 50 km。我国用于长途传输的 HRDS 长度为 420 km(一级干线)和280 km(二级干线)两种。

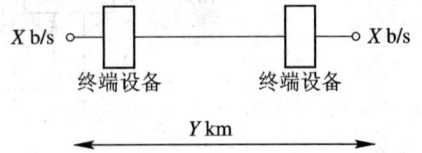

* "Y" 的合适值取决于网的应用。目前50 km和280 km被认定是必需的。

图 5.12　假设参考数字段 HRDS

假设参考数字段的性能指标从假设参考数字链路的指标分配中得到,并再度分配给线路和设备。

5.2.2　系统的主要性能指标

1. 误码率(BER)

误码率是衡量数字光纤通信系统传输质量优劣的非常重要的指标,它反映了在数字传输过程中信息受到损害的程度。BER 是在一个传输的二进制码流中出现误码的概率(通过长时间平均求得),它对话音影响的程度取决于编码方法。对于 PCM 而言,误码率对话音的影响程度如表 5.2 所示。

表 5.2　误码率对话音影响程度

误码率	受话者的感觉
10^{-6}	感觉不到干扰
10^{-5}	在低话音电平范围内刚觉察到有干扰
10^{-4}	在低话音电平范围内有个别"喀喀"声干扰
10^{-3}	在各种话音电平范围内都感觉到有干扰
10^{-2}	强烈干扰,听懂程度明显下降
5×10^{-2}	几乎听不懂

由于误码率随时间变化，用长时间内的平均误码率来衡量系统性能的优劣，显然不够准确。在实际监测和评定中，应采用误码时间百分数和误码秒百分数的方法。如图 5.13 所示，规定一个较长的监测时间 T_L，例如几天或一个月，并把这个时间分为"可用时间"和"不可用时间"。在连续 10 s 时间内，BER 劣于 $1×10^{-3}$，为"不可用时间"，或称系统处于故障状态；故障排除后，在连续 10 s 时间内，BER 优于 $1×10^{-3}$，为"可用时间"。对于 64 kb/s 的数字信号，BER=$1×10^{-3}$，相应于每秒平均有 64 个比特发生错误。同时，规定一个较短的取样时间 T_0 和误码率门限值 BER_{th}，统计 BER 劣于 BER_{th} 的时间，并用劣化时间占可用时间的百分数来衡量系统误码性能的指标。

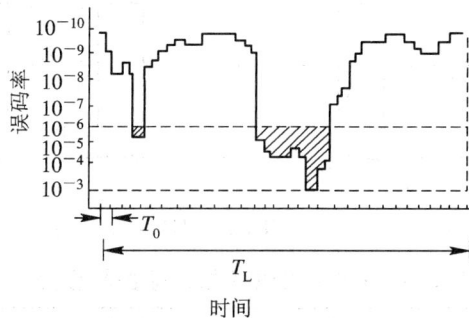

图 5.13 误码率随时间的变化

对于目前的电话业务，传输一路 PCM 电话的速率为 64 kb/s。研究分析表明，合适的误码率参数和假设参考连接 HRX 的误码率指标如表 5.3 所示。

表 5.3 误码率参数和 HRX 的误码率指标

误码率参数	定　义	指标	长期平均误码率
劣化分(DM)	BER 劣于 10^{-6} 的分数	$<10\%$	$<6.2×10^{-7}$
严重误码秒(SES)	BER 劣于 10^{-3} 的秒数	$<0.2\%$	$<3×10^{-5}$
误码秒(ES)	BER$≠0$ 的秒数	$<8\%$	$<1.3×10^{-6}$

对三种误码率参数和指标说明如下：

劣化分(DM)　误码率为 $1×10^{-6}$ 时，感觉不到干扰的影响，选为 BER_{th}。每次通话时间平均 3～5 min，选择取样时间 T_0 为 1 min 是合适的。监测时间以较长为好，选择 T_L 为 1 个月。定义误码率劣于 $1×10^{-6}$ 的分钟数为劣化分(DM)。HRX 指标要求劣化分占可用分(可用时间减去严重误码秒累积的分钟数)的百分数小于 10%。

严重误码秒(SES)　由于某些系统会出现短时间内大误码率的情况，严重影响通话质量，因此引入严重误码秒这个参数。选择监测时间 T_L 为 1 个月，取样时间 T_0 为 1 s。定义误码率劣于 $1×10^{-3}$ 的秒钟数为严重误码秒(SES)。HRX 指标要求严重误码秒占可用秒的百分数小于 0.2%。

误码秒(ES)　选择监测时间 T_L 为 1 个月，取样时间 T_0 为 1 s，误码率门限值 BER_{th}=0。定义凡是出现误码(即使只有 1 bit)的秒数称为误码秒(ES)。HRX 指标要求误码秒占可用秒的百分数小于 8%。相应地，不出现任何误码的秒数称为无误码秒(EFS)，指标要求无误码秒占可用秒的百分数大于 92%。

  表 5.3 列出的是标准数字假设参考连接 HRX(27 500 km)的误码率总指标。为了设计需要，必须把总指标按不同等级的电路质量分配到各部分。图 5.14 示出最长 HRX 的电路质量等级划分，图中高级和中级之间没有明显的界限。我国长途一级干线和长途二级干线都应视为高级电路，长途二级以下和本地级合并考虑。表 5.4 示出 HRX 误码率总指标按等级的分配。

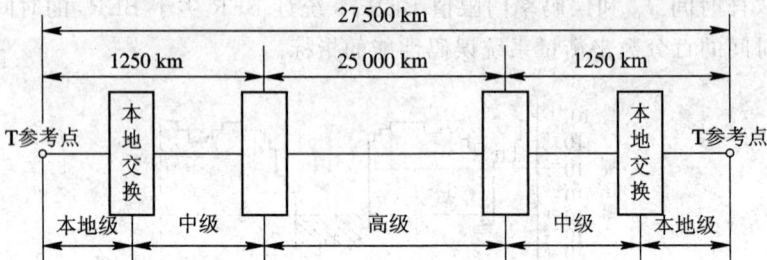

图 5.14　最长 HRX 的电路质量等级划分

表 5.4　HRX 误码率总指标按等级分配

误码率指标	高级电路	中级电路	本地级电路
DM<10%	4%	2×1.5%	2×1.5%
SES<0.1%[*]	0.04%	2×0.015%	2×0.015%
ES<8%	3.2%	2×1.2%	2×1.2%

  *剩余 0.1%用于高级或中级系统遇到最不利时使用。

  表 5.5 的误码率三项指标监测时间为 1 个月，在工程验收时执行存在一定困难，通常采用长期平均误码率来衡量，监测时间为 24 h。假设误码为泊松分布，误码率三项指标都可以换算为长期平均误码率。根据原 CCITT 的建议，对于 25 000 km 高级电路长期平均误码率 BER_{av} 至少为 $1×10^{-7}$，按长度比例进行线性折算，得到每公里 $BER_{av}=4×10^{-12}$/km。所以 280 km 和 420 km 数字段的 BER_{av} 分别为 $1.12×10^{-9}$ 和 $1.68×10^{-9}$，因此取 $1×10^{-9}$ 作为标准。我国长途光缆通信系统进网要求中规定：长度短于 420 km 时，按 $1×10^{-9}$ 计算；长度长于 420 km 时，先按长度比例进行折算，再按长度累计附加进去。设计值应比实际要求高 1 个数量级，即短于 420 km 数字段按 $BER_{av}=1×10^{-10}$ 设计，50 km 中继段按 $BER_{av}=1×10^{-11}$ 设计。

表 5.5　HRDS 高级电路误码率指标

误码率参数	1 km	280 km	420 km
DM	$1.6×10^{-4}$%	$6.7×10^{-2}$%	$4.5×10^{-2}$%
SES	$1.6×10^{-6}$%	$6.7×10^{-4}$%	$4.5×10^{-4}$%
ES	$1.28×10^{-4}$%	$5.4×10^{-2}$%	$3.6×10^{-2}$%

2. 抖动

  抖动是数字信号传输过程中产生的一种瞬时不稳定现象。抖动的定义是：数字信号在各有效瞬时对标准时间位置的偏差。偏差时间范围称为抖动幅度(J_{p-p})，偏差时间间隔对时间的变化率称为抖动频率(F)。这种偏差包括输入脉冲信号在某一平均位置左右变化，和提取时钟信号在中心位置左右变化，见图 5.15 所示。抖动现象相当于对数字信号进行相位调制，表现为在稳定的脉冲图样中，前沿和后沿出现某些低频干扰，其频率一般为 $0 \sim 2\ \text{kHz}$。抖动单位为 UI，表示单位时隙。当脉冲信号为二电平 NRZ 时，1 UI 等于 1 bit 信息所占时间，数值上等于传输速率 f_b 的倒数。

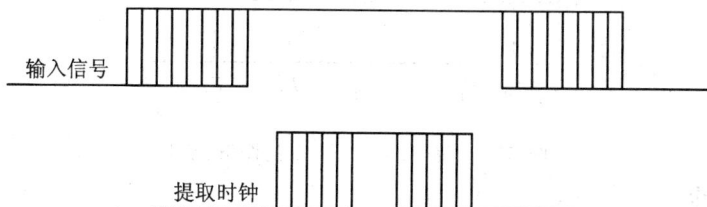

图 5.15　抖动示意图

　　产生抖动的原因很多，主要与定时提取电路的质量、输入信号的状态和输入码流中的连"0"码数目有关。抖动严重时，使得信号失真、误码率增大。完全消除抖动是困难的，因此在实际工程中，需要提出容许最大抖动的指标。

　　光纤通信系统各次群输入口对抖动容限的要求如表 5.6 所示，全程各次群输出口对抖动容限的要求如表 5.7 所示，表中括号内的数值是对数字段的要求。表 5.6 和表 5.7 各符号的意义如图 5.16 所示。

表 5.6　各次群输入口对抖动的要求

参 数 速率 /(kb/s)	$J_{P\text{-}P}$/UI			调制数字信号的正弦信号频率					伪随机测试信号序列
	A_0	A_1	A_2	F_0	F_1	F_2	F_3	F_4	
2048	36.9	1.5	0.2	1.5×10^{-5} Hz	20 Hz	2.4 kHz	18 kHz	100 kHz	$2^{15}-1$
8448	152	1.5	0.2	1.2×10^{-5} Hz	20 Hz	400 Hz	3 kHz	400 kHz	$2^{15}-1$
34368		1.5	0.15		100 Hz	1 kHz	10 kHz	800 kHz	$2^{23}-1$
139264		1.5	0.075		200 Hz	500 Hz	10 kHz	3500 kHz	$2^{23}-1$

表 5.7　全程和数字段各次群输出口对抖动的要求

参 数 速率 /(kb/s)	输出口最大抖动容限值 $J_{P\text{-}P}$/UI		测量带通滤波器带宽：低频截止频率为 F_1 或 F_2，高频截止频率为 F_4		
	A_1	A_2	F_1	F_3	F_4
2048	1.5(0.75)	0.2(0.2)	20 Hz	18 kHz	100 kHz
8448	1.5(0.75)	0.2(0.2)	20 Hz	3 kHz	400 kHz
34368	1.5(0.75)	0.15(0.15)	100 Hz	10 kHz	800 kHz
139264	1.5(0.75)	0.075(0.075)	200 Hz	10 kHz	3500 kHz

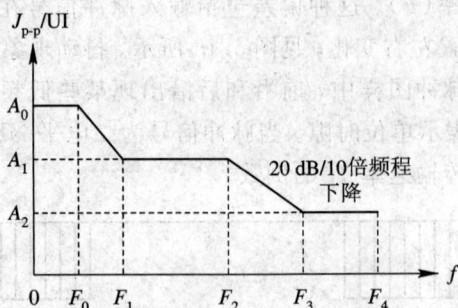

图 5.16　表 5.6 和表 5.7 的图解说明

5.2.3　可靠性

衡量通信系统质量的优劣除上述性能指标外，可靠性也是一个重要指标，它直接影响通信系统的使用、维护和经济效益。对光纤通信系统而言，可靠性包括光端机、中继器、光缆线路、辅助设备和备用系统的可靠性。

确定可靠性一般采用故障统计分析法，即根据现场实际调查结果，统计足够长时间内的故障次数，确定每两次故障的时间间隔和每次故障的修复时间。

1. 可靠性表示方法

(1) 可靠性 R 和故障率 φ。可靠性是指在规定的条件和时间内系统无故障工作的概率，它反映系统完成规定功能的能力。可靠性 R 通常用故障率 φ 表示，两者的关系为

$$R = \exp(-\varphi t) \tag{5.1}$$

式中 t 代表工作时间，故障率 φ 是系统在单位时间内发生故障(功能失效)的概率。φ 的单位为 $10^{-9}/h$，称为菲特(fit)，1 fit 等于在 10^9 h 内发生一次故障的概率。

如果通信系统由 n 个部件组成，且故障率是统计无关的，则系统的可靠性 R_s 可表示为

$$R_s = R_1 \times R_2 \times \cdots \times R_n = \exp(-\varphi_s t) \tag{5.2}$$

$$\varphi_s = \sum_{i=1}^{n} \varphi_i$$

式中，R_i 和 φ_i 分别为系统第 i 个部件的可靠性和故障率。

(2) 故障率 φ 和平均故障间隔时间 MTBF。两者的关系为

$$\varphi = \frac{1}{\text{MTBF}} \tag{5.3}$$

(3) 可用率 A 和失效率 P_F。可用率 A 是在规定时间内，系统处于良好工作状态的概率，它可以表示为

$$A = \frac{\text{可用时间}}{\text{总工作时间}} \times 100\% = \frac{\text{MTBF}}{\text{MTBF} + \text{MTTR}} \times 100\% \tag{5.4}$$

式中 MTTR 为平均故障修复时间(不可用时间)。

失效率 P_F 可以表示为

$$P_F = \frac{\text{不可用时间}}{\text{总工作时间}} \times 100\% = \frac{\text{MTTR}}{\text{MTBF} + \text{MTTR}} \times 100\% \tag{5.5}$$

由式(5.4)和式(5.5)得到

$$P_{\mathrm{F}} = (1 - A) \tag{5.6}$$

在有备用系统的情况下，失效率为

$$P_{\mathrm{F}} = \frac{(m+n)!}{m!(n+1)!} P(n+1) \tag{5.7}$$

式中 m 和 n 分别为主用系统数和备用系统数，$P = \mathrm{MTTR}/\mathrm{MTBF}$。

2. 可靠性指标

根据国家标准的规定，具有主备用系统自动倒换功能的数字光缆通信系统，容许 5000 km 双向全程每年 4 次全阻故障，对应于 420 km 和 280 km 数字段双向全程分别约为每 3 年 1 次和每 5 年 1 次全阻故障。市内数字光缆通信系统的假设参考数字链路长为 100 km，容许双向全程每年 4 次全阻故障，对应于 50 km 数字段双向全程每半年 1 次全阻故障。此外，要求 LD 光源寿命大于 10×10^4 h，PIN-FET 寿命大于 50×10^4 h，APD 寿命大于 50×10^4 h。

根据上述标准，以 5000 km 为基准，按长度平均分配给各种数字段长度，相应的全年指标如表 5.8 所示，假设平均故障修复时间 $\mathrm{MTTR} = 6$ h。某些国产设备的可靠性指标列于表 5.9。

表 5.8　数字光缆通信系统可靠性指标

链路长度/km	5000	3000	420	280
双向全程年故障次数	4	2.4	0.336	0.224
MTBF/h	2190	3650	26 070	39 107
φ/fit	456 620	373 970	38 358	25 570
MTTR/h	24	14.4	2.016	1.344
P_{F}/%	0.274	0.164	0.023	0.015
A/%	99.726	99.836	99.977	99.985

表 5.9　某些国产设备的可靠性指标

可靠性	MTBF/年	φ/fit
光纤(双向)	1.35(420 km)	200(每 km)
光端机	4	28 539(一端)
中继器	4	28 539(一端)
四次群设备	20	5707(一端)

5.3　系 统 的 设 计

对数字光纤通信系统而言，系统设计的主要任务是，根据用户对传输距离和传输容量(话路数或比特率)及其分布的要求，按照国家相关的技术标准和当前设备的技术水平，经过综合考虑和反复计算，选择最佳路由和局站设置、传输体制和传输速率以及光纤光缆和光端机的基本参数和性能指标，以使系统的实施达到最佳的性能价格比。

在技术上,系统设计的主要问题是确定中继距离,尤其对长途光纤通信系统,中继距离设计是否合理,对系统的性能和经济效益影响很大。

中继距离的设计有三种方法:最坏情况法(参数完全已知)、统计法(所有参数都是统计定义)和半统计法(只有某些参数是统计定义)。这里我们采用最坏情况设计法,用这种方法得到的结果,设计的可靠性为100%,但要牺牲可能达到的最大长度。

中继距离受光纤线路损耗和色散(带宽)的限制,明显随传输速率的增加而减小。中继距离和传输速率反映着光纤通信系统的技术水平。

5.3.1 中继距离受损耗的限制

图5.17示出了无中继器和中间有一个中继器的数字光纤线路系统的示意图,图中符号:

T',T:光端机和数字复接分接设备的接口;

T_x:光发射机或中继器发射端;

R_x:光接收机或中继器接收端;

C_1,C_2:光纤连接器;

S:靠近T_x的连接器C_1的接收端;

R:靠近R_x的连接器C_2的发射端;

S-R:光纤线路,包括接头。

PDH系统光纤线路设备的实例参看本书附录B。

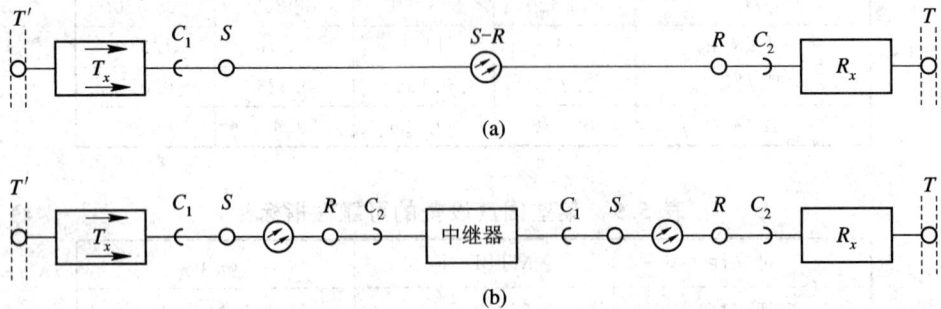

图 5.17 数字光纤线路系统
(a) 无中继器;(b) 一个中继器

如果系统传输速率较低,光纤损耗系数较大,中继距离主要受光纤线路损耗的限制。在这种情况下,要求S和R两点之间光纤线路总损耗必须不超过系统的总功率衰减,即

$$L(\alpha_f + \alpha_s + \alpha_m) \leqslant P_t - P_r - 2\alpha_c - M_e$$

或

$$L \leqslant \frac{P_t - P_r - 2\alpha_c - M_e}{\alpha_f + \alpha_s + \alpha_m} \tag{5.8}$$

式中,P_t为平均发射光功率(dBm),P_r为接收灵敏度(dBm),α_c为连接器损耗(dB/对),M_e为系统余量(dB),α_f为光纤损耗系数(dB/km),α_s为每千米光纤平均接头损耗(dB/km),α_m为每千米光纤线路损耗余量(dB/km),L为中继距离(km)。

式(5.8)的计算是简单的,式中参数的取值应根据产品技术水平和系统设计需要来确定。平均发射光功率 P_t 取决于所用光源,对单模光纤通信系统,LD 的平均发射光功率一般为 $-3\sim-9$ dBm,LED 平均发射光功率一般为 $-20\sim-25$ dBm。光接收机灵敏度 P_r 取决于光检测器和前置放大器的类型,并受误码率的限制,随传输速率而变化。表 5.10 示出长途光纤通信系统 $BER_{av}\leqslant1\times10^{-10}$ 时的接收灵敏度 P_r。

表 5.10　$BER_{av}\leqslant1\times10^{-10}$ 时的接收灵敏度 P_r

传输速率/(Mb/s)	标称波长/nm	光检测器	灵敏度 P_r/dBm
8.448	1310	PIN	-49
34.368	1310	PIN-FET	-41
139.264	1310	PIN-FET APD	-37 -42
4×139.264	1310	PIN-FET APD	-30 -33

连接器损耗一般为 $0.3\sim1$ dB/对。设备余量 M_e 包括由于时间和环境的变化而引起的发射光功率和接收灵敏度下降,以及设备内光纤连接器性能劣化,M_e 一般不小于 3 dB。

光纤损耗系数 α_f 取决于光纤类型和工作波长,例如单模光纤在 1310 nm,α_f 为 $0.4\sim0.45$ dB/km;在 1550 nm,α_f 为 $0.22\sim0.25$ dB/km。光纤损耗余量 α_m 一般为 $0.1\sim0.2$ dB/km,但一个中继段总余量不超过 5 dB。平均接头损耗可取 0.05 dB/个,每千米光纤平均接头损耗 α_s 可根据光缆生产长度计算得到。

根据 ITU-T(原 CCITT)G.955 建议,用 LD 作光源的常规单模光纤(G.652)系统,在 S 和 R 之间数字光纤线路的容限如表 5.11 所示。

表 5.11　S 和 R 之间数字光纤线路的容限

标称速率 /(Mb/s)	标称波长 /nm	BER$\leqslant1\times10^{-10}$		S 和 R 之间的容限
		最大损耗/dB	最大色散/(ps/nm)	
8.448	1310	40	不要求	
34.368	1310	35	不要求(多纵模)	
139.264	1310 1550	28 28	300(多纵模)	
4×139.264	1310 1550	24 24	120(多纵模)	

5.3.2　中继距离受色散(带宽)的限制

如果系统的传输速率较高,光纤线路色散较大,中继距离主要受色散(带宽)的限制。为使光接收机灵敏度不受损伤,保证系统正常工作,必须对光纤线路总色散(总带宽)进行规范。我们要讨论的问题是,对于一个传输速率已知的数字光纤线路系统,允许的线路总色散是多少,并据此计算中继距离。

对于数字光纤线路系统而言，色散增大，意味着数字脉冲展宽增加，因而在接收端要发生码间干扰，使接收灵敏度降低，或误码率增大。严重时甚至无法通过均衡来补偿，使系统失去设计的性能。

设传输速率为 $f_b = 1/T$，发射脉冲为半占空归零（RZ）码，输出脉冲为高斯波形，如图 5.18 所示。高斯波形可以表示为

$$g(t) = \exp\left(-\frac{t^2}{2\sigma^2}\right) \qquad (5.9)$$

式中 σ 为均方根（rms）脉冲宽度。把 $\sigma/T=a$ 定义为相对 rms 脉冲宽度，码间干扰 δ 的定义如图 5.18 所示。由式（5.9）和图 5.18 得到

$$a = \frac{\sigma}{T} = \frac{1}{\sqrt{2\ln(1/\delta)}} \qquad (5.10)$$

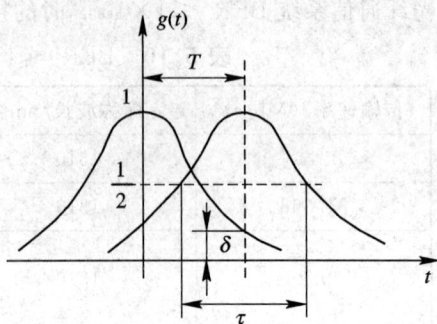

图 5.18 高斯波形的码间干扰

由式（5.10）得到 a 和 δ 的数值关系，并列于表 5.12。

表 5.12 相对 rms 脉冲宽度 a 和码间干扰 δ 的关系

$a=\sigma/T$	0.25	0.30	0.35	0.40	0.50
δ	3.4×10^{-4}	3.9×10^{-3}	1.7×10^{-2}	4.4×10^{-2}	13.5×10^{-2}

美国 Bell 实验室 S. D. Personick 的早期研究中，曾建议采用下列标准来考查光纤线路色散对系统传输性能的限制。

当 $a=0.25$ 时，码间干扰 δ 只有峰值的 0.034%，完全可以忽略不计。当 $a=0.5$ 时，δ 增加到 13.5%，此时功率代价为 $7\sim8$ dB，难以通过均衡进行补偿。一般系统设计选取 $a=0.25\sim0.35$，功率代价不超过 2 dB。

为确定中继距离和光纤线路色散（带宽）的关系，把输出脉冲用半峰值全宽度（FWHM）τ 表示，即

$$\tau = \sqrt{\left(\frac{T}{2}\right)^2 + (\Delta\tau_f)^2} = \frac{\sigma}{0.4247} \qquad (5.11)$$

式中，$\sigma=aT$，a 为相对 rms 脉冲宽度；$T=1/f_b$，f_b 为系统的比特传输速率；$\Delta\tau_f$ 为光纤线路引起的脉冲展宽（FWHM），取决于所用光纤类型和色散特性。

对于多模光纤系统，色散特性通常用 3 dB 带宽表示，如式（2.47b）所示。因此，$\Delta\tau_f = 0.44/B$，B 为长度等于 L 的光纤线路总带宽，它与单位长度光纤带宽的关系为 $B=B_1/L^\gamma$。B_1 为 1 km 光纤的带宽，通常由测试确定。$\gamma=0.5\sim1$，称为串接因子，取决于系统工作波长，光纤类型和线路长度。把这些关系代入式（5.11），并取 $a=0.25\sim0.35$，得到光纤线路总带宽 B 和速率 f_b 的关系为

$$B = (0.83\sim0.56)f_b \qquad (5.12)$$

中继距离 L 与 1 km 光纤带宽 B_1 的关系为 $B_1=BL^\gamma$，所以

$$L = [(1.21\sim1.78)B_1/f_b]^{1/\gamma} \qquad (5.13)$$

或写成

$$L^{\gamma} f_b = (1.21 \sim 1.78) B_1 \qquad (5.14)$$

以 f_b 为参数，B_1 与 L 的关系示于图 5.19，图中取 $\sigma/T = 0.3$，$\gamma = 0.75$。由此可见，中继距离 L 与传输速率 f_b 的乘积取决于 1 km 光纤的带宽（色散），这个乘积反映了光纤通信系统的技术水平。

对于单模光纤系统，$\Delta\tau_f = 2.355\sigma_f$，$\sigma_f$ 为光纤线路 rms 脉冲展宽。由式(2.55b)取一级近似，得到 $\sigma_f = |C_0| \sigma_\lambda L$，$C_0 = C(\lambda_0)$ 为在光源中心波长 λ_0 光纤的色散(ps/(nm·km))，σ_λ 为光源的光谱宽度(nm)，L 为光纤线路长度(km)。把这些关系式代入式(5.11)，同样可以得到一个简明的公式。设取 $a = \sigma/T = 0.25$，得到中继距离

$$L = \frac{0.226 \times 10^6}{f_b |C_0| \sigma_\lambda} \qquad (5.15)$$

在这个基础上，根据原 CCITT 建议，对于实际的单模光纤通信系统，受色散限制的中继距离 L 可以表示为

$$L = \frac{\varepsilon \times 10^6}{F_b |C_0| \sigma_\lambda} \qquad (5.16)$$

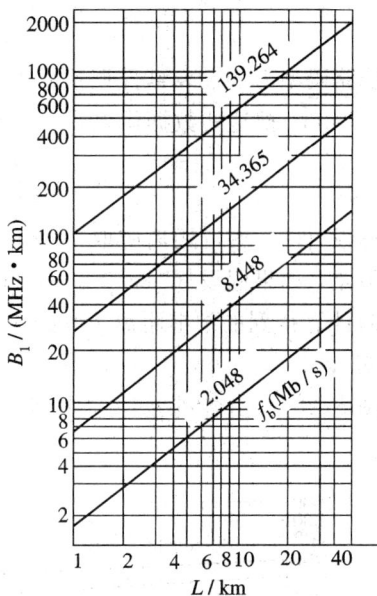

图 5.19　1 km 光纤带宽 B_1 与中继距离 L 的关系

式中，F_b 是线路码速率(Mb/s)，与系统比特速率不同，它要随线路码型的不同而有所变化。C_0 是光纤的色散系数(ps/(nm·km))，它取决于工作波长附近的光纤色散特性。σ_λ 为光源谱宽(nm)，对多纵模激光器(MLM-LD)，为 rms 宽度，对单纵模激光器(SLM-LD)，为峰值下降 20 dB 的宽度。ε 是与功率代价和光源特性有关的参数，对于 MLM-LD，$\varepsilon = 0.115$，对于 SLM-LD，$\varepsilon = 0.306$。

由于光纤制造工艺的偏差，光纤的零色散波长不会全部等于标称波长值，而是分布在一定的波长范围内；同样，光源的峰值波长也是分配在一定波长范围内，并不总是和光纤的零色散波长度相重合。对于 G.652 规范的单模光纤，波长为 1285~1330 nm，色散系数 C 不得超过 ± 3.5 ps/(nm·km)，波长为 1270~1340 nm，C 不得超过 6 ps/(nm·km)。S 和 R 两点之间最大色散 CL(ps/nm)的容限如表 5.11 所示。由表可知，在 140 Mb/s 以上的单模光纤通信系统中，色散的限制是不可忽视的。

5.3.3　中继距离和传输速率

光纤通信系统的中继距离受损耗限制时由式(5.8)确定；中继距离受色散限制时由式(5.13)(多模光纤)和式(5.15)或式(5.16)(单模光纤)确定。从损耗限制和色散限制两个计算结果中，选取较短的距离，作为中继距离计算的最终结果。

以 140 Mb/s 单模光纤通信系统为例计算中继距离。设系统平均发射功率 $P_t = -3$ dBm，接收灵敏度 $P_r = -42$ dBm，设备余量 $M_e = 3$ dB，连接器损耗 $\alpha_c = 0.3$ dB/对，光纤损耗系数 $\alpha_f = 0.35$ dB/km，光纤线路损耗余量 $\alpha_m = 0.1$ dB/km，光纤平均接头损耗

$\alpha_s = 0.03$ dB/km。把这些数据代入式(5.8)，得到中继距离

$$L = \frac{-3 - (-42) - 3 - 2 \times 0.3}{0.35 + 0.03 + 0.1} \approx 74 \ (\text{km})$$

又设线路码型为 5B6B，线路码速率 $F_b = 140 \times (6/5) = 168$ Mb/s，$|C_0| = 3.0$ ps/(nm·km)，$\sigma_\lambda = 2.5$ nm。把这些数据代入式(5.16)，得到中继距离

$$L = \frac{0.115 \times 10^6}{168 \times 3.0 \times 2.5} \approx 91 \ (\text{km})$$

在工程设计中，中继距离应取 74 km。在本例中中继距离主要受损耗限制。

但是，如果假设 $|C_0| = 3.5$ ps/(nm·km)，$\sigma_\lambda = 3$ nm，而上述其他参数不变，根据式(5.16)计算得到的中继距离 $L \approx 65$ km，则此时中继距离主要受色散限制，中继距离应确定为 65 km。

图 5.20 示出各种光纤的中继距离和传输速率的关系，包括损耗限制和色散限制的结果。

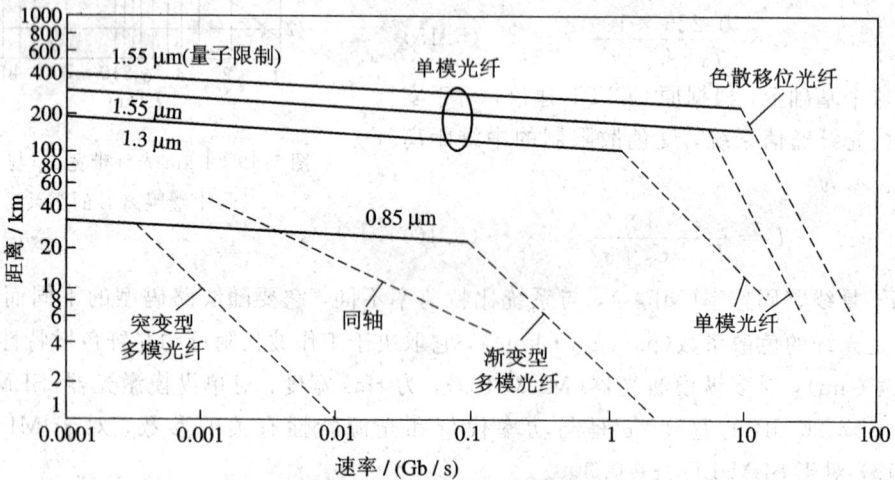

图 5.20　各种光纤的中继距离和传输速率的关系
（实线为损耗限制系统，虚线为色散限制系统）

由图 5.20 可见，对于波长为 0.85 μm 的 SIF 多模光纤，由于损耗大，中继距离一般在 20 km 以内。传输速率很低，SIF 光纤的速率不如同轴线，GIF 多模光纤的速率在 0.1 Gb/s 以上就受到色散限制。单模光纤 SMF 在长波长工作，损耗大幅度降低，中继距离可达 100～200 km。在 1.31 μm 零色散波长附近，当速率超过 1 Gb/s 时，中继距离才受色散限制。在 1.55 μm 波长上，由于色散大，通常要用单纵模激光器，理想系统速率可达 5 Gb/s，但实际系统由于光源调制产生频率啁啾，导致谱线展宽，速率一般限制为 2 Gb/s。采用色散移位光纤(DSF)和外调制技术，可以使速率达到 20 Gb/s 以上。

现在可以把反映光纤传输系统技术水平的指标、速率×距离($f_b \times L$)乘积（又称带宽距离积）大体归纳如下：

0.85 μm，SIF 光纤，$f_b \times L \sim 0.01 \times 1 = 0.01$ (Gb/s)·km

0.85 μm，GIF 光纤，$f_b \times L \sim 0.1 \times 20 = 2.0$ (Gb/s)·km

1.31 μm，SMF 光纤，$f_b \times L \sim 1 \times 125 = 125$ (Gb/s)·km

1.55 μm，SMF 光纤，$f_b \times L \sim 2 \times 75 = 150$（Gb/s）· km

1.55 μm，DSF 光纤，$f_b \times L \sim 20 \times 80 = 1600$（Gb/s）· km

小　　结

数字光纤通信系统是一种通过光纤信道传输数字信号的通信系统，与模拟光纤通信系统相比，不存在噪声和失真积累问题，它对光源特性的线性要求和对接收信噪比的要求不高，更能发挥光纤的优势，并且适合于长距离、大容量和高质量的信息传输。本章主要介绍了数字光纤通信系统的传输体制、系统的性能指标和系统的设计方法。

数字光纤通信系统目前都采用同步时分复用技术，先后有两种传输体制：准同步数字序列（PDH）和同步数字序列（SDH）。SDH 具有统一的标准传输速率等级，各网络单元的光接口有严格的标准规范，开销比特丰富，复接分接方便，大大提高了构成传输网的灵活性和对业务的适应能力。SDH 的帧结构包括段开销、管理单元指针和载荷三个部分。SDH 采用标准容器和虚容器将低速信号复接为高速信号 STM - N。

数字光纤通信系统的主要性能指标有传输速率、误码率、抖动和可靠性。设计者要利用 ITU - T 建议中提出的数字传输参考模型，确定光纤在参考模型中的位置与作用，提出对系统主要性能指标的要求。

数字光纤通信系统设计的主要任务是确定中继距离。一般采用最坏情况设计法来确定中继距离。在光纤传输中，中继距离不但受到光纤损耗限制，而且还受到光纤色散的限制。因而在设计的过程中，要综合考虑到光纤线路损耗和色散（带宽）这两种限制。中继距离与传输速率的关系，反映了光纤通信系统的技术水平。

习题与思考题

5 - 1　为什么要引入 SDH？

5 - 2　SDH 的特点有哪些？SDH 帧中 AUPTR 表示什么？它有何作用？

5 - 3　对 64 kb/s 业务，试写出 BER，SES 和 ES 的换算关系。

5 - 4　设 140 Mb/s 数字光纤通信系统发射光功率为 -3 dBm，接收机灵敏度为 -38 dBm，系统余量为 4 dB，连接器损耗为 0.5 dB/对，平均接头损耗为 0.05 dB/km，光纤衰减系数为 0.4 dB/km，光纤损耗余量为 0.05 dB/km，计算中继距离 L。

5 - 5　根据上式计算结果，设线路码传输速率 $F_b = 168$ Mb/s，单模光纤色散系数为 5 ps/(nm·km)。问该系统应采用 rms 谱宽为多少的多纵模激光器作光源。

5 - 6　已知有一个 565 Mb/s 单模光纤传输系统，其系统总体要求如下：

（1）光纤通信系统的光纤损耗为 0.1 dB/km，有 5 个接头，平均每个接头损耗为 0.2 dB，光源的入纤功率为 -3 dBm，接收机灵敏度为 -46 dBm（BER = 10^{-10}）；

（2）光纤线路上的线路码型是 5B6B，光纤的色散系数为 2 ps/(km·nm)，光源光谱宽度为 1.8 nm。

求最大中继距离。

注：设计中选取色散代价为 1 dB，光连接器损耗为 1 dB（发送和接收端各一个），光纤

损耗余量为 0.1 dB/km，系统余量为 5.5 dB。

5 - 7 一个二进制传输系统具有以下特性：

(1) 单模光纤色散为 15 ps/(km·nm)，损耗为 0.2 dB/km；

(2) 发射机用 $\lambda=1551$ nm 的 GaAs 激光器，发射平均功率为 5 mW，谱宽为 2 nm；

(3) 为了正常工作，APD 接收机需要接收平均 1000 个光子/比特；

(4) 在发射机和接收机处耦合损耗共计 3 dB。

求：

(1) 数据速率为 10 Mb/s 和 100 Mb/s 时，找出受损耗限制的最大传输距离；

(2) 数据速率为 10 Mb/s 和 100 Mb/s 时，找出受色散限制的最大传输距离；

(3) 对这个特殊系统，用图表示最大传输距离与数据速率的关系，包括损耗和色散两种限制。

5 - 8 简述 PDH 和 SDH 的特点。

5 - 9 SDH 设备在规范方法上有什么不同？

5 - 10 如何理解误码性能参数 DM、SES、ES?

第 6 章　模拟光纤通信系统

　　模拟光纤通信系统是一种通过光纤信道传输模拟信号的通信系统,目前主要用于模拟电视传输。和数字光纤通信系统不同,模拟光纤通信系统采用参数取值连续变化的信号来代表信息,要求在电/光转换过程中信号和信息存在线性对应关系。因此,对光源功率特性的线性要求,对系统信噪比的要求,都比较高。由于噪声的累积,和数字光纤通信系统相比,模拟光纤通信系统的传输距离较短。但是采用频分复用(FDM)技术,实现了一根光纤传输 100 多路电视节目的优势,在有线电视(CATV)网络中,具有巨大的竞争能力。

　　本章重点介绍最基本的模拟电视光纤传输系统和目前光纤通信发展的热点之一——副载波复用(SCM)模拟电视光纤传输系统。

6.1　调 制 方 式

　　模拟光纤传输系统目前使用的主要调制方式有模拟基带直接光强调制、模拟间接光强调制和频分复用光强调制三种。

6.1.1　模拟基带直接光强调制

　　模拟基带直接光强调制(D-IM)是用承载信息的模拟基带信号,直接对发射机光源(LED 或 LD)进行光强调制,使光源输出光功率随时间变化的波形和输入模拟基带信号的波形成比例。

　　20 世纪 70 年代末期,光纤开始用于模拟电视传输时,采用一根多模光纤传输一路电视信号的方式,就是这种基带传输方式。所谓基带,就是对载波调制之前的视频信号频带。对于广播电视节目而言,视频信号带宽(最高频率)是 6 MHz,加上伴音信号,这种模拟基带光纤传输系统每路电视信号的带宽为 8 MHz。用这种模拟基带信号对发射机光源(线性良好的 LED)进行直接光强调制,若光载波的波长为 $0.85~\mu m$,传输距离不到 4 km,若波长为 $1.3~\mu m$,传输距离也只有 10 km 左右。这种 D-IM 光纤电视传输系统的特点是设备简单、价格低廉,因而在短距离传输中得到广泛应用。

6.1.2　模拟间接光强调制

　　模拟间接光强调制方式是先用承载信息的模拟基带信号进行电的预调制,然后用这个预调制的电信号对光源进行光强调制(IM)。这种系统又称为预调制直接光强调制光纤传输系统。预调制又有多种方式，主要有以下三种。

1. 频率调制（FM）

频率调制方式是先用承载信息的模拟基带信号对正弦载波进行调频，产生等幅的频率受调的正弦信号，其频率随输入的模拟基带信号的瞬时值而变化。然后用这个正弦调频信号对光源进行光强调制，形成 FM-IM 光纤传输系统。

2. 脉冲频率调制（PFM）

脉冲频率调制方式是先用承载信息的模拟基带信号对脉冲载波进行调频，产生等幅、等宽的频率受调的脉冲信号，其脉冲频率随输入的模拟基带信号的瞬时值而变化。然后用这个脉冲调频信号对光源进行光强调制，形成 PFM-IM 光纤传输系统。

3. 方波频率调制（SWFM）

方波频率调制方式是先用承载信息的模拟基带信号对方波进行调频，产生等幅、不等宽的方波脉冲调频信号，其方波脉冲频率随输入的模拟基带信号的幅度而变化。然后用这个方波脉冲调频信号对光源进行光强调制，形成 SWFM-IM 光纤传输系统。

采用模拟间接光强调制的目的是提高传输质量和增加传输距离。由于模拟基带直接光强调制（D-IM）光纤电视传输系统的性能受到光源非线性的限制，一般只能使用线性良好的 LED 作光源。LED 入纤功率很小，所以传输距离很短。在采用模拟间接光强调制时，例如采用 PFM-IM 光纤电视传输系统，由于驱动光源的是脉冲信号，它基本上不受光源非线性的影响，所以可以采用线性较差、入纤功率较大的 LD 器件作光源。因而 PFM-IM 系统的传输距离比 D-IM 系统的更长。对于多模光纤，若波长为 0.85 μm，传输距离可达 10 km；若波长为 1.3 μm，传输距离可达 30 km。对于单模光纤，若波长为 1.3 μm，传输距离可达 50 km。

SWFM-IM 光纤电视传输系统不仅具有 PFM-IM 系统的传输距离长的优点，还具有 PFM-IM 系统所没有的独特优点。这种独特优点是：在光纤上传输的等幅、不等宽的方波调频（SWFM）脉冲不含基带成分，因而这种模拟光纤传输系统的信号质量与传输距离无关。此外，SWFM-IM 系统的信噪比也比 D-IM 系统的信噪比高得多。

上述光纤电视传输系统的传输距离和传输质量都达到了实际应用的水平，而且技术比较简单，容易实现，价格也比较便宜。尽管如此，这些传输方式都存在一个共同的问题：一根光纤只能传输一路电视。这种情况，既满足不了现代社会对电视频道日益增多的要求，也没有充分发挥光纤大带宽的独特优势。因此，开发多路模拟电视光纤传输系统，就成为技术发展的必然。

实现一根光纤传输多路电视有多种方法，目前现实的方法是先对电信号复用，再对光源进行光强调制。对电信号的复用可以是频分复用（FDM），也可以是时分复用（TDM）。和 TDM 系统相比，FDM 系统具有电路结构简单、制造成本较低以及模拟和数字兼容等优点。而且，FDM 系统的传输容量只受光器件调制带宽的限制，与所用电子器件的关系不大。这些明显的优点，使 FDM 多路电视传输方式受到广泛的重视。

6.1.3　频分复用光强调制

频分复用光强调制方式是用每路模拟电视基带信号，分别对某个指定的射频（RF）电信号进行调幅（AM）或调频（FM），然后用组合器把多个预调 RF 信号组合成多路宽带信号，再用这种多路宽带信号对发射机光源进行光强调制。光载波经光纤传输后，由远端接收机进行光/电转换和信号分离。因为传统意义上的载波是光载波，为区别起见，把受模拟基带信号预调制的 RF 电载波称为副载波，这种复用方式也称为副载波复用（SCM）。

SCM 模拟电视光纤传输系统的优点：

（1）一个光载波可以传输多个副载波，各个副载波可以承载不同类型的业务，有利于数字和模拟混合传输以及不同业务的综合和分离。

（2）SCM 系统灵敏度较高，又无需复杂的定时技术，FM/SCM 可以传输 60～120 路模拟电视节目，制造成本较低。因而在电视传输网中竞争能力强，发展速度快。

（3）在数字电视传输系统未能广泛应用的今天，线性良好的大功率 LD 已能得到实际应用，因而发展 SCM 模拟电视传输系统是适时的选择。这种系统不仅可以满足目前社会对电视频道日益增多的要求，而且便于在光纤与同轴电缆混合的有线电视系统（HFC）中采用。

副载波复用的实质是利用光纤传输系统很宽的带宽换取有限的信号功率，也就是增加信道带宽，降低对信道载噪比（载波功率/噪声功率）的要求，而又保持输出信噪比不变。

在副载波系统中，预调制是采用调频还是调幅，取决于所要求的信道载噪比和所占用的带宽。

本章所讲的各种不同预调制方式，显然是指电调制，而光调制都是采用技术成熟的光强调制，没有涉及更复杂的光载波的调幅、调频和调相技术。

6.2　模拟基带直接光强调制光纤传输系统

模拟基带直接光强调制（D-IM）光纤传输系统由光发射机（光源通常为发光二极管）、光纤线路和光接收机（光检测器）组成，这种系统的方框图如图 6.1 所示。

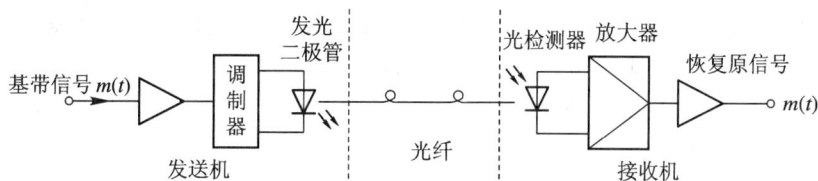

图 6.1　模拟信号直接光强调制系统方框图

6.2.1　特性参数

评价模拟信号直接光强调制系统的传输质量的最重要的特性参数是信噪比（SNR）和信号失真（信号畸变）。

1. 信噪比

正弦信号直接光强调制系统的信噪比主要受光接收机性能的影响，因为输入到光检测器的信号非常微弱，所以对系统的 SNR 影响很大。图 6.2 示出对发光二极管进行正弦信号直接光强调制的原理。这种系统的信噪比定义为接收信号功率和噪声功率（N_p）的比值

$$\frac{S}{N_p} = \frac{信号功率}{噪声功率} = \frac{\langle i_s^2 \rangle R_L}{\langle i_n^2 \rangle R_L} = \frac{\langle i_s^2 \rangle}{\langle i_n^2 \rangle}$$

式中，$\langle i_s^2 \rangle$ 和 $\langle i_n^2 \rangle$ 分别为均方信号电流和均方噪声电流，R_L 为光检测器负载电阻。信噪比一般用 dB 作单位，即

$$\text{SNR} = 10 \lg \frac{\langle i_s^2 \rangle}{\langle i_n^2 \rangle} \tag{6.1}$$

如图 6.2 所示，设光源驱动电流

$$I = I_B(1 + m \cos\omega t) \tag{6.2}$$

光源具有严格线性特性，不存在信号畸变，则输出光功率为

$$P = P_B(1 + m \cos\omega t) \tag{6.3}$$

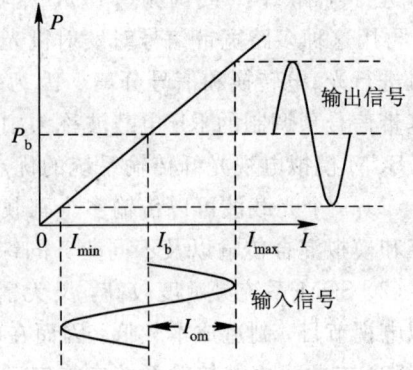

图 6.2　发光二极管模拟调制原理

式中，P_B 为偏置电流 I_B 产生的光功率，m 为调制指数，$\omega = 2\pi f$，f 为调制频率，t 为时间。

　　一般光纤线路有足够的带宽，可以假设信号在传输过程不存在失真，只受到 $\exp(-\alpha L)$ 的衰减，其中 α 为光纤线路平均损耗系数，L 为传输距离。由于到达光检测器的信号很弱，光接收机引起的信号失真可以忽略。在这些条件下，光检测器的输出光电流

$$i_s = I_0(1 + m \cos\omega t) \tag{6.4}$$

均方信号电流

$$\langle i_s^2 \rangle = \left(\frac{I_m}{\sqrt{2}}\right)^2 \tag{6.5}$$

式中，$I_m = mI_0$ 为信号电流幅度，I_0 为平均信号电流，m 为调制指数，其定义为

$$m = \frac{信号电流幅度}{平均信号电流} = \frac{I_{om}}{I_B} = \frac{(I_{max} - I_{min})/2}{I_{min} + (I_{max} - I_{min})/2} = \frac{I_{max} - I_{min}}{I_{max} + I_{min}} \tag{6.6}$$

平均信号电流

$$I_0 = gI_P = g\rho P_b \tag{6.7}$$

式中，$P_b = KP_B$ 为输入光检测器的平均光功率，K 代表光纤线路的传输系数，ρ 为光检测器的响应度，I_P 为一次光生电流，g 为 APD 的倍增因子。若使用 PIN-PD，则 $g = 1$。

　　由式(6.5)～式(6.7)得到均方信号电流

$$\langle i_s^2 \rangle = \frac{(m\rho P_b g)^2}{2} \tag{6.8}$$

　　模拟信号直接光强调制系统的噪声主要来源于光检测器的量子噪声、暗电流噪声、负载电阻 R_L 的热噪声和前置放大器的噪声，总均方噪声电流（参考 3.2 节）可写成

$$\langle i_n^2 \rangle = \langle i_q^2 \rangle + \langle i_d^2 \rangle + \langle i_T^2 \rangle = 2e\rho P_b Bg^{2+x} + 2eI_d Bg^{2+x} + \frac{4kTFB}{R_L} \tag{6.9}$$

式中，$\langle i_q^2 \rangle$、$\langle i_d^2 \rangle$ 和 $\langle i_T^2 \rangle$ 分别为量子噪声、暗电流噪声和热噪声产生的均方噪声电流，e 为电子电荷，B 为噪声带宽，一般等于信号带宽，I_d 为暗电流，$k = 1.38 \times 10^{-23}$ J/K 为波尔兹曼常数，T 为热力学温度，R_L 为光检测器负载电阻，F 为前置放大器的噪声系数。

　　由式(6.1)、式(6.8)和式(6.9)得到，正弦信号直接光强调制系统的信噪比为

$$\text{SNR} = 10 \lg \frac{(m\rho P_b g)^2/2}{B(2e\rho P_b g^{2+x} + 2eI_d g^{2+x} + 4kTF/R_L)} \tag{6.10}$$

式中 $\rho = \eta e / (hf)$。

对于电视信号直接光强调制系统的信噪比有些不同，假设传输的是阶梯形全电视信号，则

$$\mathrm{SNR} = 20 \lg \frac{1.44 m_{\mathrm{TV}} \rho P_{\mathrm{b}}}{\sqrt{B(2e\rho P_{\mathrm{b}} + 2eI_{\mathrm{d}} + 4kTF/R_{\mathrm{L}})}} \tag{6.11}$$

式中，m_{TV} 为电视信号的调制指数，其他符号的意义和式(6.10)相同，但 $g=1$。

和 SNR 关系密切的一个参数是接收灵敏度。和数字光纤通信系统相似，在模拟光纤通信系统中，我们把接收灵敏度 P_{r} 定义为：在限定信噪比条件下，光接收机所需的最小信号光功率 $P_{\mathrm{s, min}}$，并以 dBm 为单位。

假设系统除量子噪声外，没有其他噪声存在，在这种情况下，灵敏度由平均信号电流决定，这样确定的灵敏度称为(最高)极限灵敏度。

根据假设，式(6.10)分母后两项为零，利用式(3.14)响应度 $\rho = \eta e/(hf)$，$m=1$，$g=1$，式(6.10)简化为

$$\frac{S}{N_{\mathrm{P}}} = \frac{\eta P_{\mathrm{b}}}{4hfB} \tag{6.12}$$

在限定信噪比条件下，光接收机所需的最小信号光功率

$$P_{\mathrm{s, min}} = \frac{P_{\mathrm{b}}}{\sqrt{2}} \quad m=1 \tag{6.13}$$

把式(6.12)代入式(6.13)得到

$$P_{\mathrm{s,min}} = 2\sqrt{2} hf \frac{B}{\eta} \frac{S}{N_{\mathrm{P}}} \tag{6.14}$$

式中，hf 为光子能量，$h = 6.628 \times 10^{-34}$ J·s 为普朗克常数，$f = c/\lambda$ 为光频率，$c = 3 \times 10^8$ m/s 为光速，λ 为光波长(μm)，η 为光检测器量子效率，B 为噪声带宽。

设光检测器为 PIN-PD，光波长 $\lambda = 1.31$ μm，量子效率 $\eta = 0.6$，噪声带宽 $B = 8$ MHz，系统要求 SNR$=50$ dB。由式(6.14)得到 $P_{\mathrm{s,min}} = 2.86 \times 10^{-7}$ mW，或 $P_{\mathrm{r}} = 10 \lg P_{\mathrm{s,min}} = -65.4$ dBm。当然，实际系统必须考虑光检测器的暗电流噪声、光检测器负载电阻的热噪声和前置放大器的噪声。因而，实际灵敏度比极限灵敏度要低得多。

2. 信号失真

为使模拟信号直接光强调制系统输出光信号真实地反映输入电信号，要求系统输出光功率与输入电信号成比例地随时间变化，即不发生信号失真。一般说，实现电/光转换的光源，由于在大信号条件下工作，线性较差，所以发射机光源的输出功率特性是 D-IM 系统产生非线性失真的主要原因。因而略去光纤传输和光检测器在光/电转换过程中产生的非线性失真，只讨论光源 LED 的非线性失真。参看图 6.2。

非线性失真一般可以用幅度失真参数——微分增益(DG)和相位失真参数——微分相位(DP)表示。DG 可以从 LED 输出功率特性曲线看出，其定义为

$$\mathrm{DG} = \left[\frac{\left. \dfrac{\mathrm{d}P}{\mathrm{d}I} \right|_{I_2} - \left. \dfrac{\mathrm{d}P}{\mathrm{d}I} \right|_{I_1}}{\left. \dfrac{\mathrm{d}P}{\mathrm{d}I} \right|_{I_2}} \right]_{\max} \times 100\% \tag{6.15}$$

DP 是 LED 发射光功率 P 和驱动电流 I 的相位延迟差,其定义为

$$DP = [\varphi(I_2) - \varphi(I_1)] \qquad (6.16)$$

式中,I_1 和 I_2 为 LED 不同数值的驱动电流,一般取 $I_2 > I_1$。

虽然 LED 的线性比 LD 好,但仍然不能满足高质量电视传输的要求。例如,短波长 GaAlAs-LED 的 DG 可能高达 20%,DP 高达 8°,而高质量电视传输要求 DG 和 DP 分别小于 1% 和 1°。影响 LED 非线性的因素很多,要大幅度改善动态非线性失真非常困难,因而需要从电路方面进行非线性补偿。

模拟信号直接光强调制光纤传输系统的非线性补偿有许多方式,目前一般都采用预失真补偿方式。预失真补偿方式是在系统中加入预先设计的、与 LED 非线性特性相反的非线性电路。这种补偿方式不仅能获得对 LED 的补偿,而且能同时对系统其他元件的非线性进行补偿。由于这种方式是对系统的非线性补偿,把预失真补偿电路置于光发射机,给实时精细调整带来一定困难,而把预失真补偿电路置于光接收机,则便于实时精细调整。

设系统发射端输入信号 V_1 与接收端输出信号 V_2 之间相移为 φ_1,它包含了 LED 输出光功率 P 与驱动电流之间的相移,以及系统中其他各级输出信号和输入信号之间的相移。由于相移 φ_1 随输入信号 V_1 而变化,如图 6.3(a),因而产生微分相位 DP。微分相位补偿是设计一种电路,使其相移特性 φ_2 与 φ_1 的变化相反,如图 6.3(b)。两个非线性电路相加,使系统总相移 φ 不随输入信号大小而变化,如图 6.3(c)。

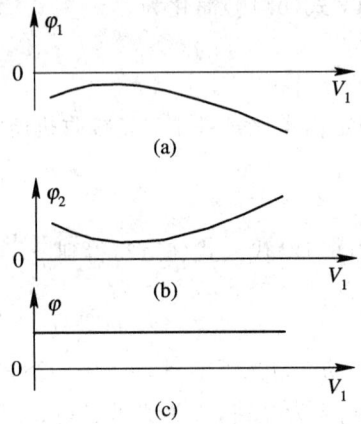

在模拟电视光纤传输系统中,最广泛使用的电路是微分相位四点补偿电路,如图 6.4 所示。这种电路的相位补偿是利用集电极和发射极输出的信号相位差 180° 的原理构成的全通相移网络来实现的。

图 6.3 微分相位补偿原理

和微分相位补偿原理相似,微分增益补偿是对 LED 等非线性器件产生的高频动态幅度失真的补偿,目前最广泛使用的微分增益四点补偿电路如图 6.5 所示。

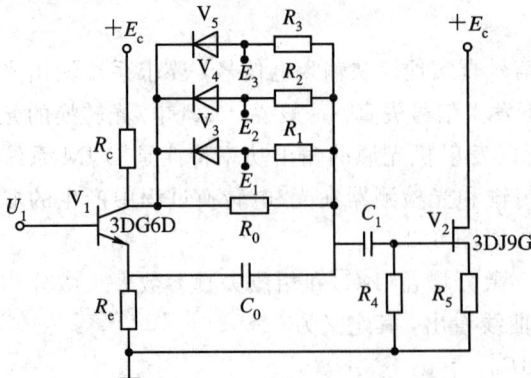

图 6.4 微分相位补偿电路

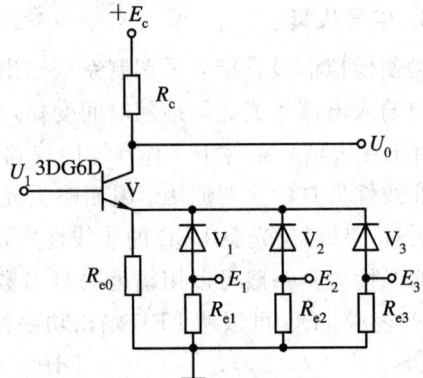

图 6.5 微分增益补偿电路

6.2.2　光端机

光端机包括光发射机和光接收机。

1. 光发射机

模拟基带直接光强调制光纤电视传输系统光发射机的功能是，把模拟电信号转换为光信号。对这种光发射机的基本要求是：

（1）发射（入纤）光功率要大，以利于增加传输距离。在光纤损耗和接收灵敏度一定的条件下，传输距离和发射光功率成正比。发射光功率取决于光源，LD 优于 LED。

（2）非线性失真要小，以利于减小微分相位（DP）和微分增益（DG），或增大调制指数 $m(m_{TV})$。LED 线性优于 LD。

（3）调制指数 $m(m_{TV})$ 要适当大。m 大，有利于改善 SNR；但 m 太大，不利于减小 DP 和 DG。

（4）光功率温度稳定性要好。LED 温度稳定性优于 LD，用 LED 作光源一般可以不用自动温度控制和自动功率控制，因而可以简化电路、降低成本。

模拟基带 D-IM 光纤电视传输系统光发射机方框图如图 6.6 所示，输入 TV 信号经同步分离和箝位电路后，输入 LED 的驱动电路。驱动电路的末级及其工作原理示于图 6.7，图中 R_1C_1 电路用于调节 D-IM 系统电视信号的幅频特性，R_e 用于监测通过 LED 的电流，R_c 用于控制通过 LED 的极限电流，V_2 用于保护 LED 防止反向击穿，LED 的工作点由箝位电路调节。

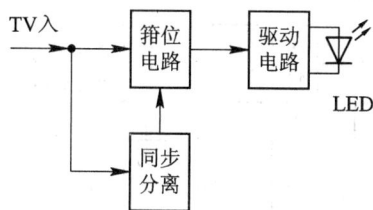

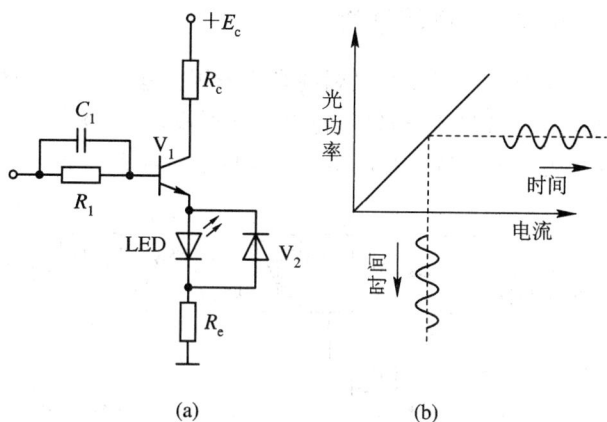

图 6.6　光发射机方框图　　　　图 6.7　LED 驱动电路的末级及其工作原理

由于全电视信号随亮场和暗场的变化而变化，为保证动态 DP 和 DG 的规定值，必须保持 DP 和 DG 补偿电路的工作点不随亮场和暗场而变化，所以应有箝位电路来保证其工作点恒定。在全电视信号中，图像信号随亮场和暗场而变化，其同步脉冲信号在工作过程是不变的，因而利用同步脉冲和图像信号处于不同电平的特点，对全电视信号中的同步脉冲进行分离和箝位。

2. 光接收机

光接收机的功能是把光信号转换为电信号。对光接收机的基本要求是：

（1）输出信噪比（SNR）要高；

（2）幅频特性要好；

（3）带宽要足够。

模拟基带 D-IM 光纤电视传输系统光接收机方框图如图 6.8 所示，光检测器把输入光信号转换为电信号，经前置放大器和主放大器放大后输出，为保证输出稳定，通常要用自动增益控制（AGC）。

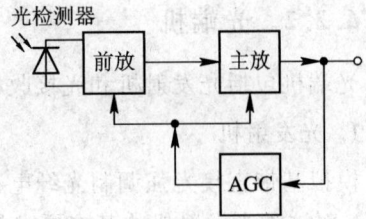

图 6.8　光接收机方框图

光检测器可以用 PIN-PD 或 APD。PIN-PD 只需较低偏压（10～20 V）就能正常工作，电路简单，但没有内增益，SNR 较低。APD 需要较高偏压（30～200 V）才能正常工作，且内增益随环境温度变化较大，应有偏压控制电路。APD 的优点是有 20～200 倍的雪崩增益，可改善 SNR。对于模拟基带 D-IM 光纤电视传输系统，力求电路简单，光检测器一般都采用 PIN-PD。

前置放大器的输入信号电平是全系统最低的，因此前放决定着系统的 SNR 和接收灵敏度。目前这种系统都采用补偿式跨阻抗前放。如采用 PIN-FET 混合集成电路的前放，可获得较高 SNR 和较宽的工作频带。

主放大器是一个高增益宽频带放大器，用于把前放输出的信号放大到系统需要的适当电平。

由于光源老化使光功率下降，环境温度影响光纤损耗变化，以及传输距离长短不一，使输入光检测器的光功率大小不同，所以需要 AGC 来保证光接收机输出恒定。

6.2.3　系统性能

模拟基带直接光强调制光纤电视传输系统方框图如图 6.9 所示。在发射端，模拟基带电视信号和调频（FM）伴音信号分别输入 LED 驱动器，在接收端进行分离。改进 DP 和 DG 的预失真电路置于接收端。主要技术参数举例如下。

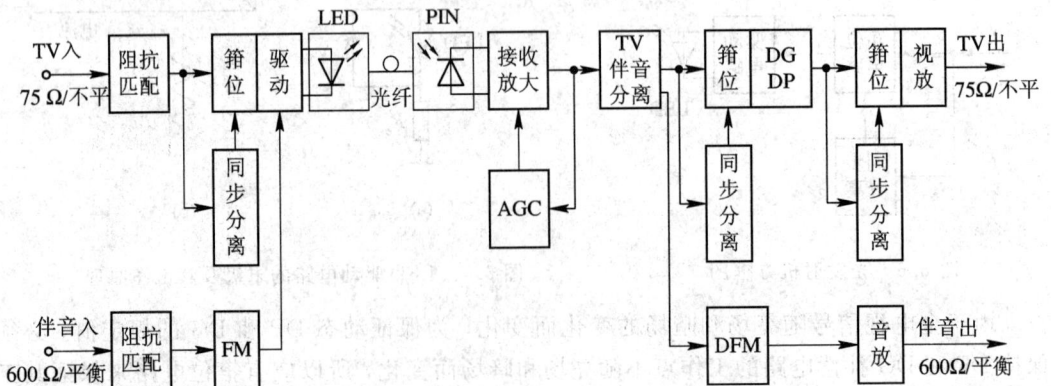

图 6.9　模拟基带直接光强调制光纤电视传输系统方框图

1. 系统参数

（1）视频部分：

　　带宽　0～6 MHz

　　SNR　$\geqslant 50$ dB

　　DG　4%

　　DP　$4°$

　　发射光功率　$\geqslant -15$ dBm($32\ \mu$W)

　　接收灵敏度　$\leqslant -30$ dBm

（2）伴音部分：

　　带宽　$0.04\sim 15$ kHz

　　输入输出电平　0 dBr

　　SNR　55 dB

　　畸变　2%

　　伴音调频副载频　8 MHz

2. 光纤损耗对传输距离的限制

　　模拟基带直接光强调制光纤电视传输系统的传输距离大多受光纤损耗的限制。根据发射光功率、接收灵敏度和光纤线路损耗可以计算传输距离 L，其公式为

$$L = \frac{P_t - P_r - M}{\alpha} \tag{6.17}$$

式中，P_t 为发射光功率(dBm)，P_r 为接收灵敏度(dBm)，M 为系统余量(dB)，α 为光纤线路(包括光纤、连接器和接头)每千米平均损耗系数(dB/km)。

　　对于波长为 $0.85\ \mu$m 和 $1.31\ \mu$m 的多模光纤，损耗系数 α 可以分别取 3 dB/km 和 1 dB/km，M 取 3 dB。用上述举例中的数据，$P_t = -15$ dBm，$P_r = -30$ dBm，由式(6.17)计算得到中继距离分别为 $L = 4$ km 和 $L = 12$ km。

3. 系统对光纤带宽的要求

　　对于多模光纤而言，长度为 L 的光纤线路总带宽 B(MHz)和单位长度(1 km)光纤带宽 B_1(MHz·km)的关系为

$$B_1 = BL^\gamma \tag{6.18}$$

式中串接因子 $\gamma = 0.5\sim 1$，为方便起见，取 $\gamma = 1$，这是最保守的取值，光纤线路总带宽 $B = 8$ MHz，根据上面的计算，$0.85\ \mu$m 和 $1.31\ \mu$m 中继距离分别为 $L = 4$ km 和 $L = 12$ km。由式(6.18)计算得到，所需单位长度光纤带宽分别为 $B_1 = 32$ MHz·km 和 $B_1 = 96$ MHz·km。

　　如果采用原 CCITT G.651 的标准多模 GI 光纤，其单位长度带宽至少是 200 MHz·km，因此完全可以满足要求。如果采用多模 SI 光纤，其带宽只有几十 MHz·km，这时，认真计算是必要的，因为在短波长光纤材料色散和 LED 光源谱宽的影响是不可忽视的。

　　在短波长使用 LED 光源的情况下，光纤线路总带宽应为

$$B = (B_m^{-2} + B_c^{-2})^{-1/2} \tag{6.19}$$

式中，B_m 和 B_c 分别为模式色散和材料色散引起的带宽。

$$B_m = \frac{B_1}{L^\gamma} = \frac{B_1}{L} \quad (\text{取 } \gamma = 1)$$

$$B_c = \frac{0.44 \times 10^6}{C(\lambda)\Delta\lambda L} \tag{6.20}$$

式中，$C(\lambda)$为光纤材料色散系数，$\Delta\lambda$为光源 FWHM 谱宽。由式(6.19)和式(6.20)得到

$$B_1 = BL\sqrt{1 + \left(\frac{C(\lambda)\Delta\lambda B_1}{0.44 \times 10^6}\right)^2} \tag{6.21}$$

例如，在 0.85 μm，多模光纤 $C(\lambda)=120$ ps/(nm·km)，设 LED 谱宽 $\Delta\lambda=50$ nm，如果根据上面的计算结果 $B_1 = 32$ MHz·km，由式(6.21)计算得到 $B_1 \approx 1.2BL = 38$ MHz·km，带宽增加 20%。在实际工程中是否采用短波长 LED 和多模 SI 光纤，要根据经济效益(系统成本和维修费用)来决定。

6.3 副载波复用光纤传输系统

图 6.10 示出副载波复用(SCM)模拟电视光纤传输系统方框图。N 个频道的模拟基带电视信号分别调制频率为 $f_1, f_2, f_3, \cdots, f_N$ 的射频(RF)信号，把 N 个承载电视信号的副载波 $f_{1s}, f_{2s}, f_{3s}, \cdots, f_{Ns}$ 组合成宽带信号，再用这个宽带信号对光源(一般为 LD)进行光强调制，实现电/光转换。光信号经光纤传输后，由光接收机实现光/电转换，经分离和解调，最后输出 N 个频道的电视信号。

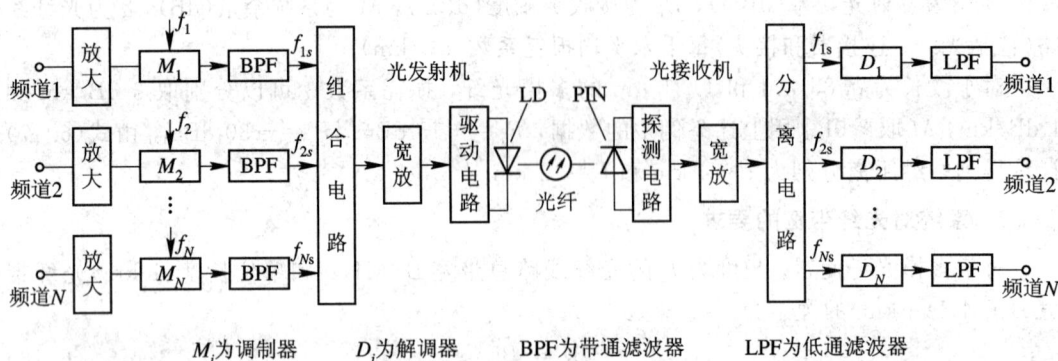

M_i为调制器　　D_i为解调器　　BPF为带通滤波器　　LPF为低通滤波器

图 6.10　副载波复用模拟电视光纤传输系统方框图

模拟基带电视信号对射频的预调制，通常用残留边带调幅(VSB-AM)和调频(FM)两种方式，各有不同的适用场合和优缺点。我们主要讨论残留边带调幅副载波复用(VSB-AM/SCM)模拟电视光纤传输系统。

6.3.1　特性参数

对于副载波复用模拟电视光纤传输系统，评价其传输质量的特性参数主要是载噪比(CNR)和信号失真。

1. 载噪比

载噪比 CNR 的定义是，把满负载、无调制的等幅载波置于传输系统，在规定的带宽内特定频道的载波功率(C)和噪声功率(N_p)的比值，并以 dB 为单位，用公式表示为

$$\frac{C}{N_p} = \frac{\langle i_c^2 \rangle}{\langle i_n^2 \rangle} \tag{6.22}$$

或

$$\mathrm{CNR} = 10 \lg \frac{C}{N_\mathrm{p}} = 10 \lg \frac{\langle i_\mathrm{c}^2 \rangle}{\langle i_\mathrm{n}^2 \rangle} \tag{6.23}$$

式中，$\langle i_\mathrm{c}^2 \rangle$ 为均方载波电流，$\langle i_\mathrm{n}^2 \rangle$ 为均方噪声电流。

设在电/光转换、光纤传输和光/电转换过程中，都不存在信号失真。如图 6.11 所示，输入激光器的光强调制信号电流为

$$I(t) = I_\mathrm{b} + (I_\mathrm{b} - I_\mathrm{th}) \sum_{i=1}^{N} m_i \cos\omega_i t \tag{6.24}$$

由于假设不存在信号失真，激光器输出光功率为

$$P(t) = P_\mathrm{b} + P_\mathrm{s} \sum_{i=1}^{N} m_i \cos\omega_i t \tag{6.25}$$

式中，$P_\mathrm{s} = P_\mathrm{b} - P_\mathrm{th}$，$P_\mathrm{b}$ 和 P_th 分别为偏置电流 I_b 和阈值电流 I_th 对应的光功率，N 为频道总数，m_i 和 ω_i 分别为第 i 个频道的调制指数和副载波角频率。

图 6.11　激光器模拟调制原理

设每个频道的调制指数都相同，即 $m_i = m_j = m$（对于所有的 $i \neq j$），暂时略去光纤传输因子 $10^{-\alpha L/10}$，α 和 L 分别为光纤线路平均损耗系数和长度，系统使用 PIN-PD，从光检测器输出的（载波）信号电流为

$$i_\mathrm{c} = I_0 \left(1 + m \sum_{i=1}^{N} \cos\omega_i t \right) \tag{6.26}$$

均方（载波）信号电流

$$\langle i_\mathrm{c}^2 \rangle = \left(\frac{I_\mathrm{m}}{\sqrt{2}} \right)^2 \tag{6.27}$$

式中，$I_\mathrm{m} = m I_0$ 为信号电流幅度，I_0 为平均信号电流，$m = m_0 / \sqrt{N}$ 为每个频道的调制指数，m_0 为总调制指数，N 为频道总数。

SCM 模拟电视光纤传输系统中，产生噪声的主要有激光器、光检测器和前置放大器。采用 PIN-PD，略去暗电流，系统的总均方噪声电流可表示为

$$\langle i_\mathrm{n}^2 \rangle = \langle i_\mathrm{RIN}^2 \rangle + \langle i_\mathrm{q}^2 \rangle + \langle i_\mathrm{T}^2 \rangle = (\mathrm{RIN}) I_0^2 B + 2e I_0 B + \frac{4kTFB}{R_\mathrm{L}} \tag{6.28}$$

式中，$\langle i_\mathrm{RIN}^2 \rangle$、$\langle i_\mathrm{q}^2 \rangle$ 和 $\langle i_\mathrm{T}^2 \rangle$ 分别为激光器的相对强度噪声、光检测器的量子噪声和折合到输入端的放大器噪声（含光检测器负载电阻热噪声）产生的均方噪声电流。e 为电子电荷，B 为噪声带宽，$k = 1.38 \times 10^{-23}$ J/K 为玻尔兹曼常数，T 为热力学温度，R_L 为光检测器负载电阻，F 为前置放大器噪声系数。相对强度噪声（RIN）是激光器谐振腔内载流子和光子密度随机起伏产生的噪声，一般不可忽略。

由式（6.22）、式（6.27）和式（6.28）得到

$$\frac{C}{N_\mathrm{p}} = \frac{(m I_0)^2}{2B \left[(\mathrm{RIN}) I_0^2 + 2e I_0 + 4kTF/R_\mathrm{L} \right]} \tag{6.29}$$

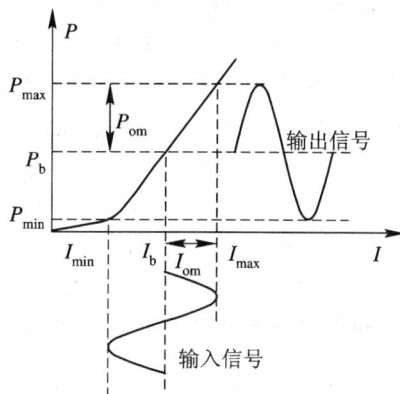

式中平均信号电流 $I_0 = \rho P_0$，$P_0 = P_b \times 10^{-aL/10}$ 为光检测器平均接收光功率，ρ 为响应度。由式(6.29)得到每个频道的载噪比

$$\text{CNR} = 10\lg\frac{(m\rho P_0)^2}{2B[(\text{RIN})(\rho P_0)^2 + 2e\rho P_0 + 4kTF/R_L]} \tag{6.30}$$

由此可见，载噪比 CNR 随着调制指数 m 和平均接收光功率 P_0 的增加而增加，随三项噪声的增加而减小。下面观察一下三项噪声的界限。

在平均接收光功率 P_0 较大的条件下，激光器的相对强度噪声(RIN)和前置放大器的噪声(含负载电阻热噪声)可以忽略，这样系统只有量子噪声起作用，由式(6.30)得到

$$(\text{CNR})_q = 10\lg\frac{m^2\rho P_0}{4eB} \tag{6.31}$$

这时 CNR 与 m^2 和 P_0 成正比。

如果平均接收光功率 P_0 很大，激光器相对强度噪声(RIN)起决定作用，光检测器的量子噪声和前置放大器噪声都可以忽略，在这个条件下，

$$(\text{CNR})_{\text{RIN}} = \frac{m^2}{2(\text{RIN})B} \tag{6.32}$$

这时 CNR 与 m^2 成正比，与(RIN)成反比。

当平均接收光功率 P_0 很小时，前置放大器噪声($4kTF/R_L$)起着决定性作用，其他两项噪声都可以忽略，这时由式(6.30)得到

$$(\text{CNR})_T = 10\lg\frac{(m\rho P_0)^2 R_L}{8kTFB} \tag{6.33}$$

利用式(6.30)~式(6.33)，设平均接收光功率 $P_0 = 2 \sim -12$ dBm，计算 AM/SCM 光纤传输系统 CNR 与 P_0 的关系以及各项噪声起决定作用时 CNR 的界限，如图 6.12 所示。计算中采用的数据如下：

电子电荷：$e = 1.6 \times 10^{-19}$ C；
波尔兹曼常数：$k = 1.38 \times 10^{-23}$ J/K；
调制指数：$m = 0.05$；
相对强度噪声：$(\text{RIN}) = -150$ dB/Hz；
噪声带宽：$B = 4 \times 10^6$ Hz；
响应度：$\rho = 0.8$ A/W；
负载电阻：$R_L = 1$ kΩ；
前放噪声系数：$F = 3$ dB；
热噪声温度：$T = 290$ K；

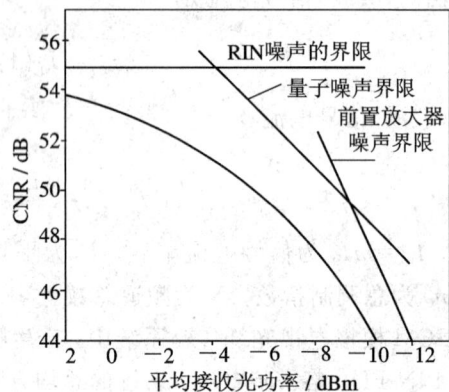

图 6.12　CNR 的特性和各种噪声的界限

假设 $P_0 = 0$ dBm，计算各项噪声分别起决定作用时的 CNR。

由式(6.32)，相对强度噪声起决定作用时，$(\text{CNR})_{\text{RIN}} = 54.9$ dB。

由式(6.31)，量子噪声起决定作用时，$(\text{CNR})_q = 58.9$ dB。

由式(6.33)，前置放大器噪声起决定作用时，$(\text{CNR})_T = 68.0$ dB。

提高 CNR 是系统设计中的重要问题。由式(6.30)可以看出，在 P_0 很大的条件下，增大 P_0 不一定能提高 CNR。为了提高 CNR，增大 m 是可取的。但是增大 m 又会使激光器的

线性劣化，要用预失真技术来补偿。如果选用质量极好的 DFB 激光器来制造线性良好、发射功率又大的光发射机，势必降低器件成品率，增加成本。综合各种因素，最好采用适当低的光功率和适当大的调制指数，而不是相反。

不论采用什么预调制方式，计算 CNR 的公式都相同，只是公式中具体参数不同而已。所以式(6.29)～式(6.33)既适用于 VSB-AM，也适合于 FM。但是为获得相同 SNR，不同预调制方式所需的 CNR 都是不同的。为在接收机解调后获得相同 SNR，两种预调制方式所需的 CNR 比值为

$$\frac{(C/N_p)_{\text{VSB-AM}}}{(C/N_p)_{\text{FM}}} = \frac{3F_d^2 B_f}{2B_b^3} \tag{6.34}$$

式中，F_d 为由电视信号产生的频偏峰-峰值，B_b 为基带信号带宽，B_f 为 FM 信号带宽。

设 $F_d = 17$ MHz，$B_b = 4$ MHz，$B_f = 27$ MHz，代入式(6.34)计算结果用 dB 表示，得到 FM 相对于 VSB-AM，其 CNR 改善了 21.1 dB。考虑到其他因素的影响，这个数值可以达到 24 dB。

两种预调制方式的 CNR 比较如图 6.13 所示。例如，用 VSB-AM 方式，要求 CNR = 52 dB，图中显示，至少要求平均接收光功率为 −2 dBm。如果用 FM 方式，只需要 CNR = 52−24 = 28 dB，图中显示，平均接收光功率可以降低到 −15 dBm，接收光功率改善了 13 dB。设光纤线路平均损耗系数为 0.5 dB/km，则 FM 方式的传输距离可增加 13/0.5 = 26 km。

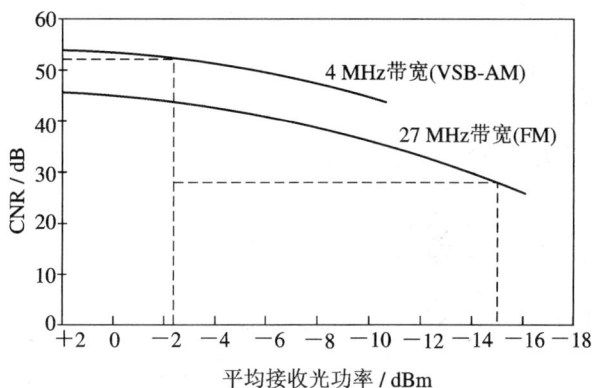

图 6.13　VSB-AM 和 FM 方式 CNR 的比较

由此可见，就载噪比而言，预调制方式 FM 优于 VSB-AM。但是和 VSB-AM 方式相比，FM 方式存在一个本质性问题，就是它占用的带宽较宽，约为 VSB-AM 方式的 6 倍。所以要根据不同应用场合，选择不同预调制方式。

2. 信号失真

副载波复用模拟电视光纤传输系统产生信号失真的原因很多，但主要原因是作为载波信号源的半导体激光器在电/光转换时的非线性效应。由于到达光检测器的信号非常微弱，在光/电转换时可能产生的信号失真可以忽略。只要光纤带宽足够宽，传输过程可能产生的信号失真也可以忽略。

下面讨论激光器非线性效应产生的信号失真，参看图 6.11。输入激光器的调幅信号电

流仍为式(6.24)所示，即

$$I(t) = I_b + (I_b - I_{th}) \sum_{i=1}^{N} m_i \cos\omega_i t$$

由于实际激光器输出光功率 $P(t)$ 与驱动电流 $I(t)$ 的关系是非线性的，因而输出光信号产生失真。在调制频率 $f_i(\omega_i/2\pi)$ 不超过 1 GHz 时，可以利用泰勒级数展开，把输出光功率表示为

$$P(t) = P_b + \sum_{m=1}^{M} \frac{d^m P}{d I^m}\bigg|_{I=I_b} \frac{(I(t) - I_b)^m}{m!} \tag{6.35}$$

略去式(6.35)四阶以上($m \geqslant 4$)的非线性项，把式(6.24)代入，用一组简化的符号，得到

$$P(t) = a_0 + a_1 I_s + a_2 I_s^2 + a_3 I_s^3 \tag{6.36}$$

式中 $a_i(i=1,2,3)$ 包含 $P(t)$ 对 $I(t)$ 的 i 阶导数，

$$I_s = \sum_{i=1}^{N} I_i \cos\omega_i t \tag{6.37}$$

式中 $I_i = (I_b - I_{th})m_i$ 为第 i 个频道的信号电流幅度。我们所关心的二阶非线性项和三阶非线性项分别为

$$a_2 I_s^2 = a_2 \Big[\sum_{i=1}^{N} I_i \cos\omega_i t \Big]^2$$

$$= \frac{a_2}{2} I_i I_j \sum_{i=1}^{N} \sum_{j=1}^{N} [\cos(\omega_i + \omega_j)t] + \frac{a_2}{2} I_i I_j \sum_{i=1}^{N} \sum_{j=1}^{N} [\cos(\omega_i - \omega_j)t] \tag{6.38}$$

$$a_3 I_s^3 = a_3 \Big[\sum_{i=1}^{N} I_i \cos\omega_i t \Big]^3$$

$$= \frac{a_3}{4} I_i I_j I_k \sum_{i=1}^{N} \sum_{j=1}^{N} \sum_{k=1}^{N} [\cos(\omega_i + \omega_j + \omega_k)]$$

$$+ \frac{a_3}{4} I_i I_j I_k \sum_{i=1}^{N} \sum_{j=1}^{N} \sum_{k=1}^{N} [\cos(\omega_i + \omega_j - \omega_k)]$$

$$+ \frac{a_3}{4} I_i I_j I_k \sum_{i=1}^{N} \sum_{j=1}^{N} \sum_{k=1}^{N} [\cos(\omega_i - \omega_j - \omega_k)] \tag{6.39}$$

式中 $I_i = I_j = I_k = (I_b - I_{th})m_i = (I_b - I_{th})m = I_0 m$ 为每个频道的信号电流幅度。

副载波复用模拟电视光纤传输系统的信号失真用组合二阶互调(CSO)失真和组合三阶差拍(CTB)失真这两个参数表示。

两个频率的信号相互组合，产生和频($\omega_i + \omega_j$)和差频($\omega_i - \omega_j$)信号，如果新频率落在其它载波的视频频带内，视频信号就要产生失真。这种非线性效应会发生在所有 RF 电路，以及光发射机和光接收机中。在给定的频道上，所有可能的双频组合的总和称为组合二阶(CSO)互调失真。通常用这个总和与载波的比值表示，并以 dB 为单位，记为 dBc。组合三阶差拍(CTB)失真是三个频率($\omega_i \pm \omega_j \pm \omega_k$)的非线性组合，其定义和表示方法与 CSO 相似，单位相同。

根据以上分析，第 i 个频道的 CSO 和 CTB 分别表示为

$$\text{CSO} = 10 \lg \Big[C_{2i} \Big(\frac{P''}{2P'^2} \Big)^2 (P_0 m)^2 \Big] \tag{6.40}$$

$$\text{CTB} = 10 \lg \left[C_{3i} \left(\frac{P'''}{2P'^2} \right)^2 (P_0 m)^4 \right] \tag{6.41}$$

式中 C_{2i} 和 C_{3i} 分别为组合二阶互调和组合三阶差拍的系数，在频道频率配置后具体计算。P'、P'' 和 P''' 分别为 P 对 I 的一阶、二阶和三阶导数，其数值由实验确定。$P_0 m$ 为每个频道输出光信号幅度。

CSO 和 CTB 将以噪声形式对图像产生干扰，为减小这种干扰，可以采用如下方法。

(1) 采用合理的频道频率配置，以减小 C_{2i} 和 C_{3i}，改善 CSO 和 CTB。

为改善 CSO，系统频道 N 的副载波频率 f_N 和频道 1 的副载频 f_1 应满足 $f_N < 2f_1$，即副载波最高频率应小于最低频率的 2 倍。这样，如图 6.14 所示，二阶互调 $(f_i + f_j)$ 都大于 f_N，落在系统频带的高频端以外。二阶互调 $(f_i - f_j)$ 都小于 f_1，落在低频端以外。同理，为减少落在系统频带内的三阶互调，应适当配置各频道的副载波频率，使三阶互调频率 $(f_i \pm f_j \pm f_k)$ 即使落在系统的频带内，也不落在工作频道的信号频带内，如图 6.15 所示。这样，虽然系统输出端存在互调干扰，但分离和滤波后各频道单独输出时，其影响就不明显了。

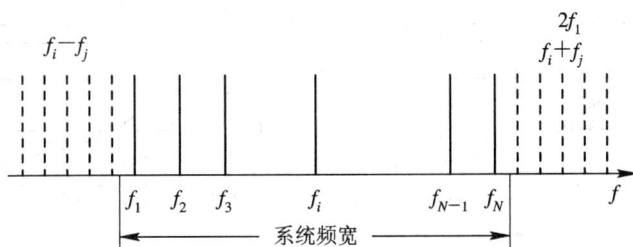

图 6.14　$f_N < 2f_1$ 的 SCM 系统的频谱分布

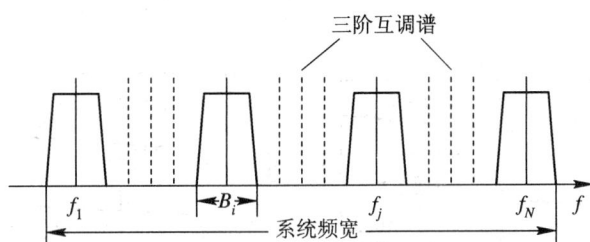

图 6.15　SCM 系统带内三阶互调干扰的最佳频谱分布

(2) 限制调制指数 m，以保证 CSO 和 CTB 符合规定的指标。

由式(6.40)和式(6.41)可以看到，CSO 与 m^2 成正比，CTB 与 m^4 成正比，因此随着 m 值的增大，CSO 和 CTB 迅速劣化。因为驱动激光器的信号电流随 m 值的增大而增加，可能偶然延伸到 LD 的阈值以下或超过功率特性曲线的线性部分，引起削波(削底和限顶)效应，如图 6.16 所示，因而产生信号失真。由于多路 RF 信号叠加后的合成信号具有随机性，当 N 很大时，服从高斯分布，产生过大信号的概率很小。分析计算表明，CSO 和 CTB 是参数 $\mu = m\sqrt{N/2}$ 和 N 十分复杂的函数，m 为调制指数，N 为频道总数。图 6.17(a)和 (b)分别示出 $N = 47$ 和 $N = 59$ 时 CSO、CTB 与 μ 和 m 的关系曲线。由图可见，为保证 CSO ≤ -65 dBc 和 CTB ≤ -65 dBc，μ 值不应大于 0.25，由此得到 $m \leq 0.35/\sqrt{N}$。由图

6.18 可以看到,当 $\mu \geqslant 0.31$ 时, CSO、CTB 与 N 几乎无关。

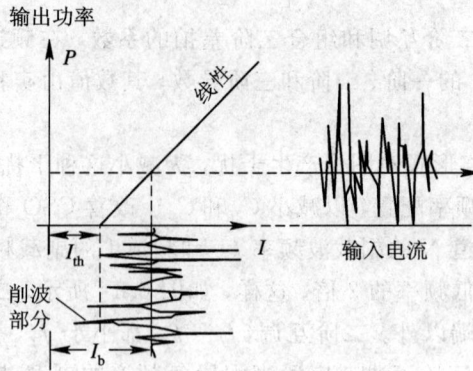

图 6.16 激光器的削波效应

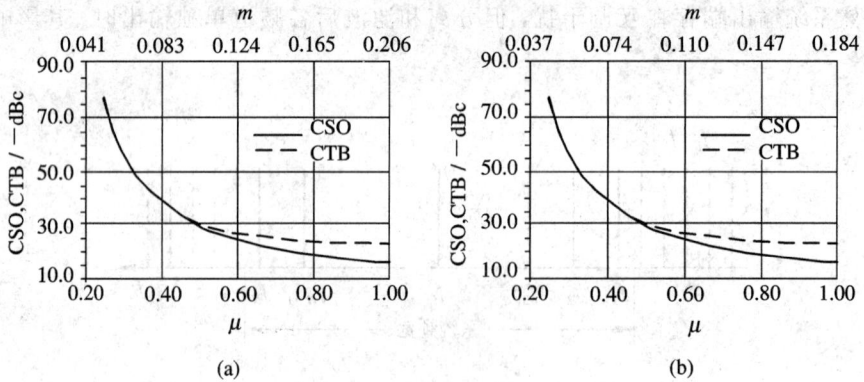

图 6.17 CSO、CTB 与光调制指数的关系

(a) $N=47$;(b) $N=59$

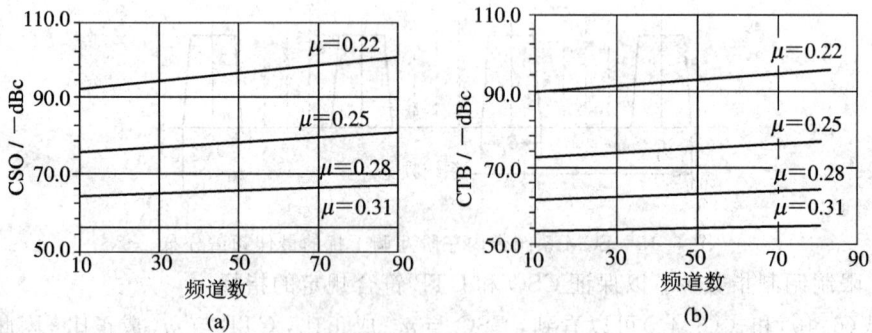

图 6.18 CSO 和 CTB 与频道数的关系

(3)采用外调制技术,把光载波的产生和调制分开。这样,光源的光谱不会因调制而展宽,没有附加的线性调频(啁啾,chirp)产生的信号失真,因而改变了 CSO 和 CTB。

6.3.2 光端机

1. 光发射机

对残留边带—调幅光发射机的基本要求是:

（1）输出光功率要足够大，输出光功率特性（P-I）线性要好；

（2）调制频率要足够高，调制特性要平坦；

（3）光源输出的光波长应在光纤低损耗窗口，光谱宽度要窄；

（4）温度稳定性要好。

VSB-AM 光发射机的构成示于图 6.19。输入到光发射机的电信号经前馈放大器放大后，受到电平监控，以电流的形式驱动激光器。LD 输出特性要求是线性的，但在实际电/光转换过程中，微小的非线性效应是不可避免的，而且要影响系统的性能。所以优质的光发射机都要进行预失真控制。方法是加入预失真补偿电路（预失真线性器）。预失真补偿电路实际上是一个与激光器的非线性相反的非线性电路，用来补偿激光器的非线性效应，以达到高度线性化的目的。为保证输出光的稳定，通常采用制冷元件和热敏电阻进行温度控制。同时用激光器的后向输出通过 PIN-PD 检测的光电流实现自动功率控制。为抑制光纤线路上不均匀点（如连接器）的反射，在 LD 输出端设置光隔离器。

正确选择光发射机对系统性能和 CATV 网的造价都有重大意义。目前可供选择的光发射机有：

（1）直接调制 1310 nm 分布反馈（DFB）激光器光发射机，如图 6.19 和图 6.20 所示；

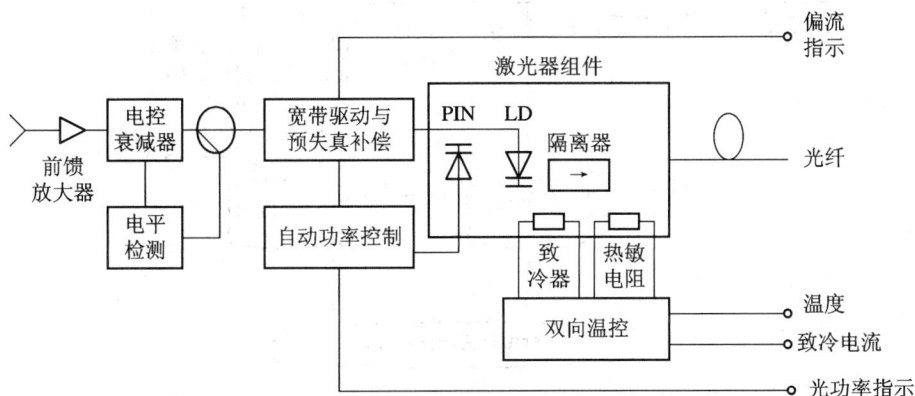

图 6.19　VSB-AM 光发射机的构成

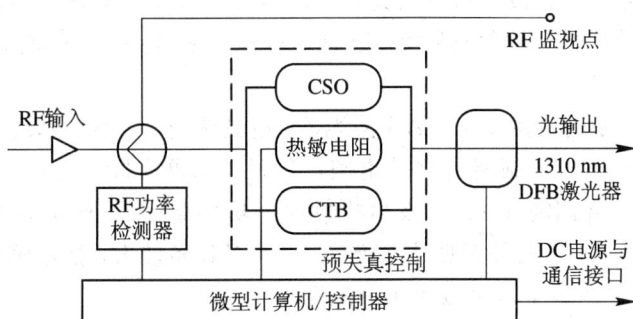

图 6.20　直接调制 DFB 光发射机方框图

（2）外调制 1550 nm 分布反馈（DFB）激光器光发射机，如图 6.21 所示；

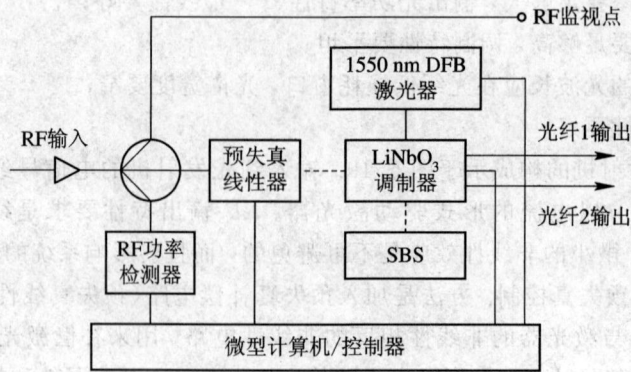

图 6.21 外调制 DFB 光发射机方框图

（3）外调制掺钕钇铝石榴石（Nd：YAG）固体激光器光发射机，如图 6.22 所示。

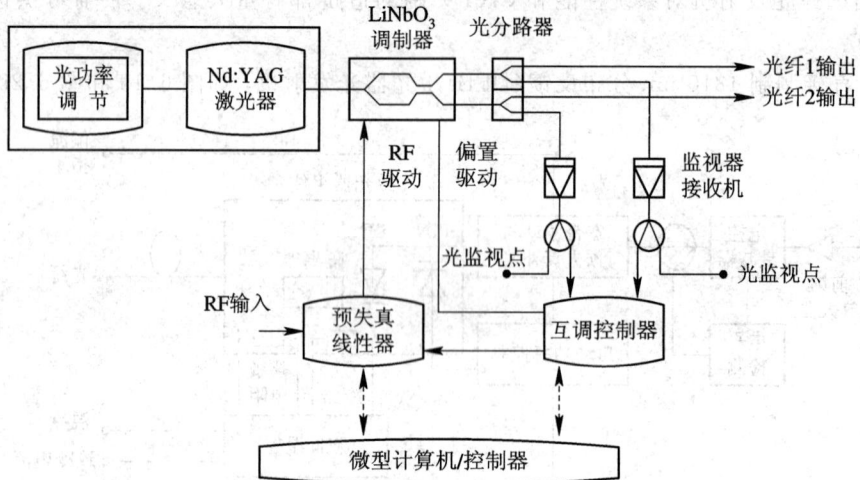

图 6.22 外调制 YAG 光发射机方框图

直接调制 1310 nm DFB 光发射机是目前 CATV 光纤传输网特别是分配网使用最广泛的光发射机。原因是这种光发射机发射光功率高达 10 mW，传输距离可达 35 km，而且性能良好，价格比其他两种光发射机便宜。这种良好性能来自 DFB 激光器这种单模激光器，其光谱宽度非常窄。

外调制 YAG 光发射机主要由 YAG 激光器、电光调制器、预失真线性器和互调控制器构成。预失真线性器作为调制器的驱动电路，互调控制器实际上是一个自动预失真控制器。波长为 1310 nm 外调制 YAG 光发射机发射光功率高达 40 mW 以上，相对强度噪声（RIN）低到 −165 dB/Hz，信号失真性能极好。缺点是设备较大，技术较复杂。这种光发射机主要用于 CATV 干线网，也可以用于分配网。

外调制 1550 nm DFB 光发射机结合了直接调制 1310 nm DFB 光发射机和外调制 YAG 光发射机的优点。这种光发射机采用 DFB-LD 作光源，用电流直接驱动，因而与 1310 nm DFB 光发射机同样具有小型、轻便等优点。采用外调制技术，又与外调制 YAG 光发射机同样具有极好的信号失真性能。虽然外调制 1550 nm DFB 光发射机的发射光功率只有 2～

4 mW，但是这种缺点是可以克服和弥补的。目前 1550 nm 掺铒光纤放大器（EDFA）已经投入实用，使用 EDFA 可以把弱小的光信号放大到 50 mW 以上。另一方面，1550 nm 的光纤损耗比 1310 nm 的低。外调制 1550 nm DFB 光发射机和 EDFA 组合提供了一个具有长距离传输潜力的光发射源，但由于 EDFA 要产生噪声，所以这种组合的载噪比（CNR）不能和直接调制 1310 nm DFB 光发射机或外调制 YAG 光发射机的性能相匹敌。

外调制 1550 nm DFB 光发射机和 EDFA 结合主要应用是取代微波传输和强化前端（Headend）所要求的超长传输距离。但这时必须采用复杂的措施，以抑制受激布里渊散射（SBS）。SBS 是一种取决于光功率的非线性效应，这种效应随光纤长度的增长而明显增加，所以必须进行补偿。另一个重要应用是在密集结构的结点上，这种结构需要高功率以分配给多个光支路。在这种场合就不存在 SBS 的限制了。

2. 光接收机

对 VSB-AM 光接收机的基本要求是：

（1）在一定的输入光功率条件下，有足够大的 RF 输出和尽可能小的噪声，以获得大的 CNR 或 SNR；

（2）要有足够大的工作带宽和通带平坦度，因而要采用高截止频率的光检测器和宽带放大器。

VSB-AM 光接收机的构成如图 6.23 所示。PIN-PD 把光信号转换为电信号，前置放大器大多采用能把信号电流变换为电压的跨阻抗型放大器，主放大器设有自动增益控制（AGC）。

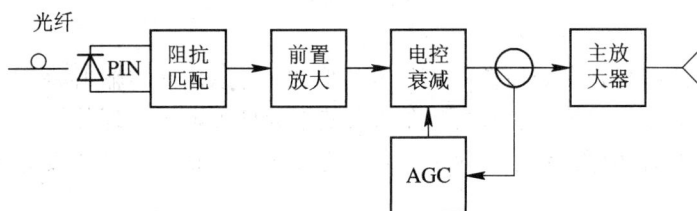

图 6.23 VSB-AM 光接收机的构成

用 PIN-PD 的光接收机输出信号电压 $U(V)$ 和输入平均光功率 $P_0(W)$ 的关系为

$$U = \frac{\rho P_0 m G_1 G_2}{\sqrt{2}} \tag{6.42}$$

式中，ρ 为光检测器响应度（A/W），m 为调制指数，G_1 为前置放大器的变换增益（V/A），G_2 为主放大器的电压增益。

6.3.3 光链路性能

由光发射机、光纤线路和光接收机构成的基本光纤通信系统，作为一个独立的"光信道"，在工程上一般称为光链路。光链路性能通常用在规定 CSO 和 CTB 的条件下，载噪比 CNR 与光链路损耗 αL 的关系表示，$\alpha L = P_t - P_0$，α 和 L 分别为光链路的平均损耗系数和传输长度，P_t 和 P_0 分别为平均发射光功率和平均接收光功率。

作为例子，图 6.24 示出外调制 YAG 光发射机和 PIN-PD 光接收机构成的光链路的

CNR 与光链路损耗的关系，传输 80 个频道（NTSC - M）[①]时，系统带宽为 54～550 MHz，CTB≤−65 dBc，CSO≤−65 dBc。光发射机 RF 输入电平为 18～33 dBmv，工作带宽为 45～750 MHz，发射光功率为 13 dBm，调制指数为 2.5%，光波长为 1310 nm。由图 6.23 可见，当光链路损耗为 10 dB（相当于接收光功率 3 dBm）时，CNR=53 dB，并随光链路损耗的增加而减小。如果增加调制指数，使 CNR 改善 2 dB，CTB 将从 −65 dBc 劣化为 −60.3 dBc。

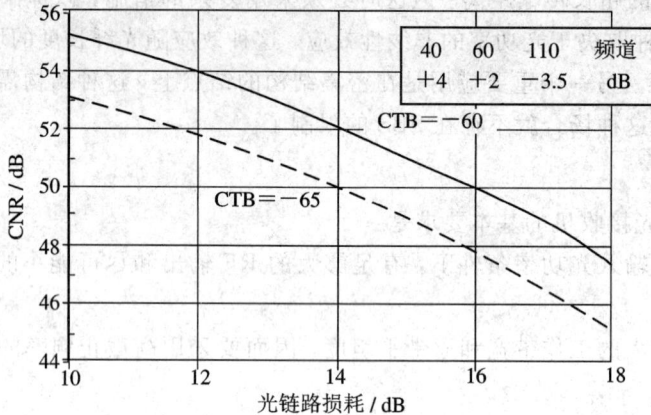

图 6.24 外调制 YAG 光链路性能

小 结

模拟光纤通信系统是光纤通信的一种重要形式，可以用来传输射频（RF）信号，目前主要用于模拟电视信号的传输。本章主要介绍最基本的模拟电视光纤传输系统和副载波复用（SCM）模拟电视光纤传输系统。近年来，为了适应无线通信发展的需要，正在研究通过光纤传输射频（ROF）的技术。

模拟光纤传输系统目前使用的主要调制方式有：模拟基带直接光强调制、模拟间接光强调制和频分复用光强调制。模拟间接光强调制又称为预调制直接光强调制。预调制主要有频率调制（FM）、脉冲频率调制（PFM）和方波频率调制（SWFM）。频分复用光强调制方式即为副载波复用（SCM）光强调制。SCM 模拟电视光纤传输系统有应用广、成本低的优点，副载波的调制方式有调幅（VSB - AM）和调频（FM）两种，采用 FM 方式的实质是利用光纤传输系统很宽的带宽换取有限的信号功率，也就是通过增加信号带宽，降低对载噪比的要求，而保证输出信噪比满足要求。

模拟基带直接光强调制（D - IM）光纤传输系统由光发射机、光纤线路和光接收机（光检测器）组成。评价此系统传输质量的最重要的特性参数是信噪比（SNR）和信号失真（信号畸变）。系统性能包括系统参数、光纤损耗对传输距离的限制、系统对光纤带宽的要求。

副载波复用光纤传输系统是将若干个模拟基带信号分别调制到不同频率的射频载波上，然后合并为一个宽带信号，再将这个宽带信号对光源进行光强调制，实现电光转换。

---

① NTSC：美国国家电视系统委员会的正交平衡调幅制。

光信号经过光纤传输后，由光接收机实现光电转换，经分离和解调后恢复出各路模拟基带信号。副载波复用光纤传输系统的主要特性参数是载噪比(CNR)和信号失真。其中载噪比是把满负载、无调制的等幅载波置于传输系统，在规定的带宽内特定频道的载波功率和噪声功率的比值。信号失真的主要原因是作为载波信号源的半导体激光器在电/光转换时的非线性效应，失真主要用组合二阶互调(CSO)失真和组合三阶差拍(CTB)失真这两个参数表示。光接收机和光发射机都有严格要求。

习题与思考题

6-1　试说明模拟光信号接收机量子极限的含义。

6-2　某模拟光信号接收机前置放大器的等效输入电阻 $R_s = 1$ MΩ，放大器的带宽 $B = 10$ MHz，噪声系数为 6 dB，采用 PIN。正弦信号直接光强调制的调制指数 $m = 1$，信号的工作波长 $\lambda = 0.85$ μm。传输至接收机处的光信号功率 $P_0 = -46$ dBm。求接收机输出信噪比 SNR，此时光接收机的极限灵敏度应为多少？

6-3　在模拟光纤传输系统中，为了增加中继距离，必须采用扩展信号带宽的调制方式。具体方法有哪几种？

6-4　在模拟光纤传输系统中，为什么宁可采用扩展信号带宽的调制方式来增大传输距离而不采用增设中继站的办法？

6-5　什么叫副载波复用(SCM)？副载波复用光纤通信有哪些优点？

6-6　由一个激光发射机和一个 PIN 光接收机构成的链路，其中发射机和接收机具有以下特性：

发射机

$m = 0.25$

RIN $= -143$ dB/Hz

$P_c = 0$ dBm

接收机

$\rho = 0.6$ A/W

$B = 10$ MHz

$I_D = 10$ nA

$R_{eq} = 750$ Ω

$F = 3$ dB

题 6-6 图给出了作为接收光功率函数的 C/N 曲线。试根据图中的曲线，讨论各种噪声对载噪比的影响。

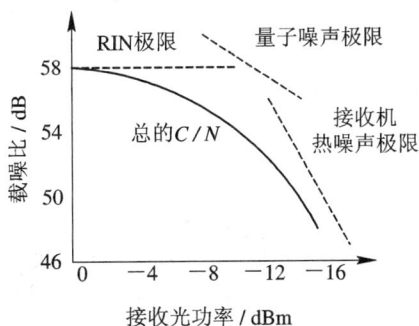

题 6-6 图

6-7 商业级宽带接收机的等效电阻 $R_{eq}=75$ Ω。当 $R_{eq}=75$ Ω 时，保持发射机和接收机的参数和例 6-6 相同，在接收机光功率范围为 $0\sim-16$ dBm 时计算总载噪比，并画出相应的曲线，推出其载噪比的极限表达式。证明：当 $R_{eq}=75$ Ω，在接收光功率电平小于 -10 dBm 时，前置放大器的噪声将超过量子噪声而成为起决定作用的噪声因素。

6-8 假设我们想要频分复用 60 路 FM 信号，如果其中 30 路信号的每一个信道的调制指数 $m_i=3\%$，而另外 30 路信号的每一个信道的调制指数 $m_i=4\%$，试求出激光器的光调制指数。

6-9 假设一个有 32 个信道的 FDM 系统，每个信道的调制指数为 4.4%，若 PIN $=-135$ dB/Hz，假定 PIN 光电二极管接收机的响应度为 0.6 A/W，$B=0.5$ GHz，$I_d=10$ nA，$R_{eq}=50$ Ω，$F=3$ dB。

(1) 若接收光功率为 -10 dBm，试求这个链路的载噪比；

(2) 若每个信道的调制指数增加到 7%，接收光功率减小到 -13 dBm，试求这个链路的载噪比。

第 7 章　　光纤通信新技术

　　光纤通信发展的目标是提高通信能力和通信质量,降低价格,满足社会需要。进入 20 世纪 90 年代以后,光纤通信成为一个发展迅速、技术更新快、新技术不断涌现的领域。本章主要介绍一些已经实用化或者有重要应用前景的新技术,如光放大、光波分复用、光交换、光孤子通信、相干光通信、光时分复用和光波长变换等技术。

7.1　光纤放大器

　　光放大器有半导体光放大器和光纤放大器两种类型。半导体光放大器的优点是体积小,容易与其他半导体器件集成;缺点是性能与光偏振方向有关,器件与光纤的耦合损耗大。光纤放大器的性能与光偏振方向无关,器件与光纤的耦合损耗很小,因而得到广泛应用。光纤放大器实际上是把工作物质制作成光纤形状的固体激光器,所以也称为光纤激光器。20 世纪 80 年代末期,波长为 $1.55\ \mu m$ 的掺铒(Er)光纤放大器(EDFA, Erbium-Doped Fiber Amplifier)研制成功并投入实用,把光纤通信技术水平推向一个新高度,成为光纤通信发展史上一个重要的里程碑。

7.1.1　掺铒光纤放大器工作原理

　　图 7.1 示出掺铒光纤放大器(EDFA)的工作原理,说明了光信号被放大的原因。从图 7.1(a)可以看到,在掺铒光纤(EDF)中,铒离子(Er^{3+})有三个能级:其中能级 1 代表基态,能量最低;能级 2 是亚稳态,处于中间能级;能级 3 代表激发态,能量最高。当泵浦(Pump,抽运)光的光子能量等于能级 3 和能级 1 的能量差时,铒离子吸收泵浦光从基态跃迁到激发态($1\rightarrow3$)。但是激发态是不稳定的,Er^{3+} 很快返回到能级 2。如果输入的信号光的光子能量等于能级 2 和能级 1 的能量差,则处于能级 2 的 Er^{3+} 将跃迁到基态($2\rightarrow1$),产生受激辐射光,因而信号光得到放大。由此可见,这种放大是由于泵浦光的能量转换为信号光能量的结果。为提高放大器增益,应提高对泵浦光的吸收,使基态 Er^{3+} 尽可能跃迁到激发态,图 7.1(b)示出 EDFA 增益和吸收频谱。

　　图 7.2(a)示出输出信号光功率和输入泵浦光功率的关系,由图可见,泵浦光功率转换为信号光功率的效率很高,达到 92.6%。当泵浦光功率为 60 mW 时,吸收效率[(信号输出光功率－信号输入光功率)/泵浦光功率]为 88%。

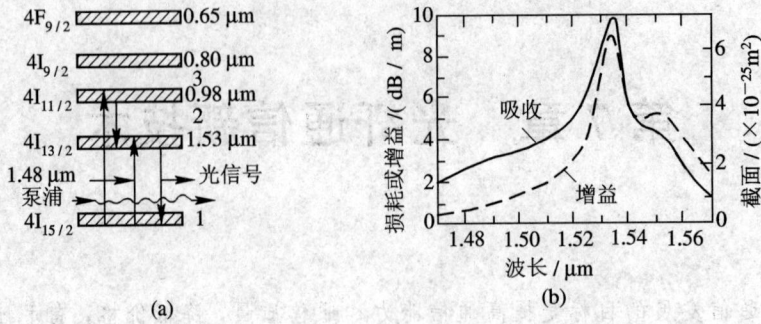

图 7.1　掺铒光纤放大器的工作原理

（a）硅光纤中铒离子的能级图；（b）EDFA 的吸收和增益频谱

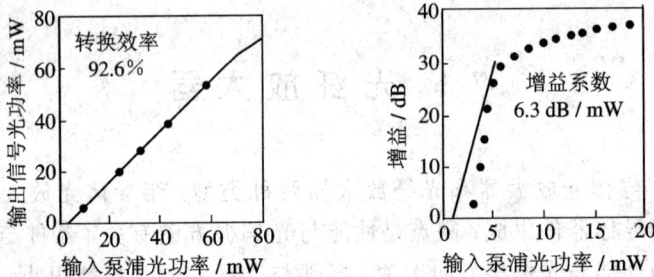

图 7.2　掺铒光纤放大器的特性

（a）输出信号光功率与泵浦光功率的关系；（b）小信号增益与泵浦光功率的关系

图 7.2(b)是小信号条件下增益和泵浦光功率的关系，当泵浦光功率小于 6 mW 时，增益线性增加，增益系数为 6.3 dB/mW。

7.1.2　掺铒光纤放大器的构成和特性

图 7.3(a)为光纤放大器构成原理图，图 7.3(b)为实用光纤放大器的构成方框图。掺铒光纤（EDF）和高功率泵浦光源是关键器件，把泵浦光与信号光耦合在一起的波分复用器和置于两端防止光反射的光隔离器也是不可缺少的。

设计高增益掺铒光纤（EDF）是实现光纤放大器的技术关键，EDF 的增益取决于 Er^{3+} 的浓度、光纤长度和直径以及泵浦光功率等多种因素，通常由实验获得最佳增益。对泵浦光源的基本要求是大功率和长寿命。波长为 $1.480\ \mu m$ 的 InGaAsP 多量子阱（MQW）激光器，输出光功率高达 100 mW，泵浦光转换为信号光效率在 6 dB/mW 以上。波长为 980 nm 的泵浦光转换效率更高，达 10 dB/mW，而且噪声较低，是未来发展的方向。对波分复用器的基本要求是插入损耗小，熔拉双锥光纤耦合器型和干涉滤波型波分复用器最适用。光隔离器的作用是防止光反射，保证系统稳定工作和减小噪声，对它的基本要求是插入损耗小，反射损耗大。

(a)

(b)

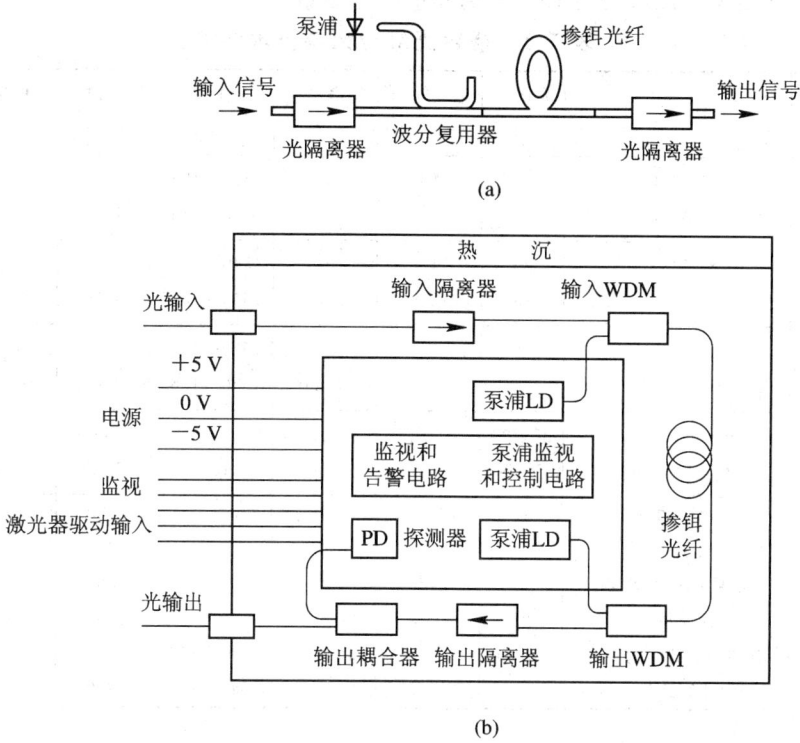

图 7.3 光纤放大器构成方框图

（a）光纤放大器构成原理图；（b）实用光纤放大器外形图及其构成方框图

图 7.4 是 EDFA 商品的特性曲线，图中显示出增益、噪声系数和输出信号光功率与输入信号光功率的关系。在泵浦光功率一定的条件下，当输入信号光功率较小时，放大器增益不随输入信号光功率而变化，基本上保持不变。当信号光功率增加到一定值（一般为 -20 dBm）后，增益开始随信号光功率的增加而下降，因此出现输出信号光功率达到饱和的现象。

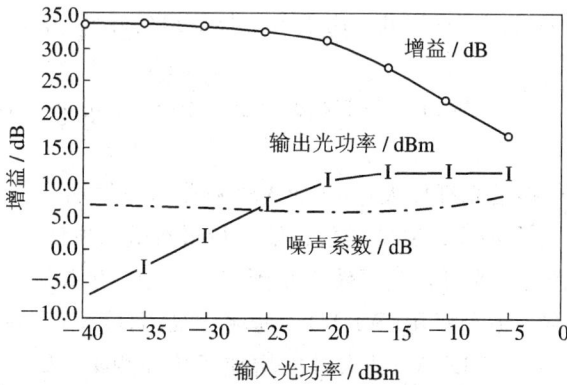

图 7.4 掺铒光纤放大器增益、噪声系数和输出光功率与输入光功率的关系曲线

表 7.1 列出国外几家公司 EDFA 商品的技术参数。

表 7.1　掺铒光纤放大器技术参数

公司名称	型　号	光增益 /dB	最大输出 功率/dBm	噪声系数 /dB	工作波长 /nm	泵浦波长 /nm	工作温度 /℃	工作带宽 /nm
Tech Sight	FA102	28	10	4.5	1530~1560	980	0~60	30
Inc(加拿大)	FA106	38	16	6	1530~1560	1480	0~60	30
AT&T(美国)	×1706×J	30	11.5	8	1540~1560	1480	−5~40	20
	×1706×Q	35	15.5	8	1540~1560	1480	−5~40	20
BT&D(英国)	EFA200×	40	15	4.5	1530~1565	1480	−40~60	35
	EFA201×	35	15	<4.0	1530~1565	980	−40~60	35
PITEL(日本)	ErFA1110−1115	25~33	10~15	<7	1552	1480	0~40	30
	ErFA1118	>35	18	<7	1552	1480	0~40	30
CORNING (康宁)	单泵功放		12~13	4		980	0~65	
	双泵功放		15~16	4		980	0~65	
	双泵 CATV 功放		16	4		980	0~65	
	线路放大	25		4		980	0~65	
	有调谐滤波器的前放	24~30		4	1530~1560	980	0~65	
	WDM 线路放大器	33~34	16.5	4	1549~1561	980	0~65	12

7.1.3　掺铒光纤放大器的优点和应用

EDFA 有许多优点，并已得到广泛应用。

EDFA 的主要优点有：

(1) 工作波长正好落在光纤通信最佳波段(1500~1600 nm)；其主体是一段光纤(EDF)，与传输光纤的耦合损耗很小，只有 0.1 dB。

(2) 增益高，约为 30~40 dB；饱和输出光功率大，约为 10~15 dBm；增益特性与光偏振状态无关。

(3) 噪声系数小，一般为 4~7 dB；用于多波长信道传输时，隔离度大，串扰小，适用于波分复用系统。

(4) 频带宽，在 1550 nm 窗口，频带宽度为 20~40 nm，可进行多波长信道传输，有利于增加传输容量。

如果加上 1310 nm 掺错光纤放大器(PDFA)，频带可以增加一倍。所以"波分复用＋光纤放大器"被认为是充分利用光纤带宽增加传输容量最有效的方法。

1550 nm EDFA 在各种光纤通信系统中得到广泛应用，并取得了良好效果。已经介绍过的副载波 CATV 系统，波分复用(WDM)或光频分复用(OFDM)系统，相干光系统以及光孤子通信系统，都应用了 EDFA，并大幅度增加了传输距离。EDFA 的应用，归纳起来可以分为三种形式，如图 7.5 所示。

(1) 中继放大器(LA，Line Amplifier)。在光纤线路上每隔一定距离设置一个光纤放大器，以延长干线网的传输距离。

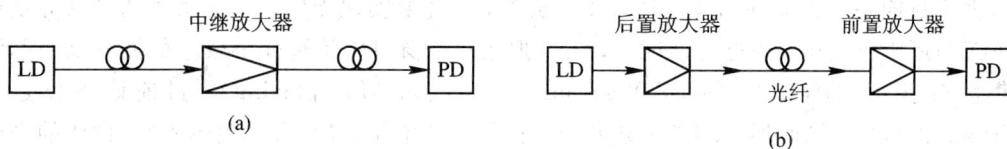

图 7.5　光纤放大器的应用形式

（a）中继放大器；（b）前置放大器和后置放大器

（2）前置放大器（PA，Preamplifier）。此放大器置于激光器前面，放大非常微弱的光信号，以改善接收灵敏度。作为前置放大器，对噪声要求非常苛刻。

（3）后置放大器（BA，Booster Amplifier）。此放大器置于激光器后面，以提高发射光功率。对后置放大器噪声要求不高，而饱和输出光功率是主要参数。

7.2　光波分复用技术

随着人类社会信息时代的到来，对通信的需求呈现加速增长的趋势。发展迅速的各种新型业务（特别是高速数据和视频业务）对通信网的带宽（或容量）提出了更高的要求。为了适应通信网传输容量的不断增长和满足网络交互性、灵活性的要求，产生了各种复用技术。在光纤通信系统中除了大家熟知的电时分复用（TDM）技术外，还出现了其他的复用技术，例如光时分复用（OTDM）、光波分复用（WDM）、光频分复用（OFDM）以及副载波复用（SCM）技术。本节主要讲述 WDM 技术。

7.2.1　光波分复用原理

1. WDM 的概念

光波分复用（WDM，Wavelength Division Multiplexing）技术是在一根光纤中同时传输多个波长光信号的一项技术。其基本原理是在发送端将不同波长的光信号组合起来（复用），并耦合到光缆线路上的同一根光纤中进行传输，在接收端又将组合波长的光信号分开（解复用），并作进一步处理，恢复出原信号后送入不同的终端，因此将此项技术称为光波长分割复用，简称光波分复用技术。

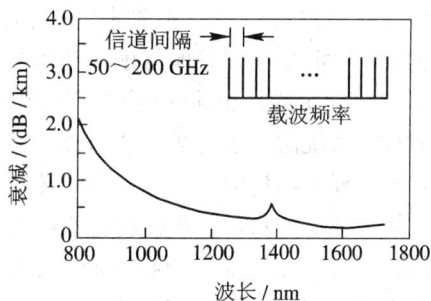

图 7.6　中心波长在 $1.3~\mu m$ 和 $1.55~\mu m$ 的硅光纤低损耗传输窗口

（插图表示 $1.55~\mu m$ 传输窗口的多信道复用）

光纤的带宽很宽。如图 7.6 所示，在光纤的两个低损耗传输窗口：波长为 $1.31~\mu m$（$1.25\sim1.35~\mu m$）的窗口，相应的带宽（$|\Delta f| = |-\Delta\lambda c/\lambda^2|$，$\lambda$ 和 $\Delta\lambda$ 分别为中心波长和相应的波段宽度，c 为真空中光速）为 $17~700~GHz$；波长为 $1.55~\mu m$（$1.50\sim1.60~\mu m$）的窗口，相应的带宽为 $12~500~GHz$。两个窗口合在一起，总带宽超过 $30~THz$。如果信道频率间隔为 $10~GHz$，在理想情况下，一根光纤可以容纳 3000 个信道。

由于目前一些光器件与技术还不十分成熟，因此要实现光信道十分密集的光频分复用（OFDM）还十分困难。在这种情况下，人们把在同一窗口中信道间隔较小的波分复用称为密集波分复用（DWDM，Dense Wavelength Division Multiplexing）。目前该系统是在1550 nm 波段内，同时用 8、16 或更多个波长在一对光纤上（也可采用单光纤）构成的光通信系统，其中各个波长之间的频率间隔为 200 GHz、100 GHz 或 50 GHz，约对应于波长间隔 1.6 nm、0.8 nm 或 0.4 nm。WDM、DWDM 和 OFDM 在本质上没有多大区别。以往技术人员习惯采用 WDM 和 DWDM 来区分是 1310/1550 nm 简单复用还是在 1550 nm 波段内密集复用，但目前在电信界应用时，都采用 DWDM 技术。由于 1310/1550 nm 的复用超出了 EDFA 的增益范围，只在一些专门场合应用，所以经常用 WDM 这个更广义的名称来代替 DWDM。

WDM 技术对网络升级、发展宽带业务（如 CATV、HDTV 和 IP over WDM 等）、充分挖掘光纤带宽潜力、实现超高速光纤通信等具有十分重要意义，尤其是 WDM 加上 EDFA 更是对现代信息网络具有强大的吸引力。目前，"掺铒光纤放大器（EDFA）＋密集波分复用（WDM）＋非零色散光纤（NZDSF，即 G. 655 光纤）＋光子集成（PIC）"正成为国际上长途高速光纤通信系统的主要技术方向。

如果一个区域内所有的光纤传输链路都升级为 WDM 传输，我们就可以在这些 WDM 链路的交叉（结点）处设置以波长为单位对光信号进行交叉连接的光交叉连接设备（OXC），或进行光上下路的光分插复用器（OADM），则在原来由光纤链路组成的物理层上面就会形成一个新的光层。在这个光层中，相邻光纤链路中的波长信道可以连接起来，形成一个跨越多个 OXC 和 OADM 的光通路，完成端到端的信息传送，并且这种光通路可以根据需要灵活、动态地建立和释放，这就是目前引人注目的、新一代的 WDM 光网络。

2. WDM 系统的基本形式

光波分复用器和解复用器是 WDM 技术中的关键部件，将不同波长的信号组合在一起经一根光纤输出的器件称为复用器（也叫合波器）。反之，将同一传输光纤送来的多波长信号分解为各个波长分别输出的器件称为解复用器（也叫分波器）。从原理上讲，这种器件是互易的（双向可逆），即只要将解复用器的输出端和输入端反过来使用，就是复用器。因此复用器和解复用器是相同的（除非有特殊的要求）。

WDM 系统的基本构成主要有以下两种形式：

（1）双纤单向传输。单向 WDM 传输是指所有波长信道同时在一根光纤上沿同一方向传输。如图 7.7 所示，在发送端将载有各种信息的、具有不同载波波长的已调光信号 λ_1，$\lambda_2,\cdots,\lambda_n$ 通过光复用器组合在一起，并在一根光纤中单向传输。由于各信号是通过不同波长的光载波携带的，因而彼此之间不会混淆。在接收端通过光解复用器将不同波长的信号分开，完成多路光信号传输的任务。反方向通过另一根光纤传输的原理与此相同。

（2）单纤双向传输。双向 WDM 传输是指光通路在一根光纤上同时向两个不同的方向传输。如图 7.8 所示，所用波长相互分开，以实现双向全双工的通信。

双向 WDM 系统在设计和应用时必须要考虑几个关键的系统因素，如为了抑制多通道干扰（MPI），必须注意到光反射的影响、双向通路之间的隔离、串扰的类型和数值、两个方向传输的功率电平值和相互间的依赖性、光监控信道（OSC）传输和自动功率关断等问题，同时要使用双向光纤放大器。所以双向 WDM 系统的开发和应用相对说来要求较高，但与

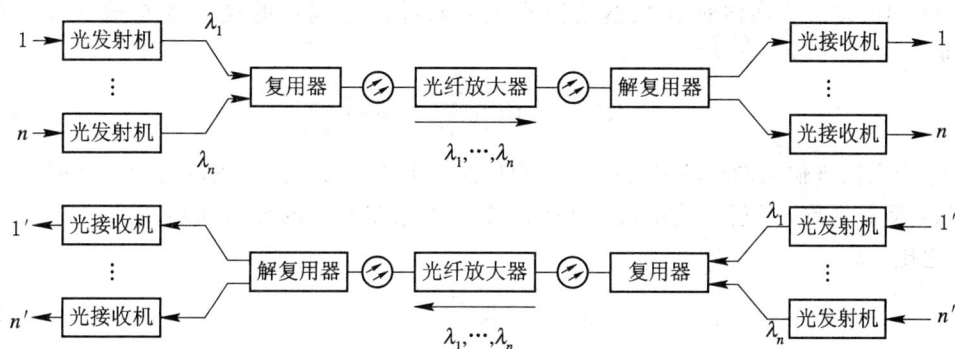

图 7.7　双纤单向 WDM 传输

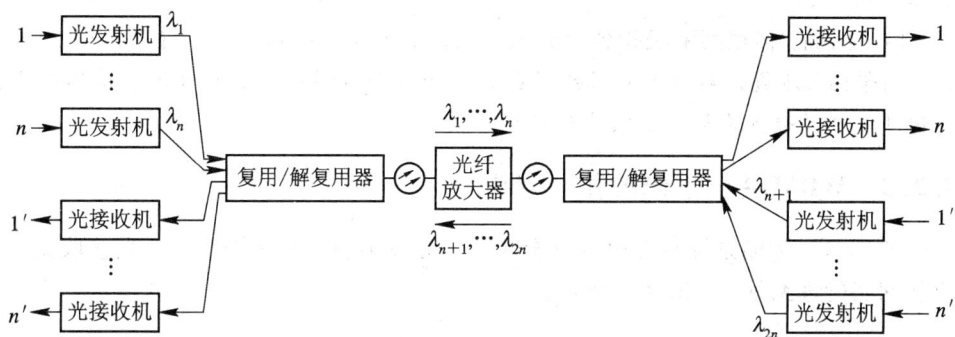

图 7.8　单纤双向 WDM 传输

单向 WDM 系统相比,双向 WDM 系统可以减少使用光纤和线路放大器的数量。

另外,通过在中间设置光分插复用器(OADM)或光交叉连接器(OXC),可使各波长光信号进行合流与分流,实现波长的上下路(add/drop)和路由选择,这样就可以根据光纤通信线路和光网的业务量分布情况,合理地安排插入或分出信号。

3. 光波分复用器的性能参数

光波分复用器是波分复用系统的重要组成部分,为了确保波分复用系统的性能,对波分复用器的基本要求是:插入损耗小,隔离度大,带内平坦,带外插入损耗变化陡峭,温度稳定性好,复用通路数多,尺寸小等。

(1)插入损耗。插入损耗是指由于增加光波分复用器/解复用器而产生的附加损耗,定义为该无源器件的输入和输出端口之间的光功率之比,即

$$\alpha = 10 \lg \frac{P_\text{i}}{P_\text{o}} \quad (\text{dB}) \tag{7.1}$$

其中,P_i 为发送进输入端口的光功率,P_o 为从输出端口接收到的光功率。

(2)串扰。串扰是指其他信道的信号耦合进某一信道,并使该信道传输质量下降的影响程度,有时也可用隔离度来表示这一程度。对于解复用器,隔离度定义为

$$C_\text{ij} = -10 \lg \frac{P_\text{ij}}{P_\text{i}} \quad (\text{dB}) \tag{7.2}$$

其中,P_i 是波长为 λ_i 的光信号的输入光功率,P_ij 是波长为 λ_i 的光信号串入到波长为 λ_j 信道的光功率。

（3）回波损耗。回波损耗是指返回到无源器件输入端口的光功率与输入光功率的比，即

$$RL = -10 \lg \frac{P_r}{P_j} \quad (dB) \tag{7.3}$$

其中 P_j 为发送进输入端口的光功率，P_r 为从同一个输入端口接收到的返回光功率。

（4）反射系数。反射系数是指在 WDM 器件的给定端口的反射光功率 P_r 与入射光功率 P_j 之比，即

$$R = 10 \lg \frac{P_r}{P_j} \quad (dB) \tag{7.4}$$

（5）工作波长范围。工作波长范围是指 WDM 器件能够按照规定的性能要求工作的波长范围（λ_{min} 到 λ_{max}）。

（6）信道间隔。信道间隔是指各个光载波之间为避免串扰应具有的波长间隔。

（7）偏振相关损耗。偏振相关损耗（PDL，Polarization-Dependent Loss）是指由于偏振态的变化所造成的插入损耗的最大变化值。

7.2.2 WDM 传输系统的基本结构

实际的 WDM 传输系统主要由五部分组成：光发射机、光中继放大、光接收机、光监控信道和网络管理系统，如图 7.9 所示。

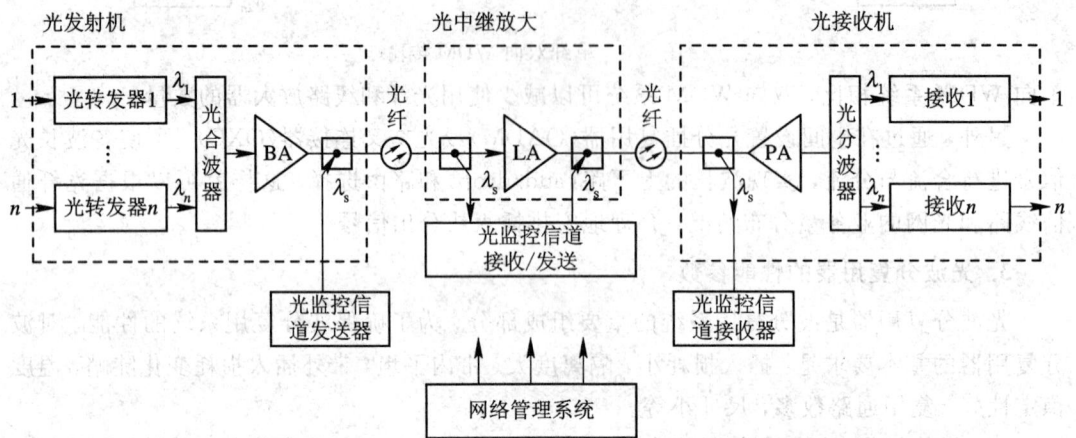

图 7.9 实际 WDM 系统的基本结构

光发射机位于 WDM 传输系统的发送端。在发送端首先将来自终端设备（如 SDH 端机）输出的光信号，利用光转发器（OTU）把符合 ITU-T G.957 建议的非特定波长的光信号转换成符合 ITU-T G.692 建议的具有稳定的特定波长的光信号。OTU 对输入端的信号波长没有特殊要求，可以兼容任意厂家的 SDH 信号，其输出端是满足 G.692 的光接口，即采用标准的光波长和满足长距离传输要求的光源；利用合波器合成多路光信号；通过光功率放大器（BA，Booster Amplifier）放大输出多路光信号。

经过一定距离传输后，要用掺铒光纤放大器（EDFA）对光信号进行中继放大。在应用时可根据具体情况，将 EDFA 用作"线放（LA，Line Amplifier）"、"功放（BA）"和"前放（PA，Preamplifier）"。在 WDM 系统中，对 EDFA 必须采用增益平坦技术，使得 EDFA 对

不同波长的光信号具有接近相同的增益。与此同时，还要考虑到不同数量的光波长信道同时工作的各种情况，保证光波长信道之间的增益竞争不影响传输性能。

在接收端，光前置放大器(PA)放大经传输而衰减的多路光信号，分波器从多路光信号中分出特定波长的光信号。光接收机不但要满足一般接收机对灵敏度、过载功率等参数的要求，还要能承受有一定光噪声的信号，要有足够的电带宽。

光监控信道(OSC，Optical Supervisory Channel)的主要功能是监控系统内各信道的传输情况，在发送端，插入本结点产生的波长为 λ_s(1510 nm)的光监控信号，与承载业务信息的多路光信号合波输出；在接收端，将接收到的光信号分离，输出 λ_s(1510 nm)波长的光监控信号和业务信道光信号。

在基于 WDM 的光网络的网络管理系统中，可以通过光监控信道传送开销(overhead)字节到其他结点或接收来自其他结点的开销字节进而对 WDM 系统进行管理，实现配置管理、故障管理、性能管理和安全管理等功能，并与上层管理系统(如 TMN)相连。

目前国际上已商用的系统有 4×2.5 Gb/s(10 Gb/s)，8×2.5 Gb/s(20 Gb/s)，16×2.5 Gb/s(40 Gb/s)，40×2.5 Gb/s(100 Gb/s)，32×10 Gb/s(320 Gb/s)，40×10 Gb/s(400 Gb/s)。实验室已实现了 82×40 Gb/s(3.28 Tb/s)的速率，传输距离达 3×100 km＝300 km。OFC 2000(Optical Fiber Communication Conference)提供的情况有：

① Bell Labs：82×40 Gb/s＝3.28 Tb/s 在 3×100 km＝300 km 的 True Wave(商标)光纤(即 G. 655 光纤)上，利用 C 和 L 两个波段联合传输[①]；

② 日本 NEC：160×20 Gb/s＝3.2 Tb/s，利用归零信号沿色散平坦光纤，经过通带宽度为 64 nm 的光纤放大器，传输距离达 1500 km；

③ 日本富士通(Fujitsu)：128×10.66 Gb/s，经过 C 和 L 波段，用分布喇曼放大(DRA，Distributed Raman Amplification)，传输距离达 6×140 km＝840 km；

④ 日本 NTT：30×42.7 Gb/s，利用归零信号，经过通带宽度为 50 nm 的光纤放大器，传输距离达 3×125 km≒376 km；

⑤ 美国 Lucent Tech：100×10 Gb/s＝1 Tb/s，各路载波的频率间隔缩小到 25 GHz，利用 L 波段，沿 NZDF 光纤(G. 655 光纤)传输 400 km；

⑥ 美国 Mciworldcom 和加拿大 Nortel：100×10 Gb/s＝1 Tb/s，沿 NZDF 光纤在 C 和 L 波段传输 4 段，约 200 km。

7.2.3　WDM 技术的主要特点

1. 充分利用光纤的巨大带宽资源

光纤具有巨大的带宽资源(低损耗波段)，WDM 技术使一根光纤的传输容量比单波长传输增加几倍至几十倍甚至几百倍，从而增加光纤的传输容量，降低成本，具有很大的应用价值和经济价值。

2. 同时传输多种不同类型的信号

由于 WDM 技术使用的各波长的信道相互独立，因而可以传输特性和速率完全不同的

---

① 注：C 波段为 1525～1565 nm，L 波段为 1570～1620 nm。

信号，完成各种电信业务信号的综合传输，如 PDH 信号和 SDH 信号，数字信号和模拟信号，多种业务(音频、视频、数据等)信号的混合传输等。

3. 节省线路投资

采用 WDM 技术可使 N 个波长复用起来在单根光纤中传输，也可实现单根光纤双向传输，在长途大容量传输时可以节约大量光纤。另外，对已建成的光纤通信系统扩容方便，只要原系统的功率余量较大，就可进一步增容而不必对原系统作大的改动。

4. 降低器件的超高速要求

随着传输速率的不断提高，许多光电器件的响应速度已明显不足，使用 WDM 技术可降低对一些器件在性能上的极高要求，同时又可实现大容量传输。

5. 高度的组网灵活性、经济性和可靠性

WDM 技术有很多应用形式，如构成长途干线网、广播分配网、局域网。可以利用 WDM 技术实现路由选择与波长分配，实现网络交换和故障恢复，从而实现未来的透明、灵活、经济且具有高度生存性的光网络。

7.2.4 光滤波器与光波分复用器

在前面介绍耦合器时，已经简单地介绍了波分复用器(WDM)。在这一部分我们将介绍各种各样的波长选择技术，即光滤波技术。光滤波器在 WDM 系统中是一种重要元器件，与波分复用有着密切关系，常常用来构成各种各样的波分复用器和解复用器。

图 7.10 为光滤波器的三种应用：单纯的滤波应用(图 7.10(a))、波分复用/解复用器中应用(图 7.10(b))和波长路由器中应用(图 7.10(c))。波分复用器和解复用器主要用在 WDM 终端和波长路由器以及波长分插复用器(WADM，Wavelength Add/Drop Multiplexer)中。波长路由器是波长选路网络(Wavelength Routing Network)中的关键部件，其功能可由图 7.10(c)的例子说明，它有两个输入端口和两个输出端口，每路输入都载有一组 λ_1、λ_2、λ_3 和 λ_4 WDM 信号。如果用 λ_j^i 来标记第 i 输入链路上的波长 λ_j，则路由器的输入端口 1 上的波长记为 λ_1^1、λ_2^1、λ_3^1、λ_4^1，输入端口 2 上的波长记为 λ_1^2、λ_2^2、λ_3^2、λ_4^2。在输入端口 1 上的波长中，如果 λ_2^1 和 λ_3^1 由输出端口 1 输出，则 λ_1^1 和 λ_4^1 由输出端口 2 输出；在输入端口 2 上的波长中，如果 λ_2^2 和 λ_3^2 由输出端口 2 输出，则 λ_1^2 和 λ_4^2 由输出端口 1 输出，这样，我们就称路由器交换了波长 λ_1 和 λ_4。在本例中，波长路由器只有两个输入端口和两个输出端口，每一路上只有 4 个波长，但是在一般情况下，输入和输出的端口数是 $N(\geqslant 2)$，并且每一端口的波长数是 $W(\geqslant 2)$(参看图 7.33)。

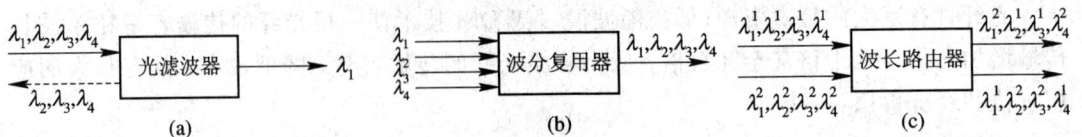

图 7.10 光滤波器的三种应用

(a) 单纯的滤波应用；(b) 波分复用器中应用；(c) 波长路由器中应用

如果一个波长路由器的路由方式不随时间变化，就称为静态路由器；路由方式随时间

变化，则称之为动态路由器。静态路由器可以用波分复用器来构成，如图 7.11 所示。

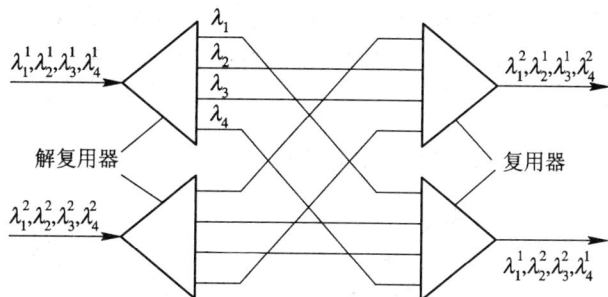

图 7.11　由波分复用器构成静态路由器

波长分插复用器可以看成是波长路由器的简化形式，它只有一个输入端口和一个输出端口，再加上一个用于分插波长的本地端口。

对光滤波器的主要要求有：

(1) 一个好的光滤波器应有较低的插入损耗，并且损耗应该与输入光的偏振态无关。在大多数系统中，光的偏振态随机变化，如果滤波器的插入损耗与光的偏振有关（PDL，Polarization-Dependent Loss），则输出光功率将极其不稳定。

(2) 一个滤波器的通带应该对温度的变化不敏感。温度系数是指温度每变化 1℃ 的波长漂移。一个 WDM 系统要求在整个工作温度范围（大约 100 ℃）内，波长漂移应该远小于相邻信道的波长间隔。

(3) 在一个 WDM 系统中，随着级联的滤波器越来越多，系统的通带就变得越来越窄。为了确保在级联的末端还有一个相当宽的通带，单个滤波器的通带传输特性应该是平直的，以便能够容纳激光器波长的微小变化。单个滤波器的通带的平直程度常用 1 dB 带宽来衡量，如图 7.12 所示。

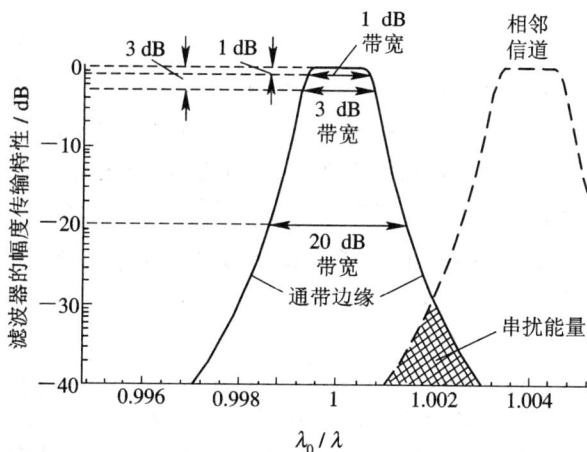

（λ_0：滤波器的中心波长；λ：光信号的波长）

图 7.12　光滤波器的 1 dB 带宽

下面将介绍一些波长选择技术及其在 WDM 系统中的应用。

1. 光栅

光栅(Grating)广泛地用来将光分离为不同波长的单色光。在 WDM 系统中,光栅主要用在解复用器中,以分离出各个波长。图 7.13 是光栅的两个例子,图 7.13(a)是透射光栅,图 7.13(b)是反射光栅。

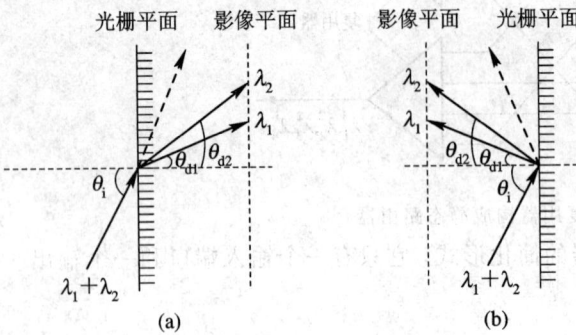

图 7.13 光栅

(a) 透射光栅;(b) 反射光栅   图 7.14 透射光栅的工作原理

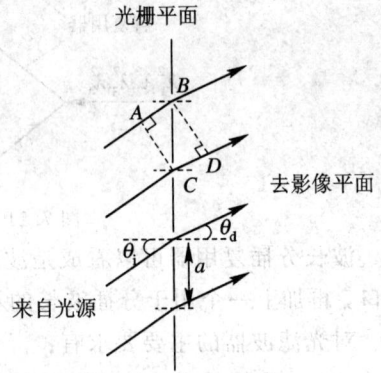

我们以透射光栅为例来说明光栅的基本原理。如图 7.14 所示,设两个相邻缝隙间的距离即栅距为 a,光源离光栅平面足够远(相对于 a 而言),入射角为 θ_i,衍射角为 θ_d,通过两相邻缝隙对应光线的光程差由 $(\overline{AB} - \overline{CD})$ 决定,而

$$\overline{AB} - \overline{CD} \approx a(\sin\theta_i - \sin\theta_d) \tag{7.5}$$

光栅方程为

$$a(\sin\theta_i - \sin\theta_d) = m\lambda \tag{7.6}$$

其中 m 为整数,当 a 和 θ_i 一定时,不同的 θ_d 对应不同的波长 λ。也就是说,像面上的不同点对应不同的波长,于是可用作 WDM 中的解复用器。

2. 布喇格光栅

布喇格光栅(Bragg Grating)广泛用于光纤通信之中。一般情况下,传输媒质的周期性微扰可以看做是布喇格光栅;这种微扰通常引起媒质折射率周期性的变化。半导体激光器使用布喇格光波导作分布反馈可以获得单频输出(如 DFB 激光器);在光纤中,写入布喇格光栅后可以用于光滤波器、光分插复用器和色散补偿器。

设两列波沿着同一方向传播,其传播常数分别为 β_0 和 β_1,如果满足布喇格相位匹配条件:

$$|\beta_0 - \beta_1| = \frac{2\pi}{\Lambda} \tag{7.7}$$

其中 Λ 为光栅周期,则一个波的能量可以耦合到另一个波中去。

在反射型滤波器中,我们假设传播常数为 β_0 的光波从左向右传播,如果满足条件:

$$|\beta_0 - (-\beta_0)| = 2\beta_0 = \frac{2\pi}{\Lambda} \tag{7.8}$$

则这个光波的能量可以耦合到沿它的反方向传播的具有相同波长的反射光中去。设 $\beta_0 = 2\pi n_{eff}/\lambda_0$,其中 λ_0 为输入光的波长,n_{eff} 为波导或光纤的有效折射率。也就是说,如果

$\lambda_0 = 2n_{\text{eff}}\Lambda$，光波将发生反射，这个波长 λ_0 就称为布喇格波长。随着入射光波的波长偏离布喇格波长，其反射率就会降低，如图 7.15(a)所示。如果具有几个波长的光同时传输到光纤布喇格光栅上，则只有波长等于布喇格波长的光才反射，而其他的光全部透射。

图 7.15(a)中的反射功率谱是针对折射率均匀周期性变化的光栅而言的，为了消除不需要的旁瓣，新研制成功了一种称为变迹光栅(Apodized Grating)的光栅，它与渐变折射率光纤有点类似，其折射率沿光栅纤芯到边沿逐渐减小，变迹光栅的反射功率谱如图 7.15(b)所示。注意变迹光栅旁瓣的减少是以主瓣加宽为代价的。

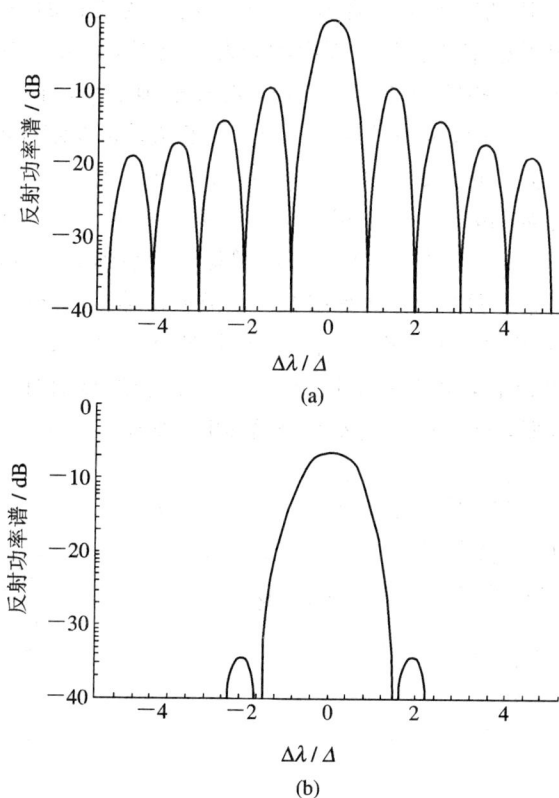

(Δλ：入射光波长与布喇格波长之差；Δλ/Δ：相位匹配波长的归一化失谐量)

图 7.15　布喇格光栅的反射谱

(a) 均匀折射率情形；(b) 变迹折射率情形

3. 光纤光栅

光纤光栅(Fiber Grating)是一种非常有吸引力的全光纤器件，其用途非常广泛，可用作光滤波器、光分插复用器和色散补偿器。对于全光纤器件，其主要优点有：插入损耗低，易于与光纤耦合，对偏振不敏感，温度系数低，封装简单，成本也较低。

利用某种特殊光纤的光敏特性，就可在光纤中写入光栅。在传统光纤的 SiO_2 中掺入少量锗(Ge)后就具有了光敏特性，再由紫外(UV)光照射，就可引起光纤纤芯的折射率变化。若用两束相干的紫外光照射掺杂后的光纤纤芯，则照射光束的强度将沿着光纤长度方向周期性地变化，强度高的地方纤芯折射率增加，强度低的地方纤芯折射率几乎无任何变化，这样就在光纤中写入了光栅。形成光栅所要求的折射率变化是极低的，大约为 10^{-4}。也可以使用位相版(phase mask)来写入光栅。位相版是一种光衍射元件，当用光束照射它时，它将光束分离成各个不同的衍射级，这些衍射级相互干涉就可将光栅写入光纤。

光纤光栅可以分为短周期(short-period)光纤光栅和长周期(long-period)光纤光栅。短周期光纤光栅也称光纤布喇格光栅，其周期可以和光波长相比较，典型值大约 0.5 μm；长周期光纤光栅的周期比光波长大得多，从几百微米到几毫米不等。

光纤布喇格光栅(FBG, Fiber Bragg Grating)是一种反射型光纤光栅，光栅使正向传输模(单模光纤中即为基模)同反向传输模之间发生耦合，光栅的波矢应等于传输模波矢的 2 倍，也就是说，光栅的周期应等于传输光波在光纤内部的波长的一半，这种光纤光栅只对在布喇格波长及其附近很窄的波长范围内的光发生反射，而不影响其他波长的光通过。光纤布喇格光栅的特点是损耗低(0.1 dB 左右)，波长准确度高(可达 ±0.05 nm)，邻近信道串扰抑制较高(可达 40 dB)以及通带顶部平坦。由于光纤长度随温度变化稍微有些变化，光纤布喇格光栅的温度系数的典型值高达 1.25×10^{-2} nm/℃。但这可以通过采用负热膨胀系数的材料封装来改善，改善过的光栅的温度系数大约为 0.07×10^{-2} nm/℃，这意味着在整个工作温度范围(100 ℃)内，中心波长的漂移可以小到 0.07 nm。在 WDM 系统中，光纤布喇格光栅可用作滤波器、光分插复用器和色散补偿器(Dispersion Compensator)。图 7.16(a)是一个简单的光分器，由一个三端口光环行器和一个光纤布喇格光栅构成，由光栅反射回来的波长 λ_2 从环行器的端口 3 取出，余下的波长继续前行。在上面简单的光分器的基础上加上一个耦合器，就可以实现光的分插功能，如图 7.16(b)所示。

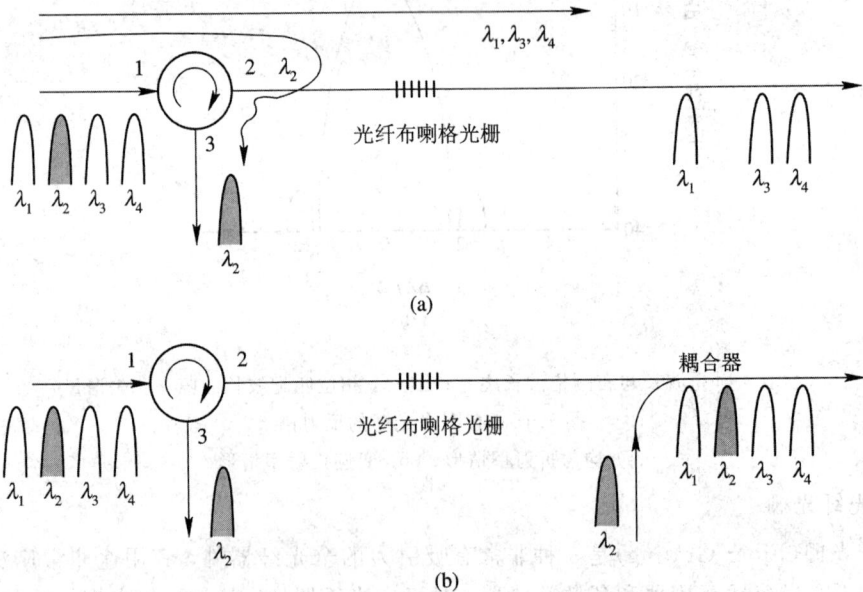

(a)

(b)

图 7.16　基于光纤光栅结构的光分插复用器
(a) 简单光分；(b) 光分插

长周期光纤光栅的工作原理与光纤布喇格光栅稍微有些不同。在光纤布喇格光栅中，纤芯中正向传输模的能量耦合到反向传输模上；而在长周期光纤光栅中，纤芯中正向传输模的能量耦合到包层里的正向传输模上，包层模沿着光纤传输时极容易消逝掉，因此相应波长位置的光波被衰减，出现一些损耗峰。设纤芯中模的传输常数(假定为单模光纤)为 β，

p 阶包层模的传输常数为 β_c^p，相位匹配条件为

$$| \beta - \beta_c^p | = \frac{2\pi}{\Lambda} \tag{7.9}$$

其中 Λ 为光栅周期。一般情况下，两个正向传输模的传输常数相差很小，为了发生耦合，通常要求 Λ 是一个相当大的值，一般为几百微米以上（光纤布喇格光栅大约为 $0.5~\mu\text{m}$）。设纤芯和 p 阶包层模的有效折射率分别为 n_{eff} 和 n_{eff}^p，由公式 $\beta = 2\pi n_{\text{eff}}/\lambda$ 可得：当光波长 λ 满足 $\lambda = \Lambda(n_{\text{eff}} - n_{\text{eff}}^p)$ 时，纤芯模的能量便耦合到包层模上去。因此，如果我们知道了传输光的波长和纤芯、包层模的有效折射率，就可以设计合适 Λ 值的长周期光栅来满足各种需要。长周期光纤光栅的制作方法与光纤布喇格光栅相同。图 7.17 是长周期光纤光栅的传输谱，可见它特别适合用作带阻滤波器，主要用于掺铒光纤放大器（EDFA，Erbium-Doped Fiber Amplifier）中作滤波器，使 EDFA 增益平坦化。

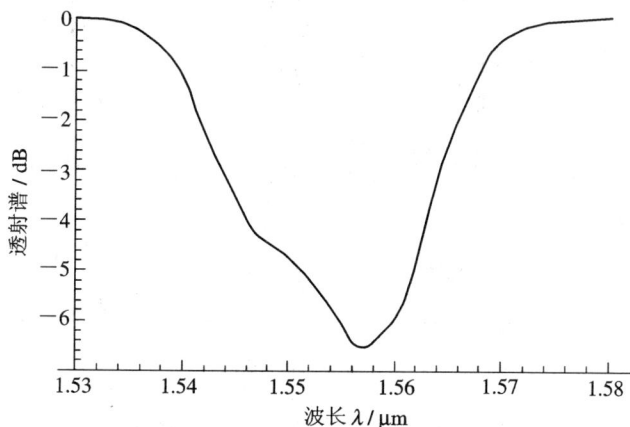

图 7.17　长周期光纤光栅的透射谱

4. 法布里–珀罗滤波器

　　法布里–珀罗（F-P，Fabry-Perot）滤波器是由两块平行放置的高反射率的镜面形成的腔构成的，如图 7.18 所示。这种滤波器也叫 F-P 干涉仪，输入光垂直到达第一个镜面，从第二个镜面出来的光就是输出。这个器件传统上用作干涉仪，现在也用在 WDM 系统中作滤波器。

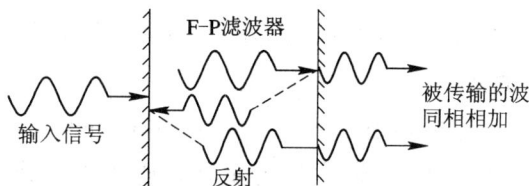

图 7.18　F-P 滤波器

F-P 滤波器的功率传递函数 $T_{\text{FP}}(f)$ 与光的频率 f 有关：

$$T_{\text{FP}}(f) = \frac{\left(1 - \dfrac{A}{1-R}\right)^2}{1 + \left(\dfrac{2\sqrt{R}}{1-R}\sin(2\pi f\tau)\right)^2} \tag{7.10}$$

若用自由空间波长 λ 表示，则

$$T_{\text{FP}}(\lambda) = \frac{\left(1 - \dfrac{A}{1-R}\right)^2}{1 + \left[\dfrac{2\sqrt{R}}{1-R}\sin\left(\dfrac{2\pi nl}{\lambda}\right)\right]^2} \qquad (7.11)$$

这里 A 表示每个镜面的吸收损耗，R 为每个镜面的反射率（假设两个镜相同），光在腔内单程传播的时延为 τ，腔内介质的折射率为 n，腔长为 l，因此 $\tau = nl/c$，c 为真空中光速。

$A = 0$ 及 $R = 0.75$、0.9 和 0.99 时 F-P 滤波器的功率传递函数如图 7.19 所示。反射率 R 越大，相邻信道的隔离就越好。

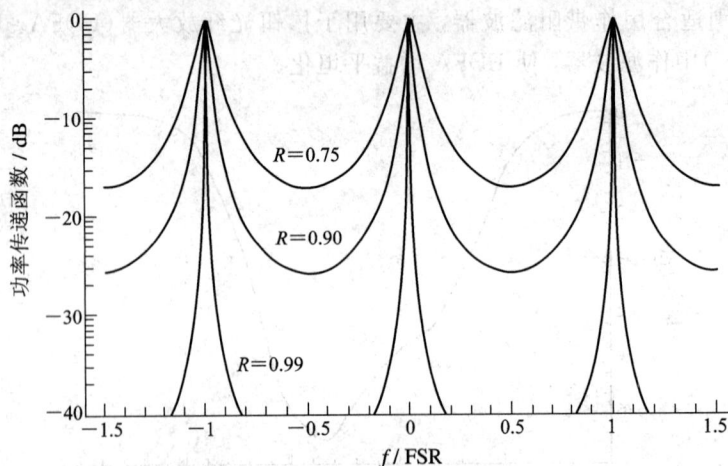

图 7.19　F-P 滤波器的功率传递函数

功率传递函数 $T_{\text{FP}}(f)$ 是频率 f 的周期函数，当 f 满足 $f\tau = k/2$，k 为正整数时，传递函数 $T_{\text{FP}}(f)$ 的值处在波峰（通带）上。F-P 滤波器的两个紧邻的通带之间的光谱范围称做自由光谱范围（FSR，Free Spectral Range），用 FWHM 表示传递函数的半高宽，比值 FSR/FWHM 称做 F-P 滤波器的精细度（F，Finesse），则

$$F = \frac{\pi\sqrt{R}}{1-R} \qquad (7.12)$$

F-P 滤波器选择不同的波长时一般有两种方法：一种是改变腔的长度；另一种是改变腔内介质的折射率。改变腔长有机械移镜和用压电材料（PZT）两种办法。

5. 多层介质薄膜滤波器

薄膜谐振腔滤波器（Thin-Film Resonant Cavity Filter）也是一个 F-P 干涉仪，只不过其反射镜是采用多层介质薄膜而已，常称为多层介质薄膜滤波器（MDTF，Multilayer Dielectric Thin-Film Filter）。这种滤波器用作带通滤波器，只允许特定波长的光通过而让其他所有波长的光反射，腔的长度决定要通过的波长。

薄膜谐振多腔滤波器（Thin-Film Resonant Multicavity Filter）的结构如图 7.20 所示，由反射介质薄膜隔开的两个或多个腔构成。改成多腔后与单腔相比，通带顶部更加平坦，边缘更为尖锐，如图 7.21 所示。这种滤波器多个级联后，就可以做成波分复用器，如图 7.22 所示。由于这种滤波器通带顶部平坦，边缘尖锐，温度变化时性能稳定，插入损耗低，

对光的偏振不敏感，所以在系统应用中是非常有吸引力的，如今已经广泛用在商业系统中。

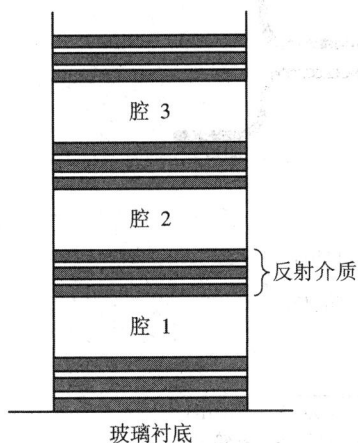

图 7.20　三腔介质薄膜谐振腔滤波器

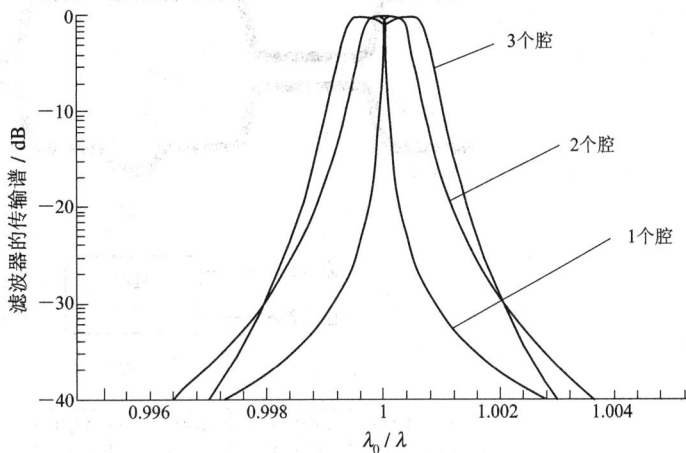

图 7.21　单腔、双腔、三腔介质薄膜滤波器的传输谱

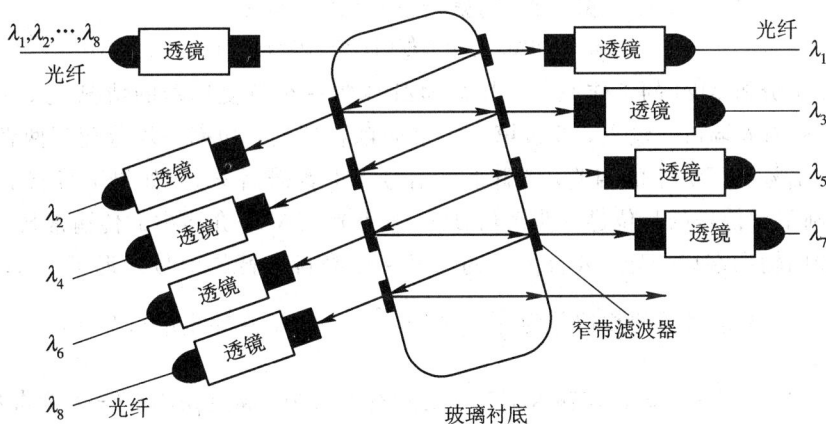

图 7.22　基于多层介质薄膜滤波器的波分复用/解复用器

6. 马赫-曾德尔干涉仪

马赫-曾德尔干涉仪（MZI，Mach-Zehnder Interferometer）使用两条不同长度的干涉路径来决定不同的波长输出。MZI 通常以集成光波导的形式出现，即用两个 3 dB 定向耦合器来连接两条不同长度的光通路，如图 7.23(a)所示，衬底通常采用硅(Si)，波导区采用二氧化硅(SiO_2)。一个 MZI 可用图 7.23(b)表示。

MZI 可用来作滤波器和波分复用器。虽然多层介质薄膜滤波器在窄带滤波方面性能较好，但在宽带滤波方面 MZI 非常有用，例如用来分开 1.31 μm 和 1.55 μm 两个波长的光信号。当然，通过级联几个 MZI 也可以做成窄带滤波器，如图 7.23(c)所示，但是这将导致损耗大大增加。从原理上讲，级联几个 MZI 后性能较好，但是在实际工作中存在波长随温度和时间的变化而漂移的现象，串扰性能远不如理想情况，级联后的窄带 MZI 的通带不平坦，相反地，多层介质多腔薄膜滤波器的通带和阻带都比较平坦。

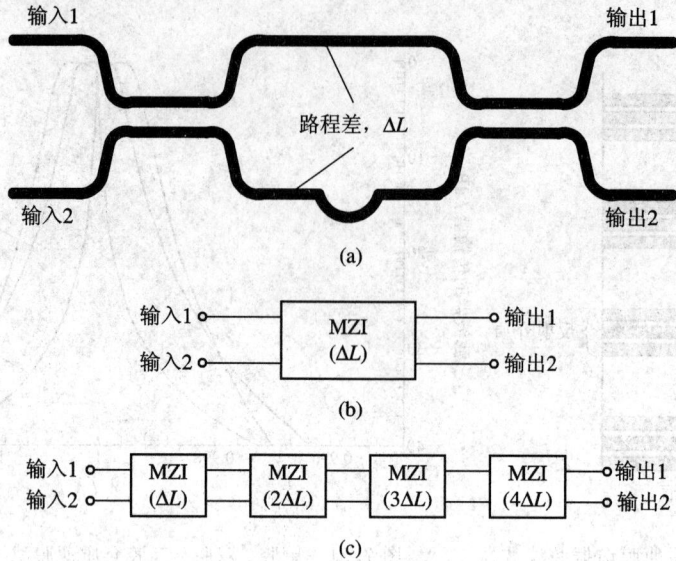

(a)

(b)

(c)

图 7.23　马赫-曾德尔干涉仪（MZI）

（a）结构图；（b）方框图；（c）四级 MZI

现在简单分析 MZI 的工作原理。考虑 MZI 作为一个解复用器的情况。这时只有一个输入，假设从输入端口 1 输入，经过第一个定向耦合器后，功率平均分配到两臂上，但是在两臂上的信号有了 $\pi/2$ 的相差，下臂上的信号比上臂滞后 $\pi/2$。如果下臂与上臂的长度差为 ΔL，则下臂信号的相位进一步滞后 $\beta\Delta L$，β 为光在 MZI 介质中的传输常数。在第二个定向耦合器的输出端口 1 处，来自下臂的信号又比来自上臂的信号延迟了 $\pi/2$，因此，在输出端口 1 处，两信号总的相位差为 $\frac{\pi}{2}+\beta\Delta L+\frac{\pi}{2}$。同理，在输出端口 2 处，两信号总的相位差为 $\frac{\pi}{2}+\beta\Delta L-\frac{\pi}{2}=\beta\Delta L$。在输入端口 1 的所有波长中，满足 $\beta\Delta L=k\pi$（k 为奇数）条件的波长，由输出端口 1 输出；满足 $\beta\Delta L=k\pi$（k 为偶数）条件的波长由输出端口 2 输出。而 $\beta=(2\pi n)/\lambda$，n 为介质折射率，λ 为真空中的光波长，通过适当设计就可以实现波的解复用。如果两臂长度差为 ΔL，只是从输入端口 1 输入，则单个 MZI 的功率传递函数为

$$\begin{bmatrix} T_{11}(f) \\ T_{12}(f) \end{bmatrix} = \begin{bmatrix} \sin^2\dfrac{\beta\Delta L}{2} \\ \cos^2\dfrac{\beta\Delta L}{2} \end{bmatrix} \tag{7.13}$$

其中 f 为光频率。

如果将 MZI 级联，就构成多级马赫-曾德尔干涉仪（Multistage Mach-Zehnder Inter-ferometer）。图 7.23（c）示出 4 级马赫-曾德尔干涉仪，其中每个 MZI 以及级联后整个 4 级 MZI 的传递函数曲线如图 7.24 所示。

前面讨论了 MZI 用作 1×2 解复用器情况，由于 MZI 是一种互易器件，因此也可用作 2×1 复用器。

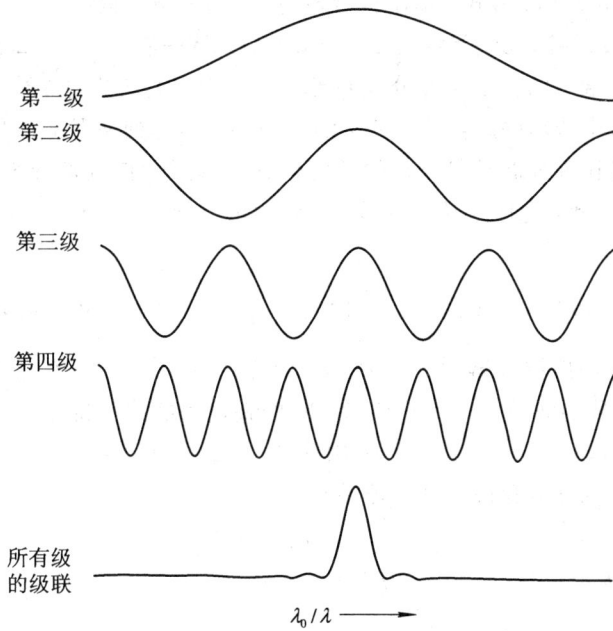

（前 4 个为每单个 MZI 的传递函数，最后一个为级联后 4 级 MZI 的传递函数）

图 7.24　MZI 的传递函数

7. 阵列波导光栅

阵列波导光栅（AWG，Arrayed Waveguide Grating）是 MZI 的推广和一般形式。如图 7.25 所示，它由两个多端口耦合器和连接它们的阵列波导构成。AWG 可用作 $n\times1$ 波分复用器和 $1\times n$ 波分解复用器。与多级 MZI 相比，AWG 损耗低、通带平坦，容易集成在一块衬底上。AWG 也可用作静态波长路由器，如图 7.26 所示。

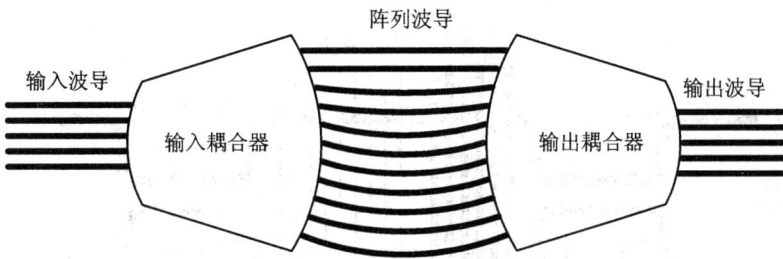

图 7.25　阵列波导光栅（AWG）

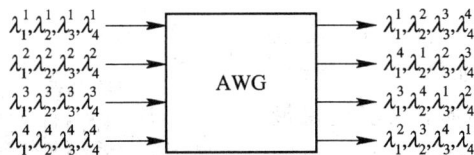

图 7.26　基于 AWG 的静态波长路由器

下面我们简单地分析一下 AWG 的工作原理。设 AWG 的输入端口数和输出端口数均

为 n，输入耦合器为 $n \times m$ 形式，输出耦合器为 $m \times n$ 形式，输入和输出耦合器之间由 m 个波导连接，每相邻波导的长度差均为 ΔL。MZI 是 AWG 在 $n = m = 2$ 情形下的特例。输入耦合器将某个输入端口的输入信号分成 m 部分，它们之间的相对相位由从输入波导到阵列波导在输入耦合器中传输的距离来决定，输入波导 i 和阵列波导 k 之间的距离用 d_{ik}^{in} 表示，阵列波导 k 的长度比阵列波导 $(k-1)$ 的长度长 ΔL，同样，阵列波导 k 和输出波导 j 之间的距离用 d_{kj}^{out} 表示。因此，光信号从输入波导 i 到输出波导 j，经历了 i 与 j 之间 m 条不同通路后的相对相位为

$$\Phi_{ijk} = \frac{2\pi}{\lambda}(n_1 d_{ik}^{\text{in}} + n_2 k \Delta L + n_1 d_{kj}^{\text{out}}) \quad k = 1, 2, \cdots, m \qquad (7.14)$$

式中，n_1 为输入和输出耦合器的折射率，n_2 为阵列波导的折射率，λ 为光信号的波长。在输入波导 i 的光信号的波长中，满足 Φ_{ijk} 为 2π 的整数倍的波长将在输出波导 j 输出。于是，通过适当设计，可以做成 $1 \times n$ 波分解复用器和 $n \times 1$ 波分复用器。

如果设计输入耦合器和输出耦合器满足

$$d_{ik}^{\text{in}} = d_i^{\text{in}} + k\delta_i^{\text{in}}$$

和

$$d_{kj}^{\text{out}} = d_j^{\text{out}} + k\delta_j^{\text{out}}$$

则有

$$\Phi_{ijk} = \frac{2\pi}{\lambda}(n_1 d_i^{\text{in}} + n_1 d_j^{\text{out}}) + \frac{2\pi k}{\lambda}(n_1 \delta_i^{\text{in}} + n_2 \Delta L + n_1 \delta_j^{\text{out}}) \quad k = 1, 2, \cdots, m \qquad (7.15)$$

在输入波导 i 输入的那些波长中，若满足：$n_1 \delta_i^{\text{in}} + n_2 \Delta L + n_1 \delta_j^{\text{out}} = p\lambda$，$p$ 为整数，则波长为 λ 的光将在输出波导 j 输出。

8. 声光可调谐滤波器

声光可调谐滤波器（AOTF，Acousto-Optic Tunable Filter）是一种多用途器件，是目前已知的惟一能够同时选择多个波长的可调谐滤波器，并且可用来构造波长路由器。AOTF 的基本原理是声与光的相互作用，图 7.27 是 AOTF 的集成光波导形式。

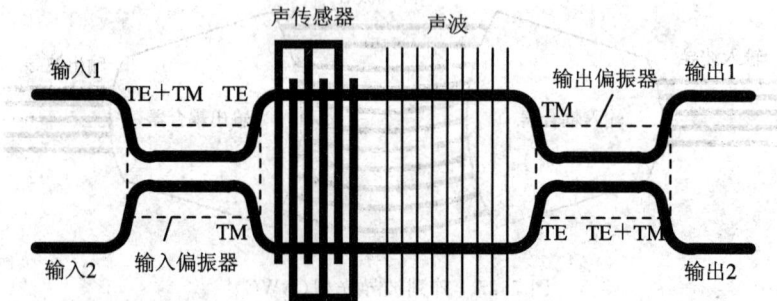

图 7.27 集成光波导 AOTF

一个简化的 AOTF 如图 7.28 所示，波导材料是一种双折射物质，仅能支持最低阶 TE 模和 TM 模。假设输入光完全是 TE 模，一个只能选择 TM 模的偏振器放在波导的输出端。如果在被选择的波长附

图 7.28 简化的 AOTF

近的一个窄谱范围内的光能量转换为 TM 模式,而其余光能量仍保持 TE 模式,这样就可以制成一个波长选择性滤波器。

这种滤波器的实现可以通过沿着光波的传播方向或逆着光波的传播方向发射一列声波来完成。声波传播引起媒质的密度周期性变化,其变化周期等于声波波长,这相当于形成了一个布喇格光栅。设 TE 和 TM 模的折射率分别为 n_{TE} 和 n_{TM},当满足布喇格条件

$$\frac{n_{TM}}{\lambda} = \frac{n_{TE}}{\lambda} \pm \frac{1}{\Lambda} \tag{7.16}$$

时,光波从一种模式耦合到另一种模式,其中 Λ 为声波波长,λ 为光波长。满足布喇格条件在波长 λ 附近的窄谱范围内的光将从 TE 模转换为 TM 模,如果这种器件的输入光只是 TE 模,输出只选择 TM 模,那么就可以作为一个窄带滤波器使用。

如果记 $n_{TE} - n_{TM} = \Delta n$,则布喇格条件可写为

$$\lambda = \Lambda \cdot \Delta n \tag{7.17}$$

在 LiNbO$_3$ 晶体中,$\Delta n = 0.07$。若适当选择声波波长 Λ,则经过模式转换又位于 AOTF 通带内的波长能够被选择。例如,为了选择 1.55 μm 波长,若 $\Delta n = 0.07$,则声波波长大约为 22 μm,在 LiNbO$_3$ 晶体中声速大约为 3.75 km/s,对应的声波频率为 3.75 km/s$\div$22 μm $\approx$170 MHz。由于产生该声波的频率容易改变,所以这种滤波器也很容易调谐。图7.28 的 AOTF 与偏振有关,因为这里假设输入光完全是 TE 模。图 7.27 是一种与偏振无关的 AOTF,其实现方式和与偏振无关的隔离器相类似,将输入光信号分解为 TE 和 TM 两个分量,分别通过 AOTF 后再在输出端组合在一起。

布喇格条件决定要选择的波长,而这种滤波器的通带宽度则由声光相互作用的长度决定,声光相互作用的长度越长,通带就越窄。AOTF 的功率传递函数为

$$T(\lambda) = \frac{\sin^2\left(\frac{\pi}{2}\sqrt{1+(2\Delta\lambda/\varepsilon)^2}\right)}{1+(2\Delta\lambda/\varepsilon)^2} \tag{7.18}$$

其中 $\Delta\lambda = \lambda - \lambda_0$,$\lambda_0$ 为满足布喇格条件的光波波长,$\varepsilon = \lambda_0^2/(l \cdot \Delta n)$ 为滤波器通带宽度的一种量度,l 为器件长度(准确说是声光相互作用的长度),滤波器的半峰值宽度 FWHM= 0.8ε,如图 7.29 所示。这说明器件越长(声光相互作用长度越长),滤波器的通带就越窄;然而调谐速度与器件长度成反比,因为调谐速度主要由声波通过器件的时间决定。

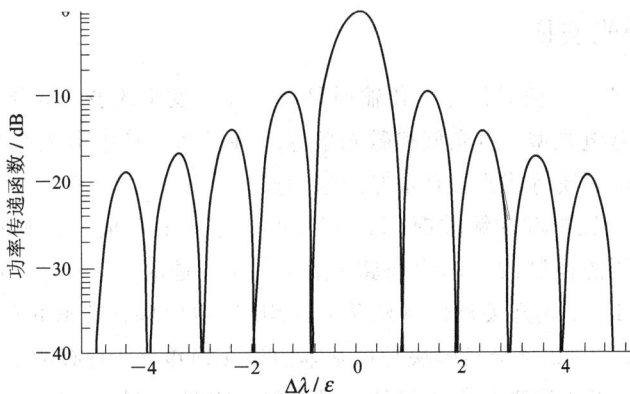

图 7.29　AOTF 的功率传递函数

与偏振无关的 AOTF 可用作 2×2 波长路由器，满足布喇格条件的波长被交换，如图 7.30(a)所示，这里波长 λ_1 满足布喇格条件。如果同时发射几个声波，就有几个光波长同时满足布喇格条件，那么在单个器件上就可同时完成几个波长的交换，如图 7.30(b)所示，这里交换的波长是 λ_1 和 λ_4。前面所指的都是静态波长路由器，也可以通过改变声波的频率作为动态波长路由器，适当地级联 2×2 路由器可以构成多输入多输出路由器。如今，AOTF 还没有完全实用化的原因主要有两个：一是存在较大串扰，二是通带相对较宽。

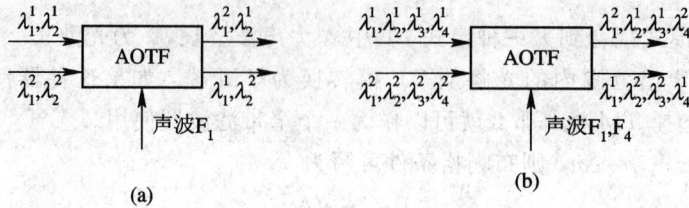

图 7.30　基于 AOTF 的波长路由器
(a) 交换波长 λ_1；(b) 同时交换波长 λ_1 和 λ_4

7.3　光 交 换 技 术

目前的商用光纤通信系统，单波长信道的传输速率已超过 10 Gb/s，实验 WDM 系统的传输速率已超过 3.28 Tb/s。但是，由于大量新业务的出现和国际互联网的发展，今后通信网络还可能更加拥挤。原因是在现有通信网络中，高速光纤通信系统仅仅充当点对点的传输手段，网络中重要的交换功能还是采用电子交换技术。传统电子交换机的端口速率只有几 Mb/s 到几百 Mb/s，不仅限制了光纤通信网络速率的提高，而且要求在众多的接口进行频繁的复用/解复用，光/电和电/光转换，因而增加了设备复杂性和成本，降低了系统的可靠性。虽然采用 SDH 异步转移模式(ATM)可提供 155 Mb/s 或更高的速率，能缓解这种矛盾，但电子线路的极限速率约为 20 Gb/s。要彻底解决高速光纤通信网存在的矛盾，只有实现全光通信，而光交换是全光通信的关键技术。

光交换主要有三种方式：空分光交换、时分光交换和波分光交换。

7.3.1　空分光交换

空分光交换的功能是使光信号的传输通路在空间上发生改变。空分光交换的核心器件是光开关。光开关有电光型、声光型和磁光型等多种类型，其中电光型光开关具有开关速度快、串扰小和结构紧凑等优点，有很好的应用前景。

典型光开关是用钛扩散在铌酸锂($Ti：LiNbO_3$)晶片上形成两条相距很近的光波导构成的，并通过对电压的控制改变输出通路。图 7.31(a)是由 4 个 1×2 光开关器件组成的 2×2 光交换模块。1×2 光开关器件就是 $Ti：LiNbO_3$ 定向耦合器型光开关，只是少用了一个输入端而已。这种 2×2 光交换模块是最基本的光交换单元，它有两个输入端和两个输出端，通过电压控制，可以实现平行连接和交叉连接，如图 7.31(b)所示。图 7.31(c)是由 16 个 1×2 光开关器件或 4 个 2×2 光交换单元组成的 4×4 光交换单元。

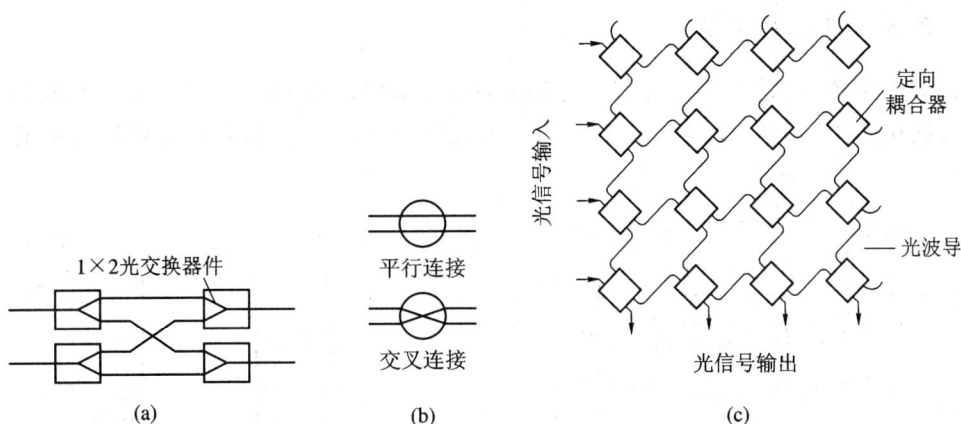

图 7.31　空分光交换

(a) 2×2 光交换单元；(b) 平行连接和交叉连接；(c) 4×4 光交换单元

7.3.2　时分光交换

时分光交换是以时分复用为基础，用时隙互换原理实现交换功能的。

时分复用是把时间划分成帧，每帧划分成 N 个时隙，并分配给 N 路信号，再把 N 路信号复接到一条光纤上。在接收端用分接器恢复各路原始信号，如图 7.32(a)所示。

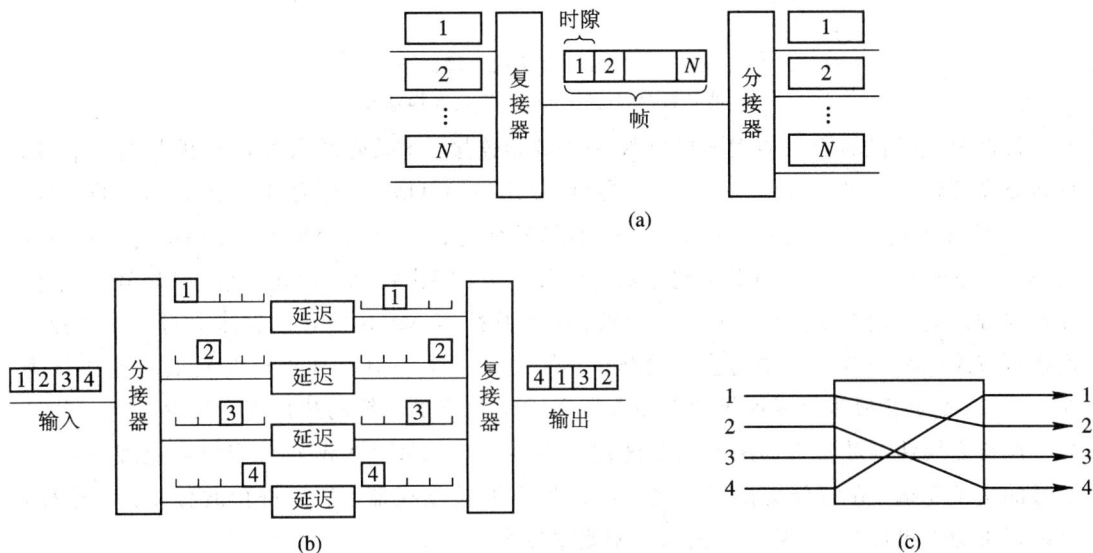

(a)

图 7.32　时分光交换

(a) 时分复用原理；(b) 时隙互换原理；(c) 等效的空分交换

所谓时隙互换，就是把时分复用帧中各个时隙的信号互换位置。如图 7.32(b)，首先使时分复用信号经过分接器，在同一时间内，分接器每条出线上依次传输某一个时隙的信号；然后使这些信号分别经过不同的光延迟器件，获得不同的延迟时间；最后用复接器把这些信号重新组合起来。图 7.32(c)示出时分光交换的空分等效。

7.3.3　波分光交换

波分光交换(或交叉连接)是以波分复用原理为基础,采用波长选择或波长变换的方法实现交换功能的。图 7.33(a)和(b)分别示出波长选择法交换和波长变换法交换的原理框图。

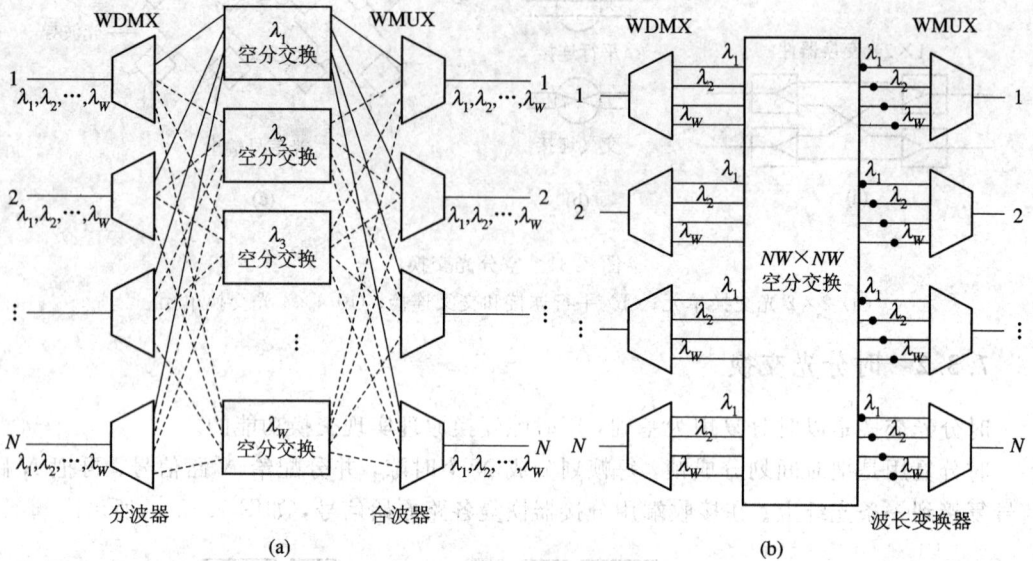

图 7.33　波分交换的原理框图
(a) 波长选择法交换；(b) 波长变换法交换

设波分交换机的输入和输出都与 N 条光纤相连接。每条光纤承载 W 个波长的光信号。从每条光纤输入的光信号首先通过分波器(解复用器)WDMX,分为 W 个波长不同的信号。所有 N 路输入的波长为 $\lambda_i(i=1,2,\cdots,W)$ 的信号都送到 λ_i 空分交换器,在那里进行同一波长 N 路(空分)信号的交叉连接,到底如何交叉连接,将由控制器决定。然后,从 W 个空分交换器输出的不同波长的信号再通过合波器(复用器)WMUX 复接到输出光纤上。这种交换机可应用于采用波长选路的全光网络中。但由于每个空分交换器可能提供的连接数为 $N\times N$,故整个交换机可能提供的连接数为 N^2W,比下面介绍的波长变换法少。

波长变换法与波长选择法的主要区别是用同一个 $NW\times NW$ 空分交换器处理 NW 路信号的交叉连接,在空分交换器的输出必须加上波长变换器,然后进行波分复接。这样,可能提供的连接数为 N^2W^2,即内部阻塞概率较小。

波长变换器将在 7.7 节介绍。

7.4　光 孤 子 通 信

光孤子(Soliton)是经光纤长距离传输后,其宽度保持不变的超短光脉冲(ps 数量级)。光孤子的形成是光纤的群速度色散和非线性效应相互平衡的结果。利用光孤子作为载体的通信方式称为光孤子通信。光孤子通信的传输距离可达上万千米，甚至几万千米，目前还处于试验阶段。

我们知道，光纤通信的传输距离和传输速率受到光纤损耗和色散的限制。光纤放大器投入应用后，克服了损耗的限制，增加了传输距离。此时，光纤传输系统，尤其是传输速率在 Gb/s 以上的系统，光纤色散引起的脉冲展宽，对传输速率的限制，成为提高系统性能的主要障碍。

为了增加传输距离，在光纤线路上，每隔一定的距离，可设置一个光纤放大器，以周期地补充光功率的损耗。但是多个光纤放大器产生的噪声累积又妨碍了传输距离的增加，因而要求提高传输信号的光功率，这样便产生非线性效应。非线性效应对光纤通信有害也有利，事实表明，克服其害还不如利用其利。

光纤非线性效应和色散单独起作用时，在光纤中传输的光信号都要产生脉冲展宽，对传输速率的提高是有害的。但是如果适当选择相关参数，使两种效应相互平衡，就可以保持脉冲宽度不变，因而形成光孤子。

7.4.1 光孤子的形成

在讨论光纤传输理论时，假设了光纤折射率 n 和入射光强（光功率）无关，始终保持不变。这种假设在低功率条件下是正确的，获得了与实验良好一致的结果。然而，在高功率条件下，折射率 n 随光强而变化，这种特性称为非线性效应。在强光作用下，光纤折射率 n 可以表示为

$$n = n_0 + \bar{n}_2 \mid E \mid^2 \tag{7.19}$$

式中，E 为电场强度，n_0 为 $E=0$ 时的光纤折射率，约为 1.45。这种光纤折射率 n 随光强 $\mid E \mid^2$ 而变化的特性，称为克尔(Kerr)效应，$\bar{n}_2 = 10^{-22} (\text{m/V})^2$，称为克尔系数。虽然光纤中电场较强，为 $10^6 (\text{V/m})$，但总的折射率变化 $\Delta n = n - n_0 = \bar{n}_2 \mid E \mid^2$ 还是很小(10^{-10})的。即使如此，这种变化对光纤传输特性的影响还是很大的。

设波长为 λ、光强为 $\mid E \mid^2$ 的光脉冲在长度为 L 的光纤中传输，则光强感应的折射率变化 $\Delta n(t) = \bar{n}_2 \mid E(t) \mid^2$，由此引起的相位变化为

$$\Delta \phi(t) = \frac{\omega}{c} \Delta n(t) L = \frac{2\pi L}{\lambda} \Delta n(t) \tag{7.20}$$

这种使脉冲不同部位产生不同相移的特性称为自相位调制(SPM)。如果考虑光纤损耗，式(7.20)中的 L 要用有效长度 L_{eff} 代替。SPM 引起脉冲载波频率随时间的变化为

$$\Delta \omega(t) = -\frac{\partial \Delta \phi(t)}{\partial t} = -\frac{2\pi L}{\lambda} \frac{\partial}{\partial t} [\Delta n(t)] \tag{7.21}$$

如图 7.34 所示，在脉冲上升部分，$\mid E \mid^2$ 增加，$\frac{\partial \Delta n}{\partial t} > 0$，得到 $\Delta \omega < 0$，频率下移；在脉冲顶部，$\mid E \mid^2$ 不变，$\frac{\partial \Delta n}{\partial t} = 0$，得到 $\Delta \omega = 0$，频率不变；在脉冲下降部分，$\mid E \mid^2$ 减小，$\frac{\partial \Delta n}{\partial t} < 0$，得到 $\Delta \omega > 0$，频率上移。频移使脉冲频率改变分布，其前部(头)频率降低，后部(尾)频率升高。这种情况称脉冲产生线性调频，或称啁啾(Chirp)。

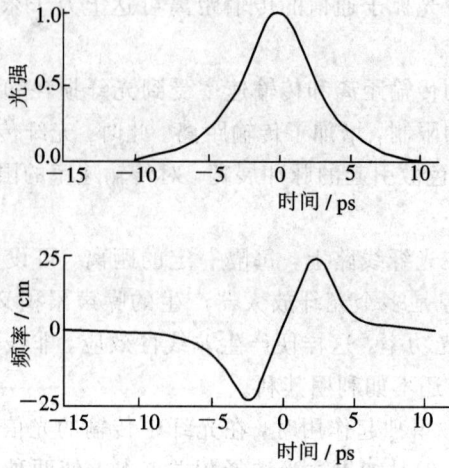

图 7.34 脉冲的光强频率调制

设光纤无损耗，在光纤中传输的已调波为线性偏振模式，其场可以表示为

$$E(r,z,t) = R(r)U(z,t)\exp[-\mathrm{i}(\omega_0 t - \beta_0 z)] \tag{7.22}$$

式中，$R(r)$ 为径向本征函数，$U(z,t)$ 为脉冲的调制包络函数，ω_0 为光载波频率，β_0 为调制频率 $\omega = \omega_0$ 时的传输常数。

设已调波 $E(r,z,t)$ 的频谱在 $\omega = \omega_0$ 处有峰值，频谱较窄，则可近似为单色平面波。由于非线性克尔效应，传输常数应写成

$$\beta = \frac{\omega}{c}n = \frac{\omega}{c}\left(n_0 + \bar{n}_2\frac{P}{A_{\mathrm{eff}}}\right) \tag{7.23}$$

式中，P 为光功率，A_{eff} 为光纤有效截面积。由此可见，β 不仅是折射率的函数，而且是光功率的函数。在 β_0 和 $P=0$ 附近，把 β 展开成级数，得到

$$\beta(\omega,P) = \beta_0 + \beta_0^{'}(\omega - \omega_0) + \frac{1}{2}\beta_0^{''}(\omega - \omega_0)^2 + \beta_2 P \tag{7.24}$$

式中，$\beta_0^{'} = \dfrac{\partial \beta}{\partial \omega}\bigg|_{\omega=\omega_0} = \dfrac{1}{V_g}$，$V_g$ 为群速度，即脉冲包络线的运动速度。$\beta_0^{''} = \dfrac{\partial^2 \beta}{\partial \omega^2}\bigg|_{\omega=\omega_0}$，比例于一阶色散，描述群速度与频率的关系。$\beta_2 = \dfrac{\partial \beta/\partial P\big|_{P=0}}{A_{\mathrm{eff}}} = \omega \bar{n}_2/cA_{\mathrm{eff}}$。令 $\beta_2 P = \dfrac{1}{L_{\mathrm{NL}}}$，$L_{\mathrm{NL}}$ 称为非线性长度，表示非线性效应对光脉冲传输特性的影响。

式(7.24)虽然略去高次项，但仍较完整地描述了光脉冲在光纤中传输的特性，式中右边第三项和第四项最为重要，这两项正好体现了光纤色散和非线性效应的影响。如果 $\beta_0^{''}$ <0，同时 $\beta_2 P>0$，适当选择相关参数，使两项绝对值相等，光纤色散和非线性效应便相互抵消，因而输入脉冲宽度保持不变，形成稳定的光孤子。

现在我们回顾一下光纤色散。波长为 λ 的光纤色散系数 $C(\lambda)$ 的定义为

$$C(\lambda) = \frac{\mathrm{d}\tau}{\mathrm{d}\lambda} = \frac{\mathrm{d}}{\mathrm{d}\lambda}\left(\frac{\mathrm{d}\beta}{\mathrm{d}\omega}\right) = -\frac{2\pi c}{\lambda^2}\beta_0^{''} \tag{7.25}$$

式中，$\tau = \mathrm{d}\beta/\mathrm{d}\omega = 1/V_g$ 为群延时，V_g 为群速度；$\omega = 2\pi f = 2\pi c/\lambda$ 为光载波频率，c 为光速；$\beta_0^{''} = \mathrm{d}^2\beta/\mathrm{d}\omega^2$，比例于一阶色散。

式(7.25)描述的单模光纤色散特性如图
7.35 所示,图中 λ_D 为零色散波长。在 $\lambda < \lambda_D$
时,$C(\lambda) < 0$,$\beta_0'' > 0$,称为光纤正常色散区;
在 $\lambda > \lambda_D$ 时,$C(\lambda) > 0$,$\beta_0'' < 0$,称为光纤反常
色散区。

图 7.36 示出光脉冲在反常色散光纤中传
输时,由于非线性效应产生的啁啾被压缩或展
宽。对反常色散光纤,群速度与光载波频率成
正比,在脉冲中载频高的部分传播得快,而载
频低的部分则传播得慢。对正常色散光纤,结
论正相反。因此,具有正啁啾的光脉冲通过反

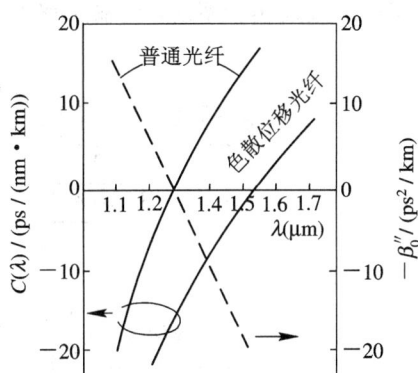

图 7.35　单模光纤的色散特性

常色散光纤时,脉冲前部(头)频率低,传播得慢,而后部(尾)频率高,传播得快。这种脉冲
形象地被称为"红头紫尾"光脉冲。在传播过程中,"紫"尾逐渐接近"红"头,因而脉冲被压
缩,如图 7.36(a)。相反,具有负啁啾的光脉冲通过反常色散光纤时,前部(头)传播得快,
后部(尾)传播得慢,"紫"头和"红"尾逐渐分离,结果脉冲被展宽,如图 7.36(b)所示。由此
可见,适当选择相关参数,可以使光脉冲宽度保持不变。

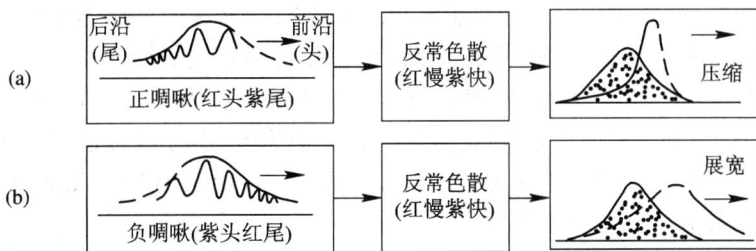

图 7.36　脉冲在反常色散光纤中传输因啁啾效应可被压缩或展宽

7.4.2　光孤子通信系统的构成和性能

图 7.37(a)示出光孤子通信系统构成方框图。光孤子源产生一系列脉冲宽度很窄的光
脉冲,即光孤子流,作为信息的载体进入光调制器,使信息对光孤子流进行调制。被调制
的光孤子流经掺铒光纤放大器和光隔离器后,进入光纤进行传输。为克服光纤损耗引起的
光孤子减弱,在光纤线路上周期地插入 EDFA,向光孤子注入能量,以补偿因光纤传输而
引起的能量消耗,确保光孤子稳定传输。在接收端,通过光检测器和解调装置,恢复光孤
子所承载的信息。

光孤子源是光孤子通信系统的关键。要求光孤子源提供的脉冲宽度为 ps 数量级,并有
规定的形状和峰值。光孤子源有很多种类,主要有掺铒光纤孤子激光器、锁模半导体激光
器等。

目前,光孤子通信系统已经有许多实验结果。例如,对光纤线路直接实验系统,在传
输速率为 10 Gb/s 时,传输距离达到 1000 km;在传输速率为 20 Gb/s 时,传输距离达到
350 km。对循环光纤间接实验系统(参看图 7.37(b)),传输速率为 2.4 Gb/s,传输距离达

12 000 km；改进实验系统，传输速率为 10 Gb/s，传输距离达 10^6 km。

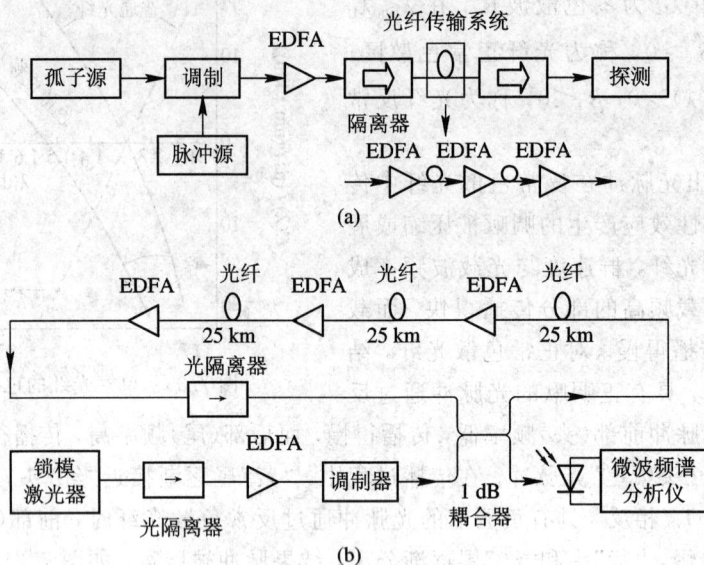

(a)

(b)

图 7.37　光孤子通信系统和实验系统
(a) 光孤子通信系统构成方框图；(b) 循环光纤间接光孤子实验系统图

　　事实上，对于单波长光纤通信系统来说，光孤子通信系统的性能并不比在零色散波长工作的常规（非光孤子）系统更好。循环光纤间接实验结果表明，零色散波长常规系统的传输速率为 2.4 Gb/s 时，传输距离可达 21 000 km，而为 5 Gb/s 时可达 14 300 km。然而，零色散波长系统只能实现单信道传输，而光孤子系统则可用于 WDM 系统，使传输速率大幅度增加，因而具有广阔的应用前景。

7.5　相干光通信技术

　　目前已经投入使用的光纤通信系统，都是采用光强调制-直接检测（IM-DD）方式。这种方式的优点是调制和解调简单，容易实现，因而成本较低。但是这种方式没有利用光载波的频率和相位信息，限制了系统性能的进一步提高。

　　相干光通信，像传统的无线电通信一样，在发射端对光载波进行幅度、频率或相位调制；在接收端，则采用零差检测或外差检测，这种检测技术称为相干检测。和 IM-DD 方式相比，相干检测可以把接收灵敏度提高 20 dB，相当于在相同发射功率下，若光纤损耗为 0.2 dB/km，则传输距离增加 100 km。同时，采用相干检测，可以更充分利用光纤带宽。我们已经看到，在光频分复用（OFDM）中，信道频率间隔可以达到 10 GHz 以下，因而大幅度增加了传输容量。

　　所谓相干光，就是两个激光器产生的光场具有空间叠加、相互干涉性质的激光。实现相干光通信，关键是要有频率稳定、相位和偏振方向可以控制的窄线谱激光器。

7.5.1　相干检测原理

　　图 7.38 示出相干检测原理方框图，光接收机接收的信号光和本地振荡器产生的本振

光经混频器作用后，光场发生干涉。由光检测器实现光电转换，输出的电信号经处理（包括放大解调）后，以基带信号的形式输出。

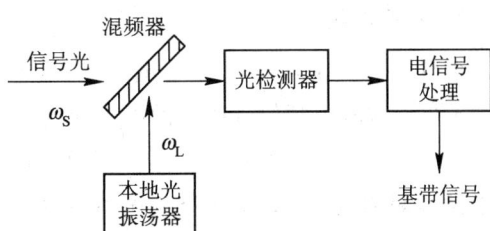

图 7.38　相干检测原理方框图

单模光纤的传输模式是基模 HE_{11} 模，设接收机接收的信号光其光场可以写成

$$E_S = A_S \exp[-i(\omega_S t + \phi_S + \theta(t))]$$

$$(7.26)$$

式中，A_S、ω_S 和 ϕ_S 分别为光载波的幅度、频率和相移，$\theta(t)$ 表示相位调制信号。同样，本振光的光场可以写成

$$E_L = A_L \exp[-i(\omega_L t + \phi_L)] \tag{7.27}$$

式中，A_L、ω_L 和 ϕ_L 分别为本振光的幅度、频率和相移。保持信号光的偏振方向不变，控制本振光的偏振方向，使之与信号光的偏振方向相同。本振光的中心角频率 ω_L 应满足

$$\omega_L = \omega_S - \omega_{IF} \quad \text{或} \quad \omega_L = \omega_S + \omega_{IF} \tag{7.28}$$

式中，ω_{IF} 是中频信号的频率。这时光检测器输入的光功率 P 与光强 $|E_S + E_L|^2$ 成比例，即

$$P = K \mid E_S + E_L \mid^2 \tag{7.29}$$

式中，K 为常数。由式(7.26)～(7.29)，根据模式理论和电磁理论计算的结果，光检测器输入光功率近似为

$$P(t) \approx P_S + P_L + 2 \sqrt{P_S P_L} \cos[\omega_{IF} t + (\phi_S - \phi_L) + \theta(t)] \tag{7.30}$$

式中，$P_S = KA_S^2$，$P_L = KA_L^2$，$\omega_{IF} = \omega_S - \omega_L$。显然，式(7.30)右边最后一项是中频信号功率分量，它实际上是叠加在 P_S 和 P_L 之上的一种缓慢起伏的变化，如图 7.39 所示。由此可见，中频信号功率分量带有信号光的幅度、频率或相位信息，在发射端，无论采取什么调制方式，都可以从中频功率分量反映出来。所以，相干光接收方式是适用于所有调制方式的通信体制。

相干检测有零差检测和外差检测两种方式。

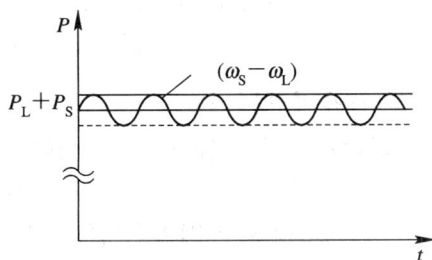

图 7.39　干涉后的瞬时光功率变化

1. 零差检测

选择 $\omega_L = \omega_S$，即 $\omega_{IF} = 0$，这种情况称为零差检测。这时，滤去直流分量，检测器产生的信号电流为

$$I(t) = 2\rho \sqrt{P_S P_L} \cos(\phi_S - \phi_L + \theta(t)) \tag{7.31}$$

式中，ρ 为光检测器的响应度。通常 $P_L \gg P_S$，同时考虑到本振光相位锁定在信号光相位上，即 $\phi_L = \phi_S$，这样便得到零差检测的光生信号电流为

$$I_P(t) = 2\rho \sqrt{P_S P_L} \cos\theta(t) \tag{7.32}$$

零差检测信号平均功率与直接检测信号平均功率之比为 $4\rho^2 \langle P_S \rangle P_L / (\rho^2 \langle P_S \rangle^2) = 4P_L / \langle P_S \rangle$。由于 $P_L \gg P_S$，零差检测接收信号功率可以放大几个数量级。虽然噪声也增加了，但是灵敏度仍然可以大幅度提高。零差检测技术非常复杂，因为相位变化非常灵敏，必须控制相位，使 $\phi_S - \phi_L$ 保持不变，同时要求 ω_L 和 ω_S 相等。

2. 外差检测

选择 $\omega_L \neq \omega_S$，即 $\omega_{IF} = \omega_S - \omega_L > 0$，这种情况称为外差检测。通常选择 $f_{IF}(=\omega_{IF}/2\pi)$ 在微波范围。这时中频信号产生的电流为

$$I_{ac}(t) = 2\rho \sqrt{P_S P_L} \cos[\omega_{IF} t + (\phi_S - \phi_L) + \theta(t)] \qquad (7.33)$$

与零差检测相似，外差检测接收光功率放大了，从而提高了灵敏度。外差检测信噪比的改善比零差检测低 3 dB，但是接收机设计相对简单，因为不一定需要相位锁定。需要指出，对于相位调制，还需要采用鉴相器将式(7.32)或式(7.33)中的 $\theta(t)$ 解调出来。

7.5.2 调制和解调

如前所述，相干检测技术的主要优点是可以对光载波实施幅度、频率或相位调制。对于模拟信号，有三种调制方式，即幅度调制(AM)、频率调制(FM)和相位调制(PM)。对于数字信号，也有三种调制方式，即幅移键控(ASK)、频移键控(FSK)和相移键控(PSK)。图 7.40 示出 ASK、PSK 和 FSK 调制方式的比较，下面分别介绍这三种调制方式。

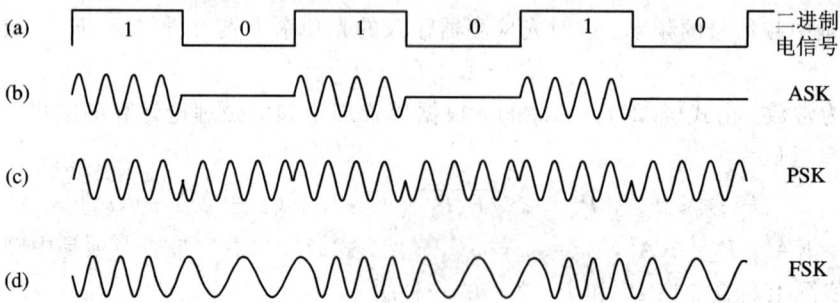

图 7.40 ASK、PSK 和 FSK 调制方式比较

1. 幅移键控(ASK)

基带数字信号只控制光载波的幅度变化，称为幅移键控(ASK)。ASK 的光场表达式为

$$E_S(t) = A_S(t) \cos(\omega_S t + \phi_S) \qquad (7.34)$$

式中，A_S、ω_S 和 ϕ_S 分别为光场的幅度、中心角频率和相移。在 ASK 中，只对幅度进行调制。对于二进制数字信号调制，在大多数情况下，"0" 码传输时，使 $A_S = 0$，"1" 码传输时，使 $A_S = 1$(或者相反)。

ASK 相干通信系统必须采用外调制器来实现，这样只有输出光信号的幅度随基带信号而变化。如果采用直接光强调制，幅度变化将引起相位变化。外调制器通常用钛扩散的铌酸锂(Ti：LiNbO$_3$)波导制成的马赫-曾德尔(MZ)干涉型调制器，如图 3.37 所示。这种调制器在消光比大于 20 时，调制带宽可达 20 GHz。

2. 相移键控(PSK)

基带信号只控制光载波的相位变化，称为相移键控(PSK)。PSK 的光场表达式为

$$E_S(t) = A_S \cos[\omega_S t + \theta(t)] \qquad (7.35)$$

在 PSK 中，只对相位进行调制。传输"0"码和传输"1"码时，分别用两个不同相位(通常相差 180°)表示。如果传输"0"时，光载波相位不变，传输"1"码时，相位改变 180°，这种情况称为差分相移键控(DPSK)。对于二进制数字信号调制，相位通常取 0 和 π 两个值。电脉冲

为"0"码时,光脉冲相位为 0,电脉冲为"1"码时,光脉冲相位为 π。PSK 系统必须用相干检测,如果信号光不与本振光混频而直接检测,所有的信息都将丢失。

和 ASK 使用的 MZ 干涉型调制器相比,设计 PSK 使用的相位调制器要简单得多。这种调制器只要选择适当的脉冲电压,就可以使相位改变 $\Delta\theta = \pi$。但是在接收端光波相位必须非常稳定,因此对发射和本振激光器的谱宽要求非常苛刻。

3. 频移键控(FSK)

基带数字信号只控制光载波的频率,称为频移键控(FSK)。FSK 的光场表达式为

$$E_s(t) = A_s \cos[(\omega_s \pm \Delta\omega)t + \phi_s] \tag{7.36}$$

在 FSK 中,A_s 保持不变,只对频率进行调制。传输"0"码和传输"1"码时,分别用频率 $f_0(=\omega_0/2\pi)$ 和 $f_1(=\omega_1/2\pi)$ 表示。对于二进制数字信号,用 $(\omega_s - \Delta\omega)$ 和 $(\omega_s + \Delta\omega)$ 分别表示"0"码和"1"码。$2\Delta f(=2\Delta\omega/2\pi)$ 称为码频间距。在式(7.36)中,$[(\omega_s \pm \Delta\omega)t + \phi_s]$ 和 $[\omega_s t + (\phi_s \pm \Delta\omega t)]$ 是等效的,因此 FSK 信号的相位是随时间变化的。

相干检测的解调方式有两种:同步解调和异步解调。

用零差检测时,光信号直接被解调为基带信号,要求本振光的频率和信号光的频率完全相同,本振光的相位要锁定在信号光的相位上,因而要采用同步解调。同步解调虽然在概念上很简单,但是技术上却很复杂。

用外差检测时,不要求本振光和信号光的频率相同,也不要求相位锁定,可以采用同步解调,也可以采用异步解调。对于 PSK 信号,必须采用同步解调,要求恢复中频载波 ω_{IF},并实现鉴相,因而要求一种电的锁相环路。异步解调简化了接收机设计,技术上容易实现,只要采用检测器(实现包络检波或频率检波)即可。

图 7.41 和图 7.42 分别示出外差同步解调和外差异步解调的接收机方框图。两种解调方式的差别在于接收机的噪声对信号质量的影响。异步解调要求的信噪比(SNR)比同步解调高,但异步解调接收机设计简单,对信号光源和本振光源的谱线要求适中,因而在相干光通信系统设计中起着主要作用。

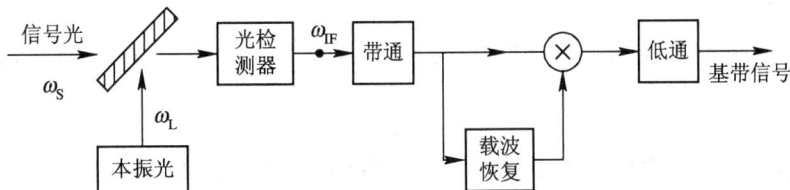

图 7.41　外差同步解调接收机方框图

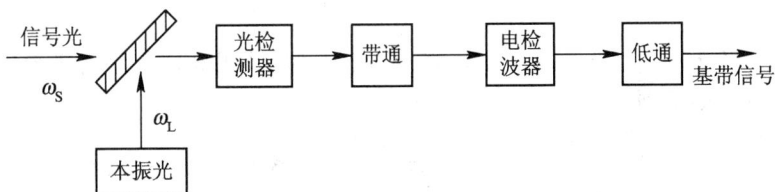

图 7.42　外差异步解调接收机方框图

7.5.3 误码率和接收灵敏度

1. 信噪比

相干光通信系统光接收机的性能可以用信噪比（SNR）定量描述。系统总平均噪声功率（均方噪声电流）为

$$\langle i_n^2 \rangle = \langle i_s^2 \rangle + \langle i_T^2 \rangle = 2e(I_p + I_d)B + \frac{4kT}{R_L}B \tag{7.37}$$

式中，$\langle i_s^2 \rangle$ 和 $\langle i_T^2 \rangle$ 分别为散粒噪声功率和热噪声功率，e 为电子电荷，I_d 为光检测器暗电流，B 为等效噪声带宽，kT 为热能量，R_L 为光检测器负载电阻，I_p 为光生电流，由式（7.31）或式（7.32）确定。

外差检测的信噪比

$$\text{SNR} = \frac{\langle I_{ac}^2 \rangle}{\langle i_n^2 \rangle} = \frac{2\rho^2 \langle P_s \rangle P_L}{2e(\rho P_L + I_d)B + \langle i_T^2 \rangle} \tag{7.38}$$

大多数相干光接收机的噪声由本振光功率 P_L 引入的散粒噪声所支配，与信号光功率的大小无关，因此，式（7.38）中的 I_d 和 $\langle i_T^2 \rangle$ 项可以略去，由此得到

$$\text{SNR} = \frac{\rho \langle P_s \rangle}{eB} \tag{7.39}$$

光检测器的响应度 $\rho = \eta e/hf$，η 为光检测器量子效率，e 和 hf 分别为电子电荷和光子能量；等效噪声带宽 $B = f_b/2$，f_b 为传输速率；平均信号光功率 $\langle P_s \rangle$ 可以用每比特时间内的光子数 N_p 表示为

$$\langle P_s \rangle = N_p hf f_b \tag{7.40}$$

把上述关系代入式（7.39）得到

$$\text{SNR} = 2\eta N_p \tag{7.41}$$

零差检测的平均信号光功率是外差检测的 2 倍，所以零差检测的信噪比

$$\text{SNR} = 4\eta N_p \tag{7.42}$$

2. 误码率

误码率（BER）可以由信噪比（SNR）确定。以 ASK 零差检测为例，设判决信号为

$$I_a = \frac{1}{2}(I_p + i_c) \tag{7.43}$$

式中，$I_p = 2\rho(P_s P_L)^{1/2}$ 为信号光生电流，i_c 为高斯随机噪声。设"0"码和"1"码时，I_p 分别取 I_0 和 I_1，在理想情况下，误码率

$$\text{BER} = \frac{1}{2} \, \text{erfc}\left(\frac{Q}{\sqrt{2}}\right) \tag{7.44}$$

式中，$Q = (I_1 - I_0)/(\sqrt{N_1} + \sqrt{N_0})$，$N_0$ 和 N_1 分别为"0"码和"1"码的等效噪声功率。设 $N_0 = N_1$，$I_0 = 0$，则得到

$$Q = \frac{I_1}{2\sqrt{N_1}} = \frac{1}{2}(\text{SNR})^{1/2} \tag{7.45}$$

把式（7.45）和式（7.42）代入式（7.44），得到

$$\text{BER} = \frac{1}{2} \, \text{erfc}\left(\frac{\eta N_p}{2}\right)^{1/2} \tag{7.46}$$

在"0"码和"1"码概率相等条件下，对于 ASK，$N_p = 2\overline{N}_p$，$\overline{N}_p$ 为长比特流情况下，每比特平均光子数。

用类似方法可以得到各种调制和解调方式的相干接收机 BER 和极限灵敏度。

3. 灵敏度

为确定接收灵敏度，利用式(7.39)和式(7.45)得到

$$\langle P_s \rangle = \frac{4Q^2 hfB}{\eta} \tag{4.47}$$

式中利用了 $\rho = \eta e / hf$。最小平均接收光功率

$$\langle P_s \rangle_{\min} = \frac{\langle P_s \rangle}{2} = \frac{2Q^2 hfB}{\eta} \tag{7.48}$$

例如光波长为 1.55 μm 的 ASK 外差检测，设 $\eta = 1$，$B = 1$ GHz。$hf = hc/\lambda$，h 为普朗克常数，c 为光速，λ 为光波长。当 BER $= 10^{-9}$ 时，$Q \approx 6$，由式(7.48)计算得到 $\langle P_s \rangle_{\min} = 10$ nW 或 $P_r = -50$ dBm。

在相干检测中，通常用每比特光子数 N_p 表示灵敏度。在相同假设条件下，由式(7.48)得到

$$\langle P_s \rangle_{\min} = 72\,hf$$

由此得到每比特光子数 $N_p = 72$ 或 $\overline{N}_p = 36$。

表 7.2 和图 7.43 示出不同调制方式相干检测接收机误码率和量子极限灵敏度。由表可见，一个理想的直接检测光接收机，在 BER $= 10^{-9}$ 时，要求每比特 10 个光子($\overline{N}_p = 10$)，该值几乎接近最好的相干接收机——PSK 零差检测接收机的 $\overline{N}_p$，而比所有的其他相干接收机都好。然而，实际上因为热噪声、暗电流和其他许多因素的影响，绝不会达到这个数值，通常只能达到 $\overline{N}_p \approx 1000$。然而在相干接收的情况下，表中的数值很容易实现，这是因为借助增加本振光功率，使散粒噪声占支配地位的结果。

表 7.2　同步相干接收机量子极限灵敏度

调制方式	解调方式	误码率(BER)	N_p	$\overline{N}_p$
ASK	外差	$\frac{1}{2}\text{erfc}\left(\sqrt{\eta N_p/4}\right)$	72	36
ASK	零差	$\frac{1}{2}\text{erfc}\left(\sqrt{\eta N_p/2}\right)$	36	18
PSK	外差	$\frac{1}{2}\text{erfc}\left(\sqrt{\eta N_p}\right)$	18	18
PSK	零差	$\frac{1}{2}\text{erfc}\left(\sqrt{2\eta N_p}\right)$	9	9
FSK	外差	$\frac{1}{2}\text{erfc}\left(\sqrt{\eta N_p/2}\right)$	36	36
IM	DD	$\frac{1}{2}\exp\left(-\eta N_p\right)$	20	10

注：N_p 为每比特光子数；$\overline{N}_p$ 为长比特流情况下每比特平均光子数。

图 7.44 是 4 Gb/s 外差光波系统实验原理图，表 7.3 列出外差异步解调光波系统实验结果与量子极限的比较。

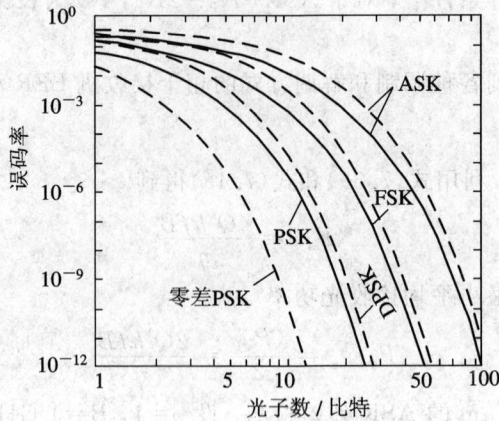

图 7.43 不同调制方式外差接收机量子极限误码率

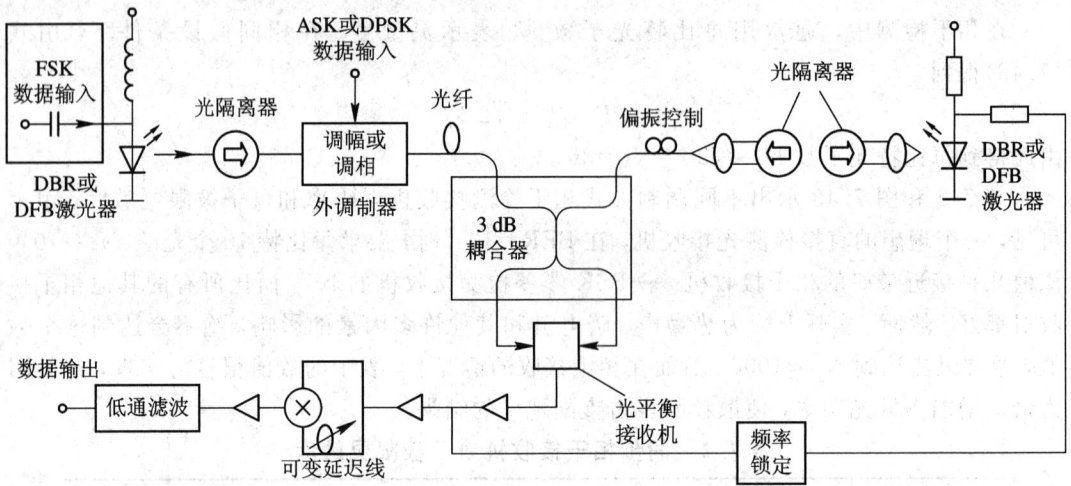

图 7.44 4 Gb/s 外差光波系统实验原理图

表 7.3 外差异步解调光波系统实验结果与量子极限比较

调制方式	光　源	传输速率	传输距离	光纤类型	接收机灵敏度		注
					实际达到值	量子极限	
ASK	1.55 μm　DFB　DBR	4 Gb/s	160 km	1.55 μm	210	40	外腔调制器
FSK	1.55 μm　DFB　DBR	4 Gb/s	160 km	1.55 μm	218	40	码频间距=
	普通单频	1 Gb/s	100 km		1500	40	比特率
	普通单频	140 Mb/s	243 km		350	40	17 ps/(nm·km)
DPSK	1.55 μm　DFB　DBR	4 Gb/s	160 km	1.55 μm	261	20	
	窄频谱	1 Gb/s	200 km		270	20	外腔调制器
	窄频谱	400 Mb/s	260 km		45	20	
IM/DD				1.55 μm	1000	10	

7.5.4　相干光系统的优点和关键技术

相干光系统的主要优点是：

(1) 灵敏度提高了 10～20 dB，线路功率损耗可以增加到 50 dB。如果使用损耗为 0.2 dB/km 光纤，无中继传输距离可达 250 km。

由于相干光系统通常受光纤损耗限制，所以周期地使用光纤放大器可以增加传输距离。实验表明，当每隔 80 km 加入一个掺铒光纤放大器，25 个 EDFA 可以使 2.5 Gb/s 系统的传输距离增加到 2200 km 以上，非常适合干线网使用。

(2) 由于相干光系统出色的信道选择性和灵敏度，和光频分复用相结合，可以实现大容量传输，非常适合于 CATV 分配网使用。

相干光系统的关键技术是：

(1) 必须使用频率稳定度和频谱纯度都很高的激光器作为发射光源和接收机本振光源。在相干光系统中，中频一般选择为 2×10^8～2×10^9 Hz，1550 nm 的光载频约为 2×10^{14} Hz，中频是光载频的 10^{-6}～10^{-5} 倍，因此要求光源频率稳定度优于 10^{-8}。一般激光器达不到要求，必须研究稳频技术，如以分子标准频率作基准，稳定度可达 10^{-12}。信号光源和本振光源频谱纯度必须很高，例如中频选择 100 MHz，频谱宽度应为几千赫兹，一般激光器满足不了这个要求。必须采用频谱压缩措施，提高频谱纯度，目前优质 DFB-LD 频谱宽度可达几千赫兹。

(2) 匹配技术。相干光系统要求信号光和本振光混频时满足严格的匹配条件，才能获得高的混频效率，这种匹配包括空间匹配、波前匹配和偏振方向匹配。

7.6　光时分复用技术

提高速率和增大容量是光纤通信的目标。电子器件的极限速率大约 20 Gb/s，现在通过电时分复用(TDM)已经达到这个极限速率。若想要继续提高速率，就必须在光域中想办法。一般有两种途径：波分复用(WDM)和光时分复用(OTDM)。多年来，WDM 技术研究非常热，已经成熟并实用化；而 OTDM 技术还处于实验研究阶段，许多关键技术还有待解决。

OTDM 是在光域上进行时间分割复用，一般有两种复用方式：比特间插(Bit-interleaved)和信元间插(Cell-interleaved)，比特间插是目前广泛被使用的方式，信元间插也称为光分组(Optical Packet)复用。图 7.45 示出 OTDM 系统框图。

系统光源是超短光脉冲光源，由光分路器分成 N 束，各支路电信号分别被调制到各束超短光脉冲上，然后通过光延迟线阵列，使各支路光脉冲精确地按预定要求在时间上错开，再由合路器将这些支路光脉冲复接在一起，于是便完成了在光时域上的间插复用。接收端的光解复用器是一个光控高速开关，在时域上将各支路光信号分开。

要实现 OTDM，需要解决的关键技术有：

(1) 超短光脉冲光源；

(2) 超短光脉冲的长距离传输和色散抑制技术；

(3) 帧同步及路序确定技术；

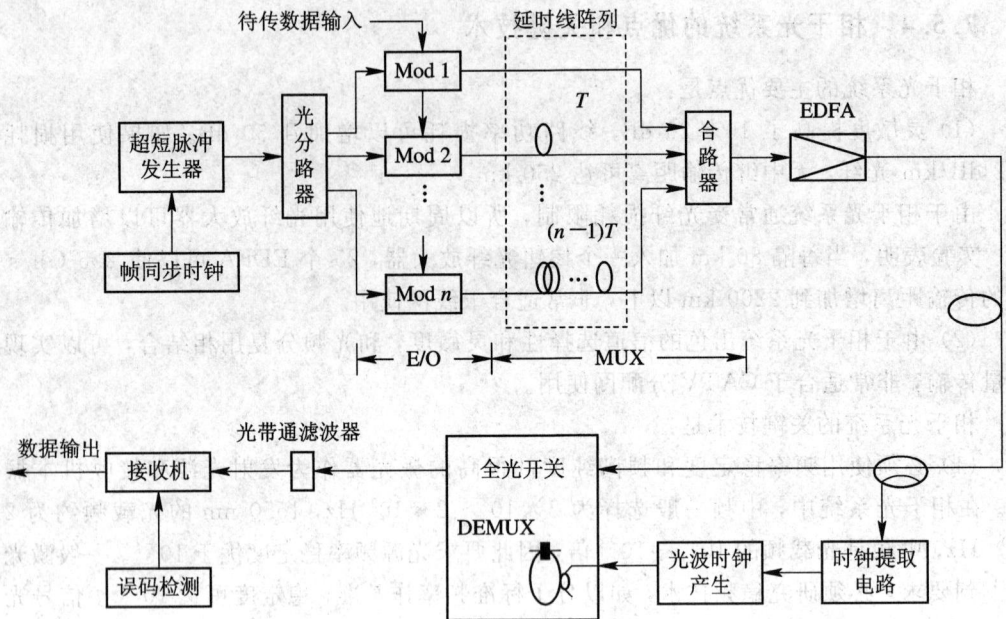

图 7.45 光时分复用系统框图

（4）光时钟提取技术；

（5）全光解复用技术。

对这些技术，国内外正在进行大量理论和实验研究，有些技术有一些成熟方案，有些技术还存在着相当大的困难。并且 OTDM 要在光上进行信号处理、时钟恢复、分组头识别和路序选出，都需要全光逻辑和存储器件，这些器件至今还不成熟，所以 OTDM 离实用化还有相当大的距离。

7.7 波长变换技术

波长变换（WC，Wavelength Conversion）是将信息从承载它的一个波长上转到另一个波长上。在 WDM 光网络中使用波长变换技术的原因有：

首先，信息可以通过 WDM 网络中不适宜使用的波长进入 WDM 网络。例如在现阶段光纤通信中大量使用 1310 nm 窗口的 LED 或 F-P LD 光源，这些波长或光源均不适合 WDM 系统，因此在 WDM 系统的输入和输出处，都要在这些波长与 1550 nm 附近的波长之间进行转换。

其次，在网络内部，可以提高链路上现有波长的利用率。引入波长变换技术，可以实现波长的再利用，有效地进行波长路由选择，降低网络阻塞率，从而提高 WDM 网络的灵活性和可扩充性。

最后，如果不同网络由不同的组织管理，并且这些网络没有协调一致的波长分配，那么在网络之间就可以使用波长变换器。

波长变换的基本方法有两种：光/电/光方法和全光方法。

1. 光/电/光方法

将光信号经光/电转换变成电信号，电信号再调制所需波长的激光器，从而实现波长变换。这是目前惟一成熟的波长变换技术，其优点有：输入动态范围大，不需要光滤波器，对输入光的偏振不敏感，并且对信号具有再生能力。其缺点是失去了全光网络的透明性。

2. 全光方法

全光波长变换技术主要基于半导体光放大器（SOA，Semiconductor Optical Amplifier）中的交叉增益调制（XGM，Cross-Gain Modulation）和交叉相位调制（XPM，Cross-Phase Modulation）以及基于半导体光放大器或光纤中的四波混频（FWM，Four Wave Mixing）和差频产生（DFG，Difference Frequency Generation）机制。这些技术现阶段均不成熟，还处于研究探索之中。对波长变换技术的要求有：对比特率和信号格式应具有透明性；较宽的变换范围，既能向长波长变换又能向短波长变换；适当的输入光功率（不大于 0 dBm）；变换速率快；对偏振不敏感，低啁啾输出，高信噪比，高消光比；实现简单等。

小　　结

光纤通信是一个发展迅速、新技术不断涌现和技术更新快的领域。本章重点介绍了 20 世纪 90 年代以后一些已经实用化和有重要应用前景的新技术，如光放大技术、光波分复用技术、光交换技术、光弧子通信、相干光通信、光时分复用技术和波长变换技术等。这些技术的出现和应用将会使光纤通信有更为广阔的前景。

光放大器通常可分为半导体光放大器和光纤放大器。光纤放大器是将工作物质制作成光纤形状的固体激光器，其性能与光的偏振方向无关，与光纤的耦合损耗小。20 世纪 80 年代末，成功研制并投入使用的波长为 1.55 μm 的掺铒光纤放大器，有效地提高了光纤通信水平。掺铒光纤放大器工作波长正好与光纤的最佳波段一致，增益高，噪声系数小，频带宽，在光纤通信系统中可以作为中继放大器、前置放大器和后置放大器。

为了适应通信网传输容量的不断增大，出现了各种复用技术。光波分复用技术是在一根光纤中同时传输多个波长信号的一项技术，它增加了光纤的传输容量，降低了成本。"波分复用+光纤放大器"被认为是充分利用光纤带宽增加传输容量最有效的方法。目前关于波分复用（WDM）的一些研究已经成熟并实用化，而光时分复用（OTDM）技术还处在试验阶段。

在较早的通信网络中，高速光纤通信系统仅充当点对点链路的传输手段。网络结点采用的是电子交换技术，其速率限制了通信网络速率的提高。只有实现光交换才能充分解决速率瓶颈，实现真正的宽带通信网。光交换目前主要有两种方式：空分交换和波分交换。

光弧子是经光纤长距离传输后，其宽度保持不变的超短光脉冲。光弧子通信系统可使传输速率大幅度提高。

目前光通信系统中采用光强调制——直接检测的方式。没有利用光载波的频率和相位信息，限制了系统性能的进一步提高。相干光通信在接收端采用零差检测或外差检测，与 IM - DD 方式相比，可提高接收机的灵敏度，增加传输距离，更充分利用光纤带宽。

在 WDM 网络中采用波长变换（WC）技术将信息从承载它的一个波长转到另一个波长

上，从而提高波分交换和 WDM 光网络的灵活性和可扩充性。

习题与思考题

7－1　EDFA 工作原理是什么？有哪些应用方式？

7－2　对于 980 nm 泵浦和 1480 nm 泵浦的 EDFA，哪一种泵浦方式的功率转换效率高？哪一种泵浦的噪声系数小？为什么？

7－3　一密集波分复用系统，复用信道的波长间隔为 0.8 nm，光源的发射光谱为高斯型，3 dB 宽度为 0.15 nm，求中心频率为 1552.52 nm 和 1553.32 nm 的两个信道的串扰是多少？

7－4　光交换有哪些方式？

7－5　光弧子通信的原理是什么？

第 8 章　光纤通信网络

在前面各章中，我们已经介绍了光纤的传输原理以及光纤通信的各种器件、设备和系统。本章将介绍由光纤及各种设备构成的光纤通信网络，包括 SDH 传送网、WDM 光网络和光接入网。

8.1　通信网的发展趋势

通信网总的发展趋势是数字化、综合化和宽带化。与光纤通信关系最为密切的是宽带化，这是人类社会发展到信息时代的迫切需求，也是科技进步的必然产物。

数字化就是在通信网的各个部分(核心网和接入网)及各个环节(传输、交换、接入、终端等)全面采用数字技术。目前核心网(或称骨干网)已实现了数字化，采用了数字传输和数字交换技术，其优越性已十分明显。接入网的情况比较复杂，模拟的东西还大量存在，如电话网从核心网边缘的端局交换机到用户终端的用户环路，大量使用的还是模拟二线；有线电视系统也基本上是模拟的；新近采用的非对称数字用户线(ADSL)实际上是模数混合体制。综合业务数字网(包括窄带和宽带)的主要目的是要实现接入部分的数字化，提供端到端数字连接，从而支持综合业务，但由于种种原因，并没有普遍推广应用。所以现在只能说接入网正处于数字化的过程中，还不能说已实现了数字化。

综合化，主要指业务的综合，即通信网要由原来的单一业务网(如电话网、分组数据网)发展为能同时提供多种业务(包括话音、数据、图像等)，特别是多媒体业务的网络。数字化是综合化的前提。当各种类型的消息都用统一的数字符号表示时，通过端到端的数字传输，便能实现综合业务。长期以来，通信网的主要业务是话音，所以电信网基本上等同于电话网；电信网中还有一种业务是电报，相当于原始的低速数据业务。随着计算机网络的出现和发展，特别是因特网(Internet)扩展到全世界，对数据业务量的需求不断增长，近十年来，几乎每半年翻一番。数据业务量猛增的主要推动力是因特网的 WWW 业务和高速多媒体业务。因此，用不了多长时间，数据业务的总量将超过电话业务。此外，电视会议、远程教育、电子商务等应用都要求通信网提供高速数据和视频业务，而这些业务所需的带宽都远大于电话业务。因此业务综合化必将导致网络的宽带化。

通信网络从电话业务为主演进到多媒体业务为主，每个用户占用的带宽由 64 kb/s 要提高到 6 Mb/s 左右，由此估计总业务量约增加 100 倍。如果考虑到今后要支持高清晰度电视等更宽带宽的业务，则总业务量还会不断增加。所以网络宽带化首先是人们的迫切需求。另一方面，由于光纤通信技术的成就，特别是波分复用(WDM)技术的发展，使得网络的传输带宽大大增加。如果双绞铜线的传输带宽按 2 Mb/s 估计，一根光纤采用 WDM 技术，传输容量可达到 200~2000 Gb/s，也就是说，光纤的传输容量是铜线的十万至百万倍。因此宽带化意味着光纤将成为主要的传输媒质。

　　今天，在核心网内以光纤为传输媒质，采用 WDM 技术实现宽带传输，同时采用光交换技术构成光纤通信网，已成为现实。在接入网中，光纤正在伸向用户，从光纤到路边（FTTC）、光纤到大楼（FTTB）发展到光纤到交接箱（FTTC$_{ab}$），最后将实现光纤到家（FTTH）。当然，从带宽需求和经济性考虑，接入网采用光纤没有必要也不可能如同核心网那样采用 WDM 技术，而是采用比较简单和廉价的光纤通信设备。因此接入网和核心网实现宽带化的技术途径是不同的。本章将分别予以介绍。

8.2　SDH 传 送 网

　　在第 5 章中介绍了 SDH 的概念和复用映射结构等。SDH 的最大优势在于组网。本节主要介绍 SDH 传送网的功能结构、物理拓扑和自愈网等情况。

8.2.1　SDH 传送网的功能结构

　　一个电信网有两大功能平面：传送功能平面和控制功能平面。所谓传送网，就是完成信息传送功能的手段，当然传送网也能传递各种网络控制信息。传送网主要指逻辑功能意义上的网络，是一个复杂庞大的网络。为了便于网络的设计和管理，通常用分层（Laying）和分割（Partitioning）的概念，将网络的结构元件按功能分为参考点（接入点）、拓扑元件、传送实体和传送处理功能四大类。网络的拓扑元件分为三种，即分层网络、子网和链路。只需这三种元件就可以完全地描述网络的逻辑拓扑，从而使网络的结构变得灵活，网络描述变得容易。

1. 传送网的分层和分割

　　传送网是分层的，由垂直方向的若干传送网络层（即多层网络）叠加而成，从上而下分别为电路层、通道层和传输媒质层（又分为段层和物理层）。每一层网络为其相邻的高一层网络提供传送服务，同时又使用相邻的低一层网络所提供的传送服务。提供传送服务的层称为服务者（Server），使用传送服务的层称为客户（Client），因而相邻的层网络之间构成了客户/服务者关系。

　　SDH 传送网分层模型如图 8.1 所示。自上而下依次为电路层网络、通道层网络和传输媒质层网络。

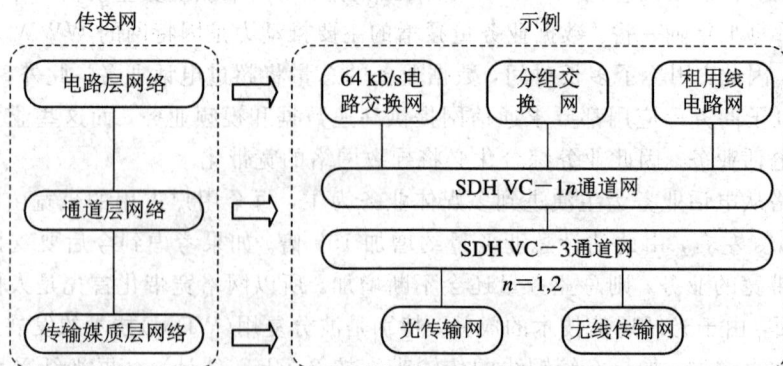

图 8.1　SDH 传送网的分层模型

电路层网络涉及到电路层接入点之间的信息传递并直接为用户提供通信业务，如电路交换业务、分组交换业务、租用线业务和 ATM 虚通路（VC）等。根据提供业务的不同可以分为不同的电路层网络，如 64 kb/s 电路交换网、分组交换网、租用线电路网和 ATM 交换网等。电路层网络的设备包括用于各种业务的交换机（例如电路交换机或分组交换机）和用于租用线业务的交叉连接设备等。电路层网络与相邻的通道层网络是相互独立的。

通道层网络用于通道层接入点之间的信息传递并支持不同类型的电路层网络，为电路层网络提供传送服务，其提供传输链路的功能与 PDH 中的 2 Mb/s、34 Mb/s 和 140 Mb/s，SDH 中的 VC-11、VC-12、VC-2、VC-3 和 VC-4，以及 ATM 的虚通道（VP）功能类似。能够对通道层网络的连接性进行管理控制是 SDH 网的重要特性之一，SDH 传送网中的通道层网络还可进一步分为高阶通道层网络和低阶通道层网络。

传输媒质层网络为通道层网络结点提供合适的通道容量，并且可以进一步分为段层网络和物理媒质层网络（简称物理层），其中段层网络是为了保证通道层的两个结点间信息传递的完整性，物理层是指具体的支持段层网络的传输媒质，如光缆或无线。SDH 网中的段层网络还可以进一步细分为复用段层网络和再生段层网络，其中复用段层网络涉及复用段终端之间的端到端的信息传递，再生段层网络涉及再生器之间或再生器与复用段终端之间的信息传递。一个完整的 SDH 传送网分层模型如图 8.2 所示。

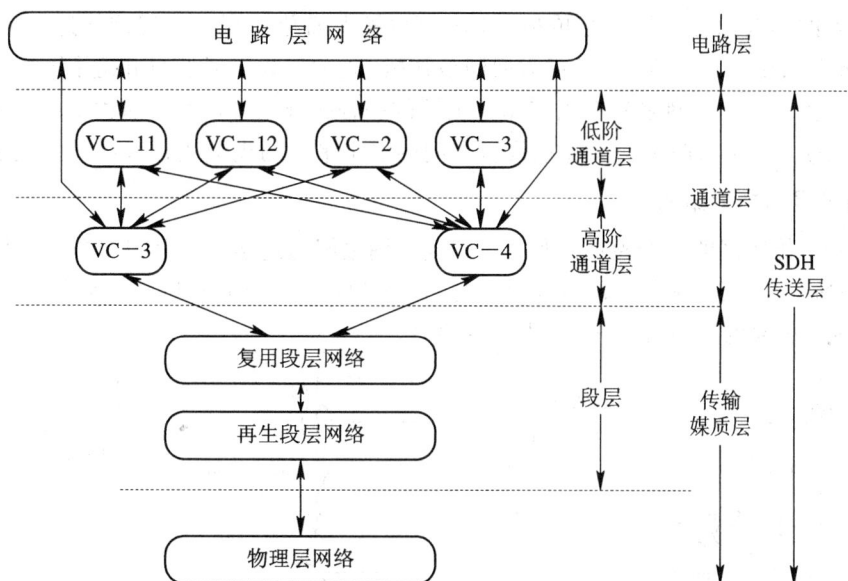

图 8.2 SDH 传送网完整分层模型

将传送网分为独立的三层，每层能在与其它层无关的情况下单独加以规定，可以较简便地对每层分别进行设计与管理；每个层网络都有自己的操作和维护能力；从网络的观点来看，可以灵活地改变某一层，不会影响到其它层。

传送网分层后，每一层网络仍然很复杂，地理上覆盖的范围很大。为了便于管理，在分层的基础上，将每一层网络在水平方向上按照该层内部的结构分割为若干个子网和链路连接。分割往往是从地理上将层网络再细分为国际网、国内网和地区网等，并独立地对每一部分行使管理。图 8.3 给出了传送网分割概念与分层概念的一般关系。

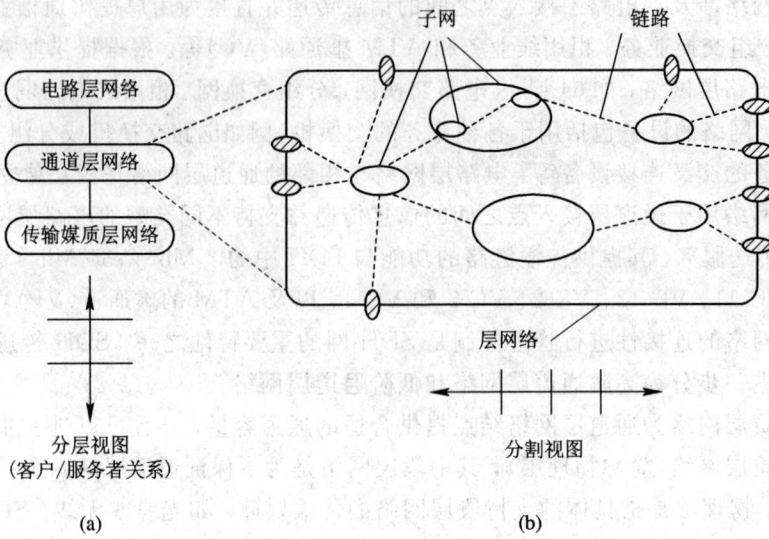

图 8.3　传送网的分割
（a）分层概念；（b）分割概念

　　采用分割的概念可以方便地在同一网络层内对网络结构进行规定，允许层网络的一部分被层网络的其余部分看做一个单独实体；可以按所希望的程度将层网络递归分解表示，为层网络提供灵活的连接能力，从而方便网络管理，也便于改变网络的组成并使之最佳化。

　　链路是代表一对子网之间有固定拓扑关系的一种拓扑元件，用来描述不同的网络设备连接点间的联系，例如两个交叉连接设备之间的多个平行的光缆线路系统就构成了链路。

2. 传送网的功能结构

　　图 8.4 为传送网的功能模型示例。层网或子网之间通过连接（网络连接、子网连接、链路连接）和适配（如层间适配，包括复用解复用、编码解码、定时与调整、速率变化等）构成整个传送网。相邻的层间符合客户/服务者关系。

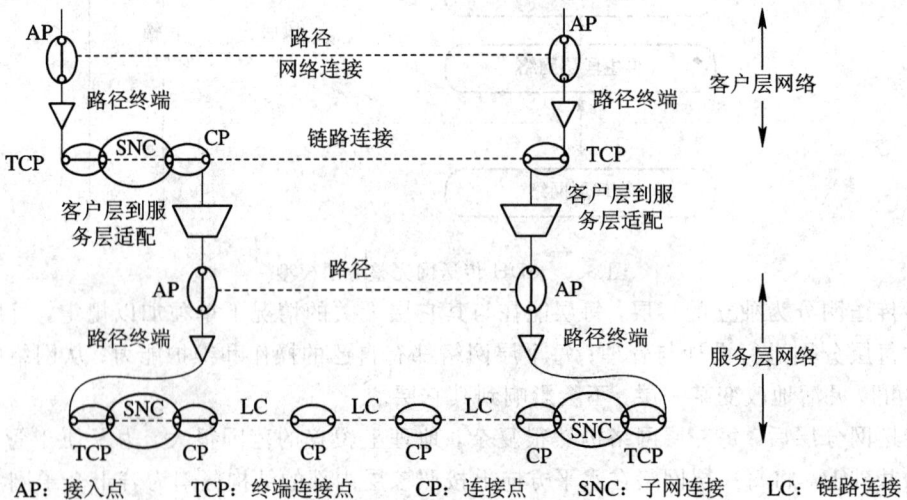

AP：接入点　　　TCP：终端连接点　　　CP：连接点　　　SNC：子网连接　　　LC：链路连接

图 8.4　传送网的功能模型

8.2.2 SDH 网的物理拓扑

网络的物理拓扑泛指网络的形状,即网络结点和传输线路的几何排列,它反映了物理上的连接性。除了最简单的点到点的物理拓扑外,网络物理拓扑一般有五种类型,即线形、星形、树形、环形和网孔形,如图 8.5 所示。

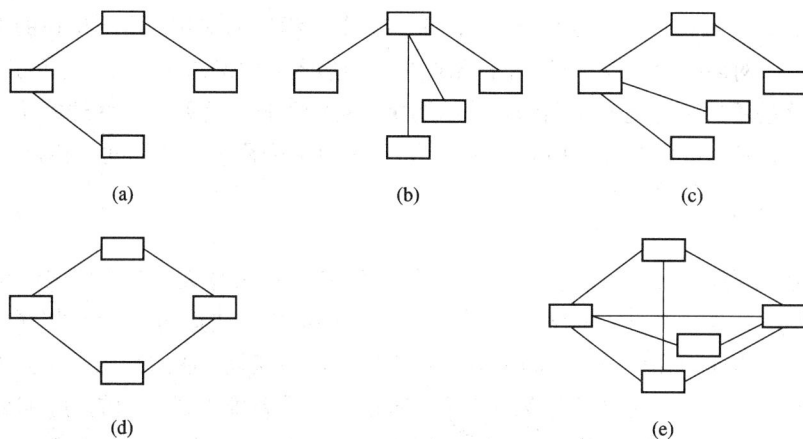

图 8.5 SDH 网络的物理拓扑
(a) 线形;(b) 星形;(c) 树形;(d) 环形;(e) 网孔形

1. 线形

将通信网的所有站点串联起来,并使首尾两点开放,就形成了线形拓扑。在这种拓扑结构中,要使两个非相邻点之间完成连接,其间的所有点都必须完成连接功能。这是 SDH 早期应用的比较经济的网络拓扑形式,首尾两端使用终端复用器(TM),中间各点使用分插复用器(ADM)。

2. 星形

当通信网的所有点中有一个特殊的点与其余点以辐射的形式直接相连,而其余点之间相互不能直接相连时,就形成了星形拓扑,又称枢纽形拓扑。在这种拓扑结构中,除了特殊点(枢纽站)外的任意两点间的连接都是通过特殊点进行的,特殊点进行路由选择并完成连接功能。这种网络拓扑可以将特殊点的多个光纤线路终端综合成一个,实现灵活的带宽管理,能节省投资和运营成本,但存在特殊点的失效问题和瓶颈问题。

3. 树形

将点到点拓扑单元的末端点连接到几个特殊点就形成树形拓扑。树形拓扑可以看成是线形拓扑和星形拓扑的结合。这种拓扑结构在特殊点也存在瓶颈问题和光功率预算限制问题,特别适用于广播式业务,但不适用于提供双向通信业务。

4. 环形

将通信网的所有站点串联起来首尾相连,而且没有任何点开放,就形成了环形网。将线形结构的两个首尾开放点相连就变成了环形网。在环形网中,要完成两个非相邻点之间的连接,这两点之间的所有点都必须完成连接功能。环形网的最大优点是具有很高的网络生存性,因而在 SDH 网中受到特别的重视。

5. 网孔形

当通信网的许多点直接互连时就形成了网孔形(mesh)拓扑。如果所有的点都两两直接互连时就称为全互连网。在网孔形拓扑中,没有直接相连的两个点之间需要经由其它点的转接功能才能实现连接。网孔形的优点是不存在如星形拓扑那样的瓶颈问题和失效问题,两点间有多种路由可选;缺点是结构复杂、成本较高。

上述的拓扑结构都有各自的特点,在网中都有不同程度的应用。网络拓扑的选择要考虑的因素很多,如网络的生存性是否高,网络配置是否容易,网络结构是否适于引进新业务等。一个实际网络的不同部分适宜采用的拓扑结构也有可能不同,例如接入网适宜采用环形和星形拓扑结构,有时也可用线形拓扑,而核心(骨干)网可能采用环形或网孔形拓扑。

8.2.3 自愈网

随着人类社会进入信息社会,人们对通信的依赖性越来越大,对通信网络生存性的要求也越来越高,一种称为自愈网(Self-healing Network)的概念应运而生。所谓自愈网,就是无需人为干预,网络就能在极短的时间内从失效故障中自动恢复,使用户感觉不到网络曾出现故障。其基本原理就是使网络具备发现替代传输路由并重新确立通信的能力。自愈网的概念只涉及重新确立通信,不管具体失效元部件的修复或更换,后者仍需人员干预才能完成。

PDH 系统采用的线路保护倒换方式是最简单的自愈网形式。但是当光缆被切断时,往往是同一缆内的所有光纤(包括主用和备用)都被切断,在这种情况下,上述保护方式就无能为力了。改善网络生存性的最好办法是将网络结点连成一个环形,形成所谓的自愈环(Self-healing Ring)。环形网的结点可以是 ADM,也可以是 DXC,但通常由 ADM 构成。SDH 的特色之一便是能够利用 ADM 的分插复用能力构成自愈环。

自愈环结构可分为两大类:通道倒换环和复用段倒换环。通道倒换环属于子网连接保护,其业务量的保护是以通道为基础,是否倒换以离开环的每一个通道信号质量的优劣而定,通常利用通道 AIS 信号来决定是否应进行倒换。复用段倒换环属于路径保护,其业务量的保护以复用段为基础,以每对结点的复用段信号质量的优劣来决定是否倒换。通道倒换环与复用段倒换环的一个重要区别是前者往往使用专用保护,即正常情况下保护通道也在传业务信号,保护通道为工作通道专用;而后者往往使用共享保护,即正常情况下保护段是空闲的,保护时隙由每对结点共享。

如果按照进入环的支路信号与由该支路信号分路结点返回的支路信号方向是否相同,又可以将自愈环分为单向环和双向环。正常情况下,单向环中所有业务信号按同一方向在环中传输。双向环中进入环的支路信号按一个方向传输,而由该支路信号分路结点返回的支路信号按相反的方向传输。如果按照一对结点间所用光纤的最小数量还可以分为二纤环和四纤环。下面以四个结点的环为例,介绍 4 种典型的自愈环结构。

1. 二纤单向通道倒换环

二纤单向通道倒换环如图 8.6 所示。通常单向环由两根光纤来实现,S_1 光纤用来携带业务信号,P_1 光纤用来携带保护信号。这种环采用"首端桥接,末端倒换"结构。例如,在结点 A 进入环传送给结点 C 的支路信号(AC)同时馈入 S_1 和 P_1 向两个不同方向传送到 C 点。其中,S_1 光纤按顺时针方向,P_1 光纤按逆时针方向,C 点的接收机同时收到两个方向传送来的支路信号,择优选择其中一路作为落地下路信号。正常情况下,S_1 传送的信号为主信号。同理,在 C 点进入环传送至结点 A 的支路信号(CA)按上述同样的方法传送到结点 A,S_1 光纤所携带的 CA 信号为主信号。

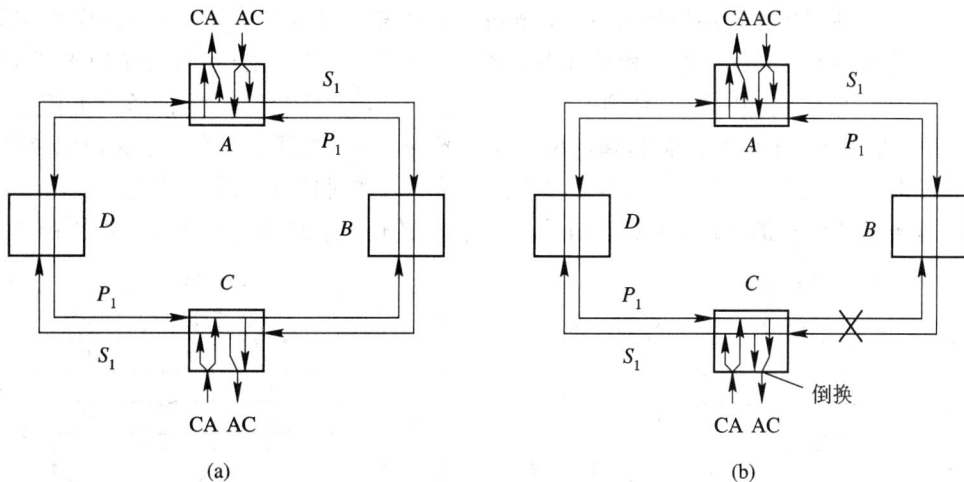

图 8.6   二纤单向通道倒换环

当 BC 结点间的光缆被切断时,两根光纤同时被切断,从 A 经 S_1 光纤到 C 的 AC 信号丢失,结点 C 的倒换开关由 S_1 转向 P_1,结点 C 接收经 P_1 光纤传送的 AC 信号,从而使 AC 间业务信号不会丢失,实现了保护作用。故障排除后,倒换开关返回原来的位置。

2. 二纤单向复用段倒换环

二纤单向复用段倒换环的结构如图 8.7 所示。这是一种路径保护方式。在这种环形结构中每一结点都有一个保护倒换开关。正常情况下,S_1 光纤传送业务信号,P_1 光纤是空闲的。

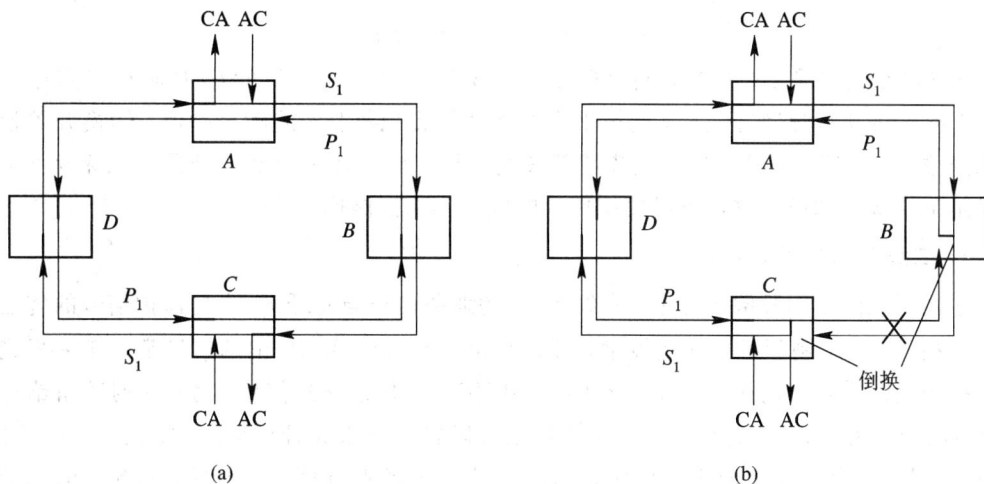

图 8.7   二纤单向复用段倒换环

当 BC 结点间光缆被切断,两根光纤同时被切断,与光缆切断点相邻的两个结点 B 和 C 的保护倒换开关将利用 APS(Automatic Protection Switching)协议执行环回功能。例如,在 B 结点 S_1 光纤上的信号(AC)经倒换开关从 P_1 光纤返回,沿逆时针方向经 A 结点和 D

结点仍然可以到达 C 结点，并经 C 结点的倒换开关环回到 S_1 光纤后落地下路。故障排除后，倒换开关返回原来的位置。

3. 四纤双向复用段倒换环

通常双向环工作在复用段倒换方式，既可以是四纤又可以是二纤。四纤双向复用段倒换环的结构如图 8.8 所示，它由两根业务光纤 S_1 与 S_2（一发一收）和两根保护光纤 P_1 与 P_2（一发一收）构成，其中 S_1 光纤顺时针传送业务信号，S_2 光纤逆时针传送业务信号，P_1 与 P_2 分别是和 S_1 与 S_2 反方向传输的两根保护光纤。每根光纤上都有一个保护倒换开关。正常情况下，从 A 结点进入环传送至 C 结点的支路信号顺时针沿光纤 S_1 传输，而由 C 结点进入环传送至 A 结点的支路信号则逆时针沿光纤 S_2 传输，保护光纤 P_1 和 P_2 是空闲的。

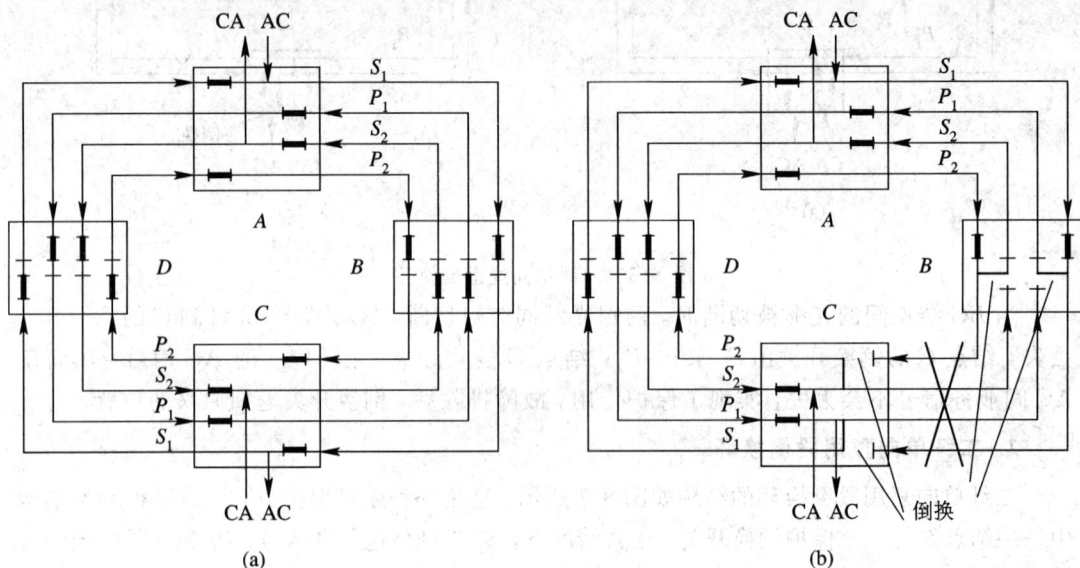

图 8.8　四纤双向复用段倒换环

当 BC 结点间光缆被切断，四根光纤同时被切断。根据 APS 协议，B 和 C 结点中各有两个倒换开关执行环回功能，从而环工作的连续性得以维持。故障排除后，倒换开关返回原来的位置。在四纤环中，仅仅光缆切断或整个结点失效才需要利用环回方式来保护，而如果是单纤或个别设备故障可以使用传统的复用段保护倒换方式。

4. 二纤双向复用段倒换环

在四纤双向复用段倒换环中，光纤 S_1 上的业务信号与光纤 P_2 上的保护信号的传输方向完全相同。如果利用时隙交换技术，可以使光纤 S_1 和光纤 P_2 上的信号都置于一根光纤（称 S_1/P_2 光纤）中，例如 S_1/P_2 光纤的一半时隙用于传送业务信号，另一半时隙留给保护信号。同样，光纤 S_2 和光纤 P_1 上的信号也可以置于一根光纤（称 S_2/P_1 光纤）上。这样 S_1/P_2 光纤上的保护信号时隙可以保护 S_2/P_1 光纤上的业务信号，S_2/P_1 光纤上的保护信号时隙可保护 S_1/P_2 光纤上的业务信号，于是四纤环可以简化为二纤环，如图 8.9 所示。

当 BC 结点间光缆被切断，二根光纤也同时被切断，与切断点相邻的 B 和 C 结点中的倒换开关将 S_1/P_2 光纤与 S_2/P_1 光纤沟通，利用时隙交换技术，可以将 S_1/P_2 光纤和 S_2/P_1 光纤上的业务信号时隙转移到另一根光纤上的保护信号时隙，于是就完成了保护倒换作用。

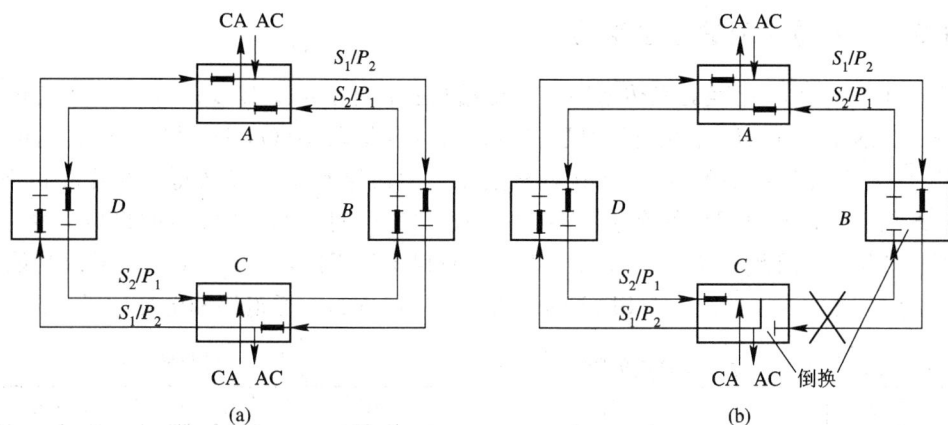

图 8.9　二纤双向复用段倒换环

前面介绍了 4 种自愈环结构，通常通道倒换环只工作在二纤单向方式，而复用段倒换环既可以工作在二纤方式，又可以工作在四纤方式，既可以单向又可以双向。自愈环种类的选择应考虑初建成本、要求恢复业务的比例、用于恢复业务所需要的额外容量、业务恢复的速度和易于操作维护等因素。

8.3　WDM 光 网 络

WDM 技术极大地提高了光纤的传输容量，随之带来了对电交换结点的压力和变革的动力。为了提高交换结点的吞吐量，必须在交换方面引入光子技术，从而引起了 WDM 光网络的研究。WDM 光网络是在现有的传送网上加入光层，在光域进行分插复用(OADM)和交叉连接(OXC)，目的是减轻电结点的压力。由于 WDM 光网络能够提供灵活的波长选路能力，又称为波长选路光网络(Wavelength Routing Optical Network)。

基于 WDM 和波长选路的光网络及其与单波长网络的关系，如图 8.10 所示。

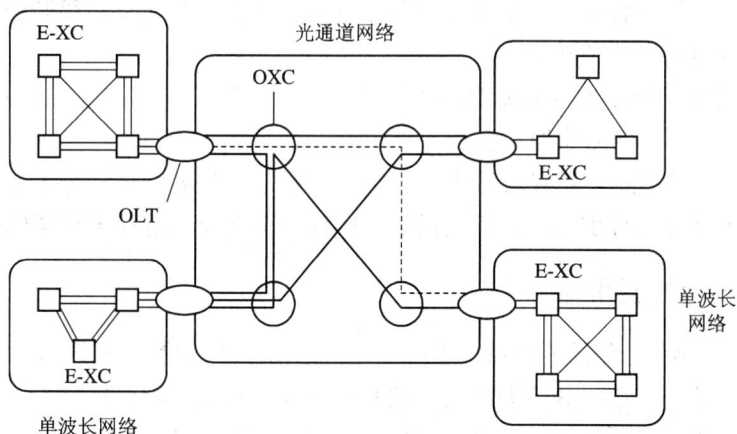

OXC：光交叉连接设备；E-XC：电的交叉连接设备；OLT：光线路终端

图 8.10　基于 WDM 和波长选路的光网络

8.3.1　光传送网的分层结构

ITU-T 的 G.872 已经对光传送网的分层结构提出了建议。建议的分层方案是将光传送网分成光通道层(OCH)、光复用段层(OMS)和光传输段层(OTS)。与 SDH 传送网相对应，实际上是将光网络加到 SDH 传送网分层结构的段层和物理层之间，如图 8.11 所示。由于光纤信道可以将复用后的高速数字信号经过多个中间结点，不需电的再生中继，直接传送到目的结点，因此可以省去 SDH 再生段，只保留复用段，再生段对应的管理功能并入到复用段结点中。为了区别，将 SDH 的通道层和段层称为电通道层和电复用段层。

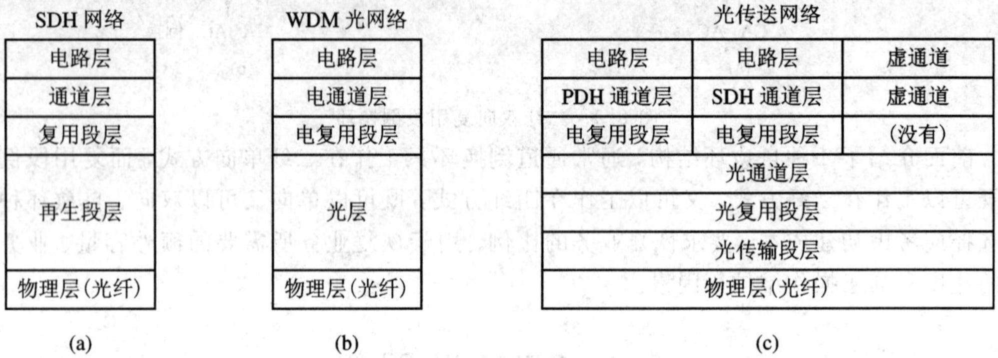

SDH 网络		WDM 光网络		光传送网络		
电路层		电路层		电路层	电路层	虚通道
通道层		电通道层		PDH 通道层	SDH 通道层	虚通道
复用段层		电复用段层		电复用段层	电复用段层	(没有)
再生段层		光层		光通道层		
				光复用段层		
				光传输段层		
物理层(光纤)		物理层(光纤)		物理层(光纤)		
(a)		(b)		(c)		

图 8.11　光传送网的分层结构
(a) SDH 网络；(b) WDM 网络；(c) 电层和光层的分解

光通道层为不同格式(如 PDH 的 E_4，SDH 的 STM-N，ATM 信元等)的用户信息提供端到端透明传送的光通道网络功能，其中包括：为灵活的网络选路重新安排通道连接；为保证光通道适配信息的完整性处理光通道开销；为网络层的运行和管理提供光通道监控功能。

光复用段层为多波长信号提供网络功能，它包括：为灵活的多波长网络选路重新安排光复用段连接；为保证多波长光复用段适配信息的完整性处理光复用段开销；为段层的运行和管理提供光复用段监控功能。

光传输段层为光信号在不同类型的光媒质(如 G.652，G.653，G.655 光纤)上提供传输功能，包括对光放大器的监控功能。

WDM 光网络的结点主要有两种功能，即光通道的上下路功能和交叉连接功能。实现这两种功能的网络元件分别是光分插复用器(OADM)和光交叉连接器(OXC)。

8.3.2　光分插复用器

在 SDH 传送网中，分插复用器(ADM)的功能是对不同的数字通道进行分下(drop)与插入(add)操作。与此类似，在 WDM 光网络也存在光分插复用器(OADM)，其功能是在波分复用光路中对不同波长信道进行分下与插入操作。无论 ADM 还是 OADM，都是相应网络中的重要单元。

在 WDM 光网络的一个结点上，光分插复用器在从光波网络中分下或插入本结点的波长信号的同时，对其它波长的向前传输并不影响，并不需要把非本结点的波长信号转换为电信号再向前发送，因而简化了结点上信息处理，加快了信息的传递速度，提高了网络组织管理的灵活性，降低了运行成本。特别是当波分复用的波长数很多时，光分插复用器的作用就显得特别明显。

　　光分插复用器可以分为光/电/光和全光两种类型。光/电/光型光分插复用器是一种采用 SDH 光端机背靠背连接的设备，在已铺设的波分复用线路中已经使用了这种设备。但是光/电/光这种方法不具备速率和格式的透明性，缺乏灵活性，难以升级，因而不能适应 WDM 光网络的要求。全光型光分插复用器是完全在光域实现分插功能，具备透明性、灵活性、可扩展性和可重构性，因而完全满足 WDM 光网络的要求。光分插复用器的核心部件是一个具有波长选择能力的光学或光子学元件，例如本书第 7 章介绍的几种光滤波器等。下面介绍几种光分插复用器的实现方法。

　　1. 基于解复用/复用结构的 OADM

　　这种光分插复用器采用光解复用器和光复用器背靠背的形式来实现，如图 8.12 所示。在这种结构中，可以把需要在本地结点分下(drop)的一路或多路光波长信号很方便地从多波长输入信号中分离出来并连接到本地结点的光端机上，同时将本地结点需要发送的光波长通过复用器插入(add)到多波长输出信号中去，其它波长的光信号可以不受影响地透明通过该分插复用器。

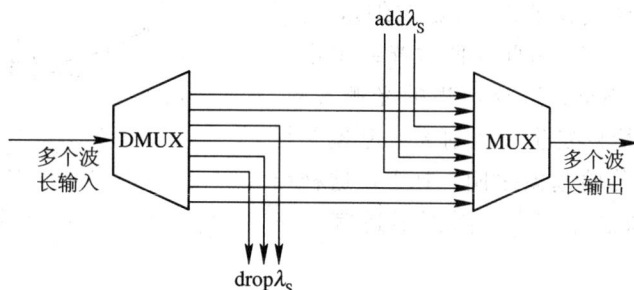

DMUX：光解复用器；MUX：光复用器

图 8.12　基于解复用/复用结构的 OADM

　　但是，随着波分复用的波长数的增加，用于连接每个波长的光纤连线也会相应地增加。例如，如果是 32 路波长的光分插复用器，考虑到双向传输总共需要 64 根光纤连线，这肯定会给设备管理带来困难。在这种结构中，由于不需要作分插的波长不能直接通过，而解复用器和复用器的滤波特性会改变传输光谱的形状，因而会影响整个系统的传输性能。由于这种光分插复用器使用了光解复用器和复用器，如果系统要增加波长，就必须改造甚至更换解复用器和复用器，因而这种光分插复用器不具备波长透明性。

　　2. 基于光纤马赫-曾德尔干涉仪加上光纤布喇格光栅结构的 OADM

　　图 8.13 所示的是基于平衡的马赫-曾德尔干涉仪(MZI)加上光纤布喇格光栅(FBG)结构的全光纤型光分插复用器。在理想情况下，耦合器的分束比为 1∶1，MZI 的两臂等长，两光栅写入在等长位置上，因此与 FBG 的布喇格波长相对应的光波长信号，将在左边的分下(drop)口取出，而其它光波长信号将全部通过，并从输出端口输出。这种结构是左右对称的，因而可以从右边插入与 FBG 的布喇格波长相对应的光波长信号。但是实际上要做到

两个耦合器、两个光栅和两臂长完全相同是很困难的，因此要实现它也很困难。

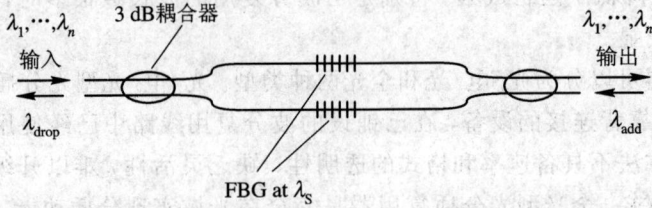

图 8.13　基于光纤马赫-曾德尔干涉仪加上光纤布喇格光栅结构的 OADM

　　实现上述马赫-曾德尔结构可采用一种等效变通的方法：在双芯光纤上连续采用熔融拉锥方法制成有一定距离的两个 3 dB 定向耦合器，然后在两个耦合器之间的光纤上一次写入光栅。这种方法可以轻易地获得平衡的马赫-曾德尔结构和光栅反射路径，但是要从双芯光纤中引出光信号需要特殊的光纤连接线。

3. 基于光纤耦合器加上光纤布喇格光栅结构的 OADM

　　图 8.14 示出基于光纤耦合器加上光纤布喇格光栅结构的 OADM。这种结构是在光纤定向耦合器的腰区写入光栅，如果在入射光中某一波长的光信号与光栅的布喇格波长一致，就会形成选择性反射。此处定向耦合器中两根光纤中的一根已经过预处理（熔融拉细），使两根光纤的芯径略有差别，因此在两根光纤中模式传播常数稍微有些不同。选择适当的光栅常数，使反射模式的耦合恰好发生在入射光纤基模与另一根光纤的反方向传输基模之间。要实现这种结构需要复杂的特殊制作工艺，因而不适宜大量制作。

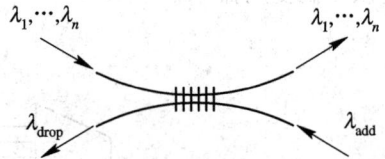

图 8.14　基于光纤耦合器加上光纤布喇格光栅结构的 OADM

4. 基于光纤光栅加上光纤环行器结构的 OADM

　　图 8.15 示出基于光纤光栅加上光纤环行器结构的 OADM，采用光纤环行器和光纤光栅的结合可以实现多个波长的分插复用。与基于马赫-曾德尔加上光纤布喇格光栅结构相比，这种结构对每一个波长只需一个而不是一对光栅，结构较为简单，性能较为稳定。在

DMUX：光解复用器；MUX：光复用器

图 8.15　基于光纤光栅加上光纤环行器结构的 OADM

两个环行器之间接入 m 个光纤光栅，在两个环行器的端口 3 分别接入解复用器和复用器，这样就可以分下和插入 m 个波长信号，而其它的没有被光纤光栅反射的光信号，无阻挡地从输出端口输出。如果采用可调谐光纤光栅，就可以得到在调谐范围内的任意波长信号。最后还可以通过不同组合形式的光开关，从 m 个波长中选取任意的分插波长。在这种结构中，由于环行器的回波损耗很大，所以根本不需要外加隔离器。

5. 基于介质膜滤波器加上光纤环行器结构的 OADM

图 8.16 示出基于介质膜滤波器加上光纤环行器结构的 OADM，其中使用了多层介质膜（Multi-layer Dielectric Film）滤波器，2×2 光开关和光纤环行器等。多层介质膜滤波器由于其良好的温度稳定性目前已经在商业的波分复用系统中使用。多波长光信号从输入端经环行器到达滤波器，由于介质膜滤波器属于带通滤波器，因此只有位于通带内的波长才可以通过滤波器，其它波长则被反射回环行器。通过滤波器的波长由光开关选择从分下（drop）口输出，插入的波长经过右边的同波长滤波器再通过右边环行器而输出。从左面滤波器反射回左面环行器的光从端口 2 到端口 3 再进入下面环行器的端口 1，重复以上过程，每经过一个环行器和滤波器组合后，其余波长则继续往下走。如果不在本结点作分插复用的波长就再连接到右侧的光纤环行器，然后依次经过环行器和多层介质膜带通滤波器，一直传输到多波长输出端口。

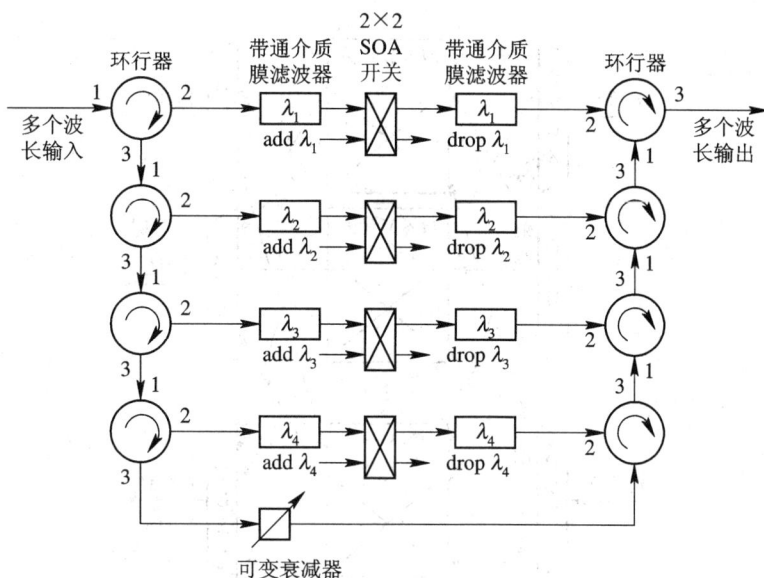

图 8.16　基于介质膜滤波器加上光纤环行器结构的 OADM

8.3.3　光交叉连接器

光交叉连接器（OXC，Optical Crossconnect）是光波网络中的重要单元，其功能可以与 SDH 网络中的数字交叉连接设备 DXC 类比，主要用来完成多波长链路间的交叉连接，作为网孔形光网络的结点设备，目的是实现光网络的自动配置、保护/恢复和重构。

光交叉连接通常分为三类，即光纤交叉连接（FXC，Fiber Crossconnect）、波长选择交叉连接（WSXC，Wavelength-Selective Crossconnect）和波长可变交叉连接（WIXC，Wavelength Interchanging Crossconnect)。

1. 光纤交叉连接

光纤交叉连接器连接的是多条输入/输出光纤，如图 8.17 所示，每根光纤中可以承载多波长光信号。在这种交叉连接器中，只有空分交换开关，交换的基本单位是一条光纤，并不对多波长信号进行解复用，而是直接对波分复用光信号进行交叉连接。这种交叉

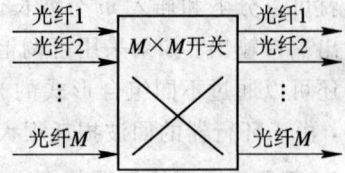

图 8.17　光纤交叉连接

连接器在 WDM 光网络中不能发挥多波长信道的灵活性，不能实现波长选路，因而很少在 WDM 网络结点中单独使用。

2. 波长选择交叉连接

波长选择交叉连接的典型结构如图8.18 所示，多路光纤中的光信号分别接入各自的波分解复用器，解复用后的相同波长的信号进行空分交换，交换后的各路相同波长的光信号分别进入各自输出口的复用器，复用后从各输出光纤输出。在这种结构中由于不同光纤中的相同波长之间可以进行交换，因而可以较灵活地对波长进行交叉连接，但是这种结构无法处理两根以上光纤中的相同波长光信号进入同一根输出光纤问题，即存在波长阻塞问题。而波长可变的交叉连接可以解决波长阻塞问题。

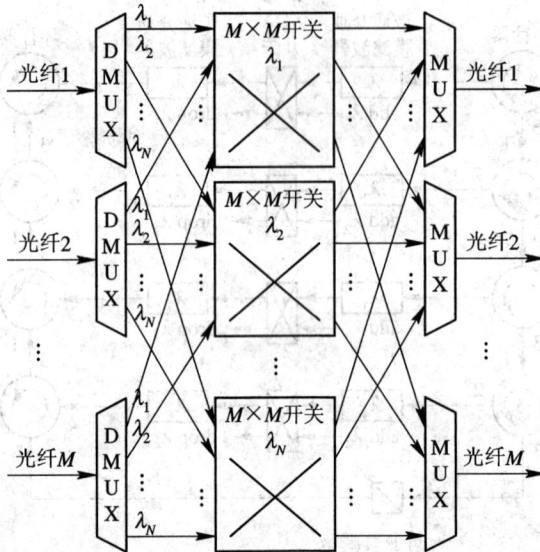

DMUX：解复用；MUX：复用

图 8.18　波长选择交叉连接

3. 波长可变交叉连接

在波长可变交叉连接器中，使用波长变换器(wavelength converter)对光信号进行波长变换，因而各路光信号可以实现完全灵活的交叉连接，不会产生波长阻塞。研究表明，在光交叉连接器中对各波长通路部分配备波长变换器和全部配备波长变换器所达到的通过率特性几乎相同。

　　图 8.19 为一种带专用波长变换器的波长可变交叉连接器(WIXC with dedicated wave-length converters)结构。这种结构中每一个波长经过空分交换后都配备有波长变换器。设输入/输出光纤数为 M，每根光纤中波长数为 N，若要实现交叉连接则共需要 MN 个波长变换器。在这种结构中，每根输入光纤中的每个波长都可以转换成任意一根输出光纤中任意一个波长，不存在波长阻塞。但是在一般情况下并不是所有波长都需要进行波长变换，因而这种结构的波长变换器的利用率不高，很不经济。

　　若要提高波长变换器的利用率，可采取所有端口共用一组波长变换器的办法，图 8.20 是所有输入波长共用一组波长变换器的情况。需要进行变换的波长由光开关交换后进入共用的波长变换器，经过变换的波长再次进入光开关与其它波长一起交换到所要输出的光纤中去。

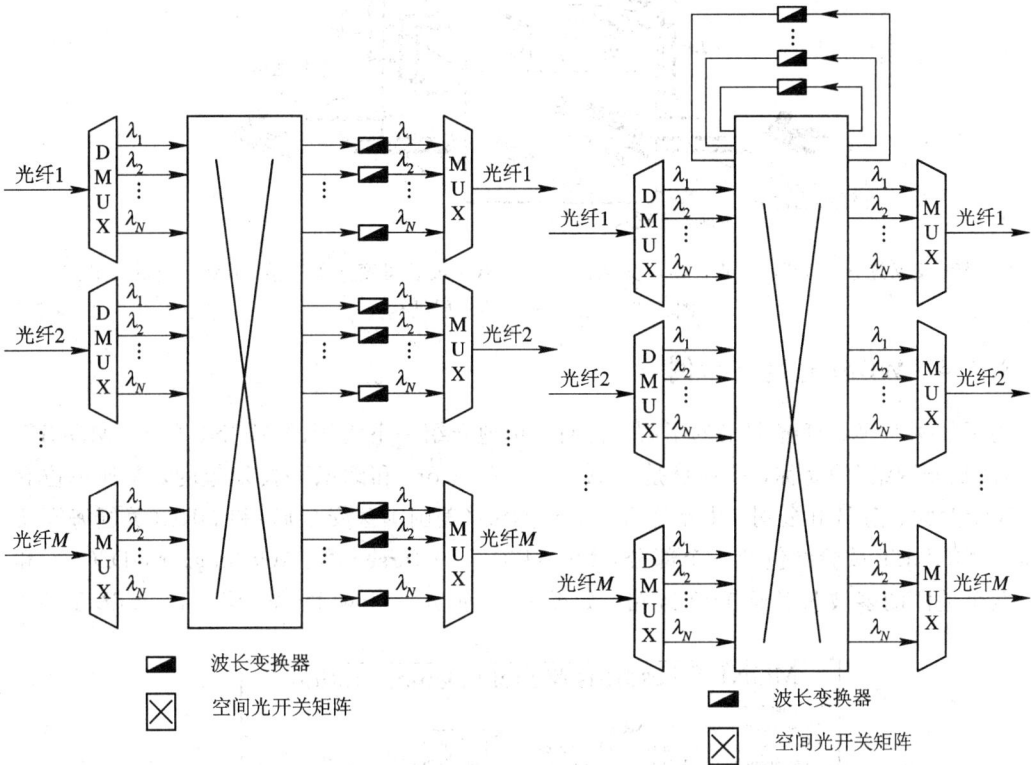

DMUX：解复用；MUX：复用

图 8.19　专用波长变换器的波长可变　　　　图 8.20　共享波长变换器的波长可变
　　　　　交叉连接器　　　　　　　　　　　　　　交叉连接器

4. 交叉连接的多层结构

　　在实际应用中并不是所有的交叉连接都要在波长级上进行。当业务量很大时，多路光纤上的信号直接进行光纤交叉连接(FXC)，并不需要对每根光纤的波长进行解复用与复用。图 8.21 所示为交叉连接的多层结构，最上层是电的交叉连接(EXC)，中间层是波长交叉连接，可以是波长选择交叉连接(WSXC)，也可以是波长可变交叉连接(WIXC)，底层是光纤交叉连接(FXC)。在 FXC 层，输入光纤中有需要作波长级交叉连接的光纤经 FXC 交叉连接后到上一层交叉连接端口，再作波长交叉连接。在 WSXC/WIXC 层，输入端口有来自 FXC 层需要进行波长级交叉连接的光纤和来自 EXC 层的基于波长的各路信号一起进行波长级交叉连接的光纤，WSXC/WIXC 输出的波长信号分为两路：一路经波长复用后连接至 FXC 层，另一路直接连接到 EXC 层进行电的交叉连接和交换。

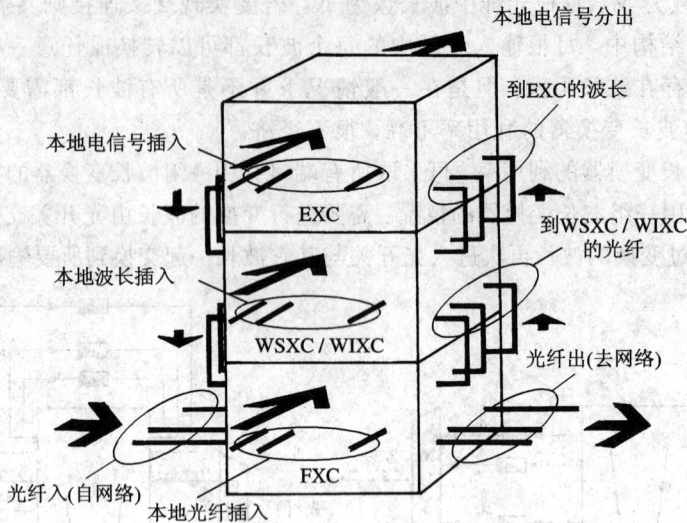

FXC：光纤交叉连接；WSXC：波长固定交叉连接；WIXC：波长可变交叉连接；EXC：电的交叉连接

图 8.21　交叉连接的多层结构

8.3.4　WDM 光网络示例

为了加深对 WDM 光网络的了解，我们简单地介绍一下美国的 MONET 网。MONET 是"多波长光网络"的简称，该项目是由 AT&T、Bellcore 和朗讯科技发起的，参加单位有 Bell 亚特兰大、南 Bell 公司、太平洋 Telesis、NSA（美国国家安全局）和 NRL（美国海军研究所）。MONET 试验网包括三个部分：MONET New Jersey 网、Washington, D. C. 网和连接两个地区的多波长长途光纤链路，如图 8.22 所示。New Jersey 网是以 AT&T Bell

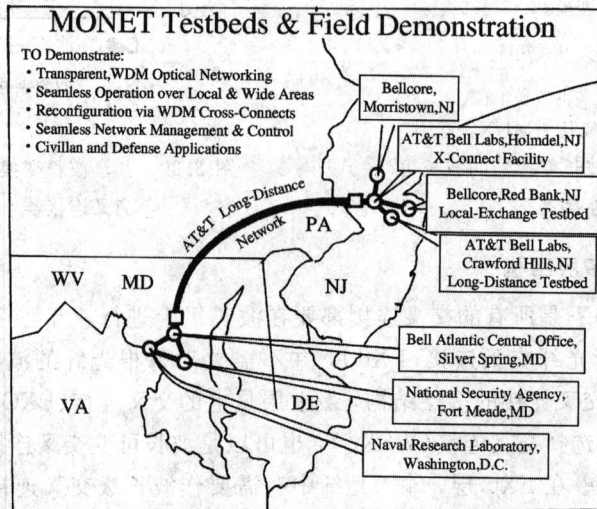

图 8.22　美国的 MONET

Labs 为中心的星形网，Washington，D. C. 网是三结点的环形网。该网络在 1560 nm 附近复用了 20 个 WDM 波长信道，单波长信道速率有 3 种，即 1.2 Gb/s、2.5 Gb/s 和 10 Gb/s。在网络中还使用了可调谐激光器和可调谐波长变换器等单元器件。该网络的试验目标是把网络结构、先进技术、网络管理和网络经济结合在一起，实现一种高性能的、经济的和可靠的多波长网络，最后将该网扩展为全国网。

支持 MONET 观点的人认为，未来的通信网是分层的。基础层是基于 WDM 的光层，用于支持电层的业务传送，该层由透明的、可以重新配置的和完全受网管控制的光网络单元构成；光层之上的层是电层，可能是 SDH 或 ATM；最上层是应用层。为此，MONET 项目定义和开发了一组 MONET 网络单元，例如，WTM(波长终端复用器)、WADM(波长分插复用器，即 OADM)、WAMP(多波长放大器)、WSXC(波长选择交叉连接器)和 WIXC(波长可变交叉连接器)。

8.4 光 接 入 网

近年来，高速数据和高质量视频通信的发展，推动了宽带网的研究与开发。接入网(Access Network)作为交换局与用户终端间的连接部分，是整个电信网的重要组成部分，它的数字化和宽带化已被提上重要议程。随着社会的发展，用户线所传送的信号已由单一的电话信号转变为多种业务信号，传送媒质已由单一的双绞铜线发展为铜线、光纤和无线等多种传输媒质。本节主要介绍光纤接入网。

8.4.1 光接入网概述

1. 接入网的概念

电信网包含了为在不同地方的用户提供各种电信业务的所有传输及复用设备、交换设备及各种线路设施等。接入网是电信网的重要组成部分，负责将电信业务透明地传送到用户。

ITU-T 的 G.902 建议(参看图 8.23)对接入网给出如下定义：接入网由业务结点接口(SNI)和用户网络接口(UNI)之间的一系列传送实体(如线路设施和传输设施)组成，为供给电信业务而提供所需的传送承载能力，可经由网络管理接口(Q$_3$)配置和管理。原则上对接入网可以实现的 UNI 和 SNI 的类型和数目没有限制。接入网不解释信令。

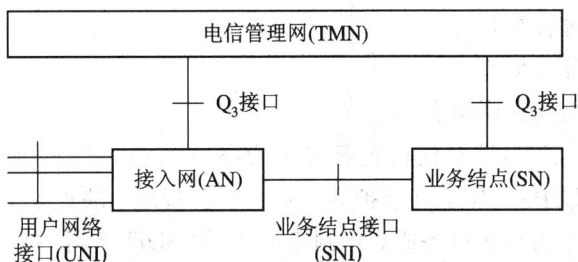

图 8.23 接入网的界定

2. 光接入网的参考配置

光接入网(OAN)是共享相同网络侧接口并由光传输系统所支持的接入链路群,有时称之为光纤环路系统(FITL)。从系统配置上可以分为无源光网络(PON)和有源光网络(AON),如图 8.24 所示。

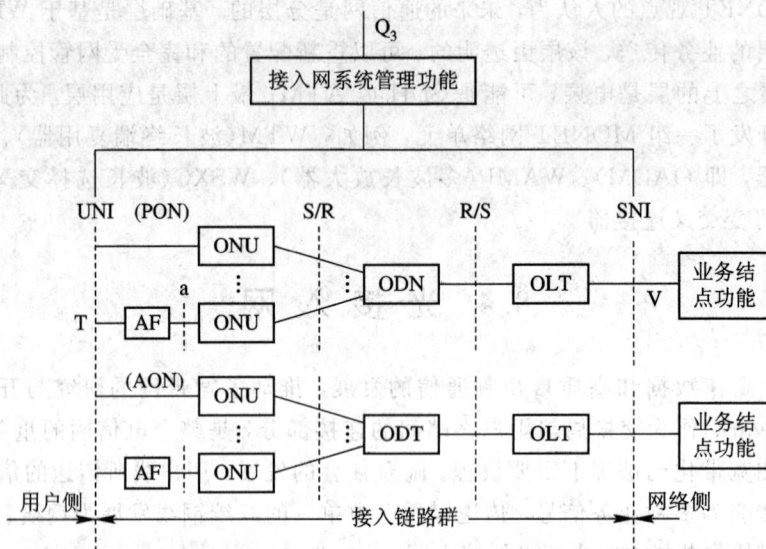

图 8.24　光接入网的参考配置

ODN:光分配网络,是 OLT 和 ONU 之间的光传输媒质,由无源光器件组成。

OLT:光线路终端,提供 OAN 网络侧接口,并且连接一个或多个 ODN。

ODT:光远程终端,由光有源设备组成。

ONU:光网络单元,提供 OAN 用户侧接口,并且连接到一个 ODN 或 ODT。

UNI:用户网络接口。

SNI:业务结点接口。

S:光发送参考点。

R:光接收参考点。

AF:适配功能。

V:与业务结点间的参考点。

T:与用户终端间的参考点。

a:AF 与 ONU 之间的参考点。

在 OLT 和 ONU 之间没有任何有源光电设备的光接入网称为无源光网络(PON)。PON 对各种业务是透明的,易于升级扩容,便于维护管理,缺点是 OLT 和 ONU 之间的距离和容量受到限制。用有源设备或有源网络系统(如 SDH 环网)的 ODT 代替无源光网络中的 ODN,便构成有源光网络(AON)。AON 的传输距离和容量大大增加,易于扩展带宽,运行和网络规划的灵活性大,不足之处是有源设备需要供电、机房等。如果综合使用两种网络,优势互补,就能接入不同容量的用户。

目前，用户网光纤化的途径主要有两个：一是在现有电话铜缆用户网的基础上，引入光纤传输技术改造成光接入网；二是在现有有线电视(CATV)同轴电缆网的基础上，引入光纤传输技术，使之成为光纤/同轴混合网(HFC)。

3. 光接入网的拓扑结构

光接入网的拓扑结构一般有 4 种：单星形、双星形、总线形和环形，如图 8.25 所示。

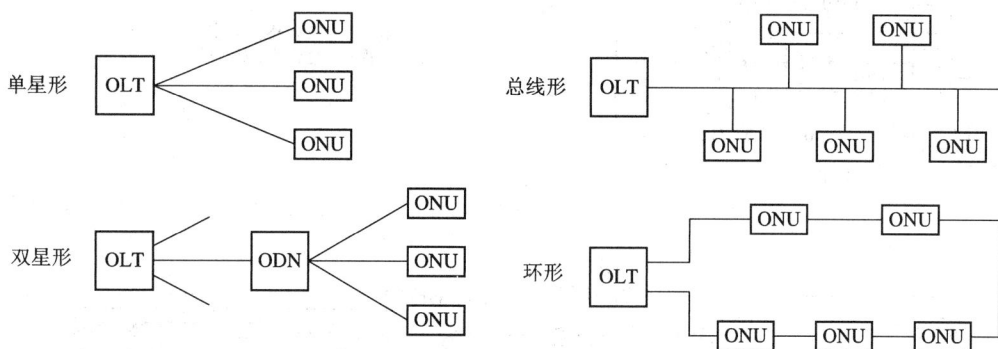

图 8.25　光接入网的拓扑结构

4. 光接入网的应用类型

根据 ONU 的位置不同，光接入网有 4 种基本应用类型：光纤到路边(FTTC)、光纤到大楼(FTTB)、光纤到办公室(FTTO)和光纤到家(FTTH)。

在 FTTC 结构中，ONU 设置在路边电线杆上的分线盒处，有时也可以设置在交接箱处。FTTC 一般采用双星形结构，从 ONU 到用户之间采用双绞线铜缆，若要传送宽带业务则要用高频电缆或同轴电缆。

FTTB 是将 ONU 直接放在大楼内(如企业、事业单位办公楼或居民住宅公寓内)，再由铜缆将业务分配到各个用户。FTTB 比 FTTC 的光纤化程度更进一步，更适合高密度用户区，也更容易满足未来宽带业务传输的需要。

如果将 FTTC 结构中设置在路边的 ONU 换成无源光分路器，将 ONU 移到大企业事业单位(如公司、政府机关、大学或研究所)的办公室内就成了 FTTO。将 ONU 移到用户家里就成了 FTTH。FTTH 是一种全透明全光纤的光接入网，适于引入新业务，对传输制式、带宽和波长等基本上没有限制，并且 ONU 安装在用户处，供电、安装维护等都比较方便。

8.4.2　无源光网络

1. 网络结构

无源光网络的信号由端局和电视节目中心通过光纤和光分路器直接分送到用户，其网络结构如图 8.26 所示。其下行业务由光功率分配器以广播方式发送给用户，在靠近用户接口处的过滤器让每个用户接收发给它的信号。在上行方向，用户业务是在预定的时间发送，目的是让它们分时地发送光信号，因此要定期测定端局与每个用户的延时，以便上行传输同步，这是 PON 技术的难点。由于光信号经过分路器分路后，损耗较大，因而传输距离不能很远。

(a)

(b)

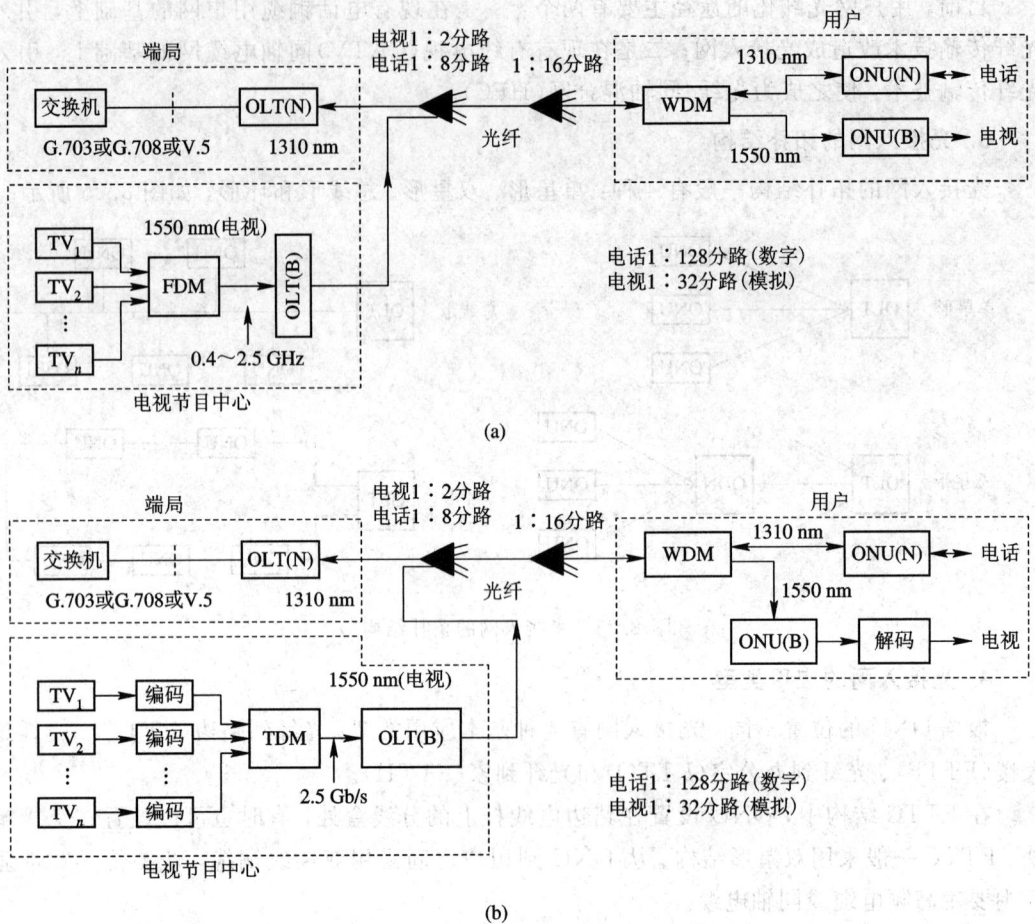

图 8.26　PON 结构

(a) 采用 TDM＋FDM＋WDM 的 PON；(b) 采用 TDM＋WDM 的 PON

PON 的一个重要应用是来传送宽带图像业务（特别是广播电视）。这方面尚无任何国际标准可用，但已形成一种趋势，即使用 1310 nm 波长区传送窄带业务，而使用 1550 nm 波长区传送宽带图像业务（主要是广播电视业务）。原因是 1310/1550 nm 波分复用（WDM）器件已很便宜，而目前 1310 nm 波长区的激光器也很成熟，价格便宜，适于经济地传送急需的窄带业务；另一方面，1550 nm 波长区的光纤损耗低，又能结合使用光纤放大器，因而适于传送带宽要求较高的宽带图像业务。具体的传输技术主要是频分复用（FDM）、时分复用（TDM）和波分复用（WDM）三种。图 8.26(a) 使用 1310/1550 两波长 WDM 器件来分离宽带和窄带业务，其中 1310 nm 波长区传送 TDM 方式的窄带业务信号，1550 nm 波长区传送 FDM 方式的图像业务信号（主要是 CATV 信号）。图 8.26(b) 也使用 1310/1550 两波长 WDM 器件来分离宽带和窄带业务，与图 8.26(a) 不同之处在于先将电视信号编码为数字信号，再用 TDM 方式传输。

2. 多址技术

PON 中常用的多址技术有三种：频分多址（FDMA）、时分多址（TDMA）和波分多址（WDMA），它们的原理框图如图 8.27 所示。

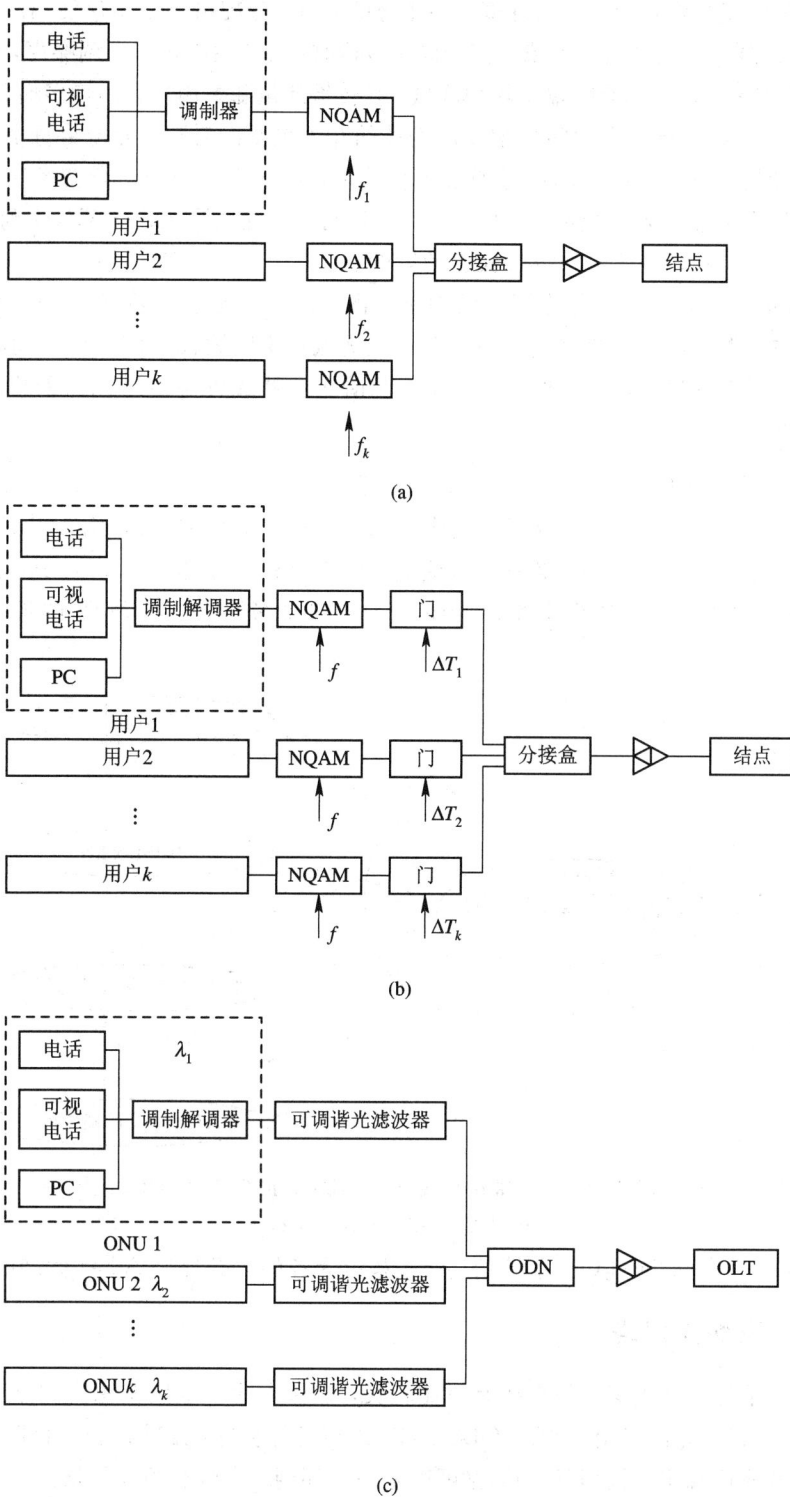

图 8.27　无源光网络的三种多址技术

（a）频分多址；（b）时分多址；（c）波分多址

FDMA 的特点是将频带分割为许多互不重叠的部分,分配给每个用户使用。其优点是设备简单、技术成熟;缺点是当多个载波信号同时传输时,会产生串扰和互调噪声,会出现强信号抑制弱信号现象,单路的有效输出功率降低,且传输质量随着用户数的增多而急剧下降。

TDMA 的特点是将工作时间分割成周期性的互不重叠的时隙,分配给每个用户。其优点是在任何时刻只有一个用户的信号通过上行信道,可以充分利用信号功率,没有互调噪声;缺点是为了分配时隙,需要实现网同步,为此就要精确地测定每个 ONU 到 OLT 的传输时延(又称为测距),并且易受窄带噪声的影响。

WDMA 的特点是以波长作为用户的地址,将不同的光波长分配给不同的用户,用可调谐滤波器或可调谐激光器来实现波分多址。其优点是不同波长的信号可以同时在同一信道上传输,不必考虑时延问题;缺点是目前可调谐滤波器或可调谐激光器的成本还高,调谐范围也不宽。

3. ATM 无源光网络

在无源光网络中采用 ATM 技术,就成为 ATM-PON,简称 APON。APON 实现用户与四个主要类型业务结点之一的连接,这些是 PSTN/ISDN 窄带业务,B-ISDN 宽带业务,非 ATM 业务(即数字视频付费业务和 Internet 的 IP 业务)。ATM-PON 的模型结构如图 8.28 所示。

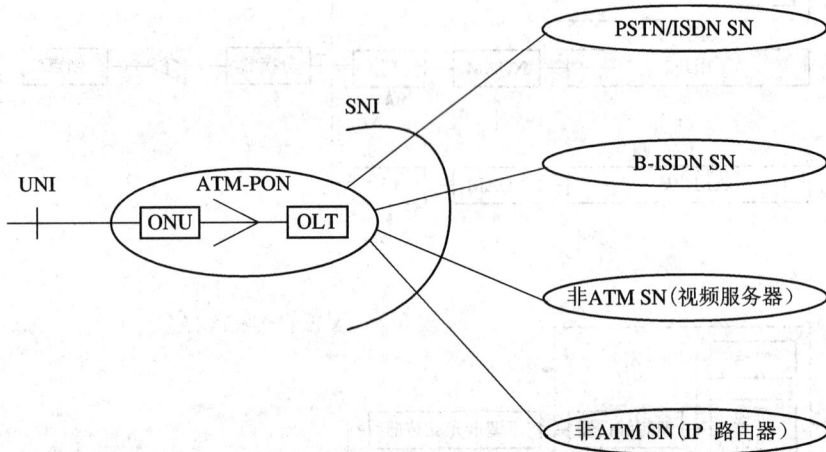

UNI:用户网络接口;SNI:业务结点接口;ONU:光网络单元;OLT:光线路终端

图 8.28 APON 模型结构

图 8.29 为一个 ATM-PON 系统结构,该系统为各种业务提供 ATM 标准的接入平台。

8.4.3 有源光网络

在一些土地辽阔的国家,用户线有时比较长,在接入网中也用有源光网络(AON)。如图 8.24 所示,有源光网络由 OLT、ODT、ONU 和光纤传输线路构成,ODT 可以是一个有源复用设备或远端集中器(HUB),也可以是一个环网。一般有源光网络属于一点到多点光通信系统,按其传输体制可分为 PDH 和 SDH 两大类。通常有源光网络采用星形结构,它将一些网络管理功能(如倒换结口、宽带管理)和高速复分接功能在远端终端中完成,局端和远端间通过光纤通信系统传输,然后再在远端将信号分配给用户。

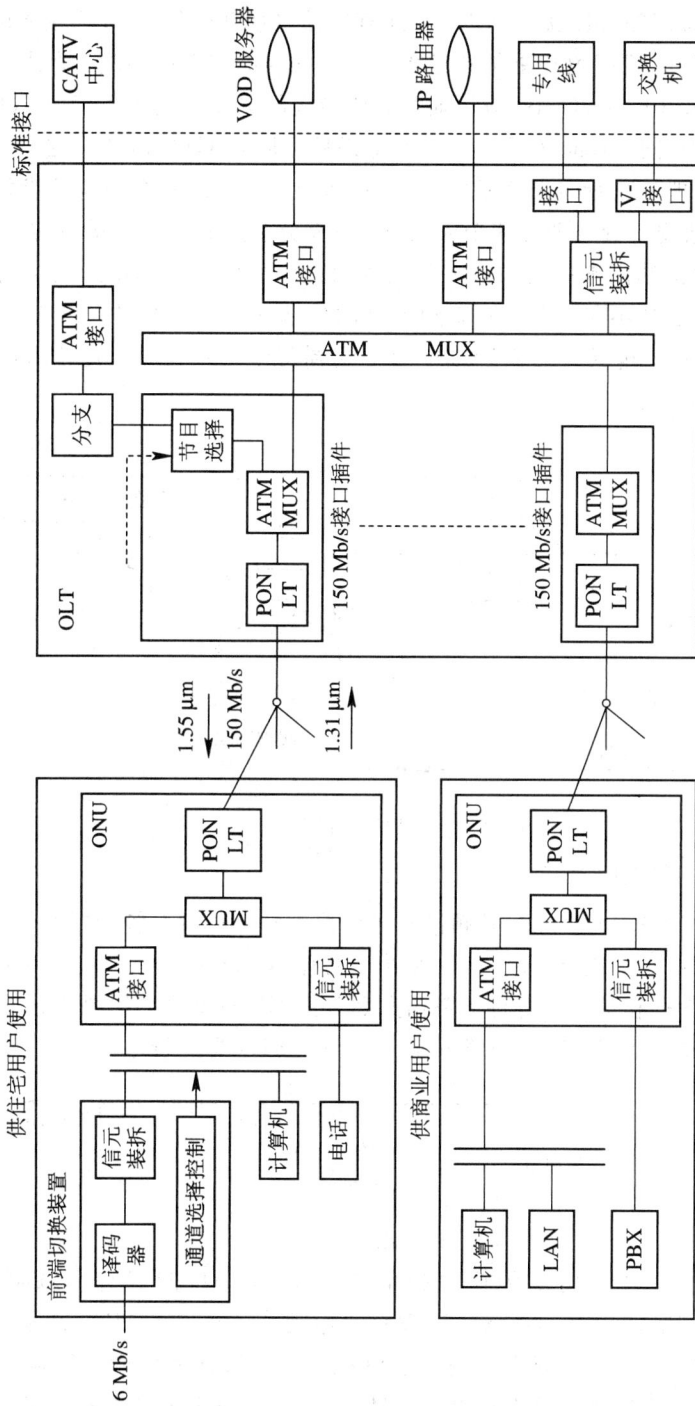

图 8.29　一个 APON 系统的结构

PON LT: PON 线路终端; OLT: 光线路终端; ONU: 光网络单元
MUX: 复用器; VOD: 视频点播

8.4.4 光纤同轴电缆混合网

接入网除了电信部门的环路接入网以外，还有广播电视部门的 CATV 接入网。随着社会的发展，要求在一个 CATV 网内能够传送多种业务并且能够双向传输，为此一种新兴的光接入网(HFC, Hybrid Fiber-Coax)应运而生。从传统的同轴电缆 CATV 网到 HFC 网，经历了单向光纤 CATV 网、双向光纤 CATV 网，最后发展到 HFC 网的过程。

HFC 网的基本原理是在双向光纤 CATV 网的基础上，根据光纤的宽频带特性，用空余的频带来传输话音业务、数据业务或个人信息，以充分利用光纤的频谱资源。HFC 的原理如图 8.30 所示，由前端出来的视频业务信号和由电信部门中心局出来的电信业务信号在主数字终端(HDT)处混合在一起，调制到各自的传输频带上，通过光纤传输到光纤结点，在光纤结点处进行光/电转换后由同轴电缆分配到每个用户。每个光纤结点能够服务的用户数大约 500 个左右。

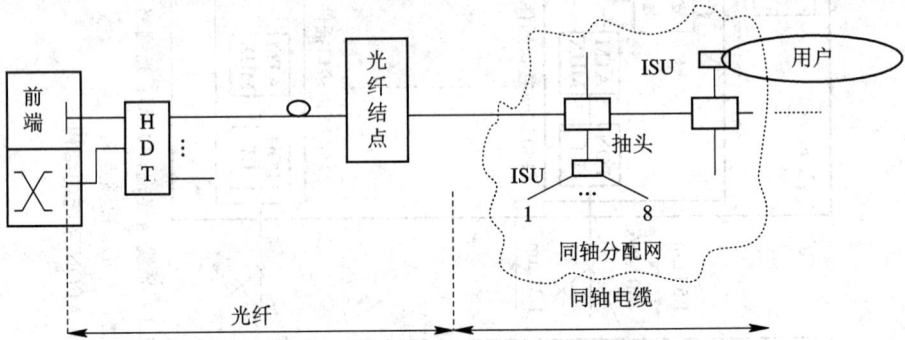

图 8.30 HFC 原理图

1. HFC 系统的频谱安排

HFC 采用副载波频分复用方式，其频谱安排目前国际上还没有统一标准，但在实际应用中存在一种趋势：HFC 系统有 750 MHz 系统，也有 1000 MHz 系统，其频率资源采用低分割分配方案，将下行和上行的各种业务信息划分到不同的频段，如图 8.31 所示。通常安排 50～750 MHz(或 1000 MHz)为下行通道，5～40 MHz 为上行通道。

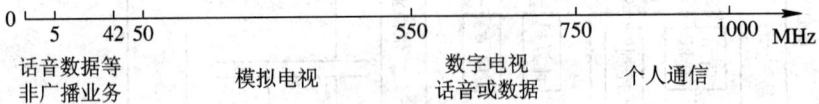

图 8.31 HFC 系统频谱安排

50～550 MHz 这段频谱用来传输模拟电视，对于 PAL 制式每个频道的频带为 8 MHz，这段频谱能传输$(550-50)\div 8\approx 60$ 路模拟电视。550～750 MHz 这段频谱用来传输数字电视，也可以用其中一部分来传输数字电视，另一部分来传输下行电话和数据信号。5～30 MHz 这段频谱用来传输上行电话信号，由于每个光纤结点能服务的用户数约为 500 个，所以每个用户的上行回传信道频带为 25 MHz$\div$500＝50 kHz；也有另一种分配上行频段的方法，将其扩展为 5～42 MHz，其中 5～8 MHz 传输状态监视信息，8～12 MHz 传输 VOD(视频点播)信令，15～40 MHz 用来传输上行电话信号。750～1000 MHz 这段频谱用于各种双向通信业务，其中 970～1000 MHz 可用于个人通信业务，其它未分配的频段可以有各种应用，也可用于将来可能出现的新业务。

2. HFC 的调制和复用方式

对模拟视频信号的调制，主要采用模拟的 VSB-AM 调制方式和 FDM 复用方式，便于与家庭使用的电视机兼容；对于长距离传输，也可采用 FM-SCM(副载波调频)方式。对于数字视频信号的调制，可以将数字视频进行 BPSK、QPSK 或 64 QAM 调制到载波上，再使用 FDM 或 SCM 复用方式。下行的数字话音或数据经 QPSK 调制到下行副载波上，上行的数字话音或数据经 QPSK 调制到上行副载波上。

经 FDM 或 SCM 复用后的射频信号再对光源进行直接强度调制，经光纤传输后再在接收端解调。当然，光信号也可采用 WDM 甚至 OFDM 复用方式。

3. HFC 网的结构和功能

HFC 网主要由前端(HE)、主数字终端(HDT)、传输线路、光纤结点(FN)和综合业务单元(ISU)等组成，如图 8.32 所示。

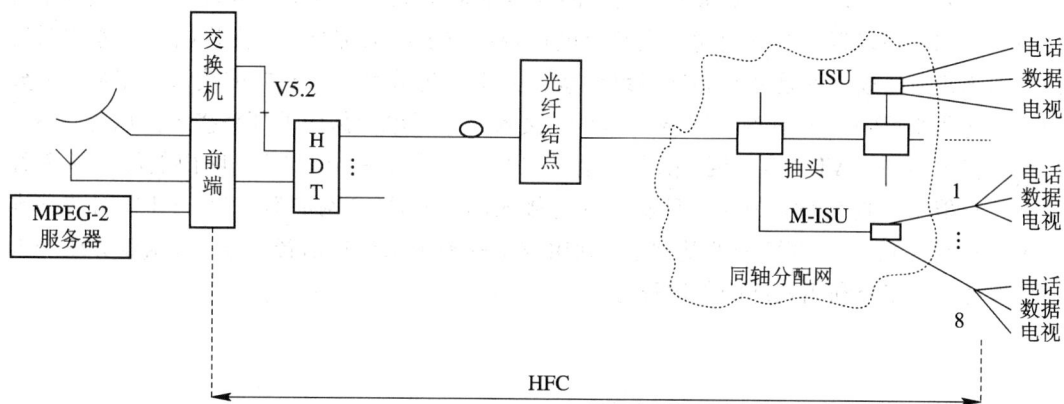

图 8.32　HFC 网的结构图

视频前端的作用是处理各种模拟的和数字的视频信号，然后混合起来。

主数字终端的作用是将 CATV 前端发出的信息流和交换机出来的电话业务信息流合在一起。其主要功能有：通过 V5.2 接口与交换机进行信令转换，对网络资源进行分配，对业务信息进行调制与解调和合成与分解，光发送与光接收，提供对 HFC 网进行管理的管理接口。

光纤结点的作用主要是接收来自 HDT 的承载电视和电话信息的光信号，将其转换为射频电信号，再由射频放大器放大后送给各个同轴电缆分配网；并且还能对上行信号进行频谱安排，对信令进行转换。

综合业务单元(ISU)是一个智能的网络设备，分为单用户的 ISU 和多用户的 ISU，主要提供各种用户终端设备与网络之间的接口、实现信令转换，对各种业务信息进行调制与解调以及合成与分解。

小　结

　　本章介绍了由光纤及各种设备构成的光纤通信网络，包括 SDH 传送网、WDM 光网络和光接入网。

　　SDH 技术是目前广泛应用的光传送技术，它最大的优势在于组网上。SDH 传送网通常采用线形、星形、树形、环形和网孔形拓扑结构。SDH 的特色之一是能利用 ADM 构成环形自愈网。自愈网结构可分为两大类：通道倒换环和复用段倒换环。本章以四个结点的环为例，介绍了四种典型的自愈环结构。

　　WDM 技术极大地提高了光纤的传输容量，随之带来了对电交换结点的压力和变革的动力。为了提高交换结点的吞吐量，必须在交换技术方面引入光子技术，从而推动了 WDM 光网络的研究。ITU－T 的 G.872 建议将光传送网分为光通道层（OCH）、光复用段层（OMS）和光传输段层（OTS）。WDM 光网络的结点主要有两种功能，即光波长信道的分插复用功能和交叉连接功能，实现这两种功能的网络元件分别是 OADM 和 OXC。

　　近年来，高速数据和高质量视频通信的发展推动了宽带网的研究和开发。接入网作为交换局与用户终端间的连接部分，是整个电信网的重要组成部分，负责将电信业务透明地传送到用户。光接入网是共享相同网络侧接口并由光传输系统所支持的接入链路群，可分为无源光网络（PON）和有源光网络（AON）。接入网除了电信部门的环路接入网以外，还有广播电视部门的 CATV 接入网。随着社会的发展，要求在一个 CATV 网内能够传送多种业务并且能够双向传输，为此一种新型的光接入网——HFC 网应运而生。HFC 网的基本原理是在双向光纤 CATV 网的基础上，利用空余的频带来传输话音业务、数据业务或个人通信业务，以充分利用光纤的频谱资源。

附录 A　SDH 系统光接口标准

1. 光接口标准化的目的

光接口标准化的基本目的是为了在中继段上实现横向兼容，即允许不同厂家产品在中继段上互通并仍保证中继段的各项性能指标。同时，具有标准光接口的网元可以经光路直接相连，既减少了不必要的光/电转换，又节约了网络运行成本。

2. 光接口分类

按照应用场合不同，光接口划分为三类，即局内通信、短距离局间通信和长距离局间通信。用代码表示时，第一个字母表示应用场合：字母 I 表示局内通信，字母 S 表示短距离局间通信，字母 L 表示长距离局间通信。字母后的第一位数字表示 SDH 的等级；第二位数字表示工作波长区或窗口和所用的光纤类型：1 或空白表示 1310 nm 工作波长区，所用的光纤为 G.652 光纤；2 表示 1550 nm 工作波长区，所用的光纤为 G.652 光纤和 G.654 光纤；3 表示 1550 nm 工作波长区，所用的光纤为 G.653 光纤。表 A.1 汇总了这三种不同应用场合的代码的所有光纤类型和典型的传输距离。

表 A.1　光接口分类与应用代码

应　　用	局内	短距离局间		长距离局间			超长距离局间	
标称波长/nm	1310	1310	1550	1310	1550		1550	
光纤类型	G.652	G.652	G.652	G.652	G.652 G.654	G.653	G.652 G.654	G.653
距离/km*	≤2	～15		～40	～80		～120	
STM-1	I-1	S-1.1	S-1.2	L-1.1	L-1.2	L-1.3	—	—
STM-4	I-4	S-4.1	S-4.2	L-4.1	L-4.2	L-4.3	E-4.2	E-4.3
STM-16	I-16	S-16.1	S-16.2	L-16.1	L-16.2	L-16.3	E-16.2	E-16.3

* 注：这些距离仅用于分类而不是用于规范（$BER \leqslant 1 \times 10^{-10}$）；E 代表超长距离局间通信。

3. 光接口参数

光接口位置如图 A.1 所示。

图中 S 点是紧靠着光发送机（TX）的光连接器（C_{TX}）后面的参考点。R 点是紧靠着光接收机（RX）的光连接器（C_{RX}）前面的参考点。

（1）光线路码型。光接口的线路码型为加扰 NRZ 码，采用 7 级扰码器，生成多项式为 $X^7 + X^6 + 1$。

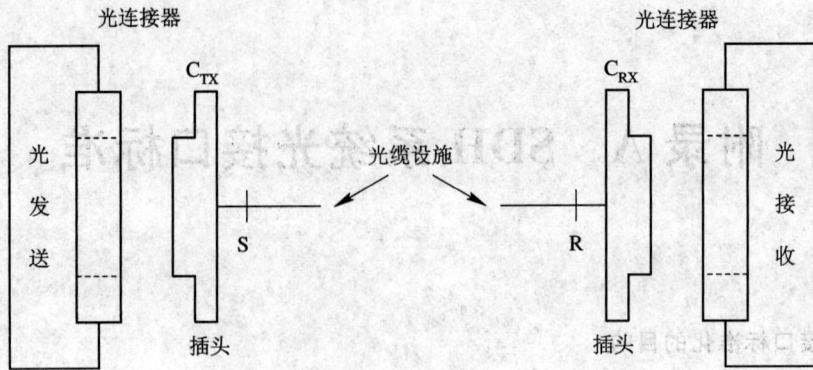

图 A.1　光接口位置

（2）系统工作波长范围。系统工作波长范围受到一系列因素的制约，主要是模式噪声、光纤截止波长、光纤衰减和色散的影响。由上述多种因素所限定的工作波长区的公用部分，即最窄范围，为特定应用场合和传输速率下的系统工作波长范围。标准光接口各级STM的允许工作波长范围如表 A.2～A.4 表所示。表中"NA"或"—"表示不要求。值得注意的是，表 A.2～表 A.4 所规范的数值都是最坏值，即在系统设计寿命终了且处于允许的最坏条件下仍能满足的数值。

对于中继距离要求较长的干线，表中工作波长范围需要另加限制。

表 A.2　STM-1 光接口参数规范

项目	单位	数值										
		STM-1										
标称比特率	kb/s	155520										
应用分类代码		I-1		S-1.1	S-1.2		L-1.1		L-1.2		L-1.3	
工作波长范围	nm	1260~1360		1261~1360	1430~1576	1430~1580	1280~1335	1280~1335	1534~1566	1480~1580	1523~1577	1480~1580
光源类型		MLM	LED	MLM	MLM	SLM	MLM	SLM	MLM	SLM	MLM	SLM
发送机在 S 点特性												
最大 rms 谱宽 (σ_{max})	nm	40	80	7.7	2.5	—	4	—	3	—	2.5	—
最大 -20 dB 谱宽	nm	—	—	—	—	1	—	1	—	1	—	1
最小边模抑制比	dB	—	—	—	—	30	—	30	—	30	—	30
最大平均发送功率	dBm	-8		-8	-8	-8	0	0	0	0	0	0
最小平均发送功率	dBm	-15		-15	-15	-15	-5	-5	-5	-5	-5	-5
最小消光比	dB	8.2		8.2	8.2	8.2	10	10	10	10	10	10
S 点 R 点光通道特性												
衰减范围	dB	0~7		0~12	0~12	0~12	10~28	10~28	10~28	10~28	10~28	10~28
最大色散	ps/nm	18	25	96	296	NA	185	NA	246	NA	296	NA
光缆在 S 点的最小回波	dB	NA		NA	NA	NA	NA	NA	NA	20	NA	NA
衰减(含有任何活接头)	dB	NA		NA	NA	NA	NA	NA	NA	-25	NA	NA
SR 点间最大离散反射衰减	dB	NA		NA	NA	NA	NA	NA	NA	-25	NA	NA
接收机在 R 点特性												
最差灵敏度	dBm	-23		-28	-28	-28	-34	-34	-34	-34	-34	-34
最小过载点	dBm	-8		-8	-8	-8	-10	-10	-10	-10	-10	-10
最大光通道代价	dB	1		1	1	1	1	1	1	1	1	1
接收机在 R 点的最大反射衰减	dB	NA		NA	NA	NA	NA	NA	NA	-25	NA	NA

表 A.3　STM-4 光接口参数规范

数值：STM-4，622080 kb/s

项目	单位	I-4 1261~1360		S-4.1 1293~1334	S-4.1 1274~1356	S-4.2 1430~1580	L-4.1 1300~1335	L-4.1 1296~1330	L-4.1 1280~1335	L(JE)-4.1 1302~1318	L-4.2 1480~1580	L-4.3 1480~1580	E-4.2* 1530~1560	E-4.3* 1530~1560
标称比特率	kb/s									622080				
应用分类代码		I-4		S-4.1	S-4.1	S-4.2	L-4.1	L-4.1	L-4.1	L(JE)-4.1	L-4.2	L-4.3	E-4.2*	E-4.3*
工作波长范围	nm	1261~1360		1293~1334	1274~1356	1430~1580	1300~1335	1296~1330	1280~1335	1302~1318	1480~1580	1480~1580	1530~1560	1530~1560
光源类型		MLM	LED	MLM	MLM	SLM	MLM	MLM	SLM	MLM	SLM	SLM	SLM	SLM
发送机在S点特性 最大 rms 谱宽(σ_{max})	nm	14.5	35	4	2.5	—	2	1.7	—	<1.7	—	—	—	—
最大 −20 dB 谱宽	nm	—		—	—	1	—	—	1	—	<1*	1	<1	<1
最小边模抑制比	dB	—		—	—	30	—	—	30	—	30	30	30	30
最大平均发送功率	dBm	−8		−8	−8	−8	2	2	2	2	2	2	+2	+2
最小平均发送功率	dBm	−15		−15	−15	−15	−3	−3	−3	−2	−3	−3	−3	−3
最小消光比	dB	8.2		8.2	8.2	8.2	10	10	10	—	10	10	10	10
S点R点间光通道特性 衰减范围	dB	0~7		0~12	0~12	0~12	10~24	10~24	10~24	27	10~24	10~24	20~35	20~35
最大色散	ps/nm	13	14	46	74	NA	92	109	NA	109	1640*	NA	2450	450
光缆在 S 点的最小回波损耗（含有任何活接头）	dB	NA		NA	NA	24	20	20	20	24	24	20	24	24
SR 点间最大离散反射衰减	dB	NA		NA	NA	−27	−25	−25	−25	−25	−27	−25	−27	−27
接收机在R点特性 最差灵敏度	dBm	−23		−28	−28	−28	−28	−28	−28	−30	−28	−28	−39 / −28	−38 / −28
最小过载点	dBm	−8		−8	−8	−8	−8	−8	−8	−8	−8	−8	−19 / −8	−19 / −8
最大光通道代价	dB	1		1	1	1	1	1	1	1	1	1	1	1
接收机在 R 点的最大反射衰减	dB	NA		−27	−27	−27	−14	−14	−14	−14	−27	−14	−27	−27

* 参考值还需继续研究。

表 A.4　SIM-16 光接口参数规范

项目	单位	数　值									
标称比特率	kb/s	2488320									
		SIM-16									
应用分类代码		I-16	S-16.1	S-16.2	L-16.1	L(JE)-16.1	L-16.2	L(JE)-16.2	L-16.3	E-16.2*	E-16.3*
工作波长范围	nm	1266~1360	1260~1360	1430~1580	1280~1335	1280~1335	1500~1580	1530~1560	1500~1580	1530~1560	1530~1560
发送机在 S 点特性											
光源类型		MLM	SLM	SLM	SLM	SLM	SLM	SLM(MQW)	SLM	SLM(MQW)	SLM
最大 rms 谱宽 (σ_{max})	nm	4	—	—	—	—	—	—	—	—	—
最大 −20 dB 谱宽	nm	—	1	<1*	1	<1	<1*	<0.6	<1*	<1(0.6)	<1
最小边模抑制比	dB	—	30	30	30	30	30	30	30	30	30
最大平均发送功率	dBm	−3	0	0	+3	+3	+3	+5	+3	+3 | +16*	+3 | +16*
最小平均发送功率	dBm	−10	−5	−5	−2	−0.5	−2	+2	−2	−2 | +12	−2 | +12
最小消光比	dB	8.2	8.2	8.2	8.2	8.2	8.2	8.2	8.2	8.2	8.2
S、R 点光通道特性											
衰减范围	dB	0~7	0~12	0~12	10~24	26.5	10~24	10~28	10~24	20~35	20~35
最大色散	ps/nm	12	NA	NA	NA	216	1200~1600	1600	300*	3000	550
光缆在 S 点的最小衰减（含有任活接头）	dB	24	24	24	24	24	24	24	24	24	24
SR 点间最大离散反射衰减	dB	−27	−27	−27	−27	−27	−27	−27	−27	−27	−27
接收机在 R 点特性											
最差灵敏度	dBm	−18	−18	−18	−27	−28	−28	−28	−27	−38 | −28	−37 | −27
最小过载点	dBm	−3	0	0	−9	−9	−9	−9	−9	−19 | −9	−19 | −9
最大光通道代价	dB	1	1	1	1	2	2	2	1	2	1
接收机在 R 点的最大反射衰减	dB	−27	−27	−27	−27	−27	−27	−27	−27	−27	−27

* 参考值还需继续研究。

附录 B　PDH 系统光线路设备的实例

桂林-诺基亚电信(GNT)公司 1～4 次群产品技术性能

	DF2-8		DF34	DF140
	2 或 8 Mb/s 光线路设备		34 Mb/s 光线路设备	140 Mb/s 光线路设备
CCITT 建议	……G. 703，G. 823，G. 956，G. 651，G. 652			
比特率/(Kb/s)	2048	8448	34368	139264
光线路码型	5B6B	5B6B	5B6B	5B6B
波长/nm	850/1300	850/1300	850/1300/1550	1300/1550
最小发送光功率/dBm				
·发光二极管 850 nm	−17	−17	−17	—
·发光二极管 1300 nm(多模)	−21	−21	−21	−22
·发光二极管 1300 nm(单模)	−29	−29	−29	—
·激光器 1300 nm(多模)	−1	−1	−1	−1
·激光器 1300 nm(单模)	−4	−4	−4	−4
·激光器 1300 nm(单模低功率)	—	—	−14	−14
·激光器 1550 nm(单模)	—	—	−7	−7
BER=10^{-9} 时接收机门限/dBm				
−850 nm	−55	−49	−41	—
−1300 和 1550 nm	−56	−51	−43	−38
接收机动态范围/dB				
−850 nm	>40	>34	>26	—
−1300 和 1550	>53	>48	>40	>35
数字接口				
CCITT 建议	G. 703	G. 703	G. 703	G. 703
码型	HDB−3	HDB−3	HDB−3	CM2
光接口				
CCITT 建议	……G. 651，G. 652			
光连接器	FC	FC	FC	FC
波特速率	3277K	11827K	42960K	181M
脉冲形状	NRZ	NRZ	NRZ	NRZ
其他接口	一模拟，0.3～3.4 kHz			
业务电话				
业务接口	−V.11/CCITT			
数据通路(V.11)	2×34 kb/s	2×70 kb/s	2×70 kb/s	3×64 kb/s
任选数据通路(V.11)	64+34 kb/s	64+4×70 kb/s	64+4×70 kb/s	193 kb/s
任选辅助通路	—————————— 2048 或 8448 kb/s(G.703)			
电源				
输入电压范围	———−20———−72 V		DC—————	
功耗				
一线路终端/发光二极管	9 W	9 W	12 W	14 W
一线路终端/激光器	10 W	10 W	14 W	16 W
双向中继器	—	—	—	20 W
环境	运行		运输和保存	
温度	−10～+50℃		−40～+70℃	
湿度	<95%(30℃时)		高达 98%	

附录 C　VSB-AM/SCM 系统光链路性能实例

——哈雷光波(Harmonic Lightwave)公司三种产品主要技术性能

由光发射机、光纤线路和光接收机组成的光链路(基本光纤传输系统),通常用在确定的 CSO 和 CTB 条件下,系统载噪比 CNR 与光链路损耗 αL 的关系表示。其中 $\alpha L = P_t - P_0$,α 和 L 分别为光链路的平均损耗系数和长度,P_t 和 P_0 分别为平均发射光功率和平均接收光功率。

所用光接收机的性能

· 光输入

标准 HLR3700RM　光功率输入 $-3 \sim +1$ dBm

高功率 HLR3700RM/I　光功率输入 $0 \sim +3$ dBm

光检测器　InGaAs-PIN 光电二极管

光波长　$1250 \sim 1600$ nm

· RF 输出

光功率输入 0 dBm　　RF 输出 32 dBmv　调制指数 2.6%

光功率输入 3 dBm　　RF 输出 35 dBmv　调制指数 2.6%

　　　　　　　　　　RF 输出 38 dBmv　调制指数 3.7%

1. 直接调制 1310 nm DFB 光链路

光发射机(PWL 4700 系列)

· RF 输入

电平范围 $25 \sim 32$ dBmv　工作带宽 $45 \sim 750$ MHz

· 光输出

型　号	光功率输出/dBm	调制指数/%
PWL 4705	5.0 ± 1.0	3.3 ± 0.3
PWL 4710	9.5 ± 1.0	3.5 ± 0.35
PWL 4713	11.5 ± 1.0	4.0 ± 0.2

光波长 $1290 \sim 1330$ nm

· 光链路性能

传输 80 个频道(NTSC)的系统,CNR 与光链路损耗的关系示于图 C.1,40、60 和 110 个频道的 CNR 应增减的 dB 数列于图 C.1 右上角。

　　CSO $\leqslant 60$ dBc　　　　　　CTB $\leqslant 65$ dBc

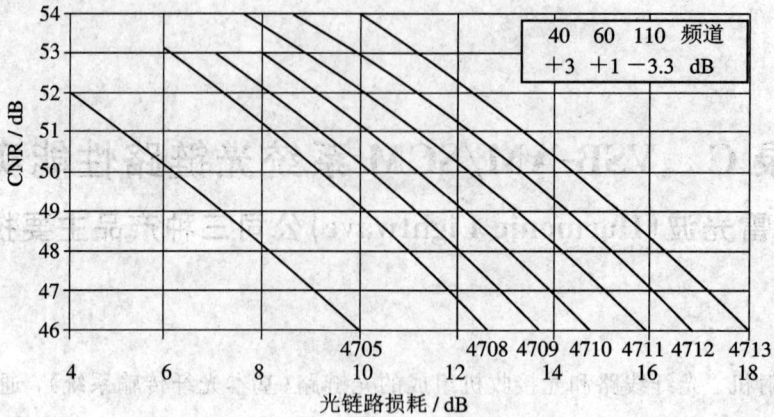

图 C.1 直接调制 DFB 光链路性能

2. 外调制 YAG 光链路

光发射机（HLT6713）

· RF 输入

电平范围 18～33 dBmv   工作带宽 45～750 MHz

· 光输出

两路输出，每路光功率 13 mW(11 dBm)

调制指数 2.5%   光波长 1310 nm

· 光链路性能

传输 80 个频道（NTSC）的系统，CNR 与光链路损耗示于图 C.2，40、60 和 110 个频道的 CNR 应增减的 dB 数列于图 C.2 右上角。

CSO ≤65 dBc   CTB ≤65 dBc

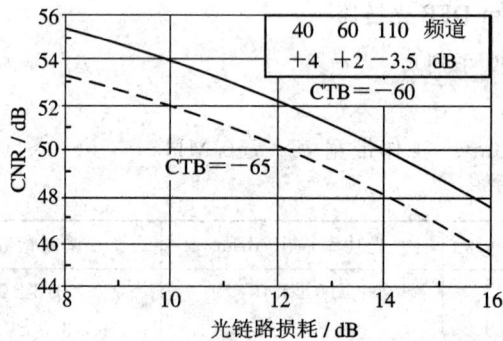

图 C.2 外调制 YAG 光链路性能

3. 外调制 1550 nm DFB 光链路

光发射机（HTL7803）

· RF 输入

电平范围 18～28 dBmv   工作带宽 40～870 MHz

· 光输出

两路输出，每路光功率 2 mW(3 dBm)

光放大器(HOA7071)

·光输出

光功率输出≥+17 dBm　　　　光反射损耗>50 dB

输入范围-20～+10 dBm　　　　噪声系数<5 dB

光波长 1550±15 nm

·光链路性能(HLT7803+HOA7071)

传输 80 个频道(NTSC)的系统，带宽 54～550 MHz，CNR 与光链路损耗示于图 C.3。

CSO≤-80 dBc　　　　CTB≤80 dBc

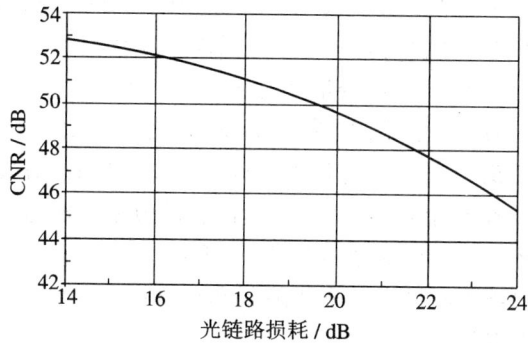

图 C.3　外调制 DFB(带光放大器)光链路性能

习题与思考题答案(参考)

1-1 光纤通信的优缺点各是什么?

答 与传统的金属电缆通信、微波无线电通信相比,光纤通信具有如下优点:

(1) 通信容量大。首先,光载波的中心频率很高,约为 $2×10^{14}$ Hz,最大可用带宽一般取载波频率的 10%,则容许的最大信号带宽为 20 000 GHz(20 THz);如果微波的载波频率选择为 20 GHz,相应的最大可用带宽为 2 GHz。两者相差 10 000 倍。其次,单模光纤的色散几乎为零,其带宽距离(乘)积可达几十 GHz·km;采用波分复用(多载波传输)技术还可使传输容量增加几十倍至上百倍。目前,单波长的典型传输速率是 10 Gb/s,一个采用128 个波长的波分复用系统的传输速率就是 1.28 Tb/s。

(2) 中继距离长。中继距离受光纤损耗限制和色散限制,单模光纤的传输损耗可小于0.2 dB/km,色散接近于零。

(3) 抗电磁干扰。光纤由电绝缘的石英材料制成,因而光纤通信线路不受普通电磁场的干扰,包括闪电、火花、电力线、无线电波的干扰。同时光纤也不会对工作于无线电波波段的通信、雷达等设备产生干扰。这使光纤通信系统具有良好的电磁兼容性。

(4) 传输误码率极低。光信号在光纤中传输的损耗和波形的畸变均很小,而且稳定,噪声主要来源于量子噪声及光检测器后面的电阻热噪声和前置放大器的噪声。只要设计适当,在中继距离内传输的误码率可达 10^{-9} 甚至更低。

此外,光纤通信系统还具有适应能力强、保密性好以及使用寿命长等特点。

当然光纤通信系统也存在一些不足:

(1) 有些光器件(如激光器、光纤放大器)比较昂贵。

(2) 光纤的机械强度差。为了提高强度,实际使用时要构成包含多条光纤的光缆,在光缆中要有加强件和保护套。

(3) 不能传送电力。有时需要为远处的接口或再生的设备提供电能,光纤显然不能胜任。为了传送电能,在光缆系统中还必须额外使用金属导线。

(4) 光纤断裂后的维修比较困难,需要专用工具。

1-2 光纤通信系统由哪几部分组成?简述各部分作用。

答 光纤通信系统由发射机、接收机和光纤线路三个部分组成(参看图 1.4)。发射机又分为电发射机和光发射机。相应地,接收机也分为光接收机和电接收机。电发射机的作用是将信(息)源输出的基带电信号变换为适合于信道传输的电信号,包括多路复接、码型变换等;光发射机的作用是把输入电信号转换为光信号,并用耦合技术把光信号最大限度地注入光纤线路。光发射机由光源、驱动器、调制器组成,光源是光发射机的核心。光发射机的性能基本取决于光源的特性;光源的输出是光的载波信号,调制器让携带信息的电信号去改变光载波的某一参数(如光的强度)。光纤线路把来自于光发射机的光信号，以尽可能小的畸变(失真)和衰减传输到光接收机。光纤线路由光纤、光纤接头和光纤连接器组成。光纤是光纤线路的主体，接头和连接器是不可缺少的器件。光接收机把从光纤线路输出的产生畸变和衰减的微弱光信号还原为电信号。光接收机的功能主要由光检测器完成，光检测器是光接收机的核心。电接收机的作用一是放大，二是完成与电发射机相反的变换，包括码型反变换和多路分接等。

1-3 假设数字通信系统能够在高达 1‰的载波频率的比特率下工作，试问在 5 GHz 的微波载波和 1.55 μm 的光载波上能传输多少 64 kb/s 的话路?

解 在 5 GHz 微波载波上能传输的 64 kb/s 的话路数

$$k = \frac{5 \times 10^9 \times 1‰}{64 \times 10^3} \approx 781 \text{（路）}$$

在 1.55 μm 的光载波上能传输的 64 kb/s 的话路数

$$k = \frac{\left(\frac{3 \times 10^8}{1.55 \times 10^{-6}}\right) \times 1‰}{64 \times 10^3} = 3.0242 \times 10^7 \text{（路）}$$

1-4 简述未来光网络的发展趋势及关键技术。

答 未来光网络发展趋于智能化、全光化。其关键技术包括：长波长激光器、低损耗单模光纤、高效光放大器、WDM 复用技术和全光网络技术。

1-5 光网络的优点是什么?

答 光网络具有如下的主要优点：

(1) 可以极大地提高光纤的传输容量和结点的吞吐量，以适应未来宽带(高速)通信网的要求。

(2) 光交叉连接器(OXC)和光分插复用器(OADM)对信号的速率和格式透明，可以建立一个支持多种业务和多种通信模式的、透明的光传送平台。

(3) 以波分复用和波长选路为基础，可以实现网络的动态重构和故障的自动恢复，构成具有高度灵活性和生存性的光传送网。

光网状网具有可重构性、可扩展性、透明性、兼容性、完整性和生存性等优点，是目前光纤通信领域的研究热点和前沿。

2-1 均匀光纤芯与包层的折射率分别为：$n_1 = 1.50$，$n_2 = 1.45$，试计算：

(1) 光纤芯与包层的相对折射率差 Δ 为多少?

(2) 光纤的数值孔径 NA 为多少?

(3) 在 1 米长的光纤上，由子午线的光程差所引起的最大时延差 $\Delta \tau_{max}$ 为多少?

解 (1) 由纤芯和包层的相对折射率差 $\Delta = (n_1 - n_2)/n_1$ 得到

$$\Delta = \frac{n_1 - n_2}{n_1} = \frac{1.50 - 1.45}{1.50} = 0.033$$

(2) $NA = \sqrt{n_1^2 - n_2^2} = \sqrt{1.5^2 - 1.45^2} \approx 0.384$

(3) $\Delta \tau_{max} \approx \frac{n_1 L}{c} \Delta = \frac{1.5 \times 1}{3 \times 10^8} \times 0.384 = 1.92$ ns

2-2 已知均匀光纤芯的折射率 $n_1 = 1.50$，相对折射率差 $\Delta = 0.01$，芯半径 $a = 25 \ \mu m$。试求：

(1) LP_{01}、LP_{02}、LP_{11} 和 LP_{12} 模的截止波长各为多少？

(2) 若 $\lambda_0 = 1 \ \mu m$，计算光纤的归一化频率 V 以及其中传输的模数量 N 各等于多少？

解 (1) 由公式(2.29)可得：

$$\lambda_c = \frac{2\pi a \sqrt{n_1^2 - n_2^2}}{V_c}$$

其中，V_c 来自于 P23 表 2.1。因为

$$\Delta = \frac{n_1 - n_2}{n_1}$$

所以

$$n_2 = n_1 - \Delta n_1 = 1.5 - 0.01 \times 1.5 = 1.485$$

对于 LP_{01}，λ_c 不存在。

对于 LP_{11}，

$$\lambda_c = \frac{2\pi a}{V_c} \sqrt{n_1^2 - n_2^2} = \frac{2 \times 3.14 \times 25 \times 10^{-6} \times \sqrt{1.5^2 - 1.485^2}}{2.405} = 11.28 \ \mu m$$

对于 LP_{02}，$\lambda_c = \dfrac{2\pi a}{3.832} \sqrt{n_1^2 - n_2^2} = 7.084 \ \mu m$

对于 LP_{12}，$\lambda_c = \dfrac{2\pi a}{5.520} \sqrt{n_1^2 - n_2^2} = 4.918 \ \mu m$

(2) $V = \dfrac{2\pi a}{\lambda} \sqrt{n_1^2 - n_2^2} = 27.14 \ Hz$

$$N = \frac{V^2}{2} = 368.29$$

2-3 均匀光纤，若 $n_1 = 1.50$，$\lambda_0 = 1.30 \ \mu m$，试计算：

(1) 若 $\Delta = 0.25$，为了保证单模传输，其芯半径应取多大？

(2) 若取 $a = 5 \ \mu m$，为保证单模传输，Δ 应取多大？

解 (1) 由单模传输条件

$$V = \frac{2\pi a}{\lambda} \sqrt{n_1^2 - n_2^2} \leqslant 2.405$$

推导出

$$a \leqslant \frac{2.405 \times \lambda}{2\pi \sqrt{n_1^2 - n_2^2}}$$

其中，$\lambda = 1.3 \ \mu m$，$n_2 = n_1 - \Delta \cdot n_1 = 1.125$，则

$$a \leqslant \frac{2.405 \times 1.3 \times 10^{-6}}{2\pi \sqrt{1.5^2 - 1.125^2}} = 0.501 \ \mu m$$

(2) 当 $a = 5 \ \mu m$ 时，

$$\sqrt{n_1^2 - n_2^2} \leqslant \frac{2.405 \times \lambda}{2\pi a}$$

解得 $\Delta \leqslant \dfrac{n_1 - n_2}{n_1} = 0.0016$。

2-4　目前光纤通信为什么采用以下三个工作波长：$\lambda_1=0.85\ \mu\mathrm{m}$，$\lambda_2=1.31\ \mu\mathrm{m}$，$\lambda_3=1.55\ \mu\mathrm{m}$?

答　$\lambda_1=0.85\ \mu\mathrm{m}$，$\lambda_2=1.31\ \mu\mathrm{m}$，$\lambda_3=1.55\ \mu\mathrm{m}$ 附近是光纤传输损耗较小或最小的波长"窗口"，相应的损耗分别为 $2\sim3$ dB/km、0.5 dB/km、0.2 dB/km，而且在这些波段目前有成熟的光器件(光源、光检测器等)。

2-5　光纤通信为什么向长波长、单模光纤方向发展?

答　长波长、单模光纤比短波长、多模光纤具有更好的传输特性。

(1) 单模光纤没有模式色散，不同成分光经过单模光纤的传播时间不同的程度显著小于经过多模光纤时不同的程度。

(2) 由光纤损耗和波长的关系曲线知，随着波长增大，损耗呈下降趋势，且在 $1.55\ \mu\mathrm{m}$ 处有最低损耗值；而且 $1.31\ \mu\mathrm{m}$ 和 $1.55\ \mu\mathrm{m}$ 处的色散很小。故目前长距离光纤通信一般都工作在 $1.55\ \mu\mathrm{m}$。

2-6　光纤色散产生的原因及其危害是什么?

答　光纤色散是由光纤中传输的光信号的不同成分光的传播时间不同而产生的。

光纤色散对光纤传输系统的危害有：若信号是模拟调制的，色散将限制带宽；若信号是数字脉冲，色散将使脉冲展宽，限制系统传输速率(容量)。

2-7　光纤损耗产生的原因及其危害是什么?

答　光纤损耗包括吸收损耗和散射损耗。

吸收损耗是由 $\mathrm{SiO_2}$ 材料引起的固有吸收和由杂质引起的吸收产生的。

散射损耗主要由材料微观密度不均匀引起的瑞利散射和光纤结构缺陷(如气泡)引起的散射产生的。

光纤损耗使系统的传输距离受到限制，大损耗不利于长距离光纤通信。

2-8　阶跃折射率光纤中 $n_1=1.52$，$n_2=1.49$。

(1) 光纤浸在水中($n_0=1.33$)，求光从水中入射到光纤输入端面的最大接收角；

(2) 光纤放置在空气中，求数值孔径。

解　(1) 如图 2.4 所示，由

$$n_1\sin\psi_c=n_2\sin90°$$

得

$$\sin\psi_c=\frac{n_2}{n_1}=\frac{1.49}{1.52}=0.98$$

由

$$\cos^2\psi_c+\sin^2\psi_c=1$$

得

$$\cos\psi_c\approx0.198$$

由

$$n_0\sin\theta_c=n_1\cos\psi_c$$

得

$$\sin\theta_c=\frac{n_1\cos\psi_c}{n_0}=\frac{1.52\times0.198}{1.33}=0.226$$

$$\theta_c=13°$$

(2)　　$$\mathrm{NA}=\sqrt{n_1^2-n_2^2}=\sqrt{1.52^2-1.49^2}\approx0.3$$

2-9　一阶跃折射率光纤，折射率 $n_1=1.5$，相对折射率差 $\Delta=1\%$，长度 $L=1$ km。求：

(1) 光纤的数值孔径；

(2) 子午光线的最大时延差；

(3) 若将光纤的包层和涂敷层去掉，求裸光纤的 NA 和最大时延差。

解　(1) $\text{NA} = \sqrt{n_1^2 - n_2^2} \approx n_1 \sqrt{2\Delta} \approx 0.212$

(2) $\Delta\tau_{\max} \approx \dfrac{n_1 L}{c} \Delta = \dfrac{1.5 \times 1000}{3 \times 10^8} \cdot 0.01 = 50 \text{ ns}$

(3) 若将光纤的包层和涂敷层去掉，则此时 $n_1 = 1.5$，$n_2 = 1.0$，所以

$$\text{NA} = \sqrt{n_1^2 - n_2^2} = \sqrt{1.5^2 - 1} = 1.118$$

$$\Delta\tau_{\max} = \dfrac{n_1 L}{c} \cdot \dfrac{n_1 - n_2}{n_2} = 2.5 \ \mu\text{s}$$

2-10　一阶跃折射率光纤的相对折射率差 $\Delta = 0.005$，$n_1 = 1.5$，当波长分别为 $0.85 \ \mu\text{m}$、$1.31 \ \mu\text{m}$、$1.55 \ \mu\text{m}$ 时，要实现单模传输，纤芯半径 a 应小于多少？

解　由单模传输的条件

$$V = \dfrac{2\pi a}{\lambda} \sqrt{n_1^2 - n_2^2} \leqslant 2.405$$

推导出

$$a \leqslant \dfrac{2.405 \times \lambda}{2\pi \sqrt{n_1^2 - n_2^2}}$$

$$\sqrt{n_1^2 - n_2^2} \approx n_1 \sqrt{2\Delta} = 0.15$$

当 $\lambda = 0.85 \ \mu\text{m}$ 时，

$$a \leqslant \dfrac{2.405 \times \lambda}{2\pi \sqrt{n_1^2 - n_2^2}} \approx \dfrac{2.405 \times 0.85 \times 10^{-6}}{2\pi \times 0.15} = 2.164 \ \mu\text{m}$$

同理，当 $\lambda = 1.31 \ \mu\text{m}$ 时，$a \leqslant 2.164 \ \mu\text{m}$；当 $\lambda = 1.55 \ \mu\text{m}$ 时，$a \leqslant 3.36 \ \mu\text{m}$。

2-11　已知光纤的纤芯直径 $2a = 50 \ \mu\text{m}$，$\Delta = 0.01$，$n_1 = 1.45$，$\lambda = 0.85 \ \mu\text{m}$，若光纤的折射率分布分别为阶跃型和 $g = 2$ 的渐变型，求它们的导模数量。若波长改变为 $1.31 \ \mu\text{m}$，导模数量如何变化？

解　(1) $\lambda = 0.85 \ \mu\text{m}$ 时，

$$V_{\max} = \dfrac{2\pi a}{\lambda} n_1 \sqrt{2\Delta} = \dfrac{2\pi \times 25}{0.85} \times 1.45 \times \sqrt{2 \times 0.01} \approx 38$$

故得导模数量：

阶跃型　　　$M \approx \dfrac{V_{\max}^2}{2} = 722$

渐变型　　　$M \approx \dfrac{V_{\max}^2}{4} = 361$

(2) 若波长改变为 $1.31 \ \mu\text{m}$，则 $V_{\max} = 25$，故得

阶跃型　　　$M \approx 313$

渐变型　　　$M \approx 156$

2-12　一个阶跃折射率光纤，纤芯折射率 $n_1 = 1.4258$，包层折射率 $n_2 = 1.4205$。该光纤工作在 $1.3 \ \mu\text{m}$ 和 $1.55 \ \mu\text{m}$ 两个波段上。求该光纤为单模光纤时的最大纤芯直径。

解 由截止波长

$$\lambda_c = \frac{2\pi a \sqrt{n_1^2 - n_2^2}}{2.405}$$

得 $\lambda \geqslant \lambda_c$ 时单模传输,由已知条件得 $\lambda_c \leqslant 1.30~\mu m$,则

$$2a \leqslant \frac{2.405}{\pi \sqrt{n_1^2 - n_2^2}} \times 1.3 = \frac{2.405 \times 1.3}{\pi \sqrt{1.4258^2 - 1.4205^2}} = 9.53~\mu m$$

即该光纤为单模光纤时,最大纤芯直径为 $9.53~\mu m$。

2-13 具有光功率 $x(t)$ 的一个非常窄的脉冲(理想情况下一个单位冲击函数),被输入光纤并产生一个输出波形。输出脉冲 $y(t)$ 相应于光纤的冲击响应。假设脉冲输出是高斯型:

$$y(t) = \frac{1}{\sigma \sqrt{2\pi}} \exp\left(-\frac{t^2}{2\sigma^2}\right)$$

其中,σ 是脉冲宽度的均方根值。证明 FWHM(半峰值宽度)带宽

$$BW = \frac{\sqrt{\ln 2}}{\sqrt{2}\pi\sigma}$$

证明 因 $y(t)$ 为冲击响应,故

$$H(f) = \int_{-\infty}^{\infty} y(t) \exp(-j2\pi ft)~\mathrm{d}t$$

即为频率响应,设 $f = f_{3~\mathrm{dB}}$ 时为半峰值宽度,则

$$\left| \frac{H(f_{3~\mathrm{dB}})}{H(0)} \right| = \frac{1}{2}$$

因为

$$H(0) = \int_{-\infty}^{\infty} y(t)~\mathrm{d}t = 1$$

$$H(f_{3~\mathrm{dB}}) = \int_{-\infty}^{\infty} \frac{1}{\sigma \sqrt{2\pi}} \exp\left(-\frac{t^2}{2\sigma^2}\right) \cdot \exp(-j2\pi f_{3~\mathrm{dB}} t)~\mathrm{d}t$$

$$= \exp(-2\pi^2 \sigma^2 f_{3~\mathrm{dB}}^2)$$

所以

$$\exp(-2\pi^2 \sigma^2 f_{3~\mathrm{dB}}^2) = \frac{1}{2}$$

即

$$f_{3~\mathrm{dB}} = \frac{\sqrt{\ln 2}}{\sqrt{2}\pi\sigma}$$

即得 FWHM 带宽

$$BW = f_{3~\mathrm{dB}} - 0 = \frac{\sqrt{\ln 2}}{\sqrt{2}\pi\sigma}$$

2-14 考虑 10 km 长,NA=0.30 的多模阶跃折射率光纤。如果纤芯折射率为 1.450,计算光纤带宽。

解 10 km 光纤产生的时间延迟(即脉冲展宽)为

$$\Delta\tau = \frac{n_1 L}{c} \cdot \frac{n_1 - n_2}{n_2} = \frac{L}{c} \cdot \frac{(NA)^2}{2n_1} = \frac{10^3}{3 \times 10^8} \times \frac{0.3^2}{2 \times 1.45} = 1.034~\mu s = 1034~\mathrm{ns}$$

则 $$f_{3\,dB} = \frac{441}{\Delta\tau}\ \text{MHz} = \frac{441}{1034} = 0.426\ \text{MHz}$$

即该 10 km 光纤的带宽 BW=0.426 MHz。

2-15   光波从空气中以角度 $\theta_1 = 33°$ 投射到平板玻璃表面上，这里的 θ_1 是入射光线与玻璃表面之间的夹角。根据投射到玻璃表面的角度，光束一部分被反射，另一部分发生折射。如果折射光束和反射光束之间的夹角正好为 90°，请问玻璃的折射率等于多少？这种玻璃的临界角又为多少？

解   如图所示的角度对应关系，得到入射角 $\theta_i = 90° - 33° = 57°$，折射角 $\theta_f = 33°$，由斯涅尔定律得

$$n_1\ \sin\theta_i = n_2\ \sin\theta_f$$

所以，玻璃折射率

$$n_2 = \frac{n_1\ \sin\theta_i}{\sin\theta_f} = \frac{\sin 57°}{\sin 33°} = 1.54$$

这种玻璃的临界角

$$\theta_c = \arcsin\frac{1}{n_2} = \arcsin\frac{1}{1.54} \approx 40.5°$$

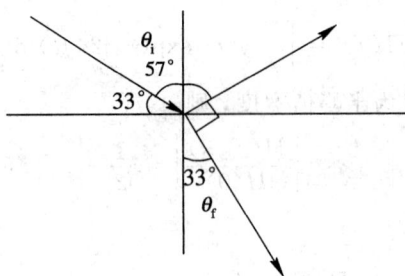

2-16   计算 $n_1 = 1.48$ 及 $n_2 = 1.46$ 的阶跃折射率光纤的数值孔径。如果光纤端面外介质折射率 $n = 1.00$，则允许的最大入射角 θ_{max} 为多少？

解   光纤数值孔径

$$\text{NA} = \sqrt{n_1^2 - n_2^2} = \sqrt{1.48^2 - 1.46^2} = 0.2425$$

若光纤端面外介质折射率 $n = 1.00$，则允许的最大入射角 θ_{max} 为

$$\theta_{max} = \arcsin(\text{NA}) = \arcsin 0.2425 = 14.03°$$

2-17   弱导阶跃光纤纤芯和包层折射率指数分别为 $n_1 = 1.5$，$n_2 = 1.45$，试计算：

(1) 纤芯和包层的相对折射率差 Δ；

(2) 光纤的数值孔径 NA。

解   (1) 相对折射率差

$$\Delta = \frac{n_1 - n_2}{n_1} = \frac{1.5 - 1.45}{1.5} = \frac{1}{30} \approx 0.0333$$

(2) 光纤的数值孔径

$$\text{NA} = \sqrt{n_1^2 - n_2^2} = \sqrt{1.5^2 - 1.45^2} \approx 0.3841$$

2-18   已知阶跃光纤纤芯的折射率 $n_1 = 1.5$，相对折射率差 $\Delta = 0.01$，纤芯半径

$a = 25~\mu\mathrm{m}$。若 $\lambda_0 = 1~\mu\mathrm{m}$，计算光纤的归一化频率 V 及其中传播的模数量 M。

解 由 $\Delta = \dfrac{n_1 - n_2}{n_1}$ 得光纤包层折射率

$$n_2 = (1 - \Delta)n_1 = (1 - 0.01) \times 1.5 = 1.485$$

则光纤归一化频率

$$V = \frac{2\pi}{\lambda}a~\sqrt{n_1^2 - n_2^2} = \frac{2\pi}{10^{-6}} \times 25 \times 10^{-6} \times \sqrt{1.5^2 - 1.485^2} \approx 33.2$$

对于阶跃光纤，传播的模数量

$$M \approx \frac{V^2}{2} = \frac{33.2^2}{2} = 551.12$$

2-19 一根数值孔径为 0.20 的阶跃折射率多模光纤在 850 nm 波长上可以支持 1000 个左右的传播模式。试问：

(1) 其纤芯直径为多少？

(2) 在 1310 nm 波长上可以支持多少个模？

(3) 在 1550 nm 波长上可以支持多少个模？

解 (1) 对于阶跃光纤，传输的模数量 $M \approx V^2/2$，则

$$V = \sqrt{2M} = \sqrt{2 \times 1000} \approx 44.7$$

根据公式

$$V = \frac{2\pi}{\lambda}a~\sqrt{n_1^2 - n_2^2} = \frac{2\pi}{\lambda}a\mathrm{NA}$$

得

$$a = \frac{\lambda V}{2\pi \mathrm{NA}} = \frac{0.85 \times 10^{-6} \times 44.7}{2\pi \times 0.2} \approx 30~\mu\mathrm{m}$$

(2) 在 1310 nm 波长上，归一化频率

$$V = \frac{2\pi}{\lambda}a\mathrm{NA} = \frac{2\pi}{1.31 \times 10^{-6}} \times 30 \times 10^{-6} \times 0.2 \approx 28.8$$

则传播模数量

$$M \approx \frac{V^2}{2} = \frac{28.8^2}{2} \approx 414.72$$

(3) 在 1550 nm 波长上，归一化频率

$$V = \frac{2\pi}{\lambda}a\mathrm{NA} = \frac{2\pi}{1.55 \times 10^{-6}} \times 30 \times 10^{-6} \times 0.2 = 24.322$$

则传播模数量

$$M \approx \frac{V^2}{2} = \frac{24.322^2}{2} \approx 295.78$$

2-20 用纤芯折射率 $n_1 = 1.5$，长度未知的弱导光纤传输脉冲重复频率 $f_0 = 8$ MHz 的光脉冲，经过该光纤后，信号延迟半个脉冲周期，试估算光纤的长度 L。

解 信号延迟时间

$$\tau = \frac{1}{2f_0} = \frac{1}{2 \times 8 \times 10^6} = 0.0625~\mu\mathrm{s}$$

则光纤长度

$$L = v\tau = \frac{c}{n_1}\tau = \frac{3 \times 10^8}{1.5} \times 0.0625 \times 10^{-6} = 12.5 \text{ m}$$

2-21 有阶跃型光纤，若 $n_1 = 1.5$，$\lambda_0 = 1.31\ \mu\text{m}$，那么

(1) 若 $\Delta = 0.25$，为保证单模传输，光纤纤芯半径 a 应取多大？

(2) 若取纤芯半径 $a = 5\ \mu\text{m}$，保证单模传输时，Δ 应怎么样选择？

解 (1) 由单模传输条件

$$V = \frac{2\pi a}{\lambda}\sqrt{n_1^2 - n_2^2} \leqslant 2.405$$

得

$$a \leqslant \frac{2.405 \times \lambda}{2\pi\sqrt{n_1^2 - n_2^2}}$$

而 $\lambda = 1.31\ \mu\text{m}$，$n_2 = n_1 - \Delta \cdot n_1 = 1.125$，则

$$a \leqslant \frac{2.405 \times 1.31 \times 10^{-6}}{2\pi\sqrt{1.5^2 - 1.125^2}} = 0.5015\ \mu\text{m}$$

(2) 当 $a = 5\ \mu\text{m}$ 时，

$$\sqrt{n_1^2 - n_2^2} \leqslant \frac{2.405 \times \lambda}{2\pi a} = \frac{2.405 \times 1.31}{2\pi \times 5} = 0.0995$$

则

$$n_2^2 \geqslant n_1^2 - 0.0995^2 = 1.5^2 - 0.0995^2 = 2.2400$$

即

$$n_2 \geqslant \sqrt{2.24}$$

所以

$$\Delta = \frac{n_1 - n_2}{n_1} \leqslant \frac{1.5 - \sqrt{2.24}}{1.5} = 0.0016$$

2-22 渐变型光纤的折射指数分布为

$$n(r) = n(0)\sqrt{1 - 2\Delta\left(\frac{r}{a}\right)^\alpha}$$

求光纤的局部数值孔径。

解 光纤的局部数值孔径为

$$\begin{aligned}
\text{NA}(r) &= \sqrt{n^2(r) - n^2(a)} \\
&= \sqrt{n^2(0)\left[1 - 2\Delta\left(\frac{r}{a}\right)^\alpha\right] - n^2(0)[1 - 2\Delta]} \\
&= n(0)\sqrt{2\Delta\left[1 - \left(\frac{r}{a}\right)^\alpha\right]}
\end{aligned}$$

2-23 某光纤在 1300 nm 波长处的损耗为 0.6 dB/km，在 1550 nm 波长处的损耗为 0.3 dB/km。假设下面两种光信号同时进入光纤：1300 nm 波长的 150 μW 的光信号和 1550 nm 波长的 100 μW 的光信号。试问：这两种光信号在 8 km 和 20 km 处的功率各是多少？以 μW 为单位。

解 (1) 对于 1300 nm 波长的 150 μW 的光信号，在 8 km 处损耗值为

$$0.6 \text{ dB/km} \times 8 \text{ km} = 4.8 \text{ dB}$$

则 8 km 处功率值为

$$\frac{150}{10^{\frac{4.8}{10}}} \approx 49.67 \ \mu\text{W}$$

在 20 km 处损耗值为

$$0.6 \text{ dB/km} \times 20 \text{ km} = 12 \text{ dB}$$

则 20 km 处功率值为

$$\frac{150}{10^{\frac{12}{10}}} \approx 9.46 \ \mu\text{W}$$

(2) 对于 1550 nm 波长的 100 μW 的光信号，在 8 km 处损耗值为

$$0.3 \text{ dB/km} \times 8 \text{ km} = 2.4 \text{ dB}$$

则 8 km 处功率值为

$$\frac{100}{10^{\frac{2.4}{10}}} = 57.544 \ \mu\text{W}$$

在 20 km 处损耗值为

$$0.3 \text{ dB/km} \times 20 \text{ km} = 6 \text{ dB}$$

则 20 km 处功率值为

$$\frac{100}{10^{\frac{6}{10}}} \approx 25.12 \ \mu\text{W}$$

2-24　一段 12 km 长的光纤线路，其损耗为 1.5 dB/km。试问：

(1) 如果在接收端保持 0.3 μW 的接收光功率，则发送端的功率至少为多少？

(2) 如果光纤的损耗变为 2.5 dB/km，则需要的输入光功率为多少？

解　(1) 光纤线路总损耗为

$$1.5 \text{ dB/km} \times 12 \text{ km} = 18 \text{ dB}$$

则发送端功率最小值为

$$0.3 \ \mu\text{W} \times 10^{\frac{18}{10}} \approx 18.93 \ \mu\text{W}$$

(2) 光纤的损耗变为 2.5 dB/km 时，光纤线路总损耗为

$$2.5 \text{ dB/km} \times 12 \text{ km} = 30 \text{ dB}$$

则发送端功率最小值为

$$0.3 \ \mu\text{W} \times 10^{\frac{30}{10}} \approx 300 \ \mu\text{W}$$

2-25　有一段由阶跃折射率光纤构成的 5 km 长的光纤链路，纤芯折射率 $n_1 = 1.49$，相对折射率差 $\Delta = 0.01$。

(1) 求接收端最快和最慢的模式之间的时延差；

(2) 求由模式色散导致的均方根脉冲展宽；

(3) 假设最大比特率就等于带宽，则此光纤的带宽距离积是多少？

解　(1) 由 $\Delta = \dfrac{n_1 - n_2}{n_1}$ 得光纤包层折射率

$$n_2 = (1 - \Delta)n_1 = (1 - 0.01) \times 1.49 = 1.4751$$

则接收端最快和最慢的模式之间的时延差

$$\Delta\tau = \tau_{\max} - \tau_{\min} = \frac{L/\sin\theta}{c/n_1} - \frac{L}{c/n_1} = \frac{Ln_1/n_2}{c/n_1} - \frac{L}{c/n_1} = \frac{n_1(n_1-n_2)L}{cn_2}$$

$$= \frac{1.49\times(1.49-1.4751)\times 5\ \text{km}}{3\times 10^5\ \text{km/s}\times 1.4751} \approx 251\ \text{ns}$$

(2) $$\sigma = \frac{\Delta\tau}{2.355} = \frac{251}{2.355} \approx 106.6\ \text{ns}$$

(3) $$B = \frac{441}{\Delta\tau} = 1.76\ \text{MHz}$$

带宽距离积为：BL$=1.76\times 5=8.8$ MHz·km。

3-1 设激光器激活物质的高能级和低能级的能量各为 E_2 和 E_1，频率为 f，相应能级上的粒子密度各为 N_2 和 N_1。试计算：

(1) 当 $f=3000$ MHz，$T=300$ K 时，$N_2/N_1=$？

(2) 当 $\lambda=1\ \mu$m，$T=300$ K 时，$N_2/N_1=$？

(3) 当 $\lambda=1\ \mu$m，若 $N_2/N_1=0.1$，环境温度 $T=$？（按波尔兹曼分布规律计算）

解 由波尔兹曼条件得 $E_2-E_1=hf$，其中 $h=6.628\times 10^{-34}$ J·s。

(1) $f=3000$ MHz，$T=300$ K 时，

$$E_2-E_1 = hf = 6.628\times 10^{-34}\times 3\times 10^9 \approx 2.0\times 10^{-24}$$

所以

$$\frac{N_2}{N_1} = \exp\left(-\frac{E_2-E_1}{kT}\right) = \exp\left(-\frac{2\times 10^{-24}}{1.381\times 10^{-23}\times 300}\right) = 0.9995$$

(2) 当 $\lambda=1\ \mu$m，$T=300$ K 时，

$$E_2-E_1 = \frac{hc}{\lambda} = \frac{6.628\times 10^{-34}\times 3\times 10^8}{10^{-6}} = 1.988\times 10^{-19}$$

所以

$$\frac{N_2}{N_1} = \exp\left(-\frac{E_2-E_1}{kT}\right) = 1.45\times 10^{-21}$$

(3) 当 $\lambda=1\ \mu$m，$N_2/N_1=0.1$ 时，求得

$$T = -\frac{E_2-E_1}{k\times\ln(N_2/N_1)} = -\frac{1.988\times 10^{-19}}{1.381\times 10^{-34}\times\ln(0.1)} = 6.25\times 10^{14}\ (\text{K})$$

3-2 某激光器采用 GaAs 为激活媒质，问其辐射的光波频率和波长各为多少？

解 GaAs 禁带宽度为 $E_g=1.424$ eV，由 $hf=E_g$（h 为普朗克常数，$h=6.628\times 10^{-34}$ J·s），可得以 GaAs 为激活媒质的激光器的辐射光波频率和波长分别为

$$f = \frac{E_g}{h} = \frac{1.424\times 1.6\times 10^{-19}}{6.628\times 10^{-34}} = 3.44\times 10^8\ \text{MHz}$$

$$\lambda = \frac{c}{f} = \frac{hc}{E_g} = \frac{1.24}{E_g} = \frac{1.24}{1.424} = 0.87\ \mu\text{m}$$

3-3 半导体激光器(LD)有哪些特性？

答 LD 的主要特性有：

(1) 发射波长和光谱特性：发射波长 $\lambda=1.24/E_g$；激光振荡可能存在多种模式（多纵

模),即在多个波长上满足激光振荡的相位条件,表现为光谱包含多条谱线。而且随着调制电流的增大,光谱变宽,谱特性变坏。

(2) 激光束空间分布特性:远场光束横截面成椭圆形。

(3) 转换效率和输出功率特性:

$$\eta_d = \frac{\Delta P}{\Delta I} \cdot \frac{e}{hf}$$

$$P = P_{th} + \frac{\eta_d hf}{e}(I - I_{th})$$

(4) 频率特性:在接近驰张频率 f_r 处,数字调制要产生驰张振荡,模拟调制要产生非线性失真。

(5) 温度特性:

$$I_{th} = I_0 \cdot \exp\left(\frac{T}{T_0}\right)$$

3-4 比较半导体激光器(LD)和发光二极管(LED)的异同。

答 LD 和 LED 的不同之处:

工作原理不同,LD 发射的是受激辐射光,LED 发射的是自发辐射光。LED 不需要光学谐振腔,而 LD 需要。和 LD 相比,LED 输出光功率较小,光谱较宽,调制频率较低。但发光二极管性能稳定,寿命长,输出功率线性范围宽,而且制造工艺简单,价格低廉。所以,LED 的主要应用场合是小容量(窄带)短距离通信系统;而 LD 主要应用于长距离大容量(宽带)通信系统。

LD 和 LED 的相同之处:

使用的半导体材料相同、结构相似,LED 和 LD 大多采用双异质结(DH)结构,把有源层夹在 P 型和 N 型限制层中间。

3-5 计算一个波长 $\lambda = 1\ \mu m$ 的光子的能量等于多少?同时计算频率 $f = 1\ MHz$ 和 $f = 1000\ MHz$ 无线电波的能量。

解 光子的能量为

$$E_p = hf = \frac{hc}{\lambda} = \frac{6.628 \times 10^{-34}(J \cdot s) \times 3 \times 10^8\ m/s}{1 \times 10^{-6}} = 1.9884 \times 10^{-19}\ J$$

对于 1 MHz 无线电波

$$E_0 = hf = 6.63 \times 10^{-34}(J \cdot s) \times 1 \times 10^6\ Hz = 6.63 \times 10^{-28}\ J$$

对于 1000 MHz 无线电波

$$E_0 = hf = 6.63 \times 10^{-34}(J \cdot s) \times 1000 \times 10^6\ Hz = 6.63 \times 10^{-25}\ J$$

3-6 太阳向地球辐射光波,设其平均波长 $\lambda = 0.7\ \mu m$,射到地球外面大气层的光强大约为 $I = 0.4\ W/cm^2$。若大气层外放一个太阳能电池,计算每秒钟到达太阳能电池上每平方米板上的光子数是多少。

解 波长 $\lambda = 0.7\ \mu m$ 的光子能量为

$$E_0 = \frac{hc}{\lambda} = \frac{6.63 \times 10^{-34}(J \cdot s) \times 3 \times 10^8\ m/s}{0.7 \times 10^{-6}\ m} = 2.84 \times 10^{-19}\ J$$

每秒钟到达太阳能电池上每平方米板上的能量为

$$E = 1\ s \times 0.4\ W/cm^2 \times 1\ m^2 = 4000\ J$$

则每秒钟到达太阳能电池上每平方米板上的光子数为

$$\frac{E}{E_0} = \frac{4000}{2.84 \times 10^{-19}} \approx 1.4 \times 10^{22}(\text{个})$$

3-7 试说明 APD 和 PIN 在性能上的主要区别。

答 APD 和 PIN 在性能上的主要区别有：

（1）APD 具有雪崩增益，灵敏度高，有利于延长系统传输距离。

（2）APD 的响应时间短。

（3）APD 的雪崩效应会产生过剩噪声，因此要适当控制雪崩增益。

（4）APD 要求较高的工作电压和复杂的温度补偿电路，成本较高。

3-8 根据光隔离器的工作原理，构成一个三端口光环形器的结构，并说明各元件的作用。

答 三端口光环形器的结构图如下图所示。

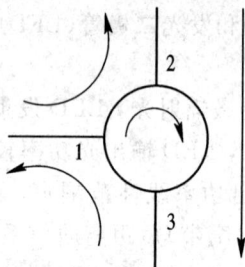

在三端口光环行器中，端口 1 输入的光信号只从端口 2 输出，端口 2 输入的光信号只从端口 3 输出，端口 3 输入的光信号只由端口 1 输出。因为每一对端口相当于一个光隔离器，信号不能逆行传输，三端口光环行器相当于由 3 个光隔离器组合而成，主要用于光分插复用器中。

3-9 半导体激光器的发射光子的能量近似等于材料的禁带宽度，已知 GaAs 材料的 $E_g = 1.43$ eV，某一 InGaAsP 材料的 $E_g = 0.96$ eV，求它们的发射波长。

解 对于 GaAs 材料的 LD

$$\lambda = \frac{1.24}{E_g} = \frac{1.24}{1.43} \approx 0.867 \ \mu m$$

对于 InGaAsP 材料的 LD

$$\lambda = \frac{1.24}{E_g} = \frac{1.24}{0.96} \approx 1.29 \ \mu m$$

3-10 一个半导体激光器发射波长为 1.3 μm，谐振腔具有"箱式"结构，腔长 $l = 150 \ \mu m$，宽 $w = 20 \ \mu m$，厚 $d = 1.0 \ \mu m$，介质的折射率 $n = 4$。假设谐振腔周围的壁能完全地反射光，则谐振腔模式满足

$$\left(\frac{2n}{\lambda_{msq}}\right)^2 = \left(\frac{m}{d}\right)^2 + \left(\frac{s}{w}\right)^2 + \left(\frac{q}{l}\right)^2$$

式中，m，s，q 是整数，为 1，2，3，…，它们分别表示各个方向上的模数。求：

（1）谐振腔允许的纵模模数；

（2）设 $m = 1$，$s = 1$，计算纵模的波长间隔。

解 （1）将题中相应参数代入式

$$\left(\frac{2n}{\lambda_{msq}}\right)^2 = \left(\frac{m}{d}\right)^2 + \left(\frac{s}{w}\right)^2 + \left(\frac{q}{l}\right)^2$$

有

$$\left(\frac{8}{1.3}\right)^2 = m^2 + \left(\frac{s}{20}\right)^2 + \left(\frac{q}{150}\right)^2$$

则当 $m=1$, $s=1$ 时, q 有最大值为 $q=910$, 即谐振允许的纵模模数为910。

(2) $$\Delta\lambda = 2nl\left(\frac{1}{909} - \frac{1}{910}\right) \approx 1.45 \text{ nm}$$

3-11　短波长 LED 由材料 $Ga_{1-x}Al_xAs$ 制成, 其中 x 表示成分数。这样的材料的带隙能量

$$E_g(\text{eV}) = 1.424 + 1.266x + 0.266x^2$$

已知 x 必须满足 $0 \leqslant x \leqslant 0.37$, 求这样的 LED 能覆盖的波长范围。

解　由　　　　$E_g(\text{eV}) = 1.424 + 1.266x + 0.266x^2$, $0 \leqslant x \leqslant 0.37$, 得

$$1.424 \leqslant E_g \leqslant 1.93$$

由 $\lambda = 1.24/E_g$, 得

$$0.64 \ \mu m \leqslant \lambda \leqslant 0.87 \ \mu m$$

3-12　考虑在 $E_g(\text{eV}) = 0.9$ eV, $T=320$ K, $\tau_r = 0.5$ ns, 直流驱动为 70 mA 条件下的 LED, 内量子效率为 45%。LED 的输出被耦合到 $n_1 = 1.48$, $n_2 = 1.47$, $a = 0.3$ dB/km 和 $l = 30$ km 的渐变折射率光纤, 耦合到光纤的效率为 1%。

(1) 计算光纤输出功率;

(2) LED 在频率 f 下被幅度调制, 计算能在这个通信链路运用的最高频率。

解　(1)　　　　$$\lambda = \frac{hc}{E_g} = \frac{1.24}{0.9} = 1.38 \ \mu m$$

$$\theta_c = \arcsin(\text{NA}) = \arcsin\sqrt{n_1^2 - n_2^2} = \arcsin\sqrt{1.48^2 - 1.47^2} = 9.89°$$

取正面发光型 LED, 由工作电流为 70 mA, 查 P56 图 3.16 得 LED 发光功率

$$P_i \approx 3 \text{ mW}$$

因为耦合为 1%, 所以入纤功率为 0.03 mW。

因为

$$\alpha = \frac{10}{l} \lg \frac{P_1}{P_2}$$

所以, 光纤输出功率

$$P_o = 10 \lg 0.03 - 30 \times 0.3 = -24.2 \ (\text{dBm})$$

即光纤输出功率为 3.8 μW。

(2) 因为

$$|H(f)| = \frac{P(f)}{P(0)} = \frac{1}{\sqrt{1 + (2\pi f \tau_e)^2}}$$

当 $f = f_c = 1/2\pi\tau_e$ 时, 有

$$|H(f)| = \frac{1}{\sqrt{2}}$$

所以

$$\frac{1}{\sqrt{1+(2\pi f\tau_e)^2}}=\frac{1}{\sqrt{2}}$$

$$2=1+(2\pi f\tau_e)^2$$

$$2\pi f\tau_e=1$$

$$f=\frac{1}{2\pi\tau_e}=f_c=700\ \text{MHz}$$

即最高频率为 700 MHz。

3-13　考虑由表面发射 LED 激励的阶跃折射率光纤。假设 LED 是朗伯源,具有强度分布 $I(\theta)=B\cos(\theta)$。求出下列表达式:

(1) LED 总输出功率:

$$P_{\text{LED}}=\int_{r=0}^{a}\int_{\theta=0}^{\frac{\pi}{2}}\int_{\phi=0}^{2\pi}I(\theta)\cdot r\sin\theta\,\mathrm{d}r\,\mathrm{d}\theta\,\mathrm{d}\phi$$

(2) 耦合到光纤的功率:

$$P_{\text{fiber}}=\int_{r=0}^{a}\int_{\theta=0}^{\theta_{\max}}\int_{\phi=0}^{2\pi}I(\theta)\cdot r\sin\theta\,\mathrm{d}r\,\mathrm{d}\theta\,\mathrm{d}\phi$$

(3) LED 入射到光纤的耦合效率:

$$\eta_c=\frac{P_{\text{fiber}}}{P_{\text{LED}}}$$

解　(1) $P_{\text{LED}}=\displaystyle\int_{r=0}^{a}\int_{\theta=0}^{\frac{\pi}{2}}\int_{\phi=0}^{2\pi}I(\theta)\cdot r\sin\theta\,\mathrm{d}r\,\mathrm{d}\theta\,\mathrm{d}\phi$

$$=\int_{r=0}^{a}\int_{\theta=0}^{\frac{\pi}{2}}\int_{\phi=0}^{2\pi}B\cos\theta\cdot r\sin\theta\,\mathrm{d}r\,\mathrm{d}\theta\,\mathrm{d}\phi$$

$$=\frac{\pi Ba^2}{2}$$

(2) $P_{\text{fiber}}=\displaystyle\int_{r=0}^{a}\int_{\theta=0}^{\theta_{\max}}\int_{\phi=0}^{2\pi}I(\theta)\cdot r\sin\theta\,\mathrm{d}r\,\mathrm{d}\theta\,\mathrm{d}\phi$

$$=P_{\text{fiber}}=\int_{r=0}^{a}\int_{\theta=0}^{\theta_{\max}}\int_{\phi=0}^{2\pi}B\cos\theta\cdot r\sin\theta\,\mathrm{d}r\,\mathrm{d}\theta\,\mathrm{d}\phi$$

$$=\frac{\pi Ba^2\sin^2\theta_{\max}}{2}$$

(3) $\eta_c=\dfrac{P_{\text{fiber}}}{P_{\text{LED}}}=\dfrac{\dfrac{\pi Ba^2\sin^2\theta_{\max}}{2}}{\dfrac{\pi Ba^2}{2}}=\sin^2\theta_{\max}$

3-14　利用上题结果证明 η_c 与数值孔径 NA 的平方成正比。如果纤芯半径 $a=25\ \mu\text{m}$,纤芯折射率 $n_1=1.5$,包层 $n_2=1.478$,$B=200\ \text{W}/(\text{cm}^2\cdot\text{S}_r)$。求耦合功率和耦合效率。

解　由上题结果有

$$P_{\text{LED}}=\frac{1}{2}\pi Ba^2$$

$$P_{\text{fiber}}=\frac{1}{2}\pi Ba^2\sin^2\theta_{\max}$$

$$\eta_c=\frac{P_{\text{fiber}}}{P_{\text{LED}}}=\sin^2\theta_{\max}$$

而 $NA = n_0 \sin\theta_c$，θ_c 为临界角，即 $\theta_{\max}$，所以

$$NA^2 = n_0^2 \sin^2\theta_c = n_0^2 \sin^2\theta_{\max}$$

因此

$$\frac{\eta_c}{NA^2} = \frac{\sin^2\theta_{\max}}{n_0^2 \sin^2\theta_{\max}} = \frac{1}{n_0^2}$$

而 n_0 为常数，所以 η_c 与 NA 的平方成正比。

耦合功率和耦合效率分别为：

$$P_{\text{fiber}} = \frac{1}{2}\pi Ba^2 \sin^2\theta_{\max} = 1.286 \times 10^{-8} \text{ W}$$

$$\eta_c = \sin^2\theta_{\max} = n_1^2 - n_2^2 = 0.065\,516$$

3-15 一个 GaAs PIN 光电二极管，平均每三个入射光子产生一个电子-空穴对，假设所有的电子都被收集。

(1) 计算该器件的量子效率；

(2) 设在 $0.8\ \mu\text{m}$ 波段接收功率是 10^{-7} W，计算平均输出光电流；

(3) 计算这个光电二极管的长波长截止点 λ_c(超过此波长光电二极管将不工作)。

解 (1) 由量子效率的定义得

$$\eta = \frac{\text{光生电子}-\text{空穴对}}{\text{入射光子数}} = \frac{1}{3} \approx 33.3\%$$

(2) 由公式 $\eta = \dfrac{I_p}{P_0} \cdot \dfrac{hf}{e}$，得

$$I_p = \frac{\eta P_0 e}{hf} = \frac{\eta P_0 e\lambda}{hc}$$

$$= \frac{\frac{1}{3} \times 10^{-7} \times 1.6 \times 10^{-19} \times 0.8 \times 10^{-6}}{6.628 \times 10^{-34} \times 3 \times 10^8} = 2.15 \times 10^{-8} \text{ A}$$

(3) 根据光电效应的产生条件 $hf > E_g$ 可得 $\lambda_c = 1.24/E_g$，因 GaAs 的禁带宽度为 1.424 eV，所以 $\lambda_c = 0.87\ \mu\text{m}$。

3-16 一个 APD 工作在 $1.55\ \mu\text{m}$ 波段，且量子效率为 0.3，增益为 100，渡越时间为 10 ps。

(1) 计算该检测器的 3 dB 带宽；

(2) 如果接收到的光功率是 $0.1\ \mu\text{W}$，计算输出光电流；

(3) 在(2)条件下，计算 10 MHz 带宽时的总均方根噪声电流：

$$i_{\text{rms}} = \langle i_n^2 \rangle^{1/2}$$

解 (1) $f_c = \dfrac{0.42}{\tau_d} = \dfrac{0.42}{10 \times 10^{-12}} = 4.2 \times 10^4 \text{ MHz} = 42 \text{ GHz}$

(2) APD 输出的光电流

$$I_{\text{APD}} = gI_p = \frac{\eta P_0 ge}{hf} = \frac{\eta P_0 ge\lambda}{hc}$$

$$= \frac{0.3 \times 10^{-7} \times 100 \times 1.6 \times 10^{-19} \times 1.55 \times 10^{-6}}{6.628 \times 10^{-34} \times 3 \times 10^8} = 3.74 \times 10^{-6} \text{ A}$$

(3) 从 P64 表 3.4 中查参数，取 APD 暗电流 $I_d = 15$ nA；取附加噪声指数 $x = 0.5$，取

$R_L=1\ \text{k}\Omega$，不计电放大器的噪声，即 $F=1$。

$$i_{\text{rms}} = \langle i_n^2 \rangle^{1/2} = (\langle i_q^2 \rangle + \langle i_d^2 \rangle + \langle i_T^2 \rangle)^{0.5} = \left[2e(I_p + I_d)Bg^{2+x} + \frac{4kTFB}{R_L} \right]^{0.5}$$

$$= \left[2 \times 1.6 \times 10^{-19} \times (37.4 + 15) \times 10^{-9} \times 10^7 \times 100^{(2+0.5)} \right.$$

$$\left. + \frac{4 \times 1.38 \times 10^{-23} \times 300 \times 10^7}{10^3} \right]^{0.5}$$

$$= 1.3 \times 10^{-7}\ \text{A}$$

3-17 一光电二极管，当 $\lambda=1.3\ \mu\text{m}$ 时，响应度为 $0.6\ \text{A/W}$，计算它的量子效率。

解 由于响应度为 $\rho = I_p/P_0$，则量子效率为

$$\eta = \frac{I_p}{P_0} \cdot \frac{hf}{e} = \rho \cdot \frac{hc}{\lambda e} = 0.6 \cdot \frac{6.628 \times 10^{-34} \times 3 \times 10^8}{1.3 \times 10^{-6} \times 1.6 \times 10^{-19}} = 57.4\%$$

3-18 如果激光器在 $\lambda=0.5\ \mu\text{m}$ 上工作，输出 $1\ \text{W}$ 的连续功率，试计算每秒从激活物质的高能级跃迁到低能级的粒子数。

解 波长 $\lambda=0.5\ \mu\text{m}$ 的光子能量为

$$E_0 = \frac{hc}{\lambda} = \frac{6.63 \times 10^{-34}(\text{J} \cdot \text{s}) \times 3 \times 10^8\ \text{m/s}}{0.5 \times 10^{-6}\ \text{m}} = 3.978 \times 10^{-19}\ \text{J}$$

则每秒从激活物质的高能级跃迁到低能级的粒子数为

$$\frac{1\ \text{W} \times 1\ \text{s}}{3.978 \times 10^{-19}\ \text{J}} \approx 2.5 \times 10^{18}（个）$$

3-19 光与物质间的互作用过程有哪些？

答 光与物质之间的三种相互作用包括受激吸收、自发辐射和受激辐射。

（1）受激吸收。在正常状态下，电子处于低能级 E_1，在入射光作用下，它会吸收光子的能量跃迁到高能级 E_2 上，这种跃迁称为受激吸收。

（2）自发辐射。在高能级 E_2 的电子是不稳定的，即使没有外界的作用，也会自动地跃迁到低能级 E_1 上与空穴复合，释放的能量转换为光子辐射出去，这种跃迁称为自发辐射。

（3）受激辐射。在高能级 E_2 的电子，受到入射光的作用，被迫跃迁到低能级 E_1 上与空穴复合，释放的能量产生光辐射，这种跃迁称为受激辐射。

3-20 什么是粒子数反转？什么情况下能实现光放大？

答 假设能级 E_1 和 E_2 上的粒子数分别为 N_1 和 N_2，在正常的热平衡状态下，低能级 E_1 上的粒子数 N_1 是大于高能级 E_2 上的粒子数 N_2 的，入射的光信号总是被吸收。为了获得光信号的放大，必须将热平衡下的能级 E_1 和 E_2 上的粒子数 N_1 和 N_2 的分布关系倒过来，即高能级上的粒子数反而多于低能级上的粒子数，这就是粒子数反转分布。

当光通过粒子数反转分布激活物质时，将产生光放大。

3-21 什么是激光器的阈值条件？

答 对于给定的器件，产生激光输出的条件就是阈值条件。在阈值以上，器件已经不是放大器，而是一个振荡器或激光器。

3-22 由表达式 $E=hc/\lambda$ 说明为什么 LED 的 FWHM 功率谱宽在长波长中会变得更宽些。

解 LED 的 FWHM 功率谱宽是指光强下降一半的两点间波长变化范围。设长波长对

应的中心波长和平均带隙分别为 λ_l 和 E_l，短波长对应的中心波长和平均带隙分别为 λ_s 和 E_s。已知 $\lambda_l > \lambda_s$，则 $E_s > E_l$，如图示，$\Delta\lambda_l$ 和 $\Delta\lambda_s$ 分别为 λ_l 和 λ_s 对应的 FWHM 功率谱宽，易得 $\Delta\lambda_l > \Delta\lambda_s$。

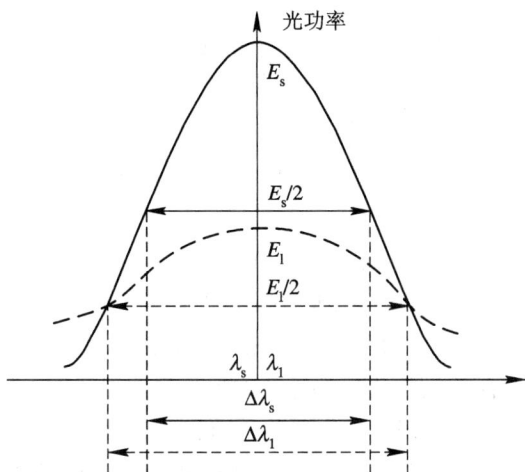

3-23　试画出 APD 雪崩二极管的结构示意图，并指出高场区及耗尽区的范围。

解　雪崩二极管的结构示意图如下图

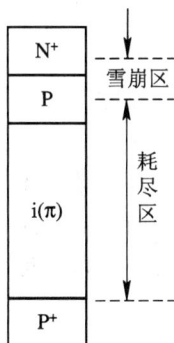

3-24　什么是雪崩倍增效应?

答　雪崩光电二极管工作时外加高反向偏压(约 $100 \sim 150$ V)，在 PN 结内部形成一高电场区，入射光功率产生的电子空穴对经过高场区时不断被加速而获得很高的能量，这些高能量的电子或空穴在运动过程中与价带中的束缚电子碰撞，使晶格中的原子电离，产生新的电子空穴对。新的电子空穴对受到同样加速运动，又与原子碰撞电离，产生电子空穴对，称为二次电子空穴对。如此重复，使载流子和反向光生电流迅速增大，这个物理过程称为雪崩倍增效应。

3-25　设 PIN 光电二极管的量子效率为 80%，计算在 1.3 μm 和 1.55 μm 波长时的响应度，并说明为什么在 1.55 μm 处光电二极管比较灵敏。

解　对于 PIN 光电二极管，其响应度 R 定义为光生电流 I_p(A)与输入光功率 P_{in}(W)之比，即

$$\rho = \frac{I_p}{P_{in}} (A/W)$$

因为入射光功率 P_{in}(W)对应于单位时间(秒)内平均入射的光子数 $P_{in}/(hf_c)$，而入射光子以量子效率 η 部分被吸收，并在外电路中产生光电流，则有响应度

$$\rho = \frac{e\eta}{hf_c} = \frac{e\eta\lambda}{hc} = \frac{\eta\lambda}{1.24}(\text{A/W})$$

波长为 1.3 μm 时，$\rho = \dfrac{0.8 \times 1.3}{1.24} \approx 0.84$ (A/W)

波长为 1.55 μm 时，$\rho = \dfrac{0.8 \times 1.55}{1.24} \approx 1$ (A/W)

由上式可知，在量子效率一定时，响应度 ρ 与波长 λ 成正比。所以有 PIN 在 1.55 μm 处的灵敏度高于在 1.3 μm 处。

3-26　光检测过程中都有哪些噪声？

答　光检测器的噪声主要包括由光生信号电流和暗电流产生的散粒噪声以及负载电阻产生的热噪声。热噪声来源于电阻内部载流子的不规则运动。散粒噪声源于光子的吸收或者光生载流子的产生，具有随机起伏的特性。光生信号电流产生的散粒噪声，称为量子噪声，这种噪声的功率与信号电流成正比，因此不可能通过增加信号光功率提高信噪比。在没有外界入射光的作用下，光检测器中仍然存在少量载流子的随机运动，从而形成很弱的散粒噪声，称为暗电流噪声。所以在有信号光作用的时间内，主要考虑量子噪声和热噪声；而在没有信号光的期间，主要考虑暗电流噪声和热噪声。

4-1　激光器(LD)产生弛张振荡和自脉动现象的机理是什么？它的危害是什么？应如何消除这两种现象的产生？

答　当电流脉冲注入激光器后，输出光脉冲出现幅度逐渐衰减的振荡，称为弛张振荡。弛张振荡的后果是限制调制速率。当最高调制频率接近弛张振荡频率时，波形失真严重，会使光接收机在抽样判决时增加误码率，因此实际中最高调制频率应低于弛张振荡频率。

某些激光器在脉冲调制甚至直流驱动下，当注入电流达到某个范围时，输出光脉冲出现持续等幅的高频振荡，这种现象称为自脉动现象。自脉动频率可达 2 GHz，严重影响 LD 的高速调制特性。

4-2　LD 为什么能够产生码型效应？其危害及消除办法是什么？

答　半导体激光器在高速脉冲调制下，输出光脉冲和输入电流脉冲之间存在一个初始延迟时间，称为光电延迟时间。当光电延迟时间与数字调制的码元持续时间 $T/2$ 为相同数量级时，会使"0"码过后的第一个"1"码的脉冲宽度变窄，幅度减小。严重时可能使"1"码丢失，这种现象称为码型效应。码型效应的特点是在脉冲序列中，较长的连"0"码后出现"1"码，其脉冲明显变小而且连"0"码数目越多，调制速率越高，这种效应越明显。码型效应的消除方法是用适当的"过调制"补偿方法。

4-3　在 LD 的驱动电路里，为什么要设置功率自动控制电路 APC？功率自动控制实际是控制 LD 的哪几个参数？

答　在 LD 的驱动电路里，设置功率自动控制电路(APC)是为了调节 LD 的偏流，使输出光功率稳定。

功率自动控制实际是控制 LD 的偏置电流、输出光功率、激光器背向光平均功率。

4-4　在 LD 的驱动电路里,为什么要设定温度自动控制电路? 具体措施是什么? 控制电路实际控制的是哪几个参数?

答　在 LD 的驱动电路里,设置自动温度控制电路是因为半导体光源的输出特性受温度影响很大,特别是长波长半导体激光器对温度更加敏感,为保证输出特性的稳定,对激光器进行温度控制是十分必要的。

温度控制装置一般由致冷器、热敏电阻和控制电路组成。致冷器的冷端和激光器的热沉接触,热敏电阻作为传感器,探测激光器结区的温度,并把它传递给控制电路,通过控制电路改变致冷量,使激光器输出特性保持恒定。

控制电路实际控制的是:换能电桥的输出、三极管的基极电流和致冷器的电流。

4-5　光接收机的前置放大器选择 FET 或 BJT 的依据是什么?

答　光接收机的前置放大器选择 FET 或 BJT 的依据是噪声特性、放大量和带宽。前置放大器必须是低噪声放大器。FET 主要特点是输入阻抗高、噪声小、但高频特性较差,适用于低速率传输系统;而 BJT 主要特点是输入阻抗低、噪声较大、电路时间常数 RC 小,因而码间干扰小,适用于高速率传输系统。

4-6　为什么光接收机的前置放大器多采用跨组型?

答　在光接收机的前置放大器采用跨组型,是因为跨组型前置放大器改善了带宽特性及动态范围,并具有良好的噪声特性。

4-7　在数字光接收机中,设置均衡滤波网络的目的是什么?

答　在数字光接收机中,设置均衡滤波网络的目的是对经光纤传输、光/电转换和放大后产生畸变(失真)的信号进行补偿,以减小或消除码间干扰,并使输出信号的波形(一般用具有升余弦谱的码元脉冲波形)适合于判决,减小误码率。

4-8　在数字光接收机中,为什么要设置 AGC 电路?

答　自动增益控制(AGC)使光接收机具有较宽的动态范围,以保证在入射光强度变化时输出电流基本恒定。由于使用条件不同,输入光接收机的光信号大小会发生变化,为实现宽动态范围,采用 AGC 是十分有必要的。AGC 一般采用接收信号强度检测(一般设在放大器输出端)及直流运算放大器构成的反馈控制电路来实现。对于 APD 光接收机,AGC 控制光检测器的偏压和放大器的增益;对于 PIN 光接收机,AGC 只控制放大器的增益。

4-9　数字光接收机量子极限的含义是什么?

答　光接收机可能达到的最高灵敏度,这个极限值是由量子噪声决定的,所以称为量子极限。

4-10　已测得某数字光接收机的灵敏度为 $10~\mu W$,求对应的 dBm 值。

解　$P_r = 10~\lg[\langle P\rangle_{\min}(mW)] = -20~dBm$

4-11　在数字光纤通信系统中,选择码型时应考虑哪几个因素?

答　数字光纤通信系统对线路码型的主要要求如下:

(1)能限制信号带宽,减小功率谱中的高低频分量。

(2)能给光接收机提供足够的定时信息。

(3)能提供一定的冗余度,用于平衡码流、误码检测和公务通信。但对高速光纤通信系统,应适当减小冗余度,以免占用过大的带宽。

4-12　光接收机中有哪些噪声?

答　光接收机中主要有两种噪声:

第一种光检测器的噪声,包括量子噪声、暗电流噪声及由 APD 的雪崩效应产生的附加噪声。这是一种散弹(粒)噪声,由光子产生光生电流过程的随机性所引起,即使输入信号光功率恒定时也存在。

第二种热噪声及前置放大器的噪声,热噪声是在特定温度下由电子的热运动产生,任何工作于绝对零度以上的器件都是存在的,在光接收机中主要包括光检测器负载电阻、前置放大器输入电阻的热噪声。前置放大器的噪声,严格说来,也是一种散粒噪声,但因这是由电域的载流子的随机运动引起的,可以通过噪声系数或噪声等效温度与热噪声一并进行计算,所以在本书中就将前置放大器的噪声和电阻热噪声合称为前置放大器的噪声。

4-13　RZ 码和 NRZ 码有什么特点?

答　RZ 码为归零码。"1"比特对应有光脉冲且持续时间为整个比特周期的一半,"0"对应无脉冲出现。其主要优点是解决了连"1"码引起的基线漂移问题,缺点是未解决长连"0"的问题。

NRZ 码为非归零码。"1"比特对应有光脉冲且持续时间为整个比特周期,"0"对应无脉冲出现。其主要优点是占据的频带宽度窄,只是 RZ 码的一半,缺点是当出现长连"1"或"0"时,光脉冲没有"有"和"无"的变化,不适合通过交流耦合电路,对于接收比特时钟的提取是不利的。

4-14　光纤通信中常用的线路码型有哪些?

答　光纤通信中常用的线路码型有扰码、$mBnB$ 码和插入码。

4-15　光发射机中外调制方式有哪些类型?内调制和外调制各有什么优缺点?

答　外调制有电折射调制器、电吸收 MQW 调制器和 M-Z 干涉型调制器。

内调制的优点是简单、经济、易实现,适用于半导体激光器 LD 和发光二极管 LED;缺点是带来了输出光脉冲的相位抖动(即啁啾效应),使光纤的色散增加,限制了容量的提高。

外调制的优点是可以减少啁啾,不但可以实现 OOK 方案,也可以实现 ASK、FSK、PSK 等调制方案;缺点是成本高,不易实现。

5-1　为什么要引入 SDH?

答　目前光纤大容量数字传输都采用同步时分复用(TDM)技术,复用又分为若干等级,先后有两种传输体制:准同步数字系列(PDH)和同步数字系列(SDH)。PDH 早在 1976 年就实现了标准化,目前还大量使用。随着光纤通信技术和网络的发展,PDH 遇到了许多困难。在技术迅速发展的推动下,美国提出了同步光纤网(SONET)。1988 年,ITU-T(原 CCITT)参照 SONET 的概念,提出了被称为同步数字系列(SDH)的规范建议。SDH 解决了 PDH 存在的问题,是一种比较完善的传输体制,现已得到大量应用。这种传输体制不仅适用于光纤信道,也适用于微波和卫星干线传输。

5-2　SDH 的特点有哪些? SDH 帧中 AUPTR 表示什么? 它有何作用?

答　与 PDH 相比,SDH 具有下列特点:

(1) SDH 采用世界上统一的标准传输速率等级。最低的等级也就是最基本的模块称为 STM-1，传输速率为 155.520 Mb/s；4 个 STM-1 同步复接组成 STM-4，传输速率为 4×155.52 Mb/s $= 622.080$ Mb/s；16 个 STM-1 组成 STM-16，传输速率为 2488.320 Mb/s，以此类推。一般为 STM-N，N=1，4，16，64。由于速率等级采用统一标准，SDH 就具有了统一的网络结点接口，并可以承载现有的 PDH(E_1、E_3 等)和各种新的数字信号单元，如 ATM 信元、以太链路帧、IP 分组等，有利于不同通信系统的互联。

(2) SDH 传送网络单元的光接口有严格的标准规范。因此，光接口成为开放型接口，任何网络单元在光纤线路上可以互联，不同厂家的产品可以互通，这有利于建立世界统一的通信网络。另一方面，标准的光接口综合进各种不同的网络单元，简化了硬件，降低了网络成本。

(3) 在 SDH 帧结构中，丰富的开销比特用于网络的运行、维护和管理，便于实现性能检测、故障检测和定位、故障报告等管理功能。

(4) 采用数字同步复用技术，其最小的复用单位为字节，不必进行码速调整，简化了复接分接的实现设备，由低速信号复接成高速信号，或从高速信号分出低速信号，不必逐级进行。

(5) 采用数字交叉连接设备 DXC 可以对各种端口速率进行可控的连接配置，对网络资源进行自动化的调度和管理，这既提高了资源利用率，又增强了网络的抗毁性和可靠性。SDH 采用了 DXC 后，大大提高了网络的灵活性及对各种业务量变化的适应能力，使现代通信网络提高到一个崭新的水平。

SDH 帧中的 AU PTR 指的是管理单元指针，它是一种指示符。主要用于指示载荷包络的第一个字节在帧内的准确位置(相对于指针位置的偏移量)。采用指针技术是 SDH 的创新，结合虚容器的概念，解决了低速信号复接成高速信号时，由于小的频率误差所造成的载荷相对位置漂移的问题。

5-3 对 64 kb/s 业务，试写出 BER，SES 和 ES 的换算关系。

答 BER：在一个长时间内传输的二进制码流的平均误码率。

SES：误码率劣于 1×10^{-3} 的秒数(BER 劣于 10^{-3} 的秒数)。

ES：凡是出现误码的秒数(BER$\neq$0 的秒数)。

对于 64 kb/s 的一路 PCM 电话业务，要求 SES$<$0.2%，其 BER 应小于 3×10^{-5}，对于 ES$<$8%，BER 小于 1.3×10^{-6}。

5-4 设 140 Mb/s 数字光纤通信系统发射光功率为 -3 dBm，接收机灵敏度为 -38 dBm，系统余量为 4 dB，连接器损耗为 0.5 dB/对，平均接头损耗为 0.05 dB/km，光纤衰减系数为 0.4 dB/km，光纤损耗余量为 0.05 dB/km，计算中继距离 L。

解
$$L \leqslant \frac{P_t - P_r - 2\alpha_c - M_e}{\alpha_f + \alpha_s + \alpha_m}$$

由题可知 $P_t = -3$ dBm，$P_r = -38$ dBm，$M_e = 4$ dB，$\alpha_c = 0.5$ dB/对，$\alpha_s = 0.05$ dB/km，$\alpha_f = 0.4$ dB/km，$\alpha_m = 0.05$ dB/km。故得

$$L \leqslant \frac{P_t - P_r - 2\alpha_c - M_e}{\alpha_f + \alpha_s + \alpha_m} = \frac{-3 + 38 - 2 \times 0.5 - 4}{0.05 + 0.4 + 0.05} = 60 \text{ km}$$

所以受损耗限制的中继距离等于 60 km。

5-5 根据上式计算结果,设线路码传输速率 $F_b=168$ Mb/s,单模光纤色散系数=5 ps/(nm·km)。问该系统应采用 rms 谱宽为多少的多纵模激光器作光源。

解 根据 $L=\dfrac{\varepsilon\times10^6}{F_b|C_0|\sigma_\lambda}$,代入由上题计算的 $L=60$ km 及 $F_b=168$ Mb/s,$\varepsilon=0.115$,$C_0=5$ ps/(nm·km),可得多纵模激光器的 rms 谱宽 $\sigma_\lambda=2.28$ nm。

5-6 已知有一个 565 Mb/s 的单模光纤传输系统,其系统总体要求如下:

(1) 光纤通信系统的光纤损耗为 0.1 dB/km,有 5 个接头,平均每个接头损耗为 0.2 dB,光源的入纤功率为 −3 dBm,接收机灵敏度为 −46 dBm(BER=10^{-10});

(2) 光纤线路上的线路码型是 5B6B,光纤的色散系数为 2 ps/(km·nm),光源光谱宽度为 1.8 nm。

求最大中继距离为多少?

注:设计中选取色散代价为 1 dB,光连接器损耗为 1 dB(发送和接收端各一个),光纤损耗余量为 0.1 dB/km,系统余量为 5.5 dB。

解 (1)
$$L\leqslant\frac{P_t-P_r-2\alpha_c-M_e-\alpha_s-\alpha_d}{\alpha_f+\alpha_m}$$
式中 α_s 和 α_d 分别是接头总损耗和色散代价,其余符号的定义与式(5.8)相同。将已知数据代入上式得最大中继距离为 212.5 km。

(2) 因为
$$L=\frac{\varepsilon\times10^6}{F_b|C_0|\sigma_\lambda}$$

所以
$$L=\frac{0.115\times10^6}{565\times\frac{6}{5}\times2\times1.8}=47.1\text{ km}$$

最大中继距离应取上述计算结果 212.5 km 与 47.1 km 中的较小者,因此系统的中继距离最大为 47.1 km。

5-7 一个二进制传输系统具有以下特性:

(1) 单模光纤色散 15 ps/(km·nm),损耗为 0.2 dB/km。

(2) 发射机用 $\lambda=1551$ nm 的 GaAs 激光器,发射平均功率为 5 mW,谱宽为 2 nm。

(3) 为了正常工作,APD 接收机需要接收平均 1000 个光子/比特。

(4) 在发射机和接收机处耦合损耗共计 3 dB。

求:

(1) 数据速率为 10 Mb/s 和 100 Mb/s 时,找出受损耗限制的最大传输距离。

(2) 数据速率为 10 Mb/s 和 100 Mb/s 时,找出受色散限制的最大传输距离。

(3) 对这个特殊系统,用图表示最大传输距离与数据速率的关系,包括损耗和色散两种限制。

解 (1) 假设系统余量 M_e 为 3 dB。数据速率为 10 Mb/s 时:

$$P_{r\min}=10\lg\frac{nhf}{2T_b}=10\lg\frac{nhcf_b}{2\lambda}$$

$$=10\lg\left(\frac{1000\times6.628\times10^{-34}\times3\times10^8\times10\times10^6}{2\times1551\times10^{-9}}\times1000\right)=-61.9\text{ dBm}$$

$$L\leqslant\frac{P_t-P_r-2\alpha_c-M_e}{\alpha_f+\alpha_s+\alpha_m}=\frac{10\lg5-(-61.9)-3-3}{0.2+0+0}=314.5\text{ km}$$

数据速率为 100 Mb/s 时：

$$P_{\mathrm{rmin}} = 10 \lg \frac{nhf}{2T_{\mathrm{b}}} = 10 \lg \frac{nhcf_{\mathrm{b}}}{2\lambda}$$

$$= 10 \lg \left(\frac{1000 \times 6.628 \times 10^{-34} \times 3 \times 10^{8} \times 100 \times 10^{6}}{2 \times 1551 \times 10^{-9}} \times 1000 \right) = -51.9 \ \mathrm{dBm}$$

$$L \leqslant \frac{P_{\mathrm{t}} - P_{\mathrm{r}} - 2\alpha_{\mathrm{c}} - M_{\mathrm{e}}}{\alpha_{\mathrm{f}} + \alpha_{\mathrm{s}} + \alpha_{\mathrm{m}}} = \frac{10 \lg 5 - (-51.9) - 3 - 3}{0.2 + 0 + 0} = 264.5 \ \mathrm{km}$$

(2) 根据

$$L = \frac{\varepsilon \times 10^{6}}{F_{\mathrm{b}} |C_{0}| \sigma_{\lambda}}$$

数据速率为 10 Mb/s 时：

$$L = \frac{0.115 \times 10^{6}}{10 \times 15 \times 2} = 383.3 \ \mathrm{km}$$

数据速率为 100 Mb/s 时：

$$L = \frac{0.115 \times 10^{6}}{100 \times 15 \times 2} = 38.3 \ \mathrm{km}$$

(3) 数据速率为 10 Mb/s 时，最大中继距离受损耗限制为 314.5 km；

数据速率为 100 Mb/s 时，最大中继距离受色散限制为 38.3 km。

(图示与图 5.20 相似，这里略去。)

5-8　简述 PDH 和 SDH 的特点。

答　PDH 的特点：我国和欧洲、北美、日本各自有不同的 PDH 数字速率等级体系，这些体系互不兼容，使得国际互通很困难；PDH 的高次群是异步复接，每次复接要进行一次码速调整，使得复用结构相当复杂，缺乏灵活性；没有统一的光接口；PDH 预留的插入比特较少，无法适应新一代网络的要求；PDH 没有考虑组网要求，缺少保证可靠性和抗毁性的措施。

SDH 的特点：SDH 有一套标准的世界统一的数字速率等级结构；SDH 的帧结构是矩形块状结构，低速率支路的分布规律性极强，使得上下话路变得极为简单；SDH 帧结构中拥有丰富的开销比特，用于不同层次的 OAM，预留的备用字节可以进一步满足网络管理和智能化网络发展的需要；SDH 具有统一的网络结点接口，可以实现光路上的互通；SDH 采用同步和灵活的复用方式，便于网络调度；SDH 可以承载现有的 TDM 业务，也可以支持 ATM 和 IP 等异步业务。

5-9　SDH 设备在规范方法上有什么不同？

答　SDH 设备将同步设备按一种所谓的功能参考模型分成单元功能、复合功能和网络功能。在这种情况下，功能模型重点描述的是具体设备的功能行为，不再描述支撑其功能行为的硬件设备或软件结构。规范的功能模型允许有不同的实施方法。系统的各个功能可以分在三个设备中，也可以集中在一个设备中。

5-10　如何理解误码性能参数 DM、SES、ES？

答　误码性能参数有以下四种：

(1) 长期平均误码率 BER：是指在一段相当长的时间内出现的误码的个数和总的传输码元数的比值，可表示为

$$\mathrm{BER} = \frac{\text{误码的个数}}{\text{总的传输码元数}}$$

长期平均误码率只能反映出测试时间内的平均误码结果，无法反映出误码的随机性和突发性。

（2）劣化分（DM）：是指特定的观测时间内（如一个月）BER 劣于 1×10^{-6} 的分钟数，用平均时间百分数表示。

（3）严重误码秒（SES）：是指特定的观测时间内（如一个月）BER 劣于 1×10^{-3} 的秒数，用平均时间百分数表示。

（4）误码秒（ES）：是指特定的观测时间内（如一个月）出现误码的秒数，用平均时间百分数表示。

6-1 试说明模拟光信号接收机量子极限的含义。

答 模拟光接收机量子极限的含义是假设系统除量子噪声外，没有其他噪声存在，灵敏度由平均信号电流决定，这样确定的灵敏度称为极限灵敏度，也叫量子极限。

6-2 某模拟光信号接收机前置放大器的等效输入电阻 $R_s = 1$ MΩ，放大器的带宽 $B = 10$ MHz，噪声系数为 6 dB，采用 PIN。正弦信号直接光强调制的调制指数 $m = 1$，信号的工作波长 $\lambda = 0.85 \ \mu m$。传输至接收机处的光信号功率 $P_0 = -46$ dBm。求接收机输出信噪比 SNR，此时光接收机的极限灵敏度应为多少？

答 从表 3.3 中查参数，取 PIN 暗电流 $I_d = 0.6$ nA；取响应度 $\rho = 0.4$ A/W。取 T 为常温 300 K，则接收机输出信噪比

$$SNR = 10 \lg \frac{(m\rho P_b)^2 / 2}{B(2e\rho P_b + 2eI_d + 4kTF/R_L)}$$

$$= 10 \lg \frac{1}{10 \times 10^6}$$

$$\cdot \frac{1}{2 \times 1.6 \times 10^{-19} \times 0.4 \times 10^{-7.6} + 2 \times 1.6 \times 10^{-19} \times 0.6 \times 10^{-9} + 4 \times 1.38 \times 10^{-23} \times 300 \times 10^{0.6}/10^6}$$

$$= 18.5 \text{ dB}$$

光接收机所需的最小信号光功率为

$$P_{rmin} = 2\sqrt{2}hf \frac{B}{\eta} \frac{S}{N_p} = 2\sqrt{2} \frac{Be}{\rho} SNR$$

$$= 2\sqrt{2} \frac{10 \times 10^6 \times 1.6 \times 10^{-19}}{0.4} \times 10^{1.85}$$

$$= 7.93 \times 10^{-7} \text{ mW}$$

光接收机的极限灵敏度为

$$10 \lg P_{rmin} = -61 \text{ dBm}$$

6-3 在模拟光纤传输系统中，为了增加中继距离，必须采用扩展信号带宽的调制方式。具体方法有哪几种？

答 为了增加中继距离，采用扩展信号带宽的调制方式有频率调制、脉冲频率调制和方波频率调制。

频率调制方式是先用承载信息的模拟基带信号对正弦载波进行调频，产生等幅的频率受调的正弦信号，其频率随输入的模拟基带信号的瞬时值而变化。然后用这个正弦调频信

号对光源进行光强调制,形成 FM-IM 光纤传输系统。

脉冲频率调制方式是先用承载信息的模拟基带信号对脉冲载波进行调频,产生等幅、等宽的频率受调的脉冲信号,其脉冲频率随输入的模拟基带信号的瞬时值而变化。然后用这个脉冲调频信号对光源进行光强调制,形成 PFM-IM 光纤传输系统。

方波频率调制方式是先用承载信息的模拟基带信号对方波进行调频,产生等幅、不等宽的方波脉冲调频信号,其方波脉冲频率随输入的模拟基带信号的幅度而变化。然后用这个方波脉冲调频信号对光源进行光强调制,形成 SWFM-IM 光纤传输系统。

6-4 在模拟光纤传输系统中,为什么宁可采用扩展信号带宽的调制方式来增大传输距离,而不采用增设中继站的办法?

答 在模拟光纤通信中,存在噪声积累效应,信噪比随中继器数目的增加而下降。因此,在输出信噪比指标一定的条件下,中继器数目受到限制,即传输距离较短。而采用扩展信号带宽的调制方式,如调频,存在制度增益,可以提高输出信噪比;而在要求信噪比一定的条件下,就可以增大传输距离。

6-5 什么叫副载波复用(SCM)?副载波复用光纤通信有哪些优点?

答 副载波复用是在电域上实现的频分复用(FDM)。N 路模拟基带信号分别对射频正弦载波 f_1,f_2,f_3,$\cdots$,f_N 进行调制,然后把这 N 个已调信号组合成一路信号,再用这个复合电信号对光载波(主载波)进行调制,然后将产生的已调光信号发送到光纤上。光信号经光纤传输后,由光接收机实现光/电转换,得到 FDM 电信号,再经分离(一般采用带通滤波器)和解调,最后输出 N 路模拟基带信号。

副载波复用光纤通信的主要优点是:便于实现多路模拟电视信号的传输,副载波调制的方式比较灵活,可以是 VSB-AM,也可以是 FM。采用 FM,每路电视信号尽管需要占用较大的带宽(27 MHz),但以带宽换来了输出信噪比的改善。换言之,在输出信噪比要求一定的情况下,可降低对载噪比(CNR)的要求,即降低对发射功率的要求。

6-6 由一个激光发射机和一个 PIN 光接收机构成的链路,其中发射机和接收机具有以下特性:

发射机   接收机

$m=0.25$ $\rho=0.6$ A/W

RIN$=-143$ dB/Hz $B=10$ MHz

$P_c=0$ dBm $I_d=10$ nA

                            $R_{eq}=750$ Ω

                            $F=3$ dB

题 6-6 图给出了作为接收光功率函数的 C/N 曲线。试根据图中的曲线,讨论各种噪声对载噪比的影响。

答 从图中可以看出,在接收光功率很高的情况下光源噪声将成为主要噪声,C/N 的值是一个常数。对于中等大小的接收光功率,主要噪声为量子噪声,接收光功率每减小 1 dB,C/N 的值就降低 1 dB,在接收光功率很低时,接收机的热噪声成为主要噪声,这时接收光功率每减小 1 dB,C/N 的值就减小 2 dB。有一点很重要,就是应注意极限条件明显地依赖于发射机和接收机的特性。例如,低阻抗放大器中接收机的热噪声是限制系统性能的主要因素,这对于所有实际可能的链路长度都成立。

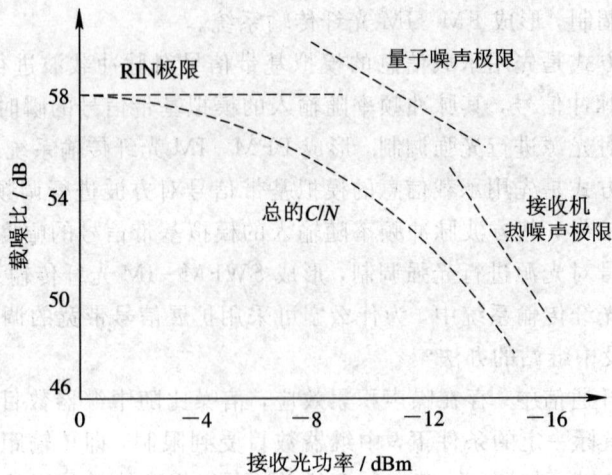

题 6 - 6 图

6 - 7 商业级宽带接收机的等效电阻 $R_{eq}=75\ \Omega$。当 $R_{eq}=75\ \Omega$ 时，保持发射机和接收机的参数和题 6 - 6 相同，在接收机光功率范围为 $0\sim -16$ dBm 时计算总载噪比，并画出相应的曲线，推出其载噪比的极限表达式。证明：当 $R_{eq}=75\ \Omega$，在接收光功率电平小于 -10 dBm 时，前置放大器的噪声将超过量子噪声而成为起决定作用的噪声因素。

解 因为

$$\frac{C}{N}=\frac{0.5(m\rho g\overline{P})^2}{\mathrm{RIN}(\rho\overline{P})^2 B+2e(I_p+I_d)g^{2+x}B+4kTFB/R_{eq}}$$

LD：$m=0.25$，$\mathrm{RIN}=-143$ dB/Hz，$P_s=0$ dBm；

PIN：$\rho=0.6$ A/W，$B=10$ MHz，$I_d=10$ nA，$R_{eq}=75\ \Omega$，$F=3$ dB。

将其代入上式，并且接收光功率的范围为 $0\sim -16$ dBm，从而可得相应的曲线为

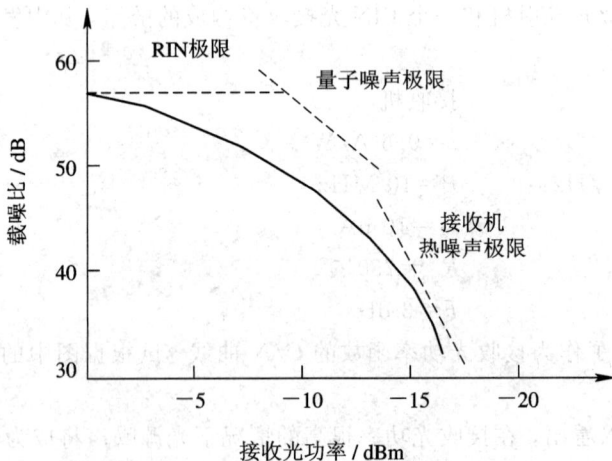

接收光功率 / dBm

下面推导其极限形式，首先有：

$$\frac{C}{N}=\frac{0.5(m\rho g\overline{P})^2}{\mathrm{RIN}(\rho\overline{P})^2 B+2e(I_p+I_d)g^{2+x}B+4kTFB/R_{eq}}$$

（1）当接收机的光功率较低时，系统中的噪声主要是前置放大器的噪声，此时 C/N 表达式中的 $\mathrm{RIN}(\rho\overline{P})^2 B+2e(I_p+I_d)g^{2+x}B$ 部分可以忽略不计，从而有：

$$\left(\frac{C}{N}\right)_{\text{lim1}} = \frac{0.5(m\rho g\overline{P})^2}{4kTFB/R_{\text{eq}}}$$

(2) 在平均接收光功率较大的条件下，系统噪声主要是光检测器的量子噪声，此时 C/N 表达式中的 $\text{RIN}(\rho\overline{P})^2B + 4kTFB/R_{\text{eq}}$ 部分可以忽略不计，从而有：

$$\left(\frac{C}{N}\right)_{\text{lim2}} = \frac{0.5(m\rho g\overline{P})^2}{2e(I_{\text{p}} + I_{\text{d}})g^{2+x}B}$$

(3) 在平均接收光功率很大时，激光器相对强度噪声将超过其它噪声项，成为起主导作用的噪声因素，此时 C/N 表达式中的 $2e(I_{\text{p}} + I_{\text{d}})g^{2+x}B + 4kTFB/R_{\text{eq}}$ 部分可以忽略不计，从而有：

$$\left(\frac{C}{N}\right)_{\text{lim3}} = \frac{0.5(m\rho g\overline{P})^2}{\text{RIN}(\rho\overline{P})^2B}$$

证明　前置放大器的噪声近似表示为

$$N_{\text{前置}} = 4kTF\frac{B}{R_{\text{eq}}}$$

量子噪声的近似表达式为

$$N_{\text{量子}} = 2e(I_{\text{p}} + I_{\text{d}})B$$
$$= 2e(\rho\overline{P} + I_{\text{d}})B$$

代入已知数据

$$N_{\text{前置}} = 4kTF\frac{B}{R_{\text{eq}}}$$
$$= \frac{4 \times 1.38 \times 10^{-23} \times 290 \times 10^{0.3} \times 10^7}{75}$$
$$= 4.258\ 69 \times 10^{-15}\ \text{W}$$

当 $\overline{P} = -10\ \text{dBm}$ 时，量子噪声有最大值

$$N_{\text{量子max}} = 2e(I_{\text{p}} + I_{\text{d}})B$$
$$= 2e(\rho\overline{P} + I_{\text{d}})B$$
$$= 2 \times 1.6 \times 10^{-19} \times (0.6 \times 10^{-1} \times 10^{-3} + 10 \times 10^{-9}) \times 10^7$$
$$= 1.9203 \times 10^{-16}\ \text{W}$$

显然，前置放大器的噪声超过量子噪声而成为起决定作用的噪声因素。

6-8　假设我们想要频分复用 60 路 FM 信号，如果其中 30 路信号的每一个信道的调制指数 $m_{\text{i}} = 3\%$，而另外 30 路信号的每一个信道的调制指数 $m_{\text{i}} = 4\%$，试求出激光器的光调制指数。

解　因为总调制指数 $m = m_{\text{c}}N^{0.5}$，其中 m_{c} 是每一路的调制指数，所以有

$$m_1 = 0.03 \times 30^{0.5} = 0.16, \quad m_2 = 0.04 \times 30^{0.5} = 0.22$$

激光器的光调制指数为

$$m = \left(\sum_{i=1}^{2} m_i^2\right)^{1/2} = (0.16^2 + 0.22^2)^{1/2} = 0.272$$

6-9　假设一个有 32 个信道的 FDM 系统，每个信道的调制指数为 4.4%，若 $\text{RIN} = -135\ \text{dB/Hz}$，假设 PIN 光接收机的响应度为 $0.6\ \text{A/W}$，$B = 0.5\ \text{GHz}$，$I_{\text{d}} = 10\ \text{nA}$，$R_{\text{eq}} = 50\ \Omega$，$F = 3\ \text{dB}$。

（1）若接收光功率为-10 dBm，试求这个链路的载噪比；

（2）若每个信道的调制指数增加到7%，接收光功率减少到-13 dBm，试求这个链路的载噪比。

解 （1）由$m=m_{c}N^{0.5}$可得$m=0.044\times32^{0.5}=0.25$。因为

$$\frac{C}{N}=\frac{0.5(m\rho g\overline{P})^{2}}{\text{RIN}(\rho\overline{P})^{2}B+2e(I_{p}+I_{d})g^{2+x}B+4kTFB/R_{eq}}, \quad I_{p}=\rho\overline{P}$$

代入 RIN$=-135$ dB/Hz，$\rho=0.6$ A/W，$B=0.5$ GHz，$I_{d}=10$ nA，$R_{eq}=50$ Ω，$F=3$ dB，可得$C/N=25.45$ dB。

（2）当每个信道的调制指数增加到7%时，$m=0.07\times32^{0.5}=0.4$，当接收光功率减少到-13 dBm 时，热噪声是主要的噪声，此时

$$\frac{C}{N}=\frac{0.5(m\rho g\overline{P})^{2}}{4kTFB/R_{eq}}$$

所以，$C/N=23.37$ dB。

7-1 EDFA 工作原理是什么？有哪些应用方式？

答 掺铒光纤放大器(EDFA)的工作原理：在掺铒光纤(EDF)中，铒离子有三个能级：其中能级 1 代表基态，能量最低；能级 2 是亚稳态，处于中间能级；能级 3 代表激发态，能量最高。当泵浦光的光子能量等于能级 3 和能级 1 的能量差时，铒离子吸收泵浦光从基态跃迁到激发态(1→3)。但是激发态是不稳定的，铒离子很快返回到能级 2。如果输入的信号光的能量等于能级 2 和能级 1 的能量差，则处于能级 2 的铒离子将跃迁到基态(2→1)，产生受激辐射光，因而信号光得到放大。由此可见，这种放大是由于泵浦光的能量转换为信号光能量的结果。为提高放大器增益，应提高对泵浦光的吸收，使基态铒离子尽可能跃迁到激发态。

EDFA 的应用，归纳起来可以分为三种形式：

（1）中继放大器。在光纤线路上每隔一定距离设置一个光纤放大器，以延长传输距离。

（2）前置放大器。此放大器置于光接收机前面，放大非常微弱的光信号，以改善接收灵敏度。作为前置放大器，要求噪声系数尽量小。

（3）后置放大器。此放大器置于光发射机后面，以提高发射光功率。对后置放大器的噪声要求不高，而饱和输出光功率是主要参数。

7-2 对于 980 nm 泵浦和 1480 nm 泵浦的 EDFA，哪一种泵浦方式的功率转换效率高？哪一种泵浦的噪声系数小？为什么？

答 980 nm 泵浦方式的功率转换效率高，980 nm 泵浦的噪声系数小，因为更容易达到激发态。

7-3 一密集波分复用系统，复用信道的波长间隔为 0.8 nm，光源的发射光谱为高斯型，3 dB 宽度为 0.15 nm，求中心频率为 1552.52 nm 和 1553.32 nm 的两个信道的串扰是多少？

解 信道之间串扰示意于下图，其中纵坐标为光谱密度，横坐标为波长，两根纵向虚线对应的横坐标从左向右分别为 1552.52 nm 和 1553.32 nm。

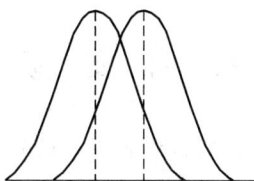

因为已知光源的光谱为高斯型，即

$$s(\Delta\lambda) = A \exp\left(-\frac{\Delta\lambda^2}{2\sigma^2}\right)$$

其 3 dB 宽度为 0.15 nm，即单边 3 dB 宽度为 0.075 nm，代入上式可得：

$$-3 = 10 \lg\left[\exp\left(-\frac{0.075^2}{2\sigma^2}\right)\right]$$

由此得到，$\sigma^2 = 0.004\ \text{nm}^2$。

两个信道之间的波长间隔为

$$1553.32 - 1552.52 = 0.8\ \text{nm}$$

两信道之间的串扰对称相等，串扰值为

$$10 \lg\left[\exp\left(-\frac{0.8^2}{2 \times 0.004}\right)\right] = -347.4\ \text{dB}$$

7-4 光交换有哪些方式?

答 光交换主要有三种方式：空分光交换、时分光交换和波分光交换。

空分光交换的功能是使光信号的传输通路在空间上发生改变。空分光交换的核心器件是光开关。光开关有电光型、声光型和磁光型等多种类型，其中电光型光开关具有开关速度快、串扰小和结构紧凑等优点，有很好的应用前景。

时分光交换是以时分复用为基础，用时隙互换原理实现交换功能的。时分复用是把时间划分成帧，每帧划分成 N 个时隙，并分配给 N 路信号，再把 N 路信号复接到一条光纤上。为了实现时隙互换，首先使时分复用信号通过分接器分离出各路信号，然后使这些信号通过不同的光迟延元件，最后用复接器把这些信号重新组合起来。

波分光交换(或交叉连接)是以波分复用原理为基础，采用波长选择或波长变换的方法实现交换功能的。为了实现波分交换，N 条输入光纤承载的波分复用光信号首先分别通过解复用器(分波器)分为 W 个不同波长的光信号，然后所有 $N \times W$ 个波长用空分光交换器进行交叉连接，最后由复用器(合波器)复接到 N 条输出光纤上。在没有波长变换器的条件下，需对应每个波长配置一个空分交换器，所以共需 W 个。

7-5 光弧子通信的原理是什么?

答 光弧子是经光纤长距离传输后，其宽度保持不变的超短(ps 数量级)光脉冲。光弧子的形成是光纤的群速度色散和非线性效应相互平衡的结果。利用光弧子作为载体的通信方式称为光弧子通信。光弧子通信的传输距离可达上万千米，甚至几万千米，目前还处于试验阶段。

光弧子源产生一系列脉冲宽度很窄的光脉冲，即光弧子流，作为信息的载体进入光调制器，使信息对光弧子流进行调制。被调制的光弧子流经掺铒光纤放大器和光隔离器后，进入光纤进行传输。为克服光纤损耗引起的光弧子减弱，在光纤线路上周期地插入 EDFA，向光弧子注入能量，以补偿因光纤传输而引起的能量消耗，确保光弧子稳定传输。在接收端，通过光检测器和解调装置，恢复光弧子所承载的信息。

参 考 文 献

[1]　谭生树. 全球通信用光纤市场. 通信机世界，1998，(4)：3

[2]　谭生树. 全球单模光纤市场高速稳增. 通信机世界，1998，(12)：25

[3]　赵梓森. 光纤通信工程. 北京：人民邮电出版社，1987

[4]　卢文全. 光纤通信概述. 光纤通信技术，1997，(3)：21

[5]　唐玉麟. 光纤通信应用. 桂林：广西师范大学出版社，1988

[6]　艾恕. 世界光纤光缆市场的新动向. 邮电商情，1999，(9)：19

[7]　Luc B. Jeunhomme. 单模纤维光学原理与应用. 周洋溢译. 桂林：广西师范大学出版社，1988

[8]　纪越峰，等. 光缆通信系统. 北京：人民邮电出版社，1994

[9]　杨同友，杨邦湘. 光纤通信技术. 北京：人民邮电出版社，1986

[10]　张德琨，等. 光纤通信原理. 重庆：重庆大学出版社，1992

[11]　杨浚明，等. 光纤通信设计. 天津：天津科学技术出版社，1995

[12]　韩伟，等. 光纤有线电视技术. 北京：广电部广科院有线电视研究所，1995

[13]　原荣. 光纤通信网络. 北京：电子工业出版社，1999

[14]　Rajiv Ramaswami, Kumar N. Sivarajan Optical Networks：A Practical Perspective Morgan Kaufmann Publishers, Inc. San Francisco, California. 1998

[15]　顾畹仪，李国瑞. 光纤通信系统. 北京：北京邮电大学出版社，1999

[16]　韦乐平. 光同步数字传输网. 北京：人民邮电出版社，1993

[17]　吴承治，徐敏毅. 光接入网工程. 北京：人民邮电出版社，1998

[18]　纪越峰. 光波分复用系统. 北京：北京邮电大学出版社，1999

[19]　张煦. OFC 2000 报道大容量光纤通信继续进展. 光通信技术，2000，24(3)：165~168

[20]　Joseph C. Palais, Fiber Optic Communications. Fifth Edition. 北京：电子工业出版社，2005

[21]　Gerd Keiser. 光纤通信. 3 版. 李玉权，等译. 北京：电子工业出版社，2002